TEUBNER-TEXTE zur Mathematik   Band 138

G. Warnecke

Analytische Methoden
in der Theorie
der Erhaltungsgleichungen

TEUBNER-TEXTE zur Mathematik

Herausgegeben von

Prof. Dr. Jochen Brüning, Berlin
Prof. Dr. Herbert Gajewski, Berlin
Prof. Dr. Herbert Kurke, Berlin
Prof. Dr. Hans Triebel, Jena

Die Reihe soll ein Forum für Beiträge zu aktuellen Problemstellungen der Mathematik sein. Besonderes Anliegen ist die Veröffentlichung von Darstellungen unterschiedlicher methodischer Ansätze, die das Wechselspiel zwischen Theorie und Anwendungen sowie zwischen Lehre und Forschung reflektieren. Thematische Schwerpunkte sind Analysis, Geometrie und Algebra.

In den Texten sollen sich sowohl Lebendigkeit und Originalität von Spezialvorlesungen und Seminaren als auch Diskussionsergebnisse aus Arbeitsgruppen widerspiegeln.

TEUBNER-TEXTE erscheinen in deutscher oder englischer Sprache.

Analytische Methoden in der Theorie der Erhaltungsgleichungen

Von Prof. Dr. Gerald Warnecke
Otto-von-Guericke-Universität Magdeburg

Springer Fachmedien Wiesbaden GmbH 1999

Prof. Dr. rer. nat. habil. Gerald Warnecke

Geboren 1956 in Berlin-Neukölln. Studium der Mathematik an der Freien Universität Berlin von 1975 bis 1981, dann wissenschaftlicher Mitarbeiter von 1981 bis 1986. Studium als Fulbright-Stipendiat an der University of Minnesota, Minneapolis, im Studienjahr 1981/82. Promotion zum Dr. rer. nat. an der Freien Universität Berlin 1985. Wissenschaftlicher Angestellter an der Universität Stuttgart von 1987 bis 1992. Drei Monate Gastwissenschaftler am Institute for Mathematics and its Applications (IMA) an der University of Minnesota 1989. Habilitation zum Dr. rer. nat. habil., Ernennung zum Privatdozenten und Oberassistenten (C2) 1992 in Stuttgart. 1994 Vertretungsprofessur an der TU München. Seit 1994 Professor (C4) für Numerische Mathematik an der Otto-von-Guericke-Universität Magdeburg.
Arbeitsgebiete: Analysis und Numerik Partieller Differentialgleichungen, hyperbolische Erhaltungsgleichungen, Fehlerschätzung und Adaption.

ISBN 978-3-519-00235-2   ISBN 978-3-663-09264-3 (eBook)
DOI 10.1007/978-3-663-09264-3

Gedruckt auf chlorfrei gebleichtem Papier.

Die Deutsche Bibliothek – CIP-Einheitsaufnahme

Vorwort

Dieses Lehrbuch zu dem Gebiet der angewandten reellen Analysis stellt mathematische Methoden vor, die für das heutige Verständnis der Theorie nichtlinearer hyperbolischer Erhaltungsgleichungen von Bedeutung sind, aber auch in anderen Gebieten Anwendung finden. Es umfaßt sowohl klassische Themen der Analysis als auch insbesondere Methoden aus den letzten zwanzig Jahren, die noch nicht in der Lehrbuchliteratur eingehend behandelt werden.

Das Buch ist an Studierende gerichtet, die am Anfang des Hauptstudiums stehen und denen die Grundlagen der Analysis, gewöhnliche Differentialgleichungen sowie die Funktionalanalysis bekannt sind. Es ist versucht worden, möglichst viel im Text oder den Anhängen darzustellen und zu entwickeln. Vorlesungen zur Maßtheorie und über Partielle Differentialgleichungen werden nicht vorausgesetzt. In einigen Fällen mußte allerdings für den Beweis von Aussagen auf einschlägige Literatur verwiesen werden, um den Umfang des Buches in vertretbarem Rahmen zu halten.

Eine umfassende Abhandlung des Themas ist nicht möglich, da die Theorie ʻder nichtlinearen hyperbolischen Erhaltungsgleichungen ein Gebiet der partiellen Differentialgleichungen ist, in dem selbst fundamentale Konzepte noch nicht ausgereift sind. Es gibt nur Teilgebiete, in denen eine abgerundete Darstellung von Resultaten möglich ist.

Ein wichtiger Gesichtspunkt bei der Auswahl der dargestellten Themen war die Intention, einen möglichst vollständigen und für Nicht-Spezialisten verständlichen Beweis des Existenzsatzes für eine skalare Erhaltungsgleichung in einer Raumdimension mit der Methode von Tartar zu erhalten. Das für eine ausführliche Darstellung notwendige Material ist über viele Originalarbeiten verteilt und wurde in der hier präsentierten Form bisher nicht zusammengestellt. Die Kurzdarstellung von Evans [39] ist der einzige Versuch eines Überblicks über schwache Konvergenz und nichtlineare Gleichungen, der allerdings weiter gesteckt ist und daher nicht sehr detailliert sein konnte. Das Buch von Nečas et al. [95] hat viele Gemeinsamkeiten bezüglich der Thematik, aber eine etwas andere Ausrichtung und Darstellung.

Der Buchtext ist eine Ausarbeitung und erhebliche Erweiterung eines

Manuskriptes zu meiner Vorlesung „Funktionalanalytische Grundlagen in der Theorie der Erhaltungsgleichungen" (Stuttgart, Wintersemester 1988/89). Die Vorlesung bestand aus wesentlichen Teilen der Kapitel 1 bis 10 sowie Material aus den Anhängen, das an benötigter Stelle vorgetragen wurde. Zur Abrundung wurden in erheblichem Umfang Ergänzungen aufgenommen. Es wurde im wesentlichen 1991 erstellt und als Manuskript verteilt. Einige der Themen wurden auch an der TU München im Sommersemester 1994 in einer Vorlesung behandelt und überarbeitet.

Meine erste Beschäftigung mit der Analysis von Systemen nichtlinearer hyperbolischer Erhaltungsgleichungen fällt überwiegend in die Zeit meiner Mitarbeit am Lehrstuhl von Wolfgang Wendland an der Universität Stuttgart. An dieser Stelle möchte ich ihm daher sehr herzlich für die gewährten Förderungen und Anregungen danken. Meine wissenschaftliche Tätigkeit war Teil der Arbeit eines Forschungsprojekts zu transsonischen Strömungen. Den Projektleitern Klaus Kirchgässner und Wolfgang Wendland danke ich für die Initiierung dieses interessanten und ergiebigen Forschungsprojekts sowie ihre stetige Unterstützung und Ermunterung. Für das Entstehen dieses Buches wichtig war auch ein dreimonatiger Forschungsaufenthalt am Institute for Mathematics and its Applications (IMA) in Minneapolis, der von der DFG, dem IMA und der Universität Stuttgart (sowie dem Bundesfinanzminister) unterstützt wurde, wofür ich sehr dankbar bin.

Eine starke Prägung meines mathematischen Verständnisses erfolgte durch meinen Doktorvater Karl Doppel, dem ich an dieser Stelle für die gewährten Einsichten in die Mathematik und mathematisches Denken danke.

Bei Etienne Emmrich, Wolfram Heineken, Christiane Helzel, Uwe Iben, Ralf Kieser, Maria Lukáčová, Rüdiger Müller, Bernd Rummler, Horst Schmitt, Thomas Sonar, meinem Vater Günter Warnecke und vielen anderen bedanke ich mich herzlich für Hinweise und Hilfe beim Korrekturlesen verschiedener Versionen des Manuskriptes. Eine erste LATEX-Fassung des Manuskriptes wurde von Gabriele Wiener erstellt, die Korrekturen der Endfassung arbeiteten Jan Blumschein und Kathrin Schmidt ein, die Abbildungen fertigten Christiane Helzel und Nico Krzebek an, denen ich dafür danke.

Ein besonderer Dank gebührt auch meinem Freund Thomas Sonar dafür, daß er mich unermüdlich zur Veröffentlichung des Manuskriptes ermuntert hat.

Dieses Buch widme ich meiner Frau Christiane und meinen Söhnen Jonas und David, für die das Zusammenleben mit einem häufig nicht nur geistig abwesenden Wissenschaftler nicht immer einfach ist.

Magdeburg, Juni 1999   Gerald Warnecke

Inhaltsverzeichnis

1 Strömungen und Erhaltungsgleichungen   **9**
  1.1 Einleitung 9
  1.2 Zur kontinuumsmechanischen Modellierung 12
  1.3 Eulersche und Lagrangesche Koordinaten 15
  1.4 Kurven 16
  1.5 Erhaltungssätze 19

2 Partielle Differentialgleichungen erster Ordnung, Charakteristiken   **27**
  2.1 Skalare Differentialgleichungen 27
  2.2 Systeme erster Ordnung 43
  2.3 Hyperbolische Systeme 49
  2.4 Die instationären Euler-Gleichungen 67
  2.5 Die stationären Euler-Gleichungen 77

3 Maßtheorie   **81**
  3.1 Maße und meßbare Mengen 82
  3.2 Borel- und Radon-Maße 89
  3.3 Signierte Maße 99
  3.4 Konvergenz meßbarer Funktionen 105

4 Nichtlineare Operatoren   **107**
  4.1 Superpositionsoperatoren 107
  4.2 Differenzierbarkeit 114

5 Schwache und starke Konvergenz   **117**
  5.1 Schwache und starke Konvergenz in Banach-Räumen 117
  5.2 Schwache Konvergenz in L^p-Räumen 129
  5.3 Periodische L^p-Räume 140
  5.4 Normkonvergenz in L^p-Räumen 143

6 Grundzüge der Variationsrechnung — **147**
6.1 Konvexität — 147
6.2 Differenzierbarkeit und Minima — 150
6.3 Beispiel: Das Dirichletsche Prinzip — 157

7 Schwache Folgenstetigkeit von Superpositionsoperatoren — **163**
7.1 Superpositionsoperatoren und schwache Unterhalbstetigkeit — 163
7.2 Oszillatorische Varietäten — 175
7.3 Einschränkungen an Ableitungen — 186

8 Kompensierte Kompaktheit — **195**
8.1 Kompaktheit in Funktionenräumen — 196
8.2 Kompaktheit durch Kompensation — 205
8.3 Das Lemma von Murat — 213
8.4 Die Konvexität und der Monotonietrick — 215

9 Youngsche Maße — **217**
9.1 Verallgemeinerte Lösungen — 217
9.2 L^∞-Young-Maße — 224
9.3 L^p-Young-Maße — 231
9.4 $W^{m,p}$-Young-Maße — 239

10 Erhaltungsgleichungen — **241**
10.1 Schwache und maßwertige Lösungen — 241
10.2 Eindeutigkeit, Entropiebedingungen, Viskositätsmethode — 246
10.3 Der Existenzbeweis von Tartar — 261

A Das Lebesguesche Integral — **271**

B Funktionenräume — **279**
B.1 Räume stetiger Funktionen — 282
B.2 L^p-Räume — 288
B.3 Sobolev-Räume — 302

C Fourier-Transformation und Distributionen — **315**
C.1 Fourier-Transformation — 315
C.2 Distributionen — 317
C.3 Fourier-Transformation von Distributionen — 322

Literaturverzeichnis — **327**

Index — **337**

Kapitel 1

Strömungen und Erhaltungsgleichungen

1.1   Einleitung

Partielle Differentialgleichungen modellieren Vorgänge, deren Verhalten von ihren momentanen Zuständen und deren Änderungsraten abhängen. Im Rahmen der Kontinuumsmechanik dienen sie der Beschreibung sehr vielfältiger Naturvorgänge. Fundamentale Prinzipien der Physik sind sogenannte Erhaltungsgesetze (Massenerhaltung, Impulserhaltung, Energieerhaltung), die über mathematische Überlegungen auf partielle Differentialgleichungen einer speziellen Struktur, nämlich die Erhaltungsgleichungen oder formal die Differentialgleichungen in Divergenzform, führen. Ein weiteres wichtiges physikalisches Prinzip, das mit der speziellen Relativitätstheorie entstanden ist, besagt, daß dynamische Vorgänge sich nur mit endlicher Geschwindigkeit ausbreiten können. Es führt auf hyperbolische Gleichungen.

Erhaltungsgleichungen können sowohl hyperbolisch, elliptisch als auch parabolisch sein. Elliptische Gleichungen beschreiben statische Zustände, die sich in einem Gleichgewicht befinden. Man geht davon aus, daß unendlich viel Zeit vergangen ist und zum Ausgleich aller dynamischen Störungen geführt hat. Deshalb ist es nicht irritierend, daß Störungen der Lösungen elliptischer Gleichungen sich mit unendlicher „Geschwindigkeit" verteilen. Dagegen sind die bei linearen parabolischen Gleichungen, zum Beispiel der Wärmeleitungsgleichung, auftretenden unendlichen Ausbreitungsgeschwindigkeiten prinzipiell unerwünscht[1], aber da Störungen exponentiell schnell abklingen, liefern Lösungen dieser Gleichungen trotzdem häufig sehr brauchbare Beschreibungen dissipativer Vorgänge. Letztlich würde man aber gerne eine Fülle komplexer

---

[1]Siehe zum Beispiel Müller/Ruggeri [86],[87].

nichtlinearer hyperbolischer Systeme von Differentialgleichungen lösen, z.B. die Euler-Gleichungen der Strömungsmechanik, Momentengleichungen kinetischer Theorien oder die Einsteinschen Feldgleichungen der allgemeinen Relativitätstheorie. Allerdings erweisen sich die nichtlinearen Systeme hyperbolischer Erhaltungsgleichungen in mehreren Raumdimensionen als sehr schwierig zu lösen, was für viele Mathematiker ihren eigentlichen Reiz ausmacht.

Linearität ist in der Modellierung von realen Vorgängen immer nur die erste und einfachste Approximation, allerdings eine oft sehr weit tragende, z.B. in den vielfältigen Anwendungen der linearen Wellengleichung und der Maxwell-Gleichungen in der Elektrodynamik. Mit immer genaueren experimentellen Methoden, immer komplexeren, aber auch verfeinerten, technischen Entwicklungen sowie der rasanten Entwicklung der Rechentechnik sind Nichtlinearitäten immer stärker in den Mittelpunkt des Interesses der Anwender mathematischer Modellierungen gerückt. Einerseits sind Nichtlinearitäten vielfach bei der Lösung aktueller Aufgaben nicht mehr vernachlässigbar, andererseits eröffnet die moderne Computertechnik mittels numerischer Approximation und graphischer Darstellung die Möglichkeit nach Lösungen von Gleichungen zu suchen, obwohl wir theoretisch nicht einmal die Lösbarkeit der Gleichungen mathematisch garantieren können. Die mathematische Absicherung der numerischen Rechenmethoden für hyperbolische Erhaltungsgleichungen ist neben der Entwicklung effizienter Lösungsalgorithmen eine der großen Herausforderungen an die mathematische Analysis.

Linearität ist in der Mathematik ein sehr wirkungsvolles Hilfsmittel, auch für nichtlineare Gleichungen. Dieses gilt nicht nur für die Betrachtung linearisierter Gleichungen als Approximation der eigentlich nichtlinearen Probleme, sondern kommt in mehrfacher Weise in den folgenden Kapiteln zum Ausdruck. Grundlegend ist die lineare Struktur der Funktionenräume, in denen wir versuchen, nichtlineare partielle Differentialgleichungen zu lösen, womit uns die lineare Funktionalanalysis als mächtiges Werkzeug zur Verfügung steht. Von besonderer Bedeutung sind auch lineare Funktionale und Dualität. So erlauben es die als lineare Funktionale definierten Distributionen, die Differentiation auf unstetige Funktionen und Maße zu verallgemeinern. Über lineare Funktionalgleichungen gelangen wir so zu schwachen und maßwertigen Lösungen von nichtlinearen Differentialgleichungen. Über Dualität und andere lineare Strukturen erhalten wir einen Darstellungssatz für die schwachen Grenzwerte von Bildfolgen nichtlinearer Operatoren.

Die zentralen mathematischen Themen des Buches sind hyperbolische Erhaltungsgleichungen, die schwache Konvergenz, die schwache Stetigkeit und Unterhalbstetigkeit von nichtlinearen Funktionalen sowie Superpositionsoperatoren, die kompensierte Kompaktheit, Youngsche Maße und maßwertige Lösungen von Differentialgleichungen. Dieser Themenkreis hat seinen Ausgangspunkt in den Arbeiten von Young [134] über verallgemeinerte Kurven, den Arbeiten von Murat [88], [90], [91] zur kompensierten Kompaktheit (Kompaktheit durch Kompensation) und der Anwendung dieser Methoden in der Existenztheorie skalarer hyperbolischer Erhaltungsgleichungen durch Tartar [118]. Diese Anwendung konnte von DiPerna [29], [30] auch auf spezielle 2×2-Systeme erweitert werden.

Die von Tartar [118] erzielten Existenzaussagen für skalare Gleichungen waren in ihrer Aussage nicht neu, Oleĭnik [97]. Die besondere Bedeutung dieser Existenzresultate liegt darin, daß die Voraussetzung kleiner Totalvariation der Anfangsdaten, die zum Beispiel bei Existenzbeweisen für hyperbolische Systeme über das Glimm-Schema[2] benötigt wird, entfällt. In diesen Beweisen und auch im Existenzbeweis für skalare Gleichungen von Oleĭnik [97][3] geht zentral eine a priori Schranke für die Totalvariation und der Kompaktheitssatz von Helly für Funktionen mit beschränkter Totalvariation ein. Eine Aussage von Rauch [103] deutet darauf hin, daß die Beschränktheit der Totalvariation für Systeme in mehreren Raumdimensionen eine zu starke Forderung sein könnte, deshalb ist man an Methoden interessiert, die mit schwächeren a priori Schranken auskommen. Der Zugang zur Lösungstheorie von Tartar, der über maßwertige Lösungen geht, liefert die Existenz schwacher Lösungen unter schwächeren Voraussetzungen. Ist eine approximierende Folge der Lösung in L^∞ beschränkt, so ist die Existenz einer maßwertigen Lösung (eines Youngschen Maßes, siehe Kapitel 9) unmittelbar gegeben. Wie immer bei der Einführung verallgemeinerter Lösungbegriffe, die zu einer „einfacheren" Lösungstheorie führen, stellt sich anschließend die Frage, ob eine reguläre Lösung vorliegt (Regularitätstheorie). Um zu zeigen, daß eine schwache Lösung vorliegt, muß gezeigt werden, daß das Youngsche Maß fast überall ein Punktmaß (Dirac-Maß) ist. Die mit Hilfe der kompensierten Kompaktheit erzielten Existenzresultate verwenden das „Div-Curl-Lemma", um nachzuweisen, daß das Youngsche Maß ein Punktmaß ist, und sind damit auf den räumlich eindimensionalen Fall beschränkt. Für skalare Erhaltungsgleichungen konnte Szepessy [117] einen Eindeutigkeitssatz für maßwertige Lösungen von DiPerna [33] zu einem Existenzsatz für skalare Erhaltungsgleichungen in beliebiger Raumdimension erweitern.

Auch in der numerischen Analysis finden die in diesem Buch dargestellten Methoden zunehmend Anwendung, siehe DiPerna [29], Johnson/Szepessy [65]. Insbesondere die Arbeiten von Coquel/LeFloch [19], [18] sowie von Kröner/Rokyta [69] mit Konvergenzbeweisen für numerische Verfahren lassen für die Zukunft eine große Nützlichkeit der Youngschen Maße und der maßwer-

---

[2]Siehe Smoller [115].
[3]Siehe auch Smoller [115].

tigen Lösungen auf diesem Gebiet erwarten. Die numerische Analysis setzt
bei ihren Konvergenzbeweisen die Existenz einer Lösung voraus. Gerade zur
Absicherung dieser Konvergenzaussagen ist daher die Weiterentwicklung der
Existenztheorie für Systeme dringend erforderlich.

1.2 Zur kontinuumsmechanischen Modellierung

Die weiteren Ausführungen im ersten Kapitel sollen eine kleine Brücke zwischen der kontinuumsmechanischen Modellierung in der Strömungsmechanik
und der Mathematik schlagen. Im Mittelpunkt steht daher der klassische Rey-
noldssche Transportsatz, der den eingangs erwähnten Zusammenhang zwischen
den fundamentalen physikalischen Erhaltungsprinzipien und denjenigen partiellen Differentialgleichungen, die man als Erhaltungsgleichungen bezeichnet,
herstellt. Es dient der Motivation der zu betrachtenden Gleichungen für Leser,
die bisher nicht mit Strömungsmechanik vertraut sind.

Wir wollen uns deshalb mit Grundlagen der mathematischen Beschreibung
der Strömung einer Flüssigkeit oder eines Gases, d.h. eines **Fluids**, beschäftigen. Dazu stellen wir uns vor, das Fluid sei ein 3-dimensionales Kontinuum,
d.h. es fülle den $\mathbb{R}^3$ oder eine offene Teilmenge $\Omega \subseteq \mathbb{R}^3$. Jedem Punkt $x \in \Omega$
entspricht in dieser Vorstellung ein infinitesimales **Teilchen** des Fluids. Die-
ses Kontinuummodell eines Fluids ist eine sehr stark abstrahierte Vorstellung
der physikalischen Wirklichkeit, die in gewisser Weise zu physikalischen Er-
kenntnissen im Widerspruch steht, da ein reales Fluid aus Molekülen endlicher Ausdehnung besteht. Außerdem enthält ein beschränktes Volumen eines
Fluids auch nur endlich viele Moleküle, während in dem Kontinuummodell ein
beschränktes Volumen überabzählbar unendlich viele Teilchen enthält.
Die mit Hilfe des Kontinuummodells entwickelten Gleichungen und Formeln erlauben aber eine sehr gute qualitative und quantitative Beschreibung
vielfältiger Strömungsphänomene. Der Grund hierfür ist darin zu sehen, daß
die beschriebenen Phänomene sich auf **mesoskopischen** (d.h. mittleren) oder
makroskopischen (d.h. großen) Längenskalen im Bereich von Milli-, Zenti-
oder Kilometern abspielen, z.B. bei der Strömung im Verbrennungsmotor,
bei Grenzschicht und Nachlauf einer Automobil-Umströmung, sowie der Trag-
flügel-Umströmung eines Großflugzeuges oder der Ausdehnung eines Tiefdruck-
wirbels in der Atmosphäre. Dagegen beträgt die Ausdehnung der beteiligten
Moleküle circa 10^{-7} cm und die mittlere freie Weglänge, d.h. mittlere Weglänge
eines Moleküls zwischen zwei Kollisionen mit Nachbarmolekülen, in der Luft

auf Meereshöhe 5.5×10^{-6} cm. Derartige kleine Längenskalen bezeichnet man als **mikroskopisch**. Auch bei der Betrachtung eines Gebirgsbachs können wir Strömungsphänomene, z.B. Wellen und Wirbel, mit bloßem Auge sehen, die einzelnen Wassermoleküle können wir dabei nicht erkennen. Insofern läßt sich das Kontinuummodell trotz der oben genannten Widersprüche rechtfertigen, wenn nur Phänomene betrachtet werden, die sich auf den größeren Skalen abspielen. Gleichzeitig ist zu beachten, daß Strömungsphänomene, deren charakteristische Längenskalen nahe bei der mittleren Weglänge der Moleküle des Fluids liegen, von dem Kontinuummodell nicht mehr ohne weiteres gut erfaßt werden. In derartige Bereiche kommt man zum Beispiel bei der Betrachtung von Stößen, deren Breite weniger als 10^{-4} cm beträgt[4], oder bei der Umströmung von Raumfahrzeugen in den oberen Atmosphärenschichten, wo mit steigender Entfernung vom Erdboden die mittlere freie Weglänge der Gasmoleküle so zunimmt, daß sie Zentimeter, Meter und mehr beträgt. Da Stöße ein sehr lokalisiertes Phänomen sind, kann man sich bei ihrem Auftreten behelfen, indem man im Kontinuummodell Unstetigkeiten in den physikalischen Größen zuläßt, d.h. die Stoßbreite vernachlässigt[5]. In verdünnten Gasen muß man dagegen mit anderen Modellen arbeiten und zum Beispiel die Boltzmann-Gleichung der kinetischen Gastheorie[6] zur Beschreibung der Strömung verwenden.

Bei der Verwendung der Adjektive mikro-, meso- und makroskopisch für Längenskalen stehen die relativen Skalenunterschiede im Vordergrund, es sind keine absoluten Größen. In verschiedenen Fachgebieten werden diese Bezeichnungen für sehr unterschiedliche Abmessungen verwendet. In der Flugzeugaerodynamik sind schon Dezimeter makroskopisch, in der Meteorologie sind es Skalen der Ordnung 100 Kilometer. Das Interessante für das mathematische Gebiet der Erhaltungsgleichungen ist, daß bei der Betrachtung dieser makroskopischen Skalen sehr unterschiedliche Phänomene mit denselben Differentialgleichungen beschrieben werden können. So gibt es Anwendungsfälle, in denen man mit Hilfe der Euler-Gleichungen der Gasdynamik, siehe Abschnitt 2.4, sowohl Strömungen in einem Verbrennungsmotor, Strömungen um große Flugzeuge als auch die Bewegung riesiger Staubwolken im All beschreiben kann.

Es ist zu beachten, daß die im folgenden gemachten Betrachtungen über die Teilchen in dem Kontinuummodell nur ein mathematisches Hilfsmittel für die Arbeit mit diesem Modell sind. Die Strömungsbewegungen der Teilchen sind völlig verschieden von den Molekülbewegungen in einem Fluid. Ruht zum Bei-

---

[4]Siehe Becker [12] oder Oswatitsch/Prandtl/Wieghardt [101].
[5]Siehe Kapitel 10.
[6]Siehe Landau/Lifschitz [73].

spiel Wasser in einem Eimer, so ruhen die abstrakten Teilchen. Die Wassermoleküle bewegen sich dagegen sehr wild hin und her, da sie ständig miteinander kollidieren. Man bezeichnet dieses als eine Brownsche Bewegung. Die Teilchen im Kontinuum sind dagegen Repräsentanten der mittleren Bewegung der Moleküle im Fluid, wobei Teile der wilden Molekülbewegungen herausgemittelt werden. Zwischen den Teilchen im Kontinuummodell und den Molekülen des Fluids besteht somit auch nicht annähernd eine Identität. Damit wird der oben genannte Widerspruch aufgehoben.

Die Betrachtung des Zusammenhangs zwischen einerseits den Molekülen eines Fluids und ihrer Bewegung sowie andererseits dem Kontinuummodell fällt in das Gebiet der statistischen Physik und Thermodynamik.[7] Dort werden statistische Zusammenhänge zwischen der mikroskopischen Molekularbewegung in einem Fluidvolumen und makroskopischen Größen (zum Beispiel Massendichte, Druck oder Temperatur) hergestellt. Dabei spielen die genannten Mittelungen eine besondere Rolle. Die makroskopischen Größen (Zustände) bilden als sogenannte Dichten (Dichtefunktionen), siehe Abschnitt 1.3, die Grundlage für die Beschreibung der Strömung eines Fluids im Rahmen des Kontinuummodells. Die auf dem Kontinuummodell aufbauende Kontinuumsmechanik beschreibt die raum-zeitliche Veränderung dieser Dichten mit Hilfe von Differentialgleichungen.

Obwohl den Teilchen und ihrer Bewegung keine physikalische Bedeutung zukommt, so entspricht doch für kurze Zeiten die Bewegung eines kleinen Volumens von Teilchen annähernd der mittleren Bewegung eines entsprechenden kleinen Volumens von Molekülen. Über längere Zeiträume löst die Brownsche Bewegung das Volumen von Molekülen auf. Es werden zum Beispiel die Moleküle in einem kleinen Volumen in einem Eimer mit ruhendem Wasser mit der Zeit sehr weiträumig im Eimer verteilt, während die Teilchen in dem kleinen Volumen verharren. Darüberhinaus ist die mit den Bahnkurven der Teilchen verbundene bildliche Vorstellung für die mathematische Behandlung der Kontinuumsmechanik nützlich. Es gibt auch Zusammenhänge mit der im nächsten Kapitel behandelten Charakteristikentheorie.

Daher behandeln wir zuerst die mathematische Beschreibung der Teilchenbewegung. Dazu werden die Lagrangeschen und die Eulerschen Koordinaten als grundlegende Beschreibungsform eingeführt. Anschließend werden die für die Beschreibung der Teilchenbewegung nötigen Begriffe eingeführt. Im letzten Abschnitt wird der Zusammenhang zwischen physikalischen Erhaltungssätzen in integraler Form und der Teilchenbewegung hergestellt. Über den **Reynoldsschen Transportsatz** lassen sich integrale Erhaltungssätze so umformen, daß man eine partielle Differentialgleichung erster Ordnung erhält.

---

[7]Siehe Landau/Lifschitz [71].

1.3 Eulersche und Lagrangesche Koordinaten

Zur Beschreibung der Strömung des Fluids nehmen wir an, wir hätten eine zweifach stetig differenzierbare Abbildung $\underline{X} : \mathbb{R} \times \mathbb{R}^3 \to \mathbb{R}^3$ mit $\underline{X}(0, x) = x$ gegeben.[8] Da wir annehmen wollen, daß keine Teilchen erzeugt werden oder verloren gehen, muß die Abbildung $\underline{X}^t : \mathbb{R}^3 \to \mathbb{R}^3$, definiert durch $\underline{X}^t(x) := \underline{X}(t, x)$, für jedes feste $t \in \mathbb{R}$ eine Bijektion sein. Die Abbildung $\underline{X}^t$ ist für jedes feste $t \in \mathbb{R}$ eine zweifach stetig differenzierbare Koordinatentransformation. Es gilt $\underline{X}^0(x) = x$, d.h., die Abbildung $\underline{X}^0$ ist die Identität auf $\mathbb{R}^3$.

Wir haben der Einfachheit halber angenommen, daß die Abbildung $\underline{X}$ für alle $t \in \mathbb{R}$ definiert und glatt ist, wir wollen uns aber nur für $t \geq 0$ interessieren. Sei

$$\mathbf{I} := \{\, t \in \mathbb{R} \mid t \geq 0 \,\}.$$

Weiter betrachten wir die Abbildung $\underline{X}^x : \mathbf{I} \to \mathbb{R}^3$, die durch $\underline{X}^x(t) = \underline{X}(t, x)$ für festes $x \in \mathbb{R}^3$ definiert ist. Dazu definieren wir $y(t) = \underline{X}^x(t)$ mit $y(0) = x$ und $y(t) = (y_1(t), y_2(t), y_3(t)) \in \mathbb{R}^3$. Wir stellen uns vor, zu einem festen Zeitpunkt t_0, den wir o.B.d.A. $t_0 = 0$ wählen, seien alle Teilchen des Fluids durch ihren Ort $x \in \mathbb{R}^3$ gekennzeichnet. Dann soll das Bild $y(t) = \underline{X}^x(t)$ der Ort sein, an dem sich zum Zeitpunkt t das Teilchen befindet, das sich zum Zeitpunkt $t_0 = 0$ am Ort x befand. Die durch die Abbildung $\underline{X}^x$ definierte Kurve in $\mathbb{R}^3$ werde als die **Bahnkurve** oder **Trajektorie** des Teilchens bezeichnet, das zum Zeitpunkt $t_0 = 0$ am Ort $x \in \mathbb{R}^3$ war.

Das feste Koordinatensystem $(t, x_1, x_2, x_3) \in \mathbb{R} \times \mathbb{R}^3$ wird als System der **Eulerschen Koordinaten** bezeichnet. Dieses ist ein starres Koordinatensystem. Die Bewegung der Teilchen wird durch die Funktion $\underline{X}$ beschrieben. Wir nennen eine stetig differenzierbare integrierbare Funktion $F : \mathbb{R} \times \mathbb{R}^3 \to \mathbb{R}$ mit $F(t, x) \in \mathbb{R}$ eine **Dichtefunktion** bzw. **Dichte**. Die Dichtefunktion beschreibt die raum-zeitliche Veränderung einer physikalischen Größe F, z.B. Massendichte, Druck oder Temperatur, in den Eulerschen Koordinaten. Die Werte der Funktion F werden als **Zustände** bezeichnet.

Mit der Annahme, daß obige Funktion $\underline{X} : \mathbb{R} \times \mathbb{R}^3 \to \mathbb{R}^3$ existiert, haben wir uns ein zweites Koordinatensystem zur Beschreibung einer Strömung verschafft. Das bewegliche Koordinatensystem $(t, y_1(t), y_2(t), y_3(t)) \in \mathbb{R} \times \mathbb{R}^3$ wird als System der **Lagrangeschen Koordinaten** bezeichnet. Dieses Koordinatensystem bewegt sich mit den Teilchen des Fluids mit. Die Voraussetzungen an die Abbildung $\underline{X}$ haben wir so gewählt, daß wir von den Eulerschen Koordinaten auf die Lagrangeschen Koordinaten und umgekehrt zweifach stetig differenzierbar transformieren können.

---

[8]Für viele Betrachtungen, die wir machen wollen, reicht die Lipschitz-Stetigkeit von $\underline{X}$ aus, siehe Wagner [126].

Ist eine Dichtefunktion F in Eulerschen Koordinaten gegeben, so beschreibt die Abbildung

$$t \to F(t, y(t))$$

die zeitliche Veränderung der physikalischen Größe F, die ein Beobachter wahrnimmt, der sich mit dem Teilchen, das die Anfangsbedingung $y(0) = x$ erfüllt, mitbewegt. Wir setzen

$$\underline{u}(t, x) := \frac{\partial}{\partial t} \left(\underline{X}(t, x) \right) = \frac{dy}{dt}(t)$$

für das **Geschwindigkeitsfeld** der Teilchen. Dann gilt mit der Kettenregel und der Notation $\nabla_x = \left(\frac{\partial}{\partial x_1}, \frac{\partial}{\partial x_2}, \frac{\partial}{\partial x_3} \right)$ die Beziehung

$$(1.1) \qquad \frac{d}{dt} F(t, y(t)) = \frac{\partial F}{\partial t} + \sum_{k=1}^{3} \frac{\partial F}{\partial x_k} \frac{dy_k}{dt}(t) = \frac{\partial F}{\partial t} + \underline{u} \cdot \nabla_x F.$$

Die Ableitung $\frac{d}{dt}$ beschreibt die zeitliche Veränderung, die ein mitbewegter Beobachter wahrnimmt. Sie wird daher auch als die **substantielle** bzw. die **individuelle Ableitung** bezeichnet. Die partiellen Ableitungen auf der rechten Seite von (1.1) sind dagegen die Ableitungen der Dichte F in Eulerschen Koordinaten. Sie beschreiben die raum-zeitlichen Veränderungen, die ein ruhender Beobachter wahrnimmt. Man bezeichnet die Ableitung $\frac{\partial}{\partial t}$ als **lokale zeitliche Ableitung** und die Richtungsableitung $\underline{u} \cdot \nabla_x$ als **konvektive Ableitung**.

1.4 Kurven

Für die Veranschaulichung einer gegebenen Strömung werden drei Arten von Kurven verwendet. Dieses sind die oben eingeführten **Bahnkurven (Trajektorien)** der Teilchen, die **Stromlinien** und die **Einspritzkurven**. Aufgrund der Differenzierbarkeitsvoraussetzung sind die Bahnkurven Lösungen des Anfangswertproblems

$$(1.2) \qquad \frac{d}{dt} z_{t_0}(t) = \frac{\partial}{\partial t} \underline{X}(t, z_{t_0}(t)) = \underline{u}(t, z_{t_0}(t)), \quad z_{t_0}(t_0) = z^0.$$

Dieses besitzt nach dem Satz von Picard-Lindelöf, dem Existenz- und Eindeutigkeitssatz für gewöhnliche Differentialgleichungen[9], eine eindeutige Lösung, die durch $z_{t_0}(t) = y(t) = \underline{X}^x(t)$ für $t \in I$ gegeben ist. Die Bahnkurven kann

---

[9]Siehe z.B. in Walter [127, II.10.VI].

man im Experiment sichtbar machen, indem man mit dem Auge erkennbare
größere Partikel in das Fluid gibt, die die mittlere Bewegung der benachbarten
kleineren Moleküle mitmachen.

Wir halten $t = t_0$ fest und betrachten das Anfangswertproblem

$$\frac{d}{d\eta} w(\eta) = \underline{u}(t_0, w(\eta)), \quad w(0) = z^0$$

für $w(\eta) \in \mathbb{R}^3$. Die Lösungskurve zu diesem Anfangswertproblem bezeichnet man als **Stromlinie** zum Zeitpunkt t_0 durch den Punkt $x \in \mathbb{R}^3$. Ist die
Strömung **stationär**, d.h., es gilt $\underline{u}(t, x) = \underline{u}(x)$, so stimmen die Bahnkurven und die Stromlinien überein. Ist das Geschwindigkeitsfeld $\underline{u}$ zeitabhängig,
so wird die Strömung als **instationär** bezeichnet. Dann können diese Kurven sehr unterschiedlich aussehen, die Stromlinien sind zu jedem Zeitpunkt
verschieden. Diese Kurven lassen sich nur im stationären Fall experimentell
sichtbar machen, da sie dann gleichzeitig Bahnkurven sind, ansonsten sind sie
nur mathematische Objekte.

Nehmen wir an, in die Strömung werden an einem festen Punkt $z^0 \in \mathbb{R}^3$
kontinuierlich „Farbteilchen" injiziert. Dieses entspricht einem praktikablen
experimentellen Verfahren. Aufgrund der Glattheitsannahme an die Abbildung $\underline{X}$ bilden diese markierten Teilchen eine Kurve, die **Einspritzkurve**
zum Punkt z^0. Um diese Kurve für einen Zeitpunkt $t_1 > t_0$ zu bestimmen,
müssen wir zu jedem $t^* \in [t_0, t_1[$ das Anfangswertproblem für die Bahnkurve
z_{t^*}, d.h.

$$\frac{d}{dt} z_{t^*}(t) = \underline{u}(t, z_{t^*}(t)), \quad z_{t^*}(t^*) = z^0,$$

lösen, dann ist mit $z_{t_1}(t_1) = z^0$ die Einspritzkurve durch die Punkte

$$\{ \, z_{t^*}(t_1) \in \mathbb{R}^3 \mid t^* \in [t_0, t_1] \, \}$$

gegeben. Sie gibt den Ort aller Teilchen zum Zeitpunkt t_1 an, die im Zeitintervall $[t_0, t_1]$ den Punkt z^0 durchlaufen haben. Ist die Strömung stationär, so
stimmt die Einspritzkurve mit einem Stück der durch den Punkt z^0 gehenden
Stromlinie und Bahnkurve überein. Ist die Strömung instationär, so schneidet
die Einspritzkurve die Bahnkurven der Teilchen, die im Zeitintervall $[t_0, t_1]$ den
Punkt z^0 durchlaufen.

Beispiel 1.1: Wir betrachten das folgende ebene instationäre Vektorfeld

$$\underline{u}(t, x) = \begin{pmatrix} tx_1 \\ x_2 \\ 0 \end{pmatrix}$$

als Strömung. Die Bahnkurve zu $z(t_0) = z^0 = (z_1^0, z_2^0, z_3^0)$ für $t_0 \in \mathbb{R}$ erhält man aus der Lösung der Differentialgleichungen

$$\frac{dz_1}{dt} = tz_1, \quad \frac{dz_2}{dt} = z_2, \quad \frac{dz_3}{dt} = 0,$$

die durch Separation als

$$z_{t_0}(t) = (z_1^0 e^{\frac{1}{2}t^2 - \frac{1}{2}t_0^2}, \; z_2^0 e^{t-t_0}, \; z_3^0)$$

gegeben ist. Für festes $t_0 \in \mathbb{R}$ sind die Stromlinien durch die Differentialgleichungen

$$\frac{dw_1}{d\eta} = t_0 w_1, \quad \frac{dw_2}{d\eta} = w_2, \quad \frac{dw_2}{d\eta} = 0$$

gegeben. Deren Lösung ist mit $w(0) = z^0$

$$w(\eta) = (z_1^0 e^{t_0 \eta}, \; z_2^0 e^{\eta}, \; z_3^0)^\tau.$$

Nun sei $t_1 > t_0$ und wir wollen zum Einspritzpunkt z^0 die Einspritzkurve bestimmen, die im Zeitintervall $[t_0, t_1]$ entsteht. Wir müssen zu jedem $t^* \in [t_0, t_1]$ jeweils die Lösung

$$z_{t^*}(t) = (z_1^0 e^{\frac{1}{2}t^2 - \frac{1}{2}(t^*)^2}, \; z_2^0 e^{t-t^*}, \; z_3^0)$$

betrachten und den Punkt $z_{t^*}(t_1)$ nehmen. Die Einspritzkurve wird von den Punkten

$$\{z_{t^*}(t_1) \mid t^* \in [t_0, t_1]\} \subset \mathbb{R}^3$$

gebildet. In Abbildung 1.1 werden zu $z^0 = (1, 1, 0)$ und $t_0 = 0$ alle drei Kurven gezeigt. $\diamond$

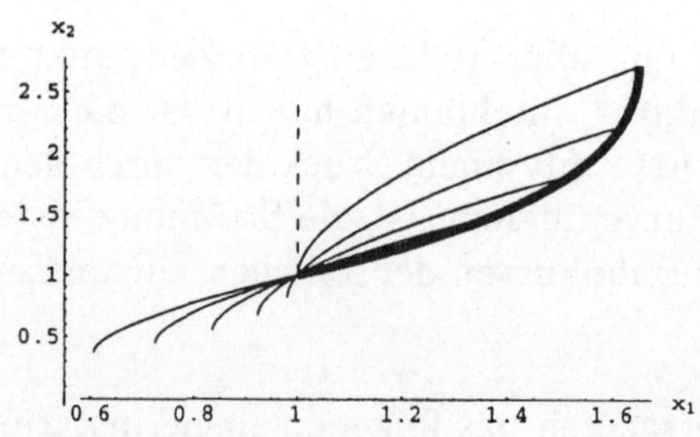

Abbildung 1.1: Einspritzkurve (——), Stromlinie für $t_0 = 0$ (- - -), Bahnkurven (—) zu Beispiel 1.1

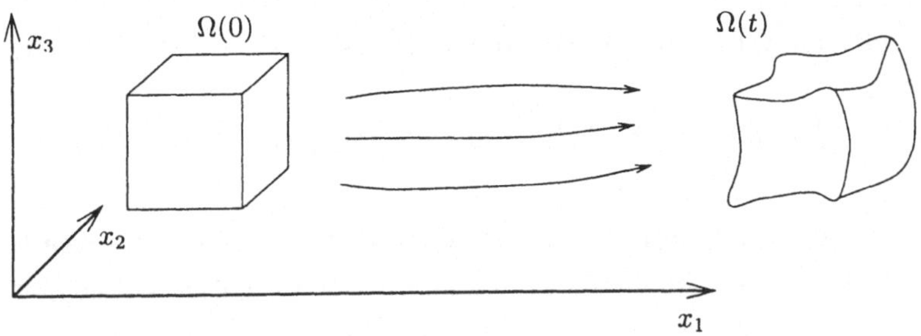

Abbildung 1.2: Kontrollvolumen

1.5 Erhaltungssätze

Betrachten wir eine stetige Dichtefunktion F in den Lagrangeschen Koordinaten $(t,y) = (t,y(t))$. Wir greifen uns zum Zeitpunkt $t_0 = 0$ eine offene, zusammenhängende, beschränkte Teilmenge $\Omega(0) \subset \mathbb{R}^3$ heraus. Die Menge der in $\Omega(0)$ enthaltenen Teilchen bezeichnen wir als **Kontrollvolumen**. Es sei $\Omega(t) = \underline{X}^t[\Omega(0)]$ das entsprechend weitergeströmte Kontrollvolumen zum Zeitpunkt $t \in \mathbf{I}$, siehe Abbildung 1.2.

Wir sagen, eine Dichtefunktion genügt einer **integralen Erhaltungsgleichung** bzw. einem **integralen Erhaltungssatz**, wenn für jedes $\Omega(0) \subset \mathbb{R}^3$ die Beziehung

$$(1.3) \qquad \int_{\Omega(0)} F(0,x)\, dx = \int_{\Omega(t)} F(t,y)\, dy = C_{\Omega(0),F}$$

für eine Konstante $C_{\Omega(0),F} \in \mathbb{R}$ gilt, die von t unabhängig ist. Es soll die Gesamtmenge der Größe F in dem mitströmenden Kontrollvolumen konstant bleiben. Hierfür können wir auch

$$(1.4) \qquad \frac{d}{dt} \int_{\Omega(t)} F(t,y)\, dy = 0$$

schreiben.

Beispiel 1.2: Wir betrachten nun einige Beispiele für Dichten F:

(a) ρ – die **Massendichte**, dann ist

$$\int_{\Omega(t)} \rho(t,y)\, dy \quad \text{die Gesamtmasse}$$

im Kontrollvolumen, die immer erhalten bleiben sollte.

(b) $\rho \cdot \underline{u}$ – die vektorwertige **Impulsdichte**, dann ist

$$\int_{\Omega(t)} \rho(t,y)\underline{u}(t,y)\, dy \quad \text{der Gesamtimpuls}$$

im Kontrollvolumen, der immer dann erhalten bleibt, wenn keine Kräfte auf die Teilchen wirken. In diesem Fall haben wir drei Erhaltungsgleichungen.

(c) $F \equiv 1$ – die **Volumendichte**, dann ist

$$\int_{\Omega(t)} dy \quad \text{das Gesamtvolumen}$$

des Kontrollvolumens. Fluide, bei denen das Gesamtvolumen jedes Kontrollvolumens erhalten bleibt, bezeichnet man als **inkompressibel**, d.h. „nicht zusammendrückbar".

◇

Möchte man im Beispiel 1.1(b) noch Kräfte berücksichtigen, so muß man die integrale Erhaltungsgleichung zu einer **integralen Bilanzgleichung** ergänzen, d.h. zum Beispiel

$$(1.5) \qquad \frac{d}{dt}\int_{\Omega(t)} \rho(t,y)\underline{u}(t,y)\, dy = \int_{\Omega(t)} \underline{f}(t,y)\, dy,$$

wobei $\underline{f} : \mathbb{R} \times \mathbb{R}^3 \to \mathbb{R}^3$ eine Kraft beschreibt, die auf die einzelnen Teilchen wirkt.

Nun wollen wir bei (1.4) die Differentiation ausführen, dabei muß aber die t-Abhängigkeit des Integrationsgebietes berücksichtigt werden. Wir zeigen für allgemeine $N \in \mathbb{N}$ den

Satz 1.3 (Reynoldsscher Transportsatz): *Es seien* $F : \mathbb{R} \times \mathbb{R}^N \to \mathbb{R}$ *eine stetig differenzierbare* **Dichtefunktion** *und die Transformationen* $\underline{X}^t : \mathbb{R}^N \to \mathbb{R}^N$ *auch stetig differenzierbar, dann gilt für jedes beschränkte Kontrollvolumen* $\Omega(t)$ *die Gleichung*

$$(1.6) \quad \frac{d}{dt}\int_{\Omega(t)} F(t,y)\, dy = \int_{\Omega(t)} \left[\frac{\partial F}{\partial t}(t,y) + \nabla_y \cdot \Big(F(t,y)\cdot \underline{u}(t,y)\Big)\right]\, dy$$

mit der Notation $\nabla_y = \left(\frac{\partial}{\partial y_1}, \dots, \frac{\partial}{\partial y_N}\right)$.

Beweis: Es ist $\Omega(t) = \underline{X}^t[\Omega(0)]$. Wir bezeichnen mit $\mathcal{J}^t$ die Funktionaldeterminante der Transformation $\underline{X}^t$, d.h.

$$\mathcal{J}^t = \det \nabla_x \underline{X}^t = \det \left(\frac{\partial \underline{X}^t_j}{\partial x_k} \right)_{1 \leq j,k \leq \mathsf{N}}$$

Somit folgt

$$\frac{d}{dt} \int_{\Omega(t)} F(t,y)\, dy = \frac{d}{dt} \int_{X^t[\Omega(0)]} F(t,y)\, dy$$

$$= \frac{d}{dt} \int_{\Omega(0)} F\left(t, \underline{X}^t(x)\right) \mathcal{J}^t\, dx$$

$$= \int_{\Omega(0)} \frac{d}{dt} \left[F\left(t, \underline{X}^t(x)\right) \mathcal{J}^t \right]\, dx$$

$$= \int_{\Omega(0)} \left[\frac{dF}{dt} \left(t, \underline{X}^t(x)\right) \mathcal{J}^t + F\left(t, \underline{X}^t(x)\right) \frac{d}{dt} \mathcal{J}^t \right]\, dx.$$

Wir müssen nun die Ableitungen ausrechnen. Zuerst gilt für die substantielle Ableitung

$$\frac{dF}{dt} = \sum_{j=1}^{\mathsf{N}} \frac{\partial F}{\partial X^t_j} \frac{\partial X^t_j}{\partial t} + \frac{\partial F}{\partial t}$$

$$= \sum_{j=1}^{\mathsf{N}} \frac{\partial F}{\partial X^t_j} u^j + \frac{\partial F}{\partial t}.$$

Für die Ableitung der Determinante machen wir einige Vorbetrachtungen. Es sei $\underline{\underline{A}} = (a_{jk})_{1 \leq j,k \leq \mathsf{N}}$ eine Matrix mit t-abhängigen Koeffizienten. Dann sei für ein festes Paar j,k die Matrix $\underline{\underline{A}}_{jk}$ dadurch definiert, daß man in $\underline{\underline{A}}$ die j-te Zeile und die k-te Spalte durch Nullen ersetzt bzw. $a_{jk} = 1$ setzt, d.h.

$$\underline{\underline{A}}_{jk} = \begin{pmatrix} a_{11} & \cdots & 0 & \cdots & a_{1\mathsf{N}} \\ \vdots & & \vdots & & \vdots \\ 0 & \cdots & 1 & \cdots & 0 \\ \vdots & & \vdots & & \vdots \\ a_{\mathsf{N}1} & \cdots & 0 & \cdots & a_{\mathsf{NN}} \end{pmatrix}.$$

Dann gilt für die inverse Matrix

$$\underline{\underline{A}}^{-1} = (b_{jk})_{1 \leq j,k \leq \mathsf{N}} = \left(\frac{\det \underline{\underline{A}}_{kj}}{\det \underline{\underline{A}}} \right)_{1 \leq j,k \leq \mathsf{N}},$$

d.h.

$$(1.7) \qquad \det \underline{\underline{A}}_{jk} = b_{kj} \cdot \det \underline{\underline{A}}$$

und

$$\sum_{l=1}^{N} a_{jl} b_{lk} = \delta_{jk},$$

wobei

$$\delta_{jk} = \left\{ \begin{array}{ll} 0 & \text{für} \quad j \neq k \\ 1 & \text{für} \quad j = k \end{array} \right.$$

das **Kronecker-Symbol** ist. Wir bezeichnen mit S^N die symmetrische Gruppe der Permutationen von N Elementen, dann ist die Determinate gegeben durch

$$\det \underline{\underline{A}} = \sum_{\pi \in S^N} \operatorname{sgn}\pi \cdot a_{1\pi(1)} \cdot \ldots \cdot a_{N\pi(N)}$$

und speziell

$$\det \underline{\underline{A}}_{jk} = \sum_{\pi \in S^N} \operatorname{sgn}\pi \cdot a_{1\pi(1)} \cdot \ldots \cdot a_{j-1\pi(j-1)} \cdot \delta_{\pi(j)k} \cdot a_{j+1\pi(j+1)} \cdot \ldots \cdot a_{N\pi(N)}.$$

Man sieht, daß

$$\frac{\partial \det \underline{\underline{A}}}{\partial a_{jk}} = \det \underline{\underline{A}}_{jk}$$

gilt. Daher folgt nun mit (1.7)

$$\frac{d \det \underline{\underline{A}}}{dt} = \sum_{j,k=1}^{N} \frac{\partial \det \underline{\underline{A}}}{\partial a_{jk}} \frac{\partial a_{jk}}{\partial dt} = \sum_{j,k=1}^{N} \det \underline{\underline{A}}_{jk} \frac{da_{jk}}{dt}$$

$$(1.8)$$

$$= \det \underline{\underline{A}} \sum_{j,k=1}^{N} b_{kj} \frac{da_{jk}}{dt}.$$

Dieses wenden wir auf $\mathcal{J}^t$ an und beachten, daß in diesem Fall $b_{kj} = \frac{\partial x_k}{\partial X_j^t}$ gilt. Es folgt

$$\frac{d\mathcal{J}^t}{dt} = \mathcal{J}^t \sum_{j,k=1}^{N} \frac{\partial x_k}{\partial X_j^t} \frac{d}{dt} \left(\frac{\partial X_j^t}{\partial x_k} \right)$$

$$= \mathcal{J}^t \sum_{j,k=1}^{N} \frac{\partial x_k}{\partial X_j^t} \frac{\partial u^j}{\partial x_k}$$

$$= \mathcal{J}^t \sum_{j=1}^{N} \frac{\partial u^j}{\partial X_j^t} = \mathcal{J}^t \sum_{j=1}^{N} \frac{\partial u^j}{\partial y_j}$$

oder

$$\frac{d\mathcal{J}^t}{dt} = \mathcal{J}^t \left(\nabla_y \cdot \underline{u}\right).$$

Nun folgt

$$\frac{d}{dt} \int_{\Omega(t)} F(t,y)\, dy = \int_{\Omega(0)} \left[\frac{\partial F}{\partial t} + \nabla_y F \cdot \underline{u} + F\left(\nabla_y \cdot \underline{u}\right)\right] \mathcal{J}_t\, dx$$

$$= \int_{\Omega(t)} \left[\frac{\partial F}{\partial t} + \nabla_y \cdot (F\,\underline{u})\right]\, dy.$$

$\square$

Da wir den Integranden $\frac{\partial F}{\partial t} + \nabla_x \cdot (F\,\underline{u})$ als stetig voraussetzen und eine integrale Erhaltungsgleichung für beliebige Volumina $\Omega(t)$ gelten soll, schließen wir aus (1.4) und (1.6), d.h.

$$(1.9) \qquad \int_{\Omega(t)} \left[\frac{\partial F}{\partial t} + \nabla_y \cdot (F\,\underline{u})\right]\, dy = 0,$$

daß

$$(1.10) \qquad \frac{\partial F}{\partial t} + \nabla_x \cdot (F\,\underline{u}) = 0$$

gelten muß. Wäre dies nicht der Fall und etwa in einem Punkt

$$\frac{\partial F}{\partial t} + \nabla_x \cdot (F\,\underline{u}) > 0,$$

so muß dies in einer ganzen Umgebung gelten. Diese nimmt man als Kontrollvolumen und erhält einen Widerspruch zu (1.9). Das Resultat erhält man unter allgemeineren Voraussetzungen auch mit Hilfe von Lemma B.17. Partielle Differentialgleichungen der Form (1.10) bezeichnet man auch als **Erhaltungsgleichungen** oder Gleichungen in **Divergenzform**.

Mit (1.10) haben wir aus einer integralen Erhaltungsgleichung (1.3) bzw. (1.6) eine partielle Differentialgleichung erster Ordnung in den vier Funktionen (abhängigen Variablen) F, u^1, u^2, u^3 erhalten. Die Betrachtung von Gleichungen dieser Art, wobei entweder $\underline{u}$ als bekannt vorausgesetzt wird oder die Gleichung (1.10) Teil eines Systems solcher Gleichungen ist, wird in den Kapiteln 2 und 10 wieder aufgegriffen.

Beispiel 1.4: Wir betrachten nun zu Beispiel 1.2 die Differentialgleichungen (Erhaltungsgleichungen) (1.10), die man aus (1.9) erhält:

(a) **Massenerhaltung:**

$$(1.11) \qquad \frac{\partial \rho}{\partial t} + \nabla_x \cdot (\rho \, \underline{u}) = 0.$$

Diese Gleichung wird als **Kontinuitätsgleichung** bezeichnet.

(b) **Impulserhaltung:**

$$(1.12) \qquad \frac{\partial (\rho u^j)}{\partial t} + \nabla_x \cdot (\rho u^j \, \underline{u}) = 0 \qquad j = 1, 2, 3.$$

Da im allgemeinen auch (a) gilt, kann (1.12) mit Hilfe von (1.11) umgeformt werden zu

$$(1.13) \qquad \rho \frac{\partial u^j}{\partial t} + \rho \, \underline{u} \cdot \nabla_x u^j = 0 \qquad j = 1, 2, 3.$$

Man bezeichnet $\frac{\partial u^j}{\partial t}$ als **lokale Beschleunigung** und $\underline{u} \cdot \nabla_x u^j$ als **konvektive Beschleunigung**.

(c) **Inkompressibilität:**

$$\nabla_x \cdot \underline{u} = \frac{\partial u^1}{\partial x_1} + \frac{\partial u^2}{\partial x_2} + \frac{\partial u^3}{\partial x_3} = 0.$$

$\Diamond$

Die in diesem Beispiel behandelten Differentialgleichungen werden in Abschnitt 2.3 in modifizierter Form wieder aufgegriffen.

Wir wollen abschließend das Analogon zur integralen Erhaltungsgleichung (1.6) in Eulerschen Koordinaten betrachten. Da (1.10) gilt, kann die Gleichung auch für ein festes zeitunabhängiges beschränktes Gebiet (offen, zusammenhängend) $\Omega \subset \mathbb{R}^3$ integriert werden, und man erhält (1.9) für ein festes Gebiet, d.h.

$$\int_\Omega \left[\frac{\partial F}{\partial t} + \nabla_x \cdot (F \, \underline{u}) \right] dx = 0.$$

Auf den zweiten Term im Integranden kann, wenn Ω ein Normalgebiet ist, d.h. ein Gebiet auf dem der Gaußsche Integralsatz A.8 gilt, dieser Satz angewandt werden, d.h. es gilt

$$(1.14) \qquad \int_\Omega \frac{\partial F}{\partial t} \, dx = - \int_{\partial \Omega} (F \, \underline{u}) \cdot \widehat{n} \, dS,$$

wobei $\widehat{n}$ die normierte äußere Normale an den Rand $\partial \Omega$ ist. Die Größe $(F \, \underline{u}) \cdot \widehat{n}$ bezeichnet man als **Durchfluß** der **Dichte** F durch den Rand $\partial \Omega$. Auch diese zeitlich unveränderlichen Gebiete werden häufig als **Kontrollvolumen** bezeichnet.

Es ist zum Beispiel der Massenfluß

$$\int_{\partial\Omega} \rho\,\underline{u}\cdot\underline{\hat{n}}\,dS$$

die Masse, die in einer Zeiteinheit durch den Rand $\partial\Omega$ strömt.

Ist $F > 0$ und strömt das Fluid überall auf $\partial\Omega$ nach außen, d.h. $\underline{u}\cdot\underline{\hat{n}} > 0$, dann ist die rechte Seite von (1.14) negativ. Daraus folgt, daß die partielle Ableitung $\frac{\partial F}{\partial t}$ überwiegend negativ sein muß, d.h. die Dichte F nimmt im Gebiet überwiegend ab. Gilt diese Aussage auch für ein beliebiges Teilgebiet von Ω, so gilt nach Lemma B.17

$$\frac{\partial F}{\partial t} < 0$$

auf Ω, d.h., die Dichte F nimmt überall ab.

Hinweise zu weiterführender Literatur

Es gibt eine Fülle von Literatur zur kontinuumsmechanischen Beschreibung der Strömungsmechanik. Vom mathematischen Standpunkt besonders interessant ist die Übersicht über Gleichungen der Strömungsmechanik von Serrin [111]. Die Grundlagen der Strömungsmechanik sind in den Büchern von Landau/ Lifschitz [72], Prandtl/Oswatitsch/Wieghardt [101] sowie Eppler [37] sehr gut beschrieben. Speziell zur Gasdynamik sind auch Becker [11] und Zierep [137], sowie der mathematisch orientierte Klassiker Courant/Friedrichs [22] zu empfehlen. Weitere Hinweise zu den Euler-Gleichungen der Gasdynamik befinden sich am Ende von Kapitel 2.

Kapitel 2

Partielle Differentialgleichungen erster Ordnung, Charakteristiken

Wir hatten im letzten Kapitel aus einer integralen Erhaltungsgleichung (1.3) eine nichtlineare partielle Differentialgleichung erster Ordnung (1.10) erhalten. In diesem Kapitel wollen wir uns allgemein mit stetig differenzierbaren Lösungen von skalaren partiellen Differentialgleichungen erster Ordnung und anschließend mit Systemen solcher Gleichungen beschäftigen. Dieses ist die klassische Theorie quasilinearer Differentialgleichungen und hyperbolischer Systeme erster Ordnung. Inbesondere wird eine ausführliche Darstellung der Theorie der charakteristischen Flächen und der Bicharakteristiken gegeben. Das System der Euler-Gleichungen der Gasdynamik wird abschließend als Beispiel behandelt.

In Kapitel 10 wird die Betrachtung dieser Gleichungen wieder aufgenommen. Es werden Lösungen betrachtet, die nicht klassisch differenzierbar sind.

2.1   Skalare Differentialgleichungen

Es seien $(t, x) \in \mathbb{R} \times \mathbb{R}^N, N \in \mathbb{N}, x = (x_1, \ldots, x_N)$ und $v : \mathbb{R} \times \mathbb{R}^N \to \mathbb{R}$ eine stetig differenzierbare Funktion. Wir führen die Bezeichnungen

$$v_t := \frac{\partial v}{\partial t} \qquad \text{und} \qquad v_{x_k} := \frac{\partial v}{\partial x_k} \qquad \text{für } k = 1, \ldots, N$$

für partielle Ableitungen ein. Weiterhin sei $F : \mathbb{R}^{2N+3} \to \mathbb{R}$ eine stetig differenzierbare Funktion, dann ist durch

$$(2.1) \qquad F(t, x, v, v_t, v_{x_1}, \ldots, v_{x_N}) = 0$$

eine **allgemeine nichtlineare partielle Differentialgleichung 1. Ordnung** gegeben. Für die Theorie der Erhaltungsgleichungen ist es nicht notwendig, sich mit dieser allgemeinen Form zu befassen. Wir werden uns daher im folgenden auf **quasilineare** Gleichungen beschränken, d.h. nur solche Gleichungen betrachten, die sich in der spezielleren Gestalt

$$(2.2) \quad a_0(t,x,v)\, v_t + a_1(t,x,v)\, v_{x_1} + \cdots + a_N(t,x,v)\, v_{x_N} = a_{N+1}(t,x,v)$$

mit stetig differenzierbaren[1] **Koeffizientenfunktionen** $a_0, \ldots, a_N : \mathbb{R}^{N+2} \to \mathbb{R}$ und stetig differenzierbarem **Quellterm** $a_{N+1} : \mathbb{R}^{N+2} \to \mathbb{R}$ schreiben lassen. Wir bezeichnen $t \in \mathbb{R}$ als **Zeitvariable** und $x \in \mathbb{R}^N$ als **Raumvariable**. Zur besseren Unterscheidung bezeichnet man $(t,x) \in \mathbb{R} \times \mathbb{R}^N$ als **unabhängige Variablen** und die gesuchte Funktion v als **abhängige Variable** in (2.1) bzw. (2.2). Hängen die Koeffizientenfunktionen a_k für $k = 0, \ldots, N$ und der Quellterm a_{N+1} nicht explizit von der Variablen v ab, so bezeichnet man die Gleichung (2.2) als **linear**, da beliebige Linearkombinationen von Lösungen der Gleichung mit $a_{N+1} = 0$ zu jeder Lösung hinzuaddiert werden können und wieder eine Lösung ergeben.

Wir haben eine der unabhängigen Variablen, nämlich die Zeitvariable t, hervorgehoben. Vom mathematischen Standpunkt geschieht dieses hier willkürlich und ohne Einschränkung. In physikalischen Problemen spielt bei nicht umkehrbaren Prozessen aufgrund des 2. Hauptsatzes der Thermodynamik die Zeit eine ausgezeichnete Rolle, deshalb wurde diese Variable gewählt. Bei zeitunabhängigen, d.h. stationären, Problemen wäre t durch eine geeignete Raumkoordinate zu ersetzen. Da wir in diesem Kapitel nur stetige Lösungen der betrachteten Klassen von Differentialgleichungen betrachten, spielen Fragen der Nicht-Umkehrbarkeit keine Rolle. Die Hervorhebung von t dient hier nur einer bequemeren Darstellung. In Kapitel 10 wird bei der Betrachtung von unstetigen Lösungen die Hervorhebung einer Richtung der unabhängigen Variablen eine wichtige Rolle spielen.

Charakteristische Kurven

Die folgenden Betrachtungen lassen sich auch auf die allgemeineren Gleichungen der Form (2.1) erweitern. Diese Erweiterung findet man zum Beispiel bei Courant/Hilbert [23], Erwe/Peschl [38], Jeffrey [63] oder John [64]. Die wesentlichen Ideen lassen sich aber besser anhand der quasilinearen Gleichungen (2.2) erläutern.

---

[1]Für die Betrachtungen in diesem Kapitel ist die Forderung, daß die Koeffizientenfunktionen a_k für $k = 0, \ldots, N$ und der Quellterm a_{N+1} stetig differenzierbar sind, stärker als unbedingt nötig. Der Einfachheit halber wollen wir aber auf größere Allgemeinheit verzichten.

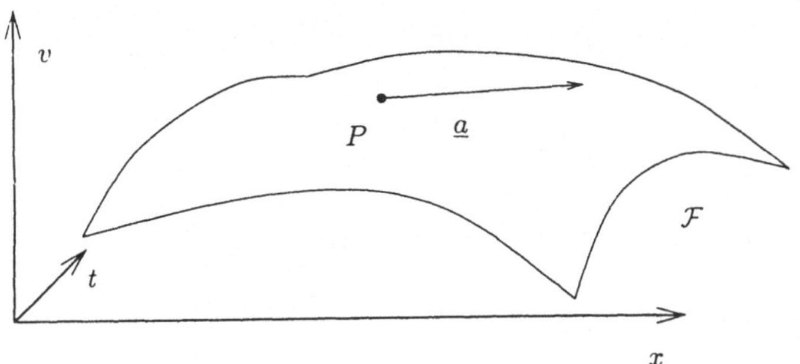

Abbildung 2.1: Graph von v, charakteristischer Vektor

Wir wollen nun einige geometrische Betrachtungen anstellen. Dazu stellen wir uns den Graphen der stetig differenzierbaren Funktion $v : \mathbb{R} \times \mathbb{R}^N \to \mathbb{R}$, die eine Lösung der Gleichung (2.2) sein soll, als Fläche $\mathcal{F}$ in $\mathbb{R}^{N+2}$ vor. Die **Lösungsfläche** $\mathcal{F}$ ist eine über $\mathbb{R} \times \mathbb{R}^N$ parametrisierte Hyperfläche und gegeben durch

$$\mathcal{F} := \{\, (t, x, v) \mid (t, x) \in \mathbb{R} \times \mathbb{R}^N, v = v(t, x) \,\}.$$

Das Vektorfeld $\underline{n} = (v_t, v_{x_1}, \ldots, v_{x_N}, -1)^{\tau}$ steht senkrecht auf dieser Fläche, was man an den Skalarprodukten mit den $N + 1$ linear unabhängigen Tangentialvektoren

$$\underline{t}_0 = \begin{pmatrix} 1 \\ 0 \\ 0 \\ \vdots \\ 0 \\ v_t \end{pmatrix}, \quad \underline{t}_1 = \begin{pmatrix} 0 \\ 1 \\ 0 \\ \vdots \\ 0 \\ v_{x_1} \end{pmatrix}, \quad \ldots, \quad \underline{t}_N = \begin{pmatrix} 0 \\ \vdots \\ 0 \\ 0 \\ 1 \\ v_{x_N} \end{pmatrix}$$

an die $N + 1$-dimensionale Fläche $\mathcal{F}$ ersieht.

Mit dem **charakteristischen Vektor** $\underline{a} = (a_0, \ldots, a_{N+1})$ läßt sich die Gleichung (2.2) auch in der Form

$$(2.3) \qquad \langle \underline{n} , \underline{a} \rangle_{\mathbb{R}^{N+2}} = 0$$

schreiben, d.h. der charakteristische Vektor $\underline{a}$ ist ein Tangentialvektor an $\mathcal{F}$. Somit ist durch $\underline{a}(t, x, v)$ ein Tangentialvektorfeld (siehe Abbildung 2.1) definiert, wenn $(t, x, v) \in \mathcal{F}$ ist.

Darüber hinaus ist durch den charakteristischen Vektor $\underline{a}$ auf ganz $\mathbb{R}^{N+2}$ ein Vektorfeld definiert. Weiterhin sei $\underline{P} = (t, x, v) \in \mathbb{R}^{N+2}$ ein beliebiger Punkt.

Der Satz von Picard-Lindelöf, Existenz- und Eindeutigkeitssatz für gewöhnliche Differentialgleichungen[2], liefert zu dem stetig differenzierbaren Vektorfeld $\underline{a}$ und dem Punkt $\underline{P}$ eine über einem Intervall $I \subseteq \mathbb{R}, 0 \in I$, parametrisierte, eindeutig bestimmte, stetig differenzierbare Lösungskurve

$$\gamma = \{ \, (t(\theta), x(\theta), v(\theta)) \in \mathbb{R}^{N+2} \mid \theta \in I, \ \underline{P} = (t(0), x(0), v(0)) \, \}$$

des Systems gewöhnlicher Differentialgleichungen

$$(2.4) \qquad \begin{aligned} \dot{t}(\theta) &= a_0(t(\theta), x(\theta), v(\theta)), \\ \dot{x}_1(\theta) &= a_1(t(\theta), x(\theta), v(\theta)), \\ &\ \ \vdots \\ \dot{x}_N(\theta) &= a_N(t(\theta), x(\theta), v(\theta)), \\ \dot{v}(\theta) &= a_{N+1}(t(\theta), x(\theta), v(\theta)), \end{aligned}$$

wobei (˙) die Ableitung nach dem Parameter θ bezeichnet.

Eine Lösungsfläche $\mathcal{F}$ von (2.2) ist aus einer Schar solcher Kurven γ aufgebaut, siehe auch Satz 2.4. Da die Voraussetzungen an das Feld der charakteristischen Vektoren $\underline{a}$ im Satz von Picard-Lindelöf (Existenz- und Eindeutigkeitssatz) schwächer sind als die hier geforderte stetige Differenzierbarkeit, könnte man diese Bedingung entsprechend abschwächen, vergleiche Walter [127]. Für die Existenzaussage reicht bekanntlich die im Existenzsatz von Peano geforderte Stetigkeit von $\underline{a}$ aus.

Wir wollen nun zeigen, daß man aus solchen Kurven auch umgekehrt eine Lösungsfläche erhalten kann, aus der sich unter gewissen Einschränkungen eine Lösung v von (2.2) ergibt. Damit wird die Frage nach Lösungen einer quasilinearen partiellen Differentialgleichung 1. Ordnung (2.2) auf die Lösbarkeit des Systems gewöhnlicher Differentialgleichungen (2.4) zurückgeführt.

Zuerst wollen wir noch einige wichtige Begriffe einführen. Das Vektorfeld $\underline{a}$ heißt **charakteristisches Vektorfeld** der Differentialgleichung (2.2), oder auch Vektorfeld der **charakteristischen Richtungen**. Den **Koeffizientenvektor** $\underline{A} = (a_0, \ldots, a_N)$ bezeichnen wir auch als **charakteristischen Grundvektor**. Das System von gewöhnlichen Differentialgleichungen (2.4) heißt entsprechend **System der charakteristischen Differentialgleichungen**, und die Lösungskurven γ bezeichnet man als **charakteristische Kurven** oder **Charakteristiken**. Wenn die eindeutige Projektion einer charakteristischen Kurve γ auf die Hyperebene

$$\mathcal{H} := \{ \, (t, x, 0) \mid (t, x) \in \mathbb{R} \times \mathbb{R}^N \, \} \subset \mathbb{R}^{N+2}$$

---

[2]Siehe z.B. Walter [127, II.10.VI].

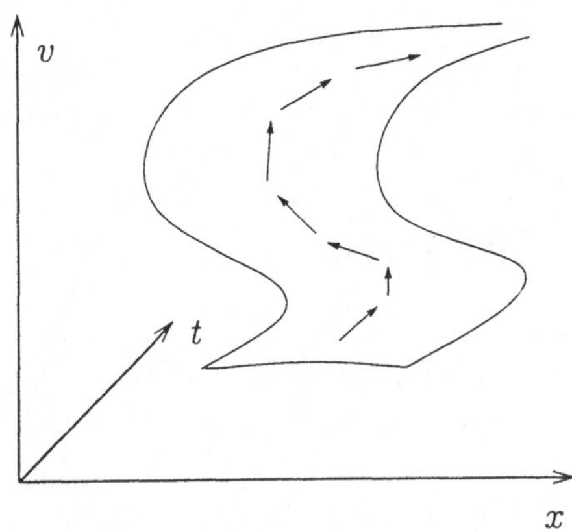

Abbildung 2.2: Integralfläche, die nicht Graph einer Funktion ist

zumindest lokal eindeutig (injektiv) möglich ist, dann bezeichnet man die projizierte Kurve

$$\tilde{\gamma} := \{ \, (t(\theta), x(\theta), 0) \mid \theta \in \mathbf{I} \, \}$$

als **charakteristische Grundkurve**. Auch für charakteristische Grundkurven ist die Bezeichnung als Charakteristiken gebräuchlich.

Eine stetig differenzierbare $(N + 1)$-dimensionale (Hyper-)Fläche

$$\mathcal{F} := \{ \, (t(\underline{s}), x(\underline{s}), v(\underline{s})) \in \mathbb{R}^{N+2} \mid (t, x, v) : \mathbb{R}^{N+1} \to \mathbb{R}^{N+2} \text{ stetig}$$
$$\text{differenzierbar}, \quad \underline{s} \in \mathbb{R}^{N+1} \, \}$$

in $\mathbb{R}^{N+2}$ mit der Eigenschaft, daß in jedem Punkt $\underline{P} = (t, x, v) \in \mathcal{F}$ der charakteristische Vektor $\underline{a}(\underline{P})$ ein Tangentialvektor an $\mathcal{F}$ ist, bezeichnen wir als **Integralfläche** der Differentialgleichung (2.2). Der Graph jeder Lösung v von (2.2) ist eine Integralfläche, die Umkehrung gilt nur für Integralflächen, die sich eindeutig auf die Hyperebene $\mathcal{H}$ projizieren lassen, die insbesondere keine auf der Hyperebene $\mathcal{H}$ senkrecht stehenden Tangentialvektoren besitzen. In Abbildung 2.2 ist ein Gegenbeispiel gezeigt.

Cauchy-Problem

Es sei eine stetig differenzierbare N-dimensionale Fläche

$$\Sigma := \{ \, (t(\underline{s}), x(\underline{s}), v(\underline{s})) \in \mathbb{R}^{N+2} \mid (t, x, v) : \mathbb{R}^{N} \to \mathbb{R}^{N+2} \text{ stetig}$$
$$\text{differenzierbar}, \quad \underline{s} \in \mathbb{R}^{N} \, \} \subset \mathbb{R}^{N+2},$$

die in keinem Punkt $\underline{P} = (t, x, v) \in \Sigma$ den charakteristischen Vektor $\underline{a}(\underline{P})$ als Tangentialvektor besitzt, gegeben. Das heißt, es gibt z.B. keine Kurve

$\gamma \subset \Sigma$ derart, daß $\dot{\gamma} = \underline{a}(\underline{P})$ ist. Mit ($\dot{\ }$) bezeichnen wir die Ableitung nach dem Kurvenparameter. Eine solche Fläche Σ bezeichnen wir als **nicht-charakteristische Fläche**. Gilt dagegen für eine Fläche Γ, daß der charakteristische Vektor $\underline{a}(\underline{P})$ überall ein Tangentialvektor ist, so wird die Fläche Γ als **charakteristische Fläche** bezeichnet.
Nun formulieren wir das

Cauchy-Problem für Integralflächen: *Gegeben sei eine nicht-charakteristische* N-*dimensionale Fläche* $\Sigma \subset \mathbb{R}^{N+2}$. *Gesucht sei eine Integralfläche* $\mathcal{F}$ *der Differentialgleichung (2.2), die* Σ *enthält, d.h.* $\Sigma \subset \mathcal{F}$, *und jeder Punkt auf* $\mathcal{F}$ *sei mit einem Punkt auf* Σ *durch eine charakteristische Kurve verbunden. Wir bezeichnen* $\mathcal{F}$ *als die zu* Σ *gehörige Integralfläche.* $\Diamond$

Wir erhalten den:

Satz 2.1 (Existenz- und Eindeutigkeitssatz für Integralflächen): *Es seien die Differentialgleichung (2.2) mit dem stetig differenzierbaren charakteristischen Vektorfeld* $\underline{a}$ *und eine nicht-charakteristische stetig differenzierbare* N-*dimensionale Fläche*

$$\Sigma = \{ \ (t(\underline{s}), x(\underline{s}), v(\underline{s})) \mid \underline{s} \in \mathbb{R}^N \ \}$$

gegeben. Dann existiert eine eindeutig bestimmte, stetig differenzierbare Integralfläche $\mathcal{F}$ *mit* $\Sigma \subset \mathcal{F}$ *derart, daß jeder Punkt* $\underline{P} \in \mathcal{F}$ *auf einer charakteristischen Kurve liegt, die* Σ *schneidet.*

Beweis: Zu jedem Punkt $\underline{P} = (t(\underline{s}), x(\underline{s}), v(\underline{s})) \in \Sigma$ kann wegen der stetigen Differenzierbarkeit von $\underline{a}$ eindeutig eine charakteristische Kurve $\gamma_{\underline{s}} : I_{\underline{s}} \to \mathbb{R}^{N+2}$, $I_{\underline{s}} \subseteq \mathbb{R}$, mit der Parametrisierung $\gamma_{\underline{s}}(\theta) = (t_{\underline{s}}(\theta), x_{\underline{s}}(\theta), v_{\underline{s}}(\theta))$ mit $\theta \in I_{\underline{s}}$ und $\gamma_{\underline{s}}(0) = (t(\underline{s}), x(\underline{s}), v(\underline{s}))$ bestimmt werden. Dieses folgt aus dem Satz von Picard-Lindelöf.[3] Diese Kurven sind bezüglich θ stetig differenzierbar. Wir erhalten damit die durch $(\theta, \underline{s}) \in D \subseteq \mathbb{R}^{N+1}$ parametrisierte (N + 1)-dimensionale Fläche $\mathcal{F}$. Es gilt

$$\mathcal{F} = \{ \ (t(\theta, \underline{s}), x(\theta, \underline{s}), v(\theta, \underline{s})) \mid (\theta, \underline{s}) \in D \ \}.$$

Aufgrund der stetigen Differenzierbarkeit von $\underline{a}$ gilt nun aber auch, daß die Fläche $\mathcal{F}$ in $\underline{s}$ stetig differenzierbar ist.[4] Damit ist $\mathcal{F}$ eine stetig differenzierbare Integralfläche. $\Box$

---

[3] Siehe den Existenz- und Eindeutigkeitssatz in Walter [127].
[4] Vgl. z.B. Walter [127, §13, Satz X].

Wie oben bemerkt, wird die soeben konstruierte Integralfläche nicht immer den Graphen einer Funktion $v = v(t,x)$ mit $(t,x) \in \mathbb{R} \times \mathbb{R}^N$ darstellen. Dieses gilt garantiert nicht, wenn z.B. schon die Ausgangsfläche Σ zwei Punkte $(t,x,v_1), (t,x,v_2)$ mit $v_1 \neq v_2$ enthält.

Wir formulieren daher das folgende

Cauchy-Problem zu (2.2): *Es sei $a_0(t,x,v) \neq 0$ für alle $(t,x,v) \in \mathbb{R}^{N+2}$. Gegeben sei eine stetig differenzierbare Funktion $v_0 : \mathbb{R}^N \to \mathbb{R}$, dann ist eine stetig differenzierbare Funktion $v : \mathbb{R} \times \mathbb{R}^N \to \mathbb{R}$ gesucht, die der* **Anfangsbedingung**

$$(2.5) \qquad v(0,x) = v_0(x) \;\; \text{für } x \in \mathbb{R}^N$$

genügt und die Differentialgleichung (2.2) auf

$$\mathbb{R}^{N+1}_+ := \{\, (t,x) \mid t > 0, x \in \mathbb{R}^N \,\}$$

erfüllt. $\diamond$

Eine solche Lösung bezeichnet man als **globale** Lösung des Cauchy-Problems. Existiert eine Funktion, die der Anfangsbedingung (2.5) genügt, nur auf $(0,T) \times \mathbb{R}^N$ für ein $T > 0$, d.h. für beschränkte Zeit, so wird diese als **lokale** Lösung bezeichnet.

Im Sinne der vorherigen geometrischen Betrachtungen haben wir für das Cauchy-Problem zu der Gleichung (2.2) eine spezielle Art von Anfangsflächen Σ eingeführt, d.h.

$$(2.6) \qquad \Sigma = \{\, (0,x,v) \mid v = v_0(x),\, x \in \mathbb{R}^N \,\},$$

und wir wollen diese nur in eine Richtung, $t > 0$, zu Integralflächen

$$(2.7) \qquad \mathcal{F} = \{\, (t,x,v) \mid v = v(t,x) \text{ mit } t > 0 \,\}$$

fortsetzen. Die Bedingung $a_0 \neq 0$ ist gleichbedeutend damit, daß Σ eine nichtcharakteristische Fläche ist. Satz 2.1 liefert die lokale Existenz einer eindeutig bestimmten Integralfläche in $\mathbb{R}^{N+2}$ und es gilt

Korollar 2.2 (Lokaler Existenz- und Eindeutigkeitssatz): *Es sei $a_0(t,x,v) \neq 0$ für alle $(t,x,v) \in \mathbb{R}^{N+2}$, dann hat das Cauchy-Problem zu Gleichung (2.2) und zu jeder kompakten Teilmenge K der in (2.6) gegebenen Anfangsfläche Σ eine eindeutig bestimmte lokale Lösung, d.h., es gibt ein $T > 0$ derart, daß auf $(0,T) \times K$ eine Lösung v existiert, die der Anfangsbedingung (2.5) genügt.*

Beweis: Es bleibt zu zeigen, daß die durch Satz 2.1 gegebene Integralfläche $\mathcal{F}$ lokal die Gestalt (2.7) hat. Dieses ist der Fall, wenn gilt

$$
\mathcal{J} = \det \begin{pmatrix}
\dfrac{\partial t}{\partial \theta} & \dfrac{\partial t}{\partial s_1} & \cdots & \dfrac{\partial t}{\partial s_N} \\[2mm]
\dfrac{\partial x_1}{\partial \theta} & \dfrac{\partial x_1}{\partial s_1} & \cdots & \dfrac{\partial x_1}{\partial s_N} \\[1mm]
\vdots & \vdots & & \vdots \\[1mm]
\dfrac{\partial x_N}{\partial \theta} & \dfrac{\partial x_N}{\partial s_1} & \cdots & \dfrac{\partial x_N}{\partial s_N}
\end{pmatrix} \neq 0
$$

auf Σ, d.h. bei $\theta = 0$. Wegen der speziellen Form (2.6) von Σ bzw. (2.7) von $\mathcal{F}$, gilt $\dfrac{\partial t}{\partial s_k} = 0$ und $x_k = s_k$ für $k = 1,\ldots,N$ auf Σ und $\mathcal{F}$. Da $\mathcal{F}$ eine Integralfläche ist, gilt mit den Gleichungen (2.4)

$$
\mathcal{J} = \det \begin{pmatrix}
a_0 & 0 & 0 & \cdots & 0 \\
a_1 & 1 & 0 & \cdots & 0 \\
a_2 & 0 & 1 & \cdots & 0 \\
\vdots & \vdots & \vdots & \ddots & \vdots \\
a_N & 0 & 0 & \cdots & 1
\end{pmatrix}.
$$

Es gilt $\mathcal{J} = a_0 \neq 0$ auf Σ. Da die Determinante eine stetige Funktion ist, gilt dieses auch in einer Umgebung von Σ. Zu jeder kompakten Teilmenge von Σ läßt sich somit jeweils ein $T > 0$ finden. Damit ist das Korollar gezeigt. $\square$

Das **Cauchy-Problem** und das Korollar 2.2 können natürlich auch für eine Funktion v_0 betrachtet werden, die auf einer beliebigen nicht-charakteristischen N-dimensionalen Fläche in $\mathbb{R}^{N+1}$ vorgegeben ist. Bei zeitabhängigen Problemen ist allerdings die oben verwendete Formulierung üblich.

Das Korollar 2.2 liefert die Möglichkeit, konstruktiv eine lokale Lösung des Cauchy-Problems zu (2.2) durch das Lösen des charakteristischen Systems gewöhnlicher Differentialgleichungen (2.4) zu erhalten. Dieses Verfahren wird als die **Charakteristiken-Methode** bezeichnet.

Wir wollen noch einen wichtigen Spezialfall betrachten.

Satz 2.3: *Es gelte in (2.2), daß der Quellterm verschwindet, d.h., es ist $a_{N+1} \equiv 0$. Dann ist die Lösung v auf den charakteristischen Kurven konstant.*

Beweis: In (2.4) gilt $\dot{v}(\theta) = 0$. $\square$

Somit kann im Fall $a_0 \neq 0$, $a_{N+1} \equiv 0$ eine Integralfläche zum Cauchy-Problem nur dadurch aufhören eine Lösungsfläche zu sein, daß charakteristische Grundkurven sich schneiden. Der Wert $T > 0$ zu dem eine lokale Lösung aufhört zu existieren, läßt sich daher aus der Anfangsvorgabe v_0 bestimmen, indem man den kleinsten Wert $t > 0$ bestimmt, bei dem sich zwei charakteristische Grundkurven schneiden, siehe Beispiel 2.5. Danach wird die Integralfläche mehrdeutig über $\mathbb{R} \times \mathbb{R}^N$.

Ist $a_{N+1} \neq 0$, so kann die Lösung auch dadurch nicht mehr existieren, daß die Werte von v in endlicher Zeit t gegen unendlich wachsen. Das wird als „blow up" der Lösung bezeichnet.

Charakteristische Grundflächen

Wir wollen jetzt noch einige weitere Betrachtungen zu den charakteristischen Kurven und Flächen machen. Dazu sei $v : \mathbb{R} \times \mathbb{R}^N \to \mathbb{R}$ eine Lösung der Gleichung (2.2). Wir schreiben die Gleichung (2.2) in der Form

$$(2.8) \qquad \langle \underline{A}, \nabla_{t,x} v \rangle_{\mathbb{R}^{N+1}} = a_{N+1}$$

mit $\nabla_{t,x} v = (v_t, v_{x_1}, \ldots, v_{x_N})$ und dem Koeffizientenvektor $\underline{A} = (a_0, \ldots, a_N)$, man vergleiche mit (2.3). Wir wollen nun in Anlehnung an obige Definitionen eine stetig differenzierbare N-dimensionale Fläche Σ in $\mathbb{R} \times \mathbb{R}^N$ eine **bezüglich v nicht-charakteristische Grundfläche** nennen, wenn sie den **Koeffizientenvektor (charakteristischen Grundvektor)** $\underline{A}(t, x, v(t, x))$ in keinem Punkt als Tangentialvektor hat. Man beachte, daß die Koeffizientenvektoren $\underline{A}(t, x, v)$ die Tangentialvektoren der charakteristischen Grundkurven sind.

Es sei nun Σ eine N-dimensionale nicht-charakteristische Grundfläche, dann können wir auf dieser Fläche N unabhängige Richtungsableitungen der auf ganz $\mathbb{R} \times \mathbb{R}^N$ definierten Funktion v bestimmen; man spricht von **inneren Ableitungen** der Funktion v bezüglich der Fläche Σ. Indem man Kurven auf der Fläche Σ betrachtet, kann man diese Ableitungen ausschließlich über Differenzenquotienten aus den Werten der Funktion v auf der Fläche Σ berechnen. Durch (2.8) wird, da Σ nicht-charakteristisch ist, eine weitere unabhängige Richtungsableitung bestimmt. Somit ist durch die Kenntnis der Werte der Funktion v auf der nicht-charakteristischen Grundfläche Σ und die Hinzunahme der Gleichung (2.8) bzw. (2.2) der Gradient $\nabla_{t,x} v$ auf der Fläche Σ vollständig bestimmt.

Eine N-dimensionale (Hyper-)Fläche Γ in $\mathbb{R} \times \mathbb{R}^N$, die in jedem Punkt $p = (t, x)$ den Vektor $\underline{A}(t, x, v(t, x))$ als Tangentialvektor hat, nennen wir eine **charakteristische Grundfläche bezüglich v**. In einer solchen Fläche ist der Gradient $\nabla_{t,x} v$ auch unter Verwendung der Gleichung (2.8) bzw. (2.2) nicht vollständig bestimmt.

Nehmen wir an, die charakteristische Grundfläche Γ sei, zumindest lokal, durch eine Gleichung der Form

$$(2.9) \qquad\qquad \phi(t,x) = 0$$

implizit gegeben, mit $\phi : \mathbb{R} \times \mathbb{R}^N \to \mathbb{R}$ stetig differenzierbar, sowie $\nabla_{t,x}\phi \neq 0$. Da der Gradient $\nabla_{t,x}\phi$ senkrecht auf Γ steht, muß

$$(2.10) \qquad\qquad \langle \underline{A}, \, \nabla_{t,x}\phi \rangle_{\mathbb{R}^{N+1}} = 0$$

gelten.

Die Gleichung (2.10) entspricht (2.2) mit $a_{N+1} \equiv 0$. Man bezeichnet die linke Seite von (2.10) bzw. (2.2), die die höchsten Ableitungen enthält, als **Hauptteil** der Gleichung bzw. des Differentialoperators. Die Gleichung (2.10) kann auch zur Definition einer charakteristischen Grundfläche mit Hilfe des Hauptteils verwendet werden. Diese Vorgehensweise erlaubt die Verallgemeinerung auf partielle Differentialgleichungen höherer Ordnung und auf Systeme.[5] Systeme erster Ordnung werden im nächsten Abschnitt betrachtet.

Transport von Unstetigkeiten

Wir wollen nun noch einen weiteren Gesichtspunkt der Charakteristikentheorie betrachten, den Transport von Unstetigkeiten in den höchsten Ableitungen. Dazu wollen wir zuerst die folgende Aussage festhalten.

Satz 2.4: *Es sei $D \subseteq \mathbb{R} \times \mathbb{R}^N$ ein Gebiet (offen, zusammenhängend) und $w : D \to \mathbb{R}$ eine zweifach stetig differenzierbare Lösung der Gleichung (2.2). Weiterhin sei $\underline{P} = (t, x, w)$ ein Punkt der Lösungsfläche*

$$\mathcal{F} = \{ (t, x, w(t,x)) \mid (t,x) \in D \}$$

und γ die charakteristische Kurve durch den Punkt $\underline{P}$. Dann liegt die Kurve γ ganz in der Fläche $\mathcal{F}$, solange die zugehörige charakteristische Grundkurve das Gebiet D nicht verläßt.

Beweis: Sei die charakteristische Kurve $\gamma : \mathbf{I} \to \mathbb{R}^{N+2}$, $0 \in \mathbf{I} \subseteq \mathbb{R}$ durch $\gamma : \theta \to (t(\theta), x(\theta), v(\theta))$ mit $\underline{P} = (t(0), x(0), v(0))$ parametrisiert. Die Kurve ist Lösungskurve des Systems der charakteristischen Differentialgleichungen (2.4). Wir betrachten die Funktion

$$V(\theta) = v(\theta) - w(t(\theta), x(\theta)),$$

---

[5]Siehe z.B. Courant/Hilbert [23], John [64].

d.h. die Differenz der Werte von Kurve und Fläche. Es gilt $V(0) = 0$, da $\underline{P}$ ein gemeinsamer Punkt von Kurve und Fläche ist. Weiter gilt mit dem System charakteristischer Differentialgleichungen (2.4) und der Tatsache, daß w eine Lösung der Differentialgleichung (2.2) ist,

$$
\begin{aligned}
\frac{dV}{d\theta} &= \dot{v} - \frac{\partial w}{\partial t}\dot{t} - \sum_{k=1}^{N} \frac{\partial w}{\partial x_k}\dot{x}_k \\
\text{(2.11)} \qquad &= a_{N+1}(t(\theta), x(\theta), v(\theta)) - \frac{\partial w}{\partial t}a_0(t(\theta), x(\theta), v(\theta)) \\
&\quad - \sum_{k=1}^{N} \frac{\partial w}{\partial x_k}a_k(t(\theta), x(\theta), v(\theta)) = 0.
\end{aligned}
$$

Wegen $v = V + w$ können wir (2.11) als gewöhnliche Differentialgleichung in V auffassen. Diese hat aufgrund des Existenz- und Eindeutigkeitssatzes von Picard-Lindelöf[6] eine eindeutig bestimmte Lösung. Offensichtlich ist $V \equiv 0$ diese Lösung. $\qquad\square$

Da wir gefordert haben, daß die Koeffizientenfunktionen a_k für $k = 0, \ldots, N$ und der Quellterm a_{N+1} stetig differenzierbar sein sollen, sind die charakteristischen Kurven immer stetig differenzierbar. Wir wollen nun die folgende Situation betrachten. Es sei ein beschränktes Gebiet $D \subset \mathbb{R} \times \mathbb{R}^N$ gegeben, das durch eine differenzierbare N-dimensionale (Hyper-)Fläche Γ in zwei disjunkte nicht-leere offene Teilmengen D_1, D_2 zerteilt wird. Es sei auf D eine stetige Funktion $w : D \to \mathbb{R}$ gegeben, die jeweils auf D_1 und D_2 stetig differenzierbar ist und dort jeweils die Gleichung (2.2) löst. Weiter wollen wir annehmen, daß der Gradient $\nabla_{t,x}w$ auf der Fläche Γ jeweils einseitige eindeutige endliche Grenzwerte besitzt, d.h. für $(t, x) \in \Gamma$ setzen wir

$$
\lim_{\substack{(t_n^1, x_n^1) \to (t,x) \\ (t_n^1, x_n^1) \in D_1}} \nabla_{t,x}w(t_n^1, x_n^1) =: \nabla w^1(t, x), \qquad \lim_{\substack{(t_n^2, x_n^2) \to (t,x) \\ (t_n^2, x_n^2) \in D_2}} \nabla_{t,x}w(t_n^2, x_n^2) =: \nabla w^2(t, x).
$$

Weiterhin gelte aber $\nabla_{t,x}w^1(t, x) \neq \nabla_{t,x}w^2(t, x)$.

Wir behaupten, daß die Fläche Γ eine charakteristische Grundfläche in $\mathbb{R} \times \mathbb{R}^N$ sein muß. Es gilt mit (2.8)

$$
\begin{aligned}
\langle \underline{A}, \nabla_{t,x}w(t_n^1, x_n^1) \rangle_{\mathbb{R}^{N+1}} &= a_{N+1}(t_n^1, x_n^1, w(t_n^1, x_n^1)), \\
\langle \underline{A}, \nabla_{t,x}w(t_n^2, x_n^2) \rangle_{\mathbb{R}^{N+1}} &= a_{N+1}(t_n^2, x_n^2, w(t_n^2, x_n^2)).
\end{aligned}
$$

---

[6]Siehe Walter [127, II.10.VI].

Aus der Stetigkeit der rechten Seiten folgt

$$(2.12) \qquad \langle \underline{A}, \nabla_{t,x} w^1 \rangle_{\mathbb{R}^{N+1}} = \langle \underline{A}, \nabla_{t,x} w^2 \rangle_{\mathbb{R}^{N+1}}$$

für alle $(t,x) \in \Gamma$. Es sei $\underline{p}$ ein beliebiger Punkt auf der Fläche Γ. Weiter sei γ die charakteristische Kurve durch den Punkt $\underline{p}$.

Wir nehmen an, die Kurve γ schneidet die Fläche Γ im Punkt $\underline{p}$, d.h. der Tangentialvektor $\dot{\gamma} = (\dot{t}, \dot{x})$ an die Kurve γ ist kein Tangentialvektor an die Fläche Γ. Da die Funktion w stetige einseitige Ableitungen auf der Fläche Γ besitzt, existieren die einseitigen Richtungsableitungen in Richtung von Tangentialvektoren an die Fläche Γ, d.h. die inneren Ableitungen bezüglich der Fläche. Da die Funktion w stetig ist, müssen diese von beiden Seiten gleich sein, denn sie lassen sich aus Differenzenquotienten innerhalb der Fläche bestimmen. Wegen (2.12) stimmt auch noch die weitere, unabhängige Ableitung in die charakteristische Richtung $\underline{A}$ überein, woraus $\nabla w^1 = \nabla w^2$ folgt. Dieses ist ein Widerspruch zu unserer ursprünglichen Annahme.

Somit muß die Kurve γ die Fläche Γ in dem Punkt $\underline{p}$ berühren, d.h., der Koeffizientenvektor $\underline{A}$ ist ein Tangentialvektor an die Fläche Γ. Da dieses für jeden Punkt $\underline{p} \in \Gamma$ gilt, ist Γ eine charakteristische Grundfläche.

Damit haben wir gezeigt, daß *sich Unstetigkeiten, in den höchsten in der Differentialgleichung vorkommenden Ableitungen, nur längs charakteristischer Grundflächen ausbreiten können*. Ein solcher Sachverhalt gilt auch bei Gleichungen höherer Ordnung.[7]

Beispiele

Wir wollen nun die Charakteristiken-Methode anhand von einigen Beispielen erläutern. Dabei interessiert uns besonders das Auftreten sich überschneidender charakteristischer Grundkurven.

Beispiel 2.5: Wir betrachten die Gleichung

$$v_t + f(v)_x = 0,$$

mit der Flußfunktion $f : \mathbb{R} \to \mathbb{R}$, die zweimal stetig differenzierbar sein soll. In quasilinearer Form (2.2) schreiben wir die Gleichung

$$v_t + f'(v)v_x = 0.$$

---

[7]Siehe Courant/Hilbert [23].

Das System der charakteristischen Differentialgleichungen (2.4) für die charakteristischen Kurven $\gamma(\theta) = (t(\theta), x(\theta), v(\theta))$ lautet

$$\begin{aligned} \dot{t}(\theta) &= 1, \\ \dot{x}(\theta) &= f'(v(\theta)), \\ \dot{v}(\theta) &= 0. \end{aligned}$$

Wir können daher wegen der ersten Gleichung $\theta = t$ setzen. Aufgrund der dritten Gleichung ist die Lösung v auf den charakteristischen Grundkurven konstant. Sei $v_0(x) = v(0, x)$ für $x \in \mathbb{R}$ eine gegebene beliebig oft stetig differenzierbare Funktion, d.h. $v_0 \in C^\infty(\mathbb{R})$; wir wollen $t \geq 0$ betrachten. Sei die x-Achse durch $x(s) = s$ parametrisiert. Die zweite Gleichung lautet nun

$$\dot{x}(t) = f'(v(t, s)) = f'(v(0, s)) = f'(v_0(s)).$$

Die charakteristischen Grundkurven sind Geraden mit der Steigung $\dot{x}(t) = f'(v_0(s))$, d.h.

$$x = f'(v_0(s))t + s.$$

Damit läßt sich leicht die Integralfläche durch die mit der Anfangswertvorgabe v_0 definierte Anfangskurve Σ, siehe (2.6), aus Geraden aufbauen. Solange sich die charakteristischen Grundgeraden nicht schneiden, ist die Integralfläche auch Graph der Lösungsfunktion des Cauchy-Problems. Die Lösung ist mittels

$$(2.13) \qquad v(t, x) = v_0(\, x - f'(v_0(s))t \,)$$

implizit gegeben. Wir können sie aber explizit durch Verfolgung der Charakteristiken ausgehend von den Anfangsdaten auf einfache Weise konstruieren.

Ist f eine konvexe Funktion, d.h. $f'' \geq 0$, dann ist f' eine monoton nicht fallende Funktion. Ist $v_0 = v_0(s)$ auch eine monoton nicht fallende Funktion, so nehmen die Steigungen $\dot{x}(t)$ der charakteristischen Grundgeraden monoton zu. Betrachten wir $x = x(s, t)$ als die Schar der charakteristischen Kurven, die jeweils zum Zeitpunkt $t = 0$ bei $x = s$ auf der x-Achse starten. Dann gilt bei $t = 0$

$$\frac{\partial}{\partial s}\left(\frac{\partial x}{\partial t}\right) = \frac{d}{ds}f'(v_0(s)) = f''(v_0(s))v_0'(s) \geq 0.$$

Für $t > 0$ werden die charakteristischen Grundgeraden daher aufgefächert, da ihre Steigungen bezüglich der t-Achse mit s zunehmen. Es finden keine Überschneidungen statt. Somit ist die Integralfläche, die man erhält, für alle $t > 0$ eine Lösungsfläche.

Ist dagegen $v_0'(s_1) < 0$ für ein $s_1 \in \mathbb{R}$, d.h., die Funktion v_0 ist in einer Umgebung von $x = s_1$ streng monoton fallend, so gibt es ein $s_2 > s_1$ mit

$$f'(v_0(s_2)) < f'(v_0(s_1)).$$

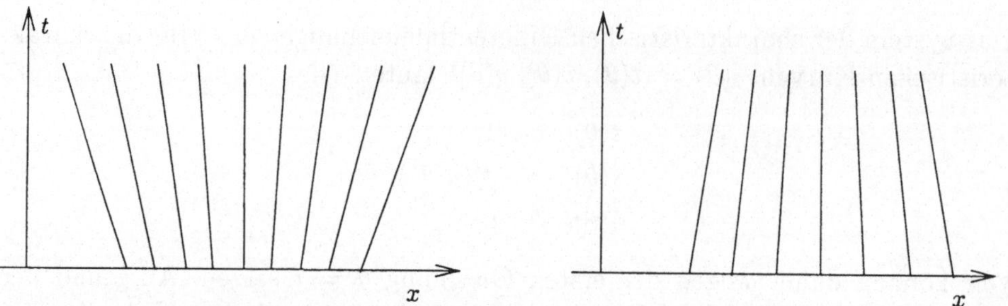

Abbildung 2.3: Charakteristische Grundkurven ($v_0' > 0$ - links, $v_0' < 0$ - rechts)

Die charakteristischen Grundgeraden durch $x = s_1$ und $x = s_2$ müssen sich schneiden, siehe Abbildung 2.3. Dieses geschieht, wenn

$$f'(v_0(s_1))t + s_1 = f'(v_0(s_2))t + s_2$$

gilt. Daraus folgt

$$t = -\frac{s_2 - s_1}{f'(v_0(s_2)) - f'(v_0(s_1))} = \frac{-1}{\dfrac{f'(v_0(s_2)) - f'(v_0(s_1))}{s_2 - s_1}}.$$

Mit dem Grenzübergang $s_2 \to s_1$ folgt, daß die durch $x = s_1$ gehende charakteristische Grundgerade ab dem Zeitpunkt

$$t = \frac{-1}{[f'(v_0(s_1))]'}$$

von benachbarten charakteristischen Grundgeraden geschnitten wird.

Wir können dieses auch wie folgt einsehen. Indem wir (2.13) implizit differenzieren, folgt

$$v_t = -\frac{v_0'(s)f'(v_0)}{1 + v_0'(s)f''(v_0)t}$$

$$v_x = \frac{v_0'(s)}{1 + v_0'(s)f''(v_0)t}.$$

Für $t = \frac{-1}{v_0'(s_1)f''(v_0(s_1))} = \frac{-1}{[f'(v_0(s_1))]'}$ existieren die Ableitungen nicht mehr. $\diamond$

Das Beispiel zeigt:

Lemma 2.6: *Auch bei beliebig glatten Anfangsdaten, d.h. $v_0 \in C^\infty(\mathbb{R}^N)$, kann eine globale Lösung des Cauchy-Problems zu (2.2) nicht immer erwartet werden.* $\square$

In Kapitel 10 werden wir uns daher mit allgemeineren Lösungsbegriffen befassen, die unter anderem auch eine Fortsetzung der Lösung in obigem Beispiel trotz sich überschneidender charakteristischer Grundkurven ermöglichen.

Beispiel 2.7: Betrachten wir näher den Spezialfall der **Burgers-Gleichung**

$$(2.14) \qquad v_t + vv_x = 0,$$

d.h. $f(v) = \frac{v^2}{2}$. Dann gilt

$$\frac{dx}{dt} = v_0(s)$$

und

$$v(t, x) = v_0(x - f'(v_0)t) = v_0(x - v_0 t).$$

Das Verhalten der charakteristischen Grundkurven ersieht man zum Beispiel an der vergleichenden Betrachtung der folgenden Anfangsdaten:

(a)

$$v_0^1(x) := \begin{cases} 0 & \text{für} & x < 0 \\ x & \text{für} & 0 \le x \le 1 \\ 1 & \text{für} & x > 1 \end{cases}$$

(b)

$$(2.15) \qquad v_0^2(x) := \begin{cases} 1 & \text{für} & x < 0 \\ 1 - x & \text{für} & 0 \le x \le 1 \\ 0 & \text{für} & x > 1. \end{cases}$$

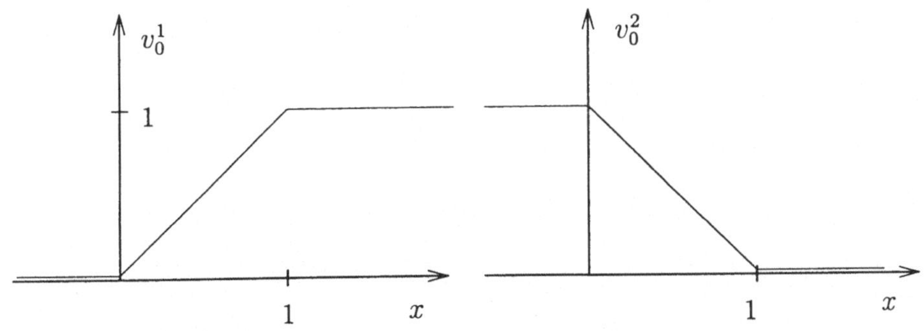

Abbildung 2.4: Anfangsdaten aus Beispiel 2.7

Die Lösung zu (a) und die Lösung zu (b) für $t < 1$ ist in Abbildung 2.6 dargestellt. Im Fall (b) haben wir mittels der Charakteristikentheorie für $t \ge 1$ nur eine Integralfläche. $\diamond$

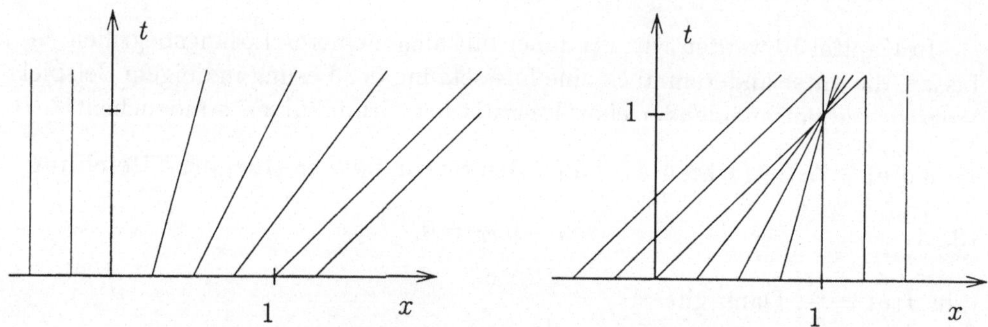

Abbildung 2.5: Charakteristische Grundkurven aus Beispiel 2.7

Beispiel 2.8: Im linearen Fall $f(v) = cv, c \in \mathbb{R}$, d.h.

$$v_t + c\,v_x = 0,$$

folgt $v(t,x) = v_0(x - ct)$. Die Lösungen erhält man durch Verschiebung mit der Geschwindigkeit c. Die charakteristischen Grundkurven sind durch $x = ct + s$ gegeben, d.h., alle sind parallel. $\diamond$

Beispiel 2.9: Die Gleichung

$$v_t + vv_x = v$$

hat die charakteristischen Differentialgleichungen

$$\begin{aligned}
\dot{t}(\theta) &= 1, \\
\dot{x}(\theta) &= v(\theta), \\
\dot{v}(\theta) &= v(\theta).
\end{aligned}$$

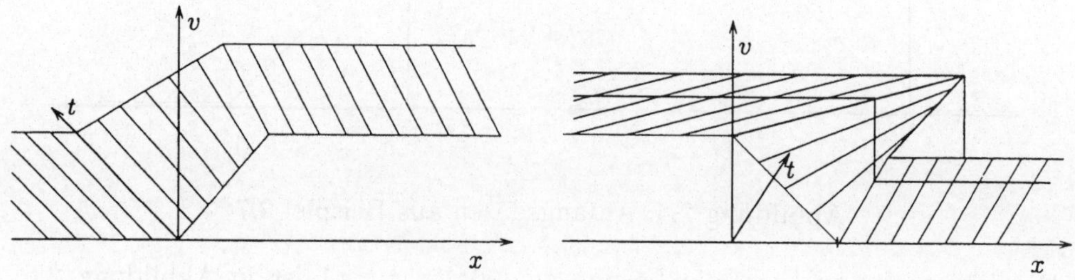

Abbildung 2.6: Lösungen aus Beispiel 2.7

Wieder können wir $\theta = t$ setzen. Aus der dritten Gleichung folgt

$$v(t, s) = v_0(s)e^t.$$

Damit folgt aus der zweiten Gleichung

$$x(t, s) = v_0(s)e^t - v_0(s) + s.$$

Die charakteristischen Grundkurven sind lösungsabhängig und somit keine Geraden. $\diamond$

2.2 Systeme erster Ordnung

Es sei $M \in \mathbb{N}$. Wir wollen in diesem Abschnitt Systeme von M Gleichungen mit M gesuchten Funktionen betrachten. Dazu sei $\underline{v} : \mathbb{R} \times \mathbb{R}^N \to \mathbb{R}^M$ mit $\underline{v} = (v^1, \dots, v^M)$ eine vektorwertige, stetig differenzierbare Funktion, dann betrachten wir **quasilineare Systeme**

$$(2.16) \quad \underline{\underline{a}}_0(t, x, \underline{v}) \cdot \underline{v}_t + \underline{\underline{a}}_1(t, x, \underline{v}) \cdot \underline{v}_{x_1} + \dots + \underline{\underline{a}}_N(t, x, \underline{v}) \cdot \underline{v}_{x_N} = \underline{a}_{N+1}(t, x, \underline{v}),$$

mit den matrixwertigen Funktionen $\underline{\underline{a}}_0, \dots, \underline{\underline{a}}_N : \mathbb{R}^{1+N+M} \to \mathbb{R}^{M^2}$, den **Koeffizientenmatrizen**, und der vektorwertigen Funktion $\underline{a}_{N+1} : \mathbb{R}^{1+N+M} \to \mathbb{R}^M$, dem **Quellvektor**, die stetig differenzierbar sein sollen. Wir bezeichnen $t \in \mathbb{R}$ als **Zeitvariable**, $x \in \mathbb{R}^N$ als **Raumvariable** und $\underline{v} \in \mathbb{R}^M$ als **Zustandsvektor**. Den Raum $\mathbb{R}^M$ bezeichnen wir als **Zustandsraum**. Wieder unterscheidet man die **unabhängigen Variablen** $(t, x) \in \mathbb{R} \times \mathbb{R}^N$ und die **abhängigen Variablen** $\underline{v} \in \mathbb{R}^M$.

Hängen die Koeffizientenmatrizen $\underline{\underline{a}}_k$ für $k = 0, \dots, N$ und der Quellvektor $\underline{a}_{N+1}$ nicht explizit von den Zustandsvektoren $\underline{v} \in \mathbb{R}^M$ ab, so bezeichnen wir das System als **linear**. Die Bemerkungen am Anfang von Abschnitt 2.1, die die Hervorhebung der Variablen t betreffen, gelten auch für diesen Abschnitt.

Charakteristische Flächen

In allen folgenden Betrachtungen besteht eine Abhängigkeit der Begriffe und Aussagen von der Variablen $\underline{v}$. Wird dabei nicht nur ein Wert $\underline{v} \in \mathbb{R}^M$ benötigt, so wird immer angenommen, die vektorwertige Funktion $\underline{v}$ sei eine gegebene Lösung des Systems (2.16). Für lineare Systeme entfällt diese Abhängigkeit.

Wie in (2.9) wollen wir eine lokal durch die Gleichung $\phi(t, x) = 0$, mit einer stetig differenzierbaren Funktion $\phi : \mathbb{R} \times \mathbb{R}^N \to \mathbb{R}$, implizit gegebene N-dimensionale Fläche Σ betrachten, d.h., es soll $\nabla_{t,x}\phi \neq 0$ gelten. Wir stellen wie in Abschnitt 2.1 die Frage: Inwieweit sind durch die inneren Ableitungen der stetig differenzierbaren vektorwertigen Funktion $\underline{v}$ auf der Fläche Σ und das quasilineare System (2.16) die Gradienten $\nabla_{t,x} v^j$ der Lösung für $j = 1, \ldots, M$ eindeutig festgelegt?

Für jede Komponente v^j der vektorwertigen Funktion $\underline{v}$ sind auf der Fläche Σ überall N unabhängige Richtungsableitungen bestimmt, d.h. zusammen $N \cdot M$ von insgesamt $(N + 1)M$ zu bestimmenden Richtungsableitungen. Die Gradienten $\nabla_{t,x} v^j$ sind dann vollständig determiniert, wenn durch das Gleichungssystem (2.16) für $j = 1, \ldots, M$ zu jeder Funktion v^j eine weitere unabhängige Richtungsableitung bestimmt wird. Wir wollen hierzu eine punktweise geltende algebraische Bedingung herleiten.

Nehmen wir ohne Einschränkung an, daß $\phi_t \neq 0$ sei. Dann sind die N linear unabhängigen Vektoren

$$
\underline{t}_1 = \begin{pmatrix} -\phi_{x_1} \\ \phi_t \\ 0 \\ 0 \\ \vdots \\ 0 \end{pmatrix}, \ \underline{t}_2 = \begin{pmatrix} -\phi_{x_2} \\ 0 \\ \phi_t \\ 0 \\ \vdots \\ 0 \end{pmatrix}, \ \ldots, \ \underline{t}_N = \begin{pmatrix} -\phi_{x_N} \\ 0 \\ 0 \\ \vdots \\ 0 \\ \phi_t \end{pmatrix}
$$

Tangentialvektoren an die Fläche Σ, d.h., sie sind orthogonal zu dem Normalvektor $\nabla_{t,x}\phi$. Wir nehmen zunächst weiter an, durch das Gleichungsystem (2.16) wären die Ableitungen $(v^j)_t$ für $j = 1, \ldots, M$ eindeutig bestimmt, d.h. die Richtungsableitungen in der zu den Vektoren $\underline{t}_1, \ldots, \underline{t}_N$ linear unabhängigen Richtung

$$
\underline{t}_{N+1} = \begin{pmatrix} 1 \\ 0 \\ \vdots \\ 0 \end{pmatrix}.
$$

Da die Vektoren $\underline{t}_1, \ldots, \underline{t}_N$ Tangentialvektoren an die Fläche Σ sind, sind die **inneren** Richtungsableitungen

$$(2.17) \quad \langle \nabla_{t,x} v^j, \underline{t}_1 \rangle_{\mathbb{R}^{N+1}} = c_{j1}, \ \ldots, \ \langle \nabla_{t,x} v^j, \underline{t}_N \rangle_{\mathbb{R}^{N+1}} = c_{jN}, \quad j = 1, \ldots, M$$

bekannt, d.h., die Funktionen c_{jk} für $j = 1, \ldots, M$ und $k = 1, \ldots, N$ lassen sich allein aus den Werten der Funktionen v^j auf der Fläche Σ bestimmen, nämlich mittels Differenzenquotienten auf Kurven, die ganz in der Fläche Σ liegen und die jeweils einen der Vektoren $\underline{t}_k$ als Tangentialvektor haben. Somit gilt nach (2.17):

$$(2.18) \quad (v^j)_{x_k} = \frac{\phi_{x_k}}{\phi_t} \cdot (v^j)_t + \frac{c_{jk}}{\phi_t}, \quad k = 1, \ldots, N, \ i = 1, \ldots, M,$$

d.h., alle weiteren partiellen Ableitungen sind eindeutig bestimmt.

Es bleibt nur noch zu untersuchen, unter welchen Umständen die obige Annahme, daß die Ableitungen $(v^j)_t$ für $j = 1, \ldots, M$ durch das Gleichungssystem (2.16) eindeutig festgelegt werden, gilt. Da der Quellvektor $\underline{a}_{N+1}$ auf der Fläche Σ durch die Werte der Funktionen v^j eindeutig festgelegt ist, können wir zur Vereinfachung der folgenden Überlegungen ohne Einschränkung $\underline{a}_{N+1} \equiv \underline{0}$ annehmen. Wir substituieren in dem Gleichungssystem (2.16) mit den Gleichungen (2.18) und multiplizieren mit ϕ_t, dann gilt

$$(2.19) \qquad (\underline{\underline{a}}_0 \phi_t + \underline{\underline{a}}_1 \phi_{x_1} + \cdots + \underline{\underline{a}}_N \phi_{x_N}) \cdot \underline{v}_t = - \sum_{k=0}^{N} \underline{\underline{a}}_k \underline{c}_k,$$

wobei die Vektoren $\underline{c}_k \in \mathbb{R}^M$ die Spalten der Matrix $\underline{c} = (c_{jk})_{1 \leq j \leq M, 1 \leq k \leq N}$ bezeichnen. Die rechte Seite dieses Gleichungssystems ist auf der Fläche Σ bekannt. Der Vektor $\underline{v}_t$ ist in einem Punkt $\underline{P} = (t, x, \underline{v}) \in \mathbb{R}^{N+M+1}$ genau dann eindeutig durch (2.19) bestimmt, wenn

$$(2.20) \qquad \det(\underline{\underline{a}}_0 \phi_t + \underline{\underline{a}}_1 \phi_{x_1} + \cdots + \underline{\underline{a}}_N \phi_{x_N}) \neq 0$$

gilt. Dieses ist die gesuchte algebraische Bedingung.

Insbesondere kann eine stetige vektorwertige Funktion $\underline{v}$, die außerhalb der Fläche Σ stetig differenzierbar ist, keine unstetigen ersten Ableitungen auf der Fläche Σ besitzen, wenn (2.20) erfüllt ist. Denn aufgrund des Gleichungssystems (2.19) muß $\underline{v}_t$ stetig sein und nach (2.18) gilt dieses dann für die restlichen Ableitungen der Funktion $\underline{v}$.

Andererseits, sei Γ eine Fläche, für die die Determinante in (2.20) verschwindet und längs welcher $\underline{v}_t$ unstetig ist, d.h. verschiedene „linksseitige" und „rechtsseitige" Grenzwerte $\underline{v}_t^-$ und $\underline{v}_t^+$ besitzt, wobei aber $\underline{v}$ selbst stetig ist. Nach (2.19) gilt

$$(\underline{\underline{a}}_0 \phi_t + \underline{\underline{a}}_1 \phi_{x_1} + \cdots + \underline{\underline{a}}_N \phi_{x_N}) \cdot [\underline{v}_t^- - \underline{v}_t^+] = 0,$$

d.h., die Differenz $\underline{v}_t^- - \underline{v}_t^+$ muß im Kern der singulären Matrix

$$(2.21) \qquad \underline{\underline{a}}_0 \phi_t + \underline{\underline{a}}_1 \phi_{x_1} + \cdots + \underline{\underline{a}}_N \phi_{x_N}$$

liegen. Aus (2.18) ergibt sich

$$\phi_t [\underline{v}_{x_k}^- - \underline{v}_{x_k}^+] - \phi_{x_k} [\underline{v}_t^- - \underline{v}_t^+] = 0,$$

d.h., die Differenzen $\underline{v}_{x_k}^- - \underline{v}_{x_k}^+$ müssen auch im Kern von (2.21) liegen. Außerdem gilt aufgrund der Stetigkeit von $\underline{v}$ auf Γ, daß die Differenzenquotienten auf Γ stetig sind und somit die inneren Ableitungen für $k = 1, \ldots, N$

$$\langle \left[(\nabla_{t,x} v^j)^+ - (\nabla_{t,x} v^j)^- \right], \underline{t}_k \rangle = 0$$

erfüllen, d.h. die tangentialen Ableitungen der Komponenten v^j von $\underline{v}$ sind stetig auf Γ. Daher müssen die Normalableitungen

$$\frac{\partial v^j}{\partial \underline{\hat{n}}} = \left\langle \nabla_{t,x} v^j, \frac{\nabla_{t,x}\phi}{|\nabla_{t,x}\phi|} \right\rangle = |\nabla_{t,x}\phi|^{-1}\left[\phi_t(v^j)_t + \sum_{k=1}^{N} \phi_{x_k}(v^j)_{x_k} \right]$$

unstetig sein. Der Differenzvektor

$$\frac{\partial v^j}{\partial \hat{\underline{n}}}^{-} - \frac{\partial v^j}{\partial \hat{\underline{n}}}^{+} = \begin{pmatrix} \frac{\partial[(v^1)^- - (v^1)^+]}{\partial \hat{\underline{n}}} \\ \vdots \\ \frac{\partial[(v^M)^- - (v^M)^+]}{\partial \hat{\underline{n}}} \end{pmatrix}$$

muß auch im Kern von (2.21) liegen.

Die Bedingung (2.20) gilt punktweise. Wir betrachten daher im folgenden allgemeine Normalvektoren $\underline{\xi} = \nabla_{t,x}\phi \in \mathbb{R}^{N+1} \setminus \{\underline{0}\}$, bzw. wir lassen auch komplexe Vektoren zu. Wir führen zu einem beliebigen Vektor $\underline{\xi} \in \mathbb{C}^{N+1}$ die Matrix

$$\underline{\underline{A}}(\underline{\xi}) = \underline{\underline{a}}_0\xi_0 + \underline{\underline{a}}_1\xi_1 + \cdots + \underline{\underline{a}}_N\xi_N$$

ein, dieses ist die **charakteristische Matrix** $\underline{\underline{A}}(\underline{\xi})$ zu dem Gleichungssystem (2.16). Weiter definieren wir

$$\mathcal{Q}(\underline{\xi}) := \det \underline{\underline{A}}(\underline{\xi}),$$

die **charakteristische Form** $\mathcal{Q}(\underline{\xi})$ zu dem Gleichungssystem (2.16). Die Form $\mathcal{Q}(\underline{\xi})$ ist homogen von der Ordnung M in $\underline{\xi} \in \mathbb{C}^{N+1}$, d.h., es gilt

$$\alpha^M \mathcal{Q}(\underline{\xi}) = \mathcal{Q}(\alpha\underline{\xi})$$

für alle $\alpha \in \mathbb{R}$.

In Anlehnung an die Bezeichnungsweisen im ersten Abschnitt dieses Kapitels bezeichnen wir eine N-dimensionale stetig differenzierbare (Hyper-)Fläche $\Gamma \subset \mathbb{R} \times \mathbb{R}^N$ als **charakteristische Fläche** im Punkt $\underline{p} \in \Gamma$, wenn der Normalvektor $\underline{\xi} \in \mathbb{R}^{N+1} \setminus \{\underline{0}\}$ an die Fläche Γ im Punkt $\underline{p} \in \Gamma$ die Gleichung

$$(2.22) \qquad\qquad \mathcal{Q}(\underline{\xi}) = 0$$

erfüllt. Wegen der Homogenität von $\mathcal{Q}$ ist nur die Richtung von $\underline{\xi}$ bedeutend. Wenn Γ lokal implizit durch eine Gleichung $\phi(t,x) = 0$ gegeben ist, gilt die skalare nichtlineare Differentialgleichung erster Ordnung

$$\mathcal{Q}(\nabla_{t,x}\phi) = 0.$$

Sie läßt sich mittels der Erweiterung der in Abschnitt 2.1 eingeführten Charakteristikertheorie auf nicht-quasilineare Gleichungen behandeln.[8] Ihre Integralflächen sind die charakteristischen Flächen des Systems (2.16). In diesem Fall sind nicht alle ersten Ableitungen, Richtungsableitungen, der Funktionen v^j durch die Werte auf der Fläche Γ und die Gleichung (2.16) eindeutig bestimmbar. Vektoren $\underline{\xi} \in \mathbb{R}^{N+1} \setminus \{\underline{0}\}$, die die Gleichung $\mathcal{Q}(\underline{\xi}) = 0$ erfüllen, nennen wir **charakteristische Normalvektoren** an der Stelle $\underline{P} = (t, x, \underline{v}) \in \mathbb{R}^{1+N+M}$. Gilt für die Normalvektoren an eine Fläche $\Sigma \subset \mathbb{R} \times \mathbb{R}^N$ im Punkt $\underline{p} \in \Sigma$, daß $\mathcal{Q}(\underline{\xi}) \neq 0$ ist, so bezeichnen wir die Fläche Σ als **nicht charakteristisch** im Punkt $\underline{p} \in \Sigma$.

Wir wollen kurz begründen, warum die Aussagen der Charakteristikentheorie gegenüber stetig differenzierbaren Transformationen der abhängigen Variablen $\underline{v} \in \mathbb{R}^M$ invariant sind. Dazu seien eine Lösung $\underline{v} : \mathbb{R} \times \mathbb{R}^N \to \mathbb{R}^M$ von (2.16) und die stetig differenzierbare Transformation $\mathsf{T} : \mathbb{R}^M \to \mathbb{R}^M$ gegeben. Mit $\nabla_{\underline{w}}\mathsf{T}$ bezeichnen wir die Jacobi-Matrix der Transformation T. Wir fordern $\det(\nabla_{\underline{w}}\mathsf{T}) \neq 0$. Eine solche Transformation der abhängigen Variablen wollen wir als **reguläre Transformation** bezeichnen. Durch Einsetzen von $\underline{v} = \mathsf{T}(\underline{w})$ in (2.16) erfüllt die Funktion $\underline{w} = \mathsf{T}^{-1}(\underline{v}) : \mathbb{R} \times \mathbb{R}^N \to \mathbb{R}^M$ das System der Gleichungen

$$
\begin{aligned}
0 \;=\;& \underline{\underline{a}}_0(\mathsf{T}(\underline{w})) \cdot \mathsf{T}(\underline{w})_t \;+\; \sum_{k=1}^{N} \underline{\underline{a}}_k(\mathsf{T}(\underline{w})) \cdot (\mathsf{T}(\underline{w}))_{x_k} \;-\; \underline{a}_{N+1}(\mathsf{T}(\underline{w})) \\
=\;& \underline{\underline{a}}_0 \cdot \nabla_{\underline{w}}\mathsf{T} \cdot \underline{w}_t \;+\; \sum_{k=1}^{N} \underline{\underline{a}}_k \cdot \nabla_{\underline{w}}\mathsf{T} \cdot \underline{w}_{x_k} \;-\; \underline{a}_{N+1}.
\end{aligned}
$$

Für dieses System gilt nun mit $\underline{\xi} \in \mathbb{R}^{N+1}$

$$
\begin{aligned}
\mathcal{Q}(\underline{\xi}) \;=\;& \det\left((\xi_0 \underline{\underline{a}}_0 + \xi_1 \underline{\underline{a}}_1 + \cdots + \xi_N \underline{\underline{a}}_N) \cdot \nabla_{\underline{w}}\mathsf{T} \right) \\
=\;& \det(\xi_0 \underline{\underline{a}}_0 + \xi_1 \underline{\underline{a}}_1 + \cdots + \xi_N \underline{\underline{a}}_N) \cdot \det(\nabla_{\underline{w}}\mathsf{T}) \\
=\;& 0
\end{aligned}
$$

genau dann, wenn dieses für $\underline{v}$ gilt. Somit hat das transformierte Gleichungssystem die gleichen charakteristischen Normalvektoren und damit die gleichen charakteristischen Flächen.

Eigenwerte und Gleichungstypen

Wir wollen nun zu dem System (2.16) den Spezialfall betrachten, daß die Matrix $\underline{\underline{a}}_0$ nicht singulär ist, d.h. $\det \underline{\underline{a}}_0 \neq 0$. Dann kann die Richtung $\underline{\xi} =$

---

[8]Siehe Courant/Hilbert [23], Erwe/Peschl [38], Jeffrey [63] oder John [64].

$(1,0,\dots,0)^\tau$ *kein* charakteristischer Normalvektor sein. Da die Form $\mathcal{Q}(\underline{\xi})$ homogen ist, ist bei den reellen Lösungen von $\mathcal{Q}(\underline{\xi}) = 0$ mit $\underline{\xi} \neq 0$, wie oben bemerkt, nur die Richtung, aber nicht die Länge relevant, d.h., wir können geeignet normieren. Wenn die Werte von $\widetilde{\xi} = (\xi_1,\dots,\xi_N) \in \mathbb{R}^N$ beliebig, aber fest, vorgegeben sind, ist $\mathcal{Q}(\xi_0)$, gegeben durch

$$\mathcal{Q}(\xi_0) := \mathcal{Q}(\xi_0,\widetilde{\xi}) = \det \underline{\underline{A}}(\xi_0,\widetilde{\xi}),$$

ein Polynom M-ten Grades in ξ_0, das **charakteristische Polynom** des Systems (2.16). Wir setzen $\widehat{\nu} = |\widetilde{\xi}|^{-1} \cdot \widetilde{\xi}$, d.h., $\widehat{\nu}$ unterscheidet sich von $\widetilde{\xi}$ durch die Normierung $|\widehat{\nu}|_{\mathbb{R}^N} = 1$.

Das charakteristische Polynom $\mathcal{Q}(\xi_0)$ des Systems (2.16) ist gleichzeitig das charakteristische Polynom der Matrix $\underline{\underline{B}}(\widetilde{\xi})$, die durch

$$\underline{\underline{B}}(\widetilde{\xi}) = \underline{\underline{a}}_0^{-1} \cdot (\xi_1\,\underline{\underline{a}}_1 + \cdots + \xi_N\,\underline{\underline{a}}_N)$$

gegeben ist. Somit sind die Nullstellen $\lambda = -\xi_0$ des charakteristischen Polynoms, d.h. $\mathcal{Q}(-\lambda) = 0$, die Eigenwerte der Matrix $\underline{\underline{B}}(\widetilde{\xi})$. Wir bezeichnen daher die M Nullstellen

$$\lambda_1(\widehat{\nu},\underline{P}),\dots,\lambda_M(\widehat{\nu},\underline{P}) \in \mathbb{C}$$

zu beliebigem $\widehat{\nu} \in \mathbb{R}^N$ mit $|\widehat{\nu}|_{\mathbb{R}^N} = 1$ im Punkt $\underline{P} = (t,x,\underline{v}) \in \mathbb{R}^{1+N+M}$ als **Eigenwerte des Systems** (2.16).

Gibt es M *reelle* Nullstellen

$$\xi_0 = -\lambda_1(\widehat{\nu},\underline{P}),\dots,-\lambda_M(\widehat{\nu},\underline{P})$$

des charakteristischen Polynoms, die nicht unbedingt alle verschieden sind, und M linear unabhängige rechte Eigenvektoren

$$\underline{r}_1(\widehat{\nu},\underline{P}),\dots,\underline{r}_M(\widehat{\nu},\underline{P})$$

der Matrix $\underline{\underline{B}}(\widehat{\nu})$ zu beliebigem $\widehat{\nu} \in \mathbb{R}^N$ mit $|\widehat{\nu}|_{\mathbb{R}^N} = 1$ im Punkt $\underline{P} = (t,x,\underline{v}) \in \mathbb{R}^{1+N+M}$, so nennen wir das System (2.16) **hyperbolisch** bezüglich t im Punkt $\underline{P}$. Sind $\det \underline{\underline{a}}_0 \neq 0$, das System hyperbolisch und die Koeffizientenmatrizen $\underline{\underline{a}}_0,\dots,\underline{\underline{a}}_N$ symmetrisch, so heiße das System (2.16) **symmetrisch hyperbolisch**.

Ist das System (2.16) hyperbolisch, so setzen wir

$$\lambda_1(\widehat{\nu},\underline{P}) \leq \cdots \leq \lambda_M(\widehat{\nu},\underline{P}).$$

Damit wird, außer bei mehrfachen Eigenwerten, der Index k von λ_k eindeutig festgelegt. Mit

$$(2.23) \qquad \underline{l}_1(\widehat{\nu},\underline{P}),\dots,\underline{l}_M(\widehat{\nu},\underline{P})$$

bezeichnet man die Vektoren $\underline{l}_1, \ldots, \underline{l}_M$ derart, daß die Vektoren $\underline{l}_1 \cdot \underline{\underline{a}}_0, \ldots, \underline{l}_M \cdot \underline{\underline{a}}_0$ die linksseitigen Eigenvektoren der Matrix $\underline{\underline{B}}(\widehat{\nu})$ sind. Sie werden als **linke Eigenvektoren** des Systems (2.16) bezeichnet. Die Vektoren $\underline{r}_1(\widehat{\nu}, \underline{P}), \ldots, \underline{r}_M(\widehat{\nu}, \underline{P})$ bezeichnet man als **rechte Eigenvektoren** des Systems (2.16). Die Eigenvektoren seien durch die Bedingungen

$$(2.24) \qquad \underline{l}_i \cdot \underline{\underline{a}}_0 \cdot \underline{r}_j = \delta_{ij} \quad \text{für } i, j = 1, \ldots, M$$

normiert, mit dem Kronecker-Symbol $\delta_{ij} = 0$ für $i \neq j$, $= 1$ für $i = j$. Ist $\underline{\underline{a}}_0 = \underline{\underline{Id}}$, dann sind die Matrizen, die aus den $\underline{l}_i$ als Zeilenvektoren und den $\underline{r}_j$ als Spaltenvektoren gebildet werden, zueinander invers.

Sind die Nullstellen, Eigenwerte, alle *reell* und *verschieden*, so wird das System (2.16) **strikt hyperbolisch**[9] in $\underline{P} \in \mathbb{R}^{1+N+M}$ genannt. Gibt es dagegen in einem Punkt $\underline{P} \in \mathbb{R}^{1+N+M}$ keinen Vektor $\underline{\xi} \in \mathbb{R}^{N+1}$ mit $\underline{\xi} \neq 0$, der die Gleichung $\mathcal{Q}(\underline{\xi}) = 0$ erfüllt, so wird das System (2.16) als **elliptisch** bezeichnet. In diesem Fall sind alle Eigenwerte des Systems komplexe Zahlen mit nichtverschwindendem Imaginärteil. Zwischen diesen Extremen gibt es natürlich vielfältige Möglichkeiten. Systeme, die in einigen Regionen des $\mathbb{R}^{1+N+M}$ hyperbolisch und in einigen elliptisch sind, nennt man Systeme **gemischten Typs** (engl. „mixed type"). Treten sowohl reelle als auch komplexe Nullstellen von $\mathcal{Q}(\xi_0)$ in einem Punkt $\underline{P} \in \mathbb{R}^{1+N+M}$ auf, so spricht man dort von einem System **zusammengesetzten Typs** (engl. „composite type"). Beispiele betrachten wir in den folgenden Abschnitten.

2.3 Hyperbolische Systeme

Eine charakteristische Fläche $\Gamma \subset \mathbb{R} \times \mathbb{R}^N$ zu einem hyperbolischen System (2.16) besitzt in jedem Punkt $\underline{p} \in \Gamma$ einen Normalvektor $\underline{\xi} = (-\lambda_i, \widehat{\nu})$ für ein $i \in \{1, \ldots, M\}$. Da die Eigenwerte differenzierbar von $\underline{p} \in \Gamma$ abhängen, ist somit einer charakteristischen Fläche mindestens ein fester Index i zugeordnet. Wir bezeichnen daher eine charakteristische Fläche Γ_i zum i-ten Eigenwert als **i-te charakteristische Fläche**. Hat das System mehrfache Eigenwerte, so sind einer Fläche mehrere Indizes zugeordnet.

Ist das System (2.16) hyperbolisch, so gibt es um jeden Punkt $(t, x, \underline{v}) \in \mathbb{R}^{1+N+M}$ und zu jedem $\widehat{\nu} \in \mathbb{R}^N$ mit $|\widehat{\nu}| = 1$ maximal M verschiedene Flächen $\Gamma_1, \ldots, \Gamma_M$, die lokal durch Gleichungen

$$\phi_1(t, x) = 0, \ldots, \phi_M(t, x) = 0$$

---

[9]Bei Courant/Hilbert [23] wird dieser Fall noch total hyperbolisch genannt.

gegeben sind, wobei wir ohne Einschränkung

$$\frac{\partial \phi_1}{\partial t} \neq 0, \ldots, \frac{\partial \phi_M}{\partial t} \neq 0$$

annehmen wollen. Nur im Fall einfacher Eigenwerte sind diese Flächen alle verschieden. Zu jedem mehrfachen Eigenwert gibt es nur eine Fläche, die wir hier mehrfach zählen.

Für $\underline{\xi} = \nabla_{t,x}\phi_i$ mit einem $i \in \{1, \ldots, M\}$ gilt jeweils

$$(2.25) \qquad\qquad \mathcal{Q}(\nabla_{t,x}\phi_i) = \det \underline{\underline{A}}(\nabla_{t,x}\phi_i) = 0.$$

In jedem Punkt $(t, x, \underline{v})$ und für jeden Vektor $\widehat{\underline{v}} \in \mathbb{R}^N$ mit $|\widehat{\underline{v}}| = 1$ gibt es geeignete Konstanten $\alpha_1(\widehat{\underline{v}}), \ldots, \alpha_M(\widehat{\underline{v}})$ derart, daß gilt

$$\nabla_{t,x}\phi_1 = \alpha_1(\widehat{\underline{v}}) \begin{pmatrix} \lambda_1(\widehat{\underline{v}}) \\ \widehat{\underline{v}} \end{pmatrix}, \ldots, \nabla_{t,x}\phi_M = \alpha_M(\widehat{\underline{v}}) \begin{pmatrix} \lambda_M(\widehat{\underline{v}}) \\ \widehat{\underline{v}} \end{pmatrix}.$$

Längs der charakteristischen Flächen Γ_i sind nicht alle Ableitungen einer Lösung $\underline{v}$ durch die inneren Ableitungen und das Gleichungssystem (2.16) bestimmt. Insbesondere können nicht-tangentiale Ableitungen von $\underline{v}$ eine Sprungunstetigkeit längs Γ_i besitzen, wie wir noch sehen werden. Die Differenzen der ersten Ableitungen $\underline{v}_t, \underline{v}_{x_1}, \ldots, \underline{v}_{x_N}$ müssen in dem zu λ_i gehörigen Eigenraum liegen.

Kompatibilitätsbedingungen

Betrachten wir die linken Eigenvektoren $\underline{l}_1, \ldots, \underline{l}_M$ des Systems. Wir führen die Bezeichnungen $\underline{Z}_1^i, \ldots, \underline{Z}_M^i$ für die Spaltenvektoren der $(N+1) \times M$-Matrix

$$(2.26) \qquad\qquad \begin{pmatrix} \underline{l}_i \cdot \underline{\underline{a}}_0 \\ \vdots \\ \underline{l}_i \cdot \underline{\underline{a}}_N \end{pmatrix} = (\underline{Z}_1^i, \ldots, \underline{Z}_M^i).$$

ein. Wenn wir das Gleichungssystem (2.16) von links mit $\underline{l}_i$ multiplizieren, erhalten wir

$$(2.27) \qquad \begin{aligned} \underline{l}_i \cdot \underline{\underline{a}}_{N+1} &= \underline{l}_i \cdot \underline{\underline{a}}_0 \underline{v}_t + \cdots + \underline{l}_i \cdot \underline{\underline{a}}_N \underline{v}_{x_N} \\ &= \underline{Z}_1^i \cdot \nabla_{t,x} v_1 + \cdots + \underline{Z}_M^i \cdot \nabla_{t,x} v_M. \end{aligned}$$

Es gilt nach Definition mit der Einheitsmatrix $\underline{\underline{Id}}$ und der im letzten Abschnitt eingeführten Matrix $\underline{\underline{B}}$ mit $\underline{\xi} = (-\lambda_i, \widehat{\underline{v}})$

$$\underline{l}_i \cdot \underline{\underline{a}}_0(-\lambda_i) + \underline{l}_i \cdot \underline{\underline{a}}_1 \nu_1 + \cdots + \underline{l}_i \cdot \underline{\underline{a}}_N \nu_N = \underline{l}_i \underline{\underline{a}}_0 \left[-\lambda_i \underline{\underline{Id}} + \underline{\underline{B}}(\widehat{\underline{v}})\right] = \underline{0}$$

und

$$0 = \underline{l}_i \cdot \underline{\underline{a}}_0(-\lambda_i) + \underline{l}_i \cdot \underline{\underline{a}}_1 \nu_1 + \cdots + \underline{l}_i \cdot \underline{\underline{a}}_N \nu_N = \left(\langle \underline{Z}_1^i, \underline{\xi} \rangle, \ldots, \langle \underline{Z}_M^i, \underline{\xi} \rangle \right),$$

d.h. $\langle \underline{Z}_1^i, \underline{\xi} \rangle = 0, \ldots, \langle \underline{Z}_M^i, \underline{\xi} \rangle = 0$. Somit sind die Vektoren $\underline{Z}_1^i, \ldots, \underline{Z}_M^i$ Tangentialvektoren der charakteristischen Fläche Γ_i. Es gilt

$$\text{rang} \left(\underline{Z}_1^i, \ldots, \underline{Z}_M^i \right) \leq \min\{\, N, M \,\},$$

da der Tangentialraum an Γ_i die Dimension N hat.

Aus der Gleichung (2.27) ergibt sich, daß sich ein hyperbolisches System (2.16) durch das für glatte Lösungen äquivalente System

$$(2.28) \qquad \begin{aligned} \underline{Z}_1^1 \cdot \nabla_{t,x} v_1 + \cdots + \underline{Z}_M^1 \cdot \nabla_{t,x} v_M &= \underline{l}_1 \cdot \underline{a}_{N+1} \\ \vdots \qquad\qquad \vdots \qquad\qquad &\quad \vdots \\ \underline{Z}_1^M \cdot \nabla_{t,x} v_1 + \cdots + \underline{Z}_M^M \cdot \nabla_{t,x} v_M &= \underline{l}_M \cdot \underline{a}_{N+1} \end{aligned}$$

ersetzen läßt, das nur aus inneren Richtungsableitungen der charakteristischen Flächen $\Gamma_1, \ldots, \Gamma_M$ besteht. Das System (2.28) ist äquivalent zu (2.16), da für hyperbolische Systeme die linken Eigenvektoren eine Basis des $\mathbb{R}^M$ bilden. Die Systeme werden deshalb mittels der Multiplikation mit der nichtsingulären Matrix $\underline{\underline{L}} = (\underline{l}_1, \ldots, \underline{l}_M)$ bzw. ihrer Inversen $\underline{\underline{L}}^{-1}$ ineinander überführt. Wir bezeichnen die Gleichungen (2.28) als das System der **Kompatibilitätsgleichungen** zu dem System (2.16) oder als **System in charakteristischer Form**.

Die charakteristischen Flächen Γ_i können auch wie folgt einführt werden.[10] Man sagt, die Fläche sei charakteristisch, wenn ein linker Eigenvektor $\underline{l}_i \neq \underline{0}$ derart existiert, daß die durch (2.26) gegebenen Vektoren $\underline{Z}_1^i, \ldots, \underline{Z}_M^i$ Tangentialvektoren von Γ_i sind. Damit folgt, daß aus (2.16) die Gleichung (2.27) entsteht, die nur innere Ableitungen von Γ_i enthält.

Wir zeigen, daß aus dieser Forderung wieder (2.25) folgt. Sei wie bisher Γ_i lokal durch die Gleichung $\varphi(t,x) = 0$ gegeben und in einem Punkt (t,x) auf der Fläche $\underline{\xi} = \nabla_{t,x} \varphi$ gesetzt. Dann müssen mit

$$\underline{l}_i = (l_j^i)_{j=1,\ldots,M}, \qquad \underline{\underline{a}}_k = (a_{j\ell}^k)_{1 \leq j,\ell \leq M} \quad \text{und} \quad \underline{Z}_\ell^i = (Z_{k\ell}^i)_{k=0,\ldots,N}$$

für $k = 0, \ldots, N$ bzw. $\ell = 1, \ldots, M$ die Gleichungen

$$0 = \langle \underline{Z}_\ell^i, \underline{\xi} \rangle_{\mathbb{R}^{N+1}} = \sum_{k=0}^{N} Z_{k\ell}^i \xi_k = \sum_{k=0}^{N} \sum_{j=1}^{M} l_j^i a_{j\ell}^k \xi_k$$

---

[10]Siehe Courant/Friedrichs [22, Kap. 32].

gelten. Damit $\underline{l}_i \neq \underline{0}$ existiert, muß

$$\det \left(\sum_{k=0}^{N} a_{j\ell}^{k} \xi_k \right) = \det \underline{\underline{A}}(\underline{\xi}) = \mathcal{Q}(\underline{\xi}) = 0,$$

d.h. (2.25), gelten.

Bicharakteristiken und charakteristische Geschwindigkeiten

Da die Form $\mathcal{Q}(\underline{\xi})$ homogen von der Ordnung M in $\underline{\xi} \in \mathbb{R}^{N+1}$ ist, gilt die Gleichung $\alpha^M \mathcal{Q}(\underline{\xi}) = \mathcal{Q}(\alpha \underline{\xi})$ für $\alpha \in \mathbb{R}$. Diese Gleichung kann nach α differenziert werden. Wenn man anschließend $\alpha = 1$ betrachtet, folgt, daß die Funktion $\mathcal{Q}(\underline{\xi})$ selbst einer Differentialgleichung, der **Eulerschen Homogenitätsgleichung**

$$(2.29) \qquad \nabla_{\xi} \mathcal{Q}(\underline{\xi}) \cdot \underline{\xi} = \mathsf{M} \cdot \mathcal{Q}(\underline{\xi}),$$

genügt. Es sei $\underline{\xi}(\underline{P})$ ein differenzierbares Feld charakteristischer Normalvektoren, Γ_i eine zugehörige charakteristische Fläche, und wir nehmen an, es sei

$$\nabla_{\xi} \mathcal{Q}(\underline{\xi}) \neq 0.$$

Wegen $\mathcal{Q}(\underline{\xi}) = 0$ folgt aus (2.29), daß $\nabla_{\xi}\mathcal{Q}(\underline{\xi})$ ein Tangentialvektor an die charakteristische Fläche Γ_i ist. Somit gibt es in diesem Fall auf einer i-ten charakteristischen Fläche Γ_i ein ausgezeichnetes Vektorfeld.

Ist das System (2.16) strikt hyperbolisch, d.h. das Polynom $\mathcal{Q}(\xi_0)$ besitzt nur einfache Nullstellen, so gilt $\partial_{\xi_0}\mathcal{Q}(\underline{\xi}) \neq 0$, und damit ist die Bedingung $\nabla_{\xi}\mathcal{Q}(\underline{\xi}) \neq 0$ erfüllt. Es gilt nach dem Hauptsatz der Algebra mit $\underline{\widetilde{\xi}} = (\xi_1, \ldots, \xi_N)$

$$\mathcal{Q}(\underline{\xi}) = \left(\xi_0 + \lambda_1(\underline{\widetilde{\xi}}) \right) \cdot \, \cdots \, \cdot \left(\xi_0 + \lambda_M(\underline{\widetilde{\xi}}) \right).$$

Durch Differenzieren und Einsetzen von $\underline{\xi} = (-\lambda_i(\widehat{\nu}), \widehat{\nu})$ folgt

$$\nabla_{\xi} \mathcal{Q}(\underline{\xi}) = \begin{pmatrix} 1 \\ \dfrac{\partial \lambda_i}{\partial \xi_1}(\widehat{\nu}) \\ \vdots \\ \dfrac{\partial \lambda_i}{\partial \xi_N}(\widehat{\nu}) \end{pmatrix} \prod_{j \neq i} \left(\lambda_j(\widehat{\nu}) - \lambda_i(\widehat{\nu}) \right).$$

Wir setzen

$$\underline{t}_i := \left(\prod_{j \neq i} [\lambda_j(\widehat{\nu}) - \lambda_i(\widehat{\nu})] \right)^{-1} \nabla_{\underline{\xi}} \mathcal{Q}(\underline{\xi}) = \nabla_{\underline{\xi}} [\xi_0 + \lambda_i(\widehat{\nu})] = \left(\begin{array}{c} 1 \\ \nabla_{\widetilde{\xi}} \lambda_i(\widehat{\nu}) \end{array} \right)$$

und bezeichnen den Vektor $\underline{t}_i$ als **i-ten charakteristischen Vektor**.

Betrachten wir den Fall, daß das System (2.16) hyperbolisch ist, aber mehrfache Nullstellen möglich sind. Wir können nicht mehr $\nabla_{\underline{\xi}} \mathcal{Q}(\underline{\xi}) \neq \underline{0}$ erwarten. Aber wir erhalten die charakteristischen Vektoren auch wie folgt. Die Matrix $\underline{\underline{B}}(\widetilde{\underline{\xi}})$ ist homogen von erster Ordnung, d.h., es gilt

$$|\widetilde{\underline{\xi}}|^{-1} \underline{\underline{B}}(\widetilde{\underline{\xi}}) = \underline{\underline{B}}(|\widetilde{\underline{\xi}}|^{-1} \widetilde{\underline{\xi}}).$$

Daher gilt mit $\widehat{\underline{\nu}} = |\widetilde{\underline{\xi}}|^{-1} \widetilde{\underline{\xi}}$

$$0 = \det \left(\frac{\lambda_i(\widetilde{\underline{\xi}})}{|\widetilde{\underline{\xi}}|} \underline{\underline{Id}} - \frac{1}{|\widetilde{\underline{\xi}}|} \underline{\underline{B}}(\widetilde{\underline{\xi}}) \right) = \det \left(\lambda_i(\widehat{\underline{\nu}}) \underline{\underline{Id}} - \underline{\underline{B}}(\widehat{\underline{\nu}}) \right)$$

woraus unmittelbar

(2.30)
$$\lambda_i(\widetilde{\underline{\xi}}) = \lambda_i(\widehat{\underline{\nu}}) |\widetilde{\underline{\xi}}|$$

folgt, d.h. der Eigenwert $\lambda_i(\widetilde{\underline{\xi}})$ ist auch eine homogene Funktion von erster Ordnung in $\widetilde{\underline{\xi}}$. Aus der Eulerschen Homogenitätsgleichung (2.29) mit $M = 1$ folgt daher analog

(2.31)
$$\nabla_{\widetilde{\underline{\xi}}} \lambda_i(\widetilde{\underline{\xi}}) \cdot \widetilde{\underline{\xi}} = \lambda_i(\widetilde{\underline{\xi}}) = \lambda_i(\widehat{\underline{\nu}}) |\widetilde{\underline{\xi}}|$$

oder mit $\widetilde{\underline{\xi}} = \widehat{\underline{\nu}}$ und $\underline{\xi} = (-\lambda_i(\widehat{\underline{\nu}}), \widehat{\underline{\nu}})$

$$\left(\begin{array}{c} 1 \\ \nabla_{\widetilde{\underline{\xi}}} \lambda_i(\widehat{\underline{\nu}}) \end{array} \right) \cdot \left(\begin{array}{c} -\lambda_i(\widehat{\underline{\nu}}) \\ \widehat{\underline{\nu}} \end{array} \right) = 0.$$

Darum setzen wir auch in diesem Fall

(2.32)
$$\underline{t}_i := \left(\begin{array}{c} 1 \\ \nabla_{\widetilde{\underline{\xi}}} \lambda_i(\widehat{\underline{\nu}}) \end{array} \right).$$

Wir können den Vektor $\underline{t}_i$ noch näher bestimmen. Es gilt wegen der Definition von Eigenvektoren

$$0 = \left[-\lambda_i \underline{\underline{a}}_0 + \sum_{k=1}^{N} \xi_k \underline{\underline{a}}_k \right] \cdot \underline{r}_i$$

und nach Multiplikation mit $\underline{l}_i$ wegen der Normierung (2.24)

$$(2.33) \qquad \lambda_i(\widetilde{\underline{\xi}}) = \sum_{k=1}^{N} \xi_k \, (\underline{l}_i \cdot \underline{\underline{a}}_k \cdot \underline{r}_i).$$

Weiter gelten auch die Beziehungen

$$0 = \left(\frac{\partial}{\partial \xi_j}\underline{l}_i\right) \cdot \left[-\lambda_i \, \underline{\underline{a}}_0 + \sum_{k=1}^{N} \xi_k \underline{\underline{a}}_k\right] \cdot \underline{r}_i$$

und

$$0 = \underline{l}_i \cdot \left[-\lambda_i \, \underline{\underline{a}}_0 + \sum_{k=1}^{N} \xi_k \underline{\underline{a}}_k\right] \cdot \left(\frac{\partial}{\partial \xi_j}\underline{r}_i\right).$$

Unter Beachtung von $\underline{\underline{a}}_k = \underline{\underline{a}}_k(\underline{P})$, $\lambda_i = \lambda_i(\widetilde{\underline{\xi}}, \underline{P})$, $\underline{l}_i = \underline{l}_i(\widetilde{\underline{\xi}}, \underline{P})$ und $\underline{r}_i = \underline{r}_i(\widetilde{\underline{\xi}}, \underline{P})$ für $j = 1, \ldots, N$ sowie der Normierung (2.24) folgt

$$0 = \frac{\partial}{\partial \xi_j}[\underline{l}_i \cdot \underline{\underline{a}}_0 \cdot \underline{r}_i]$$

und damit folgt aus obigen Gleichungen

$$\begin{aligned}
\sum_{k=1}^{N} \xi_k \, \frac{\partial}{\partial \xi_j}[\underline{l}_i \cdot \underline{\underline{a}}_k \cdot \underline{r}_i] &= \sum_{k=1}^{N} \xi_k \left[\left(\frac{\partial}{\partial \xi_j}\underline{l}_i\right) \cdot \underline{\underline{a}}_k \cdot \underline{r}_i + \underline{l}_i \cdot \underline{\underline{a}}_k \cdot \left(\frac{\partial}{\partial \xi_j}\underline{r}_i\right)\right] \\
&= \lambda_i \left[\left(\frac{\partial}{\partial \xi_j}\underline{l}_i\right) \cdot \underline{\underline{a}}_0 \cdot \underline{r}_i + \underline{l}_i \cdot \underline{\underline{a}}_0 \cdot \left(\frac{\partial}{\partial \xi_j}\underline{r}_i\right)\right] \\
&= \lambda_i \frac{\partial}{\partial \xi_j}[\underline{l}_i \cdot \underline{\underline{a}}_0 \cdot \underline{r}_i] = 0.
\end{aligned}$$

Aus (2.33) folgt daher durch Differenzieren

$$\frac{\partial \lambda_i}{\partial \xi_j} = \underline{l}_i \cdot \underline{\underline{a}}_j \cdot \underline{r}_i = \underline{l}_i \cdot \frac{\partial}{\partial \xi_j}\underline{\underline{A}}(\underline{\xi}) \cdot \underline{r}_i.$$

Damit gilt

$$(2.34) \qquad \underline{t}_i = \begin{pmatrix} 1 \\ \underline{l}_i \cdot \underline{\underline{a}}_1 \cdot \underline{r}_i \\ \vdots \\ \underline{l}_i \cdot \underline{\underline{a}}_N \cdot \underline{r}_i \end{pmatrix} = \begin{pmatrix} \underline{l}_i \cdot \underline{\underline{a}}_0 \cdot \underline{r}_i \\ \underline{l}_i \cdot \underline{\underline{a}}_1 \cdot \underline{r}_i \\ \vdots \\ \underline{l}_i \cdot \underline{\underline{a}}_N \cdot \underline{r}_i \end{pmatrix}.$$

Wir erhalten, wenn das System (2.16) hyperbolisch ist, zur vorgegebenen Lösung $\underline{v}$ auf einer stetig differenzierbaren i-ten charakteristischen Fläche

$\Gamma_i \subset \mathbb{R} \times \mathbb{R}^N$ mit den zugehörigen normierten Normalvektoren $\widehat{\underline{\nu}} \in \mathbb{R}^N$ mit $|\widehat{\underline{\nu}}|_{\mathbb{R}^N} = 1$, indem wir das i-te charakteristische Vektorfeld $\underline{t}_i$ integrieren, das **System i-ter charakteristischer Differentialgleichungen**

$$\dot{t}(\theta) = 1$$

$$(2.35) \qquad \dot{x}_1(\theta) = \frac{\partial}{\partial \xi_1}[\,\lambda_i(\widehat{\underline{\nu}}(\theta), \underline{P}(\theta))\,] = \underline{l}_i \cdot \underline{\underline{a}}_1 \cdot \underline{r}_i,$$

$$\vdots$$

$$\dot{x}_N(\theta) = \frac{\partial}{\partial \xi_N}[\,\lambda_i(\widehat{\underline{\nu}}(\theta), \underline{P}(\theta))\,] = \underline{l}_i \cdot \underline{\underline{a}}_N \cdot \underline{r}_i,$$

für $\theta \in I \subseteq \mathbb{R}$. Einer Lösung dieses Systems gewöhnlicher Differentialgleichungen ist immer ein Eigenwert λ_i des Systems (2.16) zugeordnet. Mit der ersten Gleichung erhalten wir $\theta = t$.

Wir nennen wiederum stetig differenzierbare Kurven γ_i in $\mathbb{R}^{1+N}$,

$$\gamma_i = \{\,(t, x(t)) \mid t \in I \subseteq \mathbb{R}\,\},$$

die Lösungskurven der i-ten charakteristischen Differentialgleichungen sind und somit in der i-ten charakteristischen Fläche Γ_i liegen, **i-te charakteristische Grundkurven** oder **Bicharakteristiken**. Analog zu den Betrachtungen über Integralflächen in Abschnitt 2.1 kann man zeigen, daß charakteristische Flächen aus Bicharakteristiken aufgebaut sind. Eine Bicharakteristik, die in einem Punkt eine charakteristische Fläche berührt, d.h. einen gemeinsamen Tangentialvektor hat, muß ganz in der Fläche verlaufen.

Es sei $\underline{\xi} \in \mathbb{R}^{N+1} \setminus \{0\}$ ein beliebiger charakteristischer Normalenvektor zum i-ten Eigenwert. In einem Punkt $P = (t, x, \underline{v}) \in \mathbb{R}^{1+N+M}$ bildet die Menge

$$\left\{\mu\underline{\xi} + \begin{pmatrix} t \\ x \end{pmatrix} \;\middle|\; \mu \in \mathbb{R}, \underline{\xi} = (-\lambda_i(\widehat{\underline{\nu}}), \widehat{\underline{\nu}}), |\widehat{\underline{\nu}}| = 1\right\}$$

einen verallgemeinerten Kegel. Er ist eine Hyperfläche in $\mathbb{R}^{1+N}$, die sich mittels $\mu \in \mathbb{R}$ und $\widehat{\underline{\nu}}$ auf der Einheitssphäre des $\mathbb{R}^N$ parametrisieren läßt. Der Kegel hat seine Spitze im Punkt (t, x) und wird als **i-ter Normalkegel** bezeichnet. Analog bilden die Tangentialvektoren $\underline{t}_i(\widehat{\underline{\nu}})$ der charakteristischen Flächen bei (t, x), die jeweils orthogonal zu den $\underline{\xi}$ sind, den **i-ten Kegel der Mongeschen Richtungen**

$$\{\mu\underline{t}_i(\widehat{\underline{\nu}}) \mid \mu \in \mathbb{R}, |\widehat{\underline{\nu}}| = 1\} \subset \mathbb{R}^{1+N}.$$

Die Integralkurven zu (2.35), d.h. die Bicharakteristiken, spannen, über $\widehat{\underline{\nu}}$ parametrisiert, den **i-ten charakteristischen** oder **Mongeschen Kegel** im

Punkt (t, x) auf. Dieser Kegel kann zu einer einzigen Kurve degenerieren, wie bei der Wellengleichung in Beispiel 2.11 oder den Euler-Gleichungen in Abschnitt 2.4, wenn die jeweiligen bicharakteristischen Richtungen nicht wirklich von $\widehat{\underline{\nu}}$ abhängen. Der i-te Mongesche Kegel ist die **einhüllende Fläche (Enveloppe)** der bezüglich $\widehat{\underline{\nu}}$ parametrisierten Schar der i-ten charakteristischen Flächen, da er durch die Gleichungen für einhüllende Flächen

$$\mathcal{Q}(\widehat{\underline{\nu}}) = 0, \quad \nabla_{\widehat{\underline{\nu}}}\mathcal{Q}(\widehat{\underline{\nu}}) = 0,$$

siehe Courant [21], bestimmt ist. Interessanterweise sind beide Bedingungen durch die Homogenitätsgleichung (2.29) gekoppelt.

Im Fall $\mathsf{M} = 1$ und $a_0 \neq 0$, dem in Abschnitt 2.1 behandelten Fall nur einer Gleichung, ist mit $\underline{\widetilde{\xi}} = (\xi_1, \ldots, \xi_\mathsf{N})$

$$0 = \mathcal{Q}(\underline{\xi}) = -a_0 \lambda(\underline{\widetilde{\xi}}) + a_1 \xi_1 + \cdots + a_\mathsf{N} \xi_\mathsf{N},$$

d.h.

$$\lambda(\underline{\widetilde{\xi}}) = \frac{1}{a_0}(a_1 \xi_1 + \cdots + a_\mathsf{N} \xi_\mathsf{N}).$$

Damit gilt

$$\underline{t}_i = \nabla_{\underline{\xi}}(\xi_0 + \lambda(\widehat{\underline{\nu}})) = \frac{1}{a_0} \begin{pmatrix} a_0 \\ a_1 \\ \vdots \\ a_\mathsf{N} \end{pmatrix} = \frac{1}{a_0}\underline{A}$$

mit dem Koeffizientenvektor $\underline{A}$. Das i-te charakteristische Vektorfeld, in diesem Fall gibt es nur $i = 1$, stimmt, bis auf den Faktor a_0, mit dem charakteristischen Grundvektor (Koeffizientenvektor) überein. Ebenso unterscheiden sich die Systeme charakteristischer Differentialgleichungen in diesem Fall nur um den Faktor $a_0 \neq 0$, wobei wir allerdings für das System (2.16) keine Differentialgleichung in $\underline{v}$ erhalten haben, da hier $\underline{v}$ als bekannte Funktion vorausgesetzt wurde.

Wir wollen auch noch den Fall eines Systems, $\mathsf{M} > 1$, aber nur einer Raumvariablen, $\mathsf{N} = 1$, betrachten. Es ist $\widehat{\nu} = \xi_1 = 1$. Es sei $\lambda_i = \lambda_i(1)$ ein reeller Eigenwert des Systems, dann gilt nach (2.33)

$$\lambda_i(\xi_1) = \lambda_i(1)\xi_1,$$

und wir erhalten das i-te charakteristische Vektorfeld

$$\underline{t}_i = \begin{pmatrix} 1 \\ \lambda_i \end{pmatrix}.$$

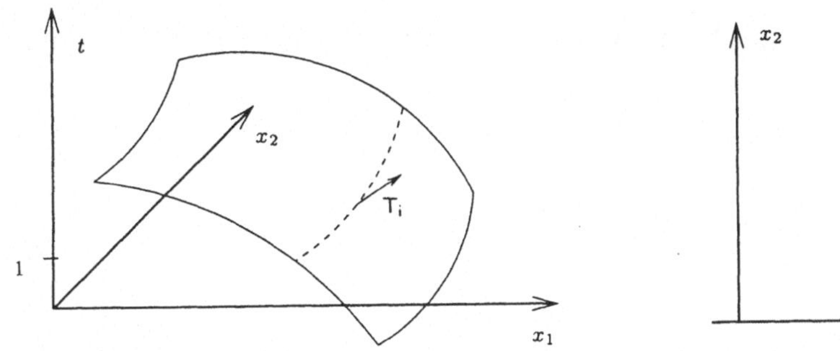

Abbildung 2.7: Normalstrahlenvektor T_i; Projektion T'_i von T_i in die Ebene $t = 0$

In diesem Fall sind die i-ten charakteristischen „Flächen" Kurven, die den Vektor $\underline{t}_i = (1, \lambda_i)^\tau$ als Tangentialvektor haben. Wir können daher den Eigenwert λ_i als Geschwindigkeit der i-ten charakteristischen Kurven auffassen.

Im Fall $N > 1$ gibt es ein weiteres charakteristisches Vektorfeld in $\mathbb{R} \times \mathbb{R}^N$, gegeben durch

$$\underline{T}_i := \begin{pmatrix} 1 \\ \lambda_i(\hat{\underline{\nu}})\nu_1 \\ \vdots \\ \lambda_i(\hat{\underline{\nu}})\nu_N \end{pmatrix},$$

denn für $\underline{\xi} = (-\lambda_i(\hat{\underline{\nu}}), \hat{\underline{\nu}})$ gilt wegen $|\hat{\underline{\nu}}|^2 = 1$

$$\langle \underline{\xi}, \underline{T}_i \rangle_{\mathbb{R}^{N+1}} = 0.$$

Die Vektoren $\underline{T}_i$ nennen wir **i-te charakteristische Vektoren zweiter Art** oder **charakteristische Normalstrahlenvektoren**. Die über das System gewöhnlicher Differentialgleichungen

$$\begin{aligned}
\dot{t}(\theta) &= 1 \\
\dot{x}_1(\theta) &= \lambda_i(\hat{\underline{\nu}})\nu_1 \\
&\;\;\vdots \\
\dot{x}_N(\theta) &= \lambda_i(\hat{\underline{\nu}})\nu_N
\end{aligned}$$

definierten Kurven in $\mathbb{R} \times \mathbb{R}^N$ nennen wir **i-te charakteristische Normalkurven**. Die räumliche Kurve $x(t)$ in $\mathbb{R}^N$ verläuft räumlich normal zu den i-ten charakteristischen Flächen, da $\hat{\underline{\nu}}$ der räumliche Einheitsnormalvektor einer solchen Fläche ist.

Gilt $\lambda_i(\widehat{\underline{\nu}}) \equiv \lambda_i \in \mathbb{R}$, d.h., der Eigenwert λ_i hängt von der Richtung $\widehat{\underline{\nu}}$ nicht ab, so gilt nach (2.30)

$$\nabla_{\widetilde{\underline{\xi}}}\lambda_i(\widetilde{\underline{\xi}}) = \lambda_i \frac{1}{|\widetilde{\underline{\xi}}|}\widetilde{\underline{\xi}} = \lambda_i\,\widehat{\underline{\nu}}.$$

Damit folgt dann im Spezialfall $\lambda_i(\widehat{\underline{\nu}}) \equiv \lambda_i$, daß

$$\underline{t}_i = \underline{T}_i$$

ist. Insbesondere auch im Fall $N = 1$ stimmen somit die Vektoren überein, d.h., auch die Bicharakteristiken und die charakteristischen Normalkurven stimmen überein. Aus (2.31) folgt

$$\left\langle \underline{t}_i\,,\, \begin{pmatrix} 0 \\ \widehat{\underline{\nu}} \end{pmatrix} \right\rangle_{\mathbb{R}^{N+1}} = \left\langle \underline{T}_i\,,\, \begin{pmatrix} 0 \\ \widehat{\underline{\nu}} \end{pmatrix} \right\rangle_{\mathbb{R}^{N+1}} = \lambda_i.$$

Wir wollen nun noch die geometrische Bedeutung reeller Eigenwerte $\lambda_i(\widehat{\underline{\nu}}, \underline{P})$ in Bezug auf die i-ten charakteristischen Flächen im Fall $N > 1$ erläutern. Dazu nehmen wir wieder eine durch $\phi(t, x) = 0$ gegebene charakteristische Fläche Γ_i mit $\phi_t \neq 0$, d.h., die Fläche ändert sich in der Zeit. Wir erhalten lokal die Darstellung $t = \psi(x)$ durch den Satz über implizite Funktionen. Dieses kann man zum Zeitpunkt t als eine $N - 1$ dimensionale räumliche Fläche auffassen, die sich mit der Zeit verändert. Durch Projektion auf den $\mathbb{R}^N$ erhalten wir zu jedem Zeitpunkt t die durch $\psi(x) = t$ gegebene $N - 1$ dimensionale Fläche $\Upsilon_{i,t}$. Dann ist $\nabla_x\psi = (\psi_{x_1}, \dots, \psi_{x_N})$ ein räumlicher Normalvektor zu dieser $(N - 1)$-dimensionalen Fläche zum Zeitpunkt t. Für die Funktion φ, die über die Gleichung

$$\varphi(t, x) := \psi(x) - t = 0$$

auch die Fläche Γ_i darstellt, gilt $\varphi_t = -1$, $\varphi_{x_j} = \psi_{x_j}$ für $j = 1, \dots, N$ und $\mathcal{Q}(-1, \nabla_x\psi) = 0$. Wegen der Homogenität von $\mathcal{Q}(\underline{\xi})$ folgt

$$\mathcal{Q}\left(\frac{-1}{|\nabla_x\psi|}, \frac{\psi_{x_1}}{|\nabla_x\psi|}, \dots, \frac{\psi_{x_N}}{|\nabla_x\psi|} \right) = 0,$$

d.h., es gilt

$$\lambda_i(\widehat{\underline{\nu}}) = \frac{1}{|\nabla_x\psi|} \quad \text{und} \quad \widehat{\underline{\nu}} = \frac{\nabla_x\psi}{|\nabla_x\psi|}.$$

Betrachten wir einen Punkt auf der charakteristischen Fläche Γ_i, dessen Projektion auf den $\mathbb{R}^N$ sich in normaler Richtung zu den $N - 1$ dimensionalen **räumlichen charakteristischen Flächen** $\Upsilon_{i,t}$, die lokal durch die Gleichung $\psi(x) = t$ definiert sind und somit räumliche Projektionen von Γ_i darstellen, bewegt. Das heißt, wir betrachten eine Kurve $x(t)$ für $t \in \mathbf{I} \subseteq \mathbb{R}$, die der

Gleichung $\varphi(t, x(t)) = 0$ genügt und deren Tangentialvektoren die Gleichung $\dot{x}(t) = \vartheta(t)\nabla_x\psi$, wobei $\vartheta : \mathbf{I} \to \mathbb{R}$ eine zu bestimmende Funktion ist, erfüllen. Es gilt

$$0 = \frac{d}{dt}\varphi(t, x(t)) = \varphi_t + \sum_{k=1}^{N} \varphi_{x_k}\dot{x}_k(t) = -1 + \vartheta(t)|\nabla_x\psi|^2,$$

d.h., es folgt

$$\vartheta(t) = \frac{1}{|\nabla_x\psi|^2}.$$

Somit bewegt sich ein solcher Punkt mit dem Geschwindigkeitsvektor

$$\dot{x}(t) = \frac{1}{|\nabla_x\psi|^2}\nabla_x\psi = \lambda_i(\widehat{\underline{\nu}})\,\widehat{\underline{\nu}}.$$

Die Geschwindigkeit $|\dot{x}| = |\lambda_i|$ bezeichnet man wegen ihrer Richtung als **Normalgeschwindigkeit** der Fläche $\psi(x) = konst$. Daher kann man die Eigenwerte $\lambda_i(\widehat{\underline{\nu}}, \underline{P})$ für $i = 1, \ldots, M$ als Normalgeschwindigkeiten einer Familie räumlicher Flächen $\Upsilon_{i,t}$ mit Normalvektor $\widehat{\underline{\nu}}$ auffassen. Deshalb nennt man die Eigenwerte $\lambda_1(\widehat{\underline{\nu}}, \underline{P}), \ldots, \lambda_M(\widehat{\underline{\nu}}, \underline{P})$, wenn sie reell sind, auch **charakteristische Geschwindigkeiten**. Die durch $\gamma_i(t) = (t, x(t))$ gegebene Kurve in $\mathbb{R} \times \mathbb{R}^N$ ist eine i-te charakteristische Normalkurve.

Ausbreitung von Unstetigkeiten und genuine Nichtlinearität

Wir wollen wieder den Spezialfall $\underline{a}_{N+1} \equiv 0$ für ein hyperbolisches System betrachten. Zur Vereinfachung nehmen wir auch an, daß die Koeffizientenmatrizen $\underline{a}_0, \ldots, \underline{a}_N$ nicht von den unabhängigen Variablen t, x abhängen. Es sei $\widehat{\underline{\nu}} \in \mathbb{R}^N$ fest gegeben mit $|\widehat{\underline{\nu}}|_{\mathbb{R}^N} = 1$. Wir betrachten Lösungen, die auf den zu $\widehat{\underline{\nu}}$ orthogonalen Hyperebenen konstant sind, d.h.

$$\underline{v}(t, x) := \underline{v}(t, y) \quad \text{mit} \quad y = \sum_{k=1}^{N} \nu_k x_k \in \mathbb{R}.$$

Eine solche stetig differenzierbare Funktion ist eine Lösung des Gleichungssystems (2.16) genau dann, wenn

$$(2.36) \qquad \underline{\underline{a}}_0 \cdot \underline{v}_t + \sum_{k=1}^{N} \nu_k \left(\underline{\underline{a}}_k \cdot \underline{v}_y\right) = 0$$

gilt.

Wir betrachten speziell eine stetige Lösung dieser Gestalt auf der Ebene $(t, y) \in \mathbb{R}^2$. Dort sei eine stetig differenzierbare Kurve

$$\gamma = \{\, (t, \theta(t)) \mid t \in \mathbb{R} \,\}$$

gegeben. Zusätzlich nehmen wir an, die Lösung $\underline{v}$ sei auf den disjunkten Teilmengen

$$D^+ = \{\, (t,y) \mid y > \theta(t) \,\} \qquad \text{und} \qquad D^- = \{\, (t,y) \mid y < \theta(t) \,\},$$

die durch die Kurve γ getrennt werden, jeweils zweifach stetig differenzierbar. Auf die Kurve γ sollen alle Ableitungen bis zur zweiten Ordnung stetig fortsetzbar sein. Wir wollen die einseitigen Grenzwerte mit $\underline{v}^{\pm}$, $\underline{v}_t^{\pm}$, $\underline{v}_y^{\pm}$, usw. und mit $[\underline{v}] = \underline{v}^+ - \underline{v}^-$, $[\underline{v}_t] = \underline{v}_t^+ - \underline{v}_t^-$, $[\underline{v}_y] = \underline{v}_y^+ - \underline{v}_y^-$, usw. die Sprünge in den Werten auf der Kurve γ bezeichnen. Dabei soll $[\underline{v}_y](t, \theta) \neq 0$ gelten, d.h., diese Ableitung sei *unstetig* längs der Kurve γ, während $\underline{v}$ selbst stetig vorausgesetzt ist. Somit gilt $[\underline{v}] = 0$ und deshalb

$$(2.37) \qquad 0 = \frac{d}{dt}[\underline{v}](t, \theta(t)) = [\underline{v}_t](t, \theta(t)) + [\underline{v}_y](t, \theta(t))\, \dot{\theta}(t)$$

für $t \in \mathbb{R}$. Aus (2.36) folgt durch Bildung der Differenz der einseitigen Grenzwerte und Einsetzen von (2.37)

$$(2.38) \qquad \begin{aligned} 0 &= \underline{\underline{a}}_0 \cdot [\underline{v}_t] + \sum_{k=1}^{N} \nu_k \left(\underline{\underline{a}}_k \cdot [\underline{v}_y] \right) \\ &= \left(\sum_{k=1}^{N} \nu_k\, \underline{\underline{a}}_k - \dot{\theta}(t)\, \underline{\underline{a}}_0 \right) \cdot [\underline{v}_y]. \end{aligned}$$

Da $[\underline{v}_y] \neq 0$ vorausgesetzt ist, muß $(-\dot{\theta}, \nu_1, \ldots, \nu_N)$ ein charakteristischer Normalvektor sein, und wegen $|\widehat{\nu}|_{\mathbb{R}^N} = 1$ ist $\dot{\theta} = \lambda_i(\widehat{\nu}, \underline{v})$ für ein festes $i \in \{1, \ldots, M\}$ eine charakteristische Geschwindigkeit. Wir sehen wieder, daß auch in diesem Fall Unstetigkeiten in den ersten Ableitungen nur längs charakteristischer Flächen vorkommen können.

Weiter sehen wir in (2.38), daß der Sprung $[\underline{v}_y]$ parallel zu dem rechten Eigenvektor $\underline{r}_i(\widehat{\nu}, \underline{v})$ sein muß, d.h.

$$(2.39) \qquad [\underline{v}_y](t, \theta(t)) = \beta(t)\, \underline{r}_i(\widehat{\nu}, \underline{v}).$$

Dabei mißt $\beta(t)$ die Höhe (Amplitude) des Sprungs in der partiellen Ableitung $\underline{v}_y$ längs der Kurve γ.

Wir wollen das Verhalten der Funktion β längs γ näher betrachten. Auf der Teilmenge D^- sei deshalb nun zusätzlich die betrachtete Lösung $\underline{v}$ als konstant angenommen, d.h. $\underline{v} = \underline{\tilde{v}} \in \mathbb{R}^M$. Auf der Kurve γ ist somit auch $\underline{v} = \underline{\tilde{v}}$ wegen der vorausgesetzten Stetigkeit der Lösung $\underline{v}$. Die Geschwindigkeit $\dot\theta = \lambda_i(\underline{\hat\nu}, \underline{\tilde{v}})$ der Kurve γ ist daher konstant, d.h., die Kurve γ ist in diesem Fall eine Gerade. Es ist $[\underline{v}_t] = \underline{v}_t^+$ und $[\underline{v}_y] = \underline{v}_y^+$. Nun leiten wir (2.39) nach t ab, d.h.

$$(2.40) \qquad \underline{v}_{yt}^+(t, \theta(t)) + \underline{v}_{yy}^+(t, \theta(t))\,\dot\theta(t) = \dot\beta(t)\,\underline{r}_i(\underline{\hat\nu}, \underline{\tilde{v}}).$$

Weiter erhalten wir durch Multiplikation von (2.36) mit dem linken Eigenvektor $\underline{l}_i(\underline{\hat\nu}, \underline{v})$ in D^+ sowie unter Nutzung der Eigenwertgleichung

$$\underline{l}_i(\underline{\hat\nu}, \underline{v}) \cdot \underline{\underline{a}}_0 \cdot (\underline{v}_t + \lambda_i(\underline{\hat\nu}, \underline{v})\,\underline{v}_y) = 0.$$

Diese Gleichung leiten wir nach y ab und betrachten auf dem Gebiet D^+ den Grenzübergang $(t_n, y_n) \to (t, \theta) \in \gamma$. Das ergibt, unter Beachtung der Tatsache, daß wir stetige Größen nicht einseitig auszeichnen müssen,

$$
\begin{aligned}
0 \;=\; & \left[\sum_{j=1}^{M} \frac{\partial}{\partial v^j} \underline{l}_i \left(\frac{\partial v^j}{\partial y} \right)^+ \cdot \underline{\underline{a}}_0 + \underline{l}_i \cdot \sum_{j=1}^{M} \frac{\partial}{\partial v^j} \underline{\underline{a}}_0 \left(\frac{\partial v^j}{\partial y} \right)^+ \right] (\underline{v}_t^+ + \lambda_i(\underline{\hat\nu}, \underline{\tilde{v}})\,\underline{v}_y^+) \\
& + \underline{l}_i(\underline{\hat\nu}, \underline{\tilde{v}}) \cdot \underline{\underline{a}}_0 \cdot \left[\underline{v}_{ty}^+ + \left(\sum_{j=1}^{M} \frac{\partial \lambda_i}{\partial v^j} \left(\frac{\partial v^j}{\partial y} \right)^+ \right) \underline{v}_y^- + \lambda_i(\underline{\hat\nu}, \underline{\tilde{v}})\,\underline{v}_{yy}^+ \right].
\end{aligned}
$$

Analog zu (2.37) gilt $\underline{v}_t^+ + \lambda_i(\underline{\hat\nu}, \underline{\tilde{v}})\,\underline{v}_y^+ = 0$, womit der erste Teil der rechten Seite verschwindet. Weiter können wir (2.39) und (2.40) einsetzen. Mit der Normierung $\underline{l}_i \cdot \underline{\underline{a}}_0 \cdot \underline{r}_i = 1$ erhalten wir

$$0 = \dot\beta(t) + (\nabla_{\underline{v}}\lambda_i(\underline{\hat\nu}, \underline{\tilde{v}}) \cdot \underline{r}_i(\underline{\hat\nu}, \underline{\tilde{v}}))\,\beta^2(t),$$

d.h. eine Differentialgleichung für die Sprunghöhe β. Die gewöhnliche Differentialgleichung

$$(2.41) \qquad \dot\beta(t) = -C\,\beta^2(t)$$

mit

$$C := \nabla_{\underline{v}}\lambda_i(\underline{\hat\nu}, \underline{\tilde{v}}) \cdot \underline{r}_i(\underline{\hat\nu}, \underline{\tilde{v}}) \neq 0$$

hat die Lösungen

$$\beta(t) = \frac{\beta(0)}{1 + t\,C\,\beta(0)},$$

die für $C \cdot \beta(0) < 0$ in endlicher Zeit gegen Unendlich gehen, dagegen für $C \cdot \beta(0) > 0$ asymptotisch gegen 0 streben.

Beispiel 2.10: Wir greifen in diesem Zusammenhang Beispiel 2.5 wieder auf, d.h. die Gleichung

$$v_t + f'(v)\, v_x = 0.$$

Es sind $\lambda(v) = f'(v)$ und $l = r = 1$ (die „Eigenvektoren"). Somit ist

$$C = C(v) = f''(v).$$

Weiter ist $y = x$, d.h. $\beta(t) = v_x^-(t, \theta(t))$. Ist die Flußfunktion f strikt konvex, d.h. $f''(v) = C > 0$ und $v_0'(\theta(0)) = \beta(0) < 0$, so folgt $C \cdot \beta(0) < 0$ und $\beta = v_x^-$ wird bei

$$t = \frac{-1}{C\beta(0)} = \frac{-1}{f''(v_0(\theta(0)))v_0'(\theta(0))}$$

unendlich groß, wie wir auch in Beispiel 2.5 für glatte Lösungen gefunden hatten.

Ist

$$C(v) = f''(v) \equiv 0,$$

so ist die Funktion f affin linear, $f(v) = cv + b$ mit $b, c \in \mathbb{R}$. Die Differentialgleichung

$$v_t + c\, v_x = 0$$

ist linear. Dann ist $\dot\beta(t) = 0$, d.h., der Sprung in v_x ist längs der Geraden γ konstant.

Ist $f \in C^2(\mathbb{R})$ eine beliebige Flußfunktion, so ist an allen Wendepunkten $C(v) = 0$. $\Diamond$

Die Bedingung $C \neq 0$ unterscheidet nicht-lineares von linearem Verhalten eines Systems (2.16).[11] Ist das System linear, d.h., die Koeffizientenmatrizen $\underline{\underline{a}}_0, \ldots, \underline{\underline{a}}_N$ und der Quellvektor $\underline{a}_{N+1}$ hängen nicht von $\underline{v}$ ab, so gilt $\nabla_{\underline{v}}\lambda_i \equiv 0$. Damit gilt in (2.41) $\dot\beta(t) = 0$. Die Sprunghöhe (Amplitude) von $\underline{v}_y$ längs der Geraden γ bleibt zeitlich konstant.

Die Gesamtheit der Größen (Eigenwert, Eigenvektoren usw.), die mit dem Index i zusammenhängen, bezeichnen wir als **i-tes charakteristisches Feld**. Ist in einem Punkt $\underline{P} = (t, x, \underline{v}) \in \mathbb{R}^{N+M+1}$ die Bedingung

$$(2.42) \qquad \langle\, \nabla_{\underline{v}}\lambda_i(\widehat{\underline{v}}, \underline{P})\, ,\ \underline{r}_i(\widehat{\underline{v}}, \underline{P})\, \rangle_{\mathbb{R}^M} \neq 0$$

erfüllt, so sagt man, das i-te charakteristische Feld sei **genuin nichtlinear** in $\underline{P}$. Gilt

$$(2.43) \qquad \langle\, \nabla_{\underline{v}}\lambda_i(\widehat{\underline{v}}, \underline{P})\, ,\ \underline{r}_i(\widehat{\underline{v}}, \underline{P})\, \rangle_{\mathbb{R}^M} = 0,$$

---

[11]Siehe auch Dafermos [28].

so nennt man das i-te charakteristische Feld **linear degeneriert** in $\underline{P}$.

Damit das i-te charakteristische Feld genuin nichtlinear ist, muß somit $\nabla_{\underline{v}}\lambda_i(\underline{v}) \neq 0$ gelten, d.h., der Eigenwert $\lambda_i(\underline{v})$ muß eine sich verändernde Funktion in $\underline{v}$ sein. Darüberhinaus soll der rechte Eigenvektor $\underline{r}_i(\underline{v})$ nicht ein Tangentialvektor an die Fläche $\lambda_i(\underline{v}) = konst.$ sein.

Lineare hyperbolische Systeme mit konstanten Koeffizienten

Wir betrachten nun den Spezialfall, daß die Matrizen $\underline{\underline{a}}_0, \dots, \underline{\underline{a}}_N \in \mathbb{R}^{M^2}$ konstant sind und der Quellterm mit einer Matrix $\underline{\underline{b}} \in \mathbb{R}^{M^2}$ und einem Vektor $\underline{c} \in \mathbb{R}^M$ die Gestalt $\underline{\underline{a}}_{N+1} = \underline{\underline{b}}\,\underline{v} + \underline{c}$ hat, d.h. die Gleichung

$$(2.44) \qquad \underline{\underline{a}}_0 \underline{v}_t + \sum_{k=1}^{N} \underline{\underline{a}}_k \underline{v}_{x_k} = \underline{\underline{b}}\,\underline{v} + \underline{c}.$$

Es sei $\underline{v}$ im folgenden eine Lösung des Systems.

Wir bezeichnen mit S^N die Einheitssphäre in $\mathbb{R}^N$. Wir nehmen an, das System sei hyperbolisch und besitze zu jedem $\widehat{\underline{\nu}} \in S^N$ die M Eigenwerte $\lambda_i = \lambda_i(\widehat{\underline{\nu}})$ mit zugehörigen linear unabhängigen rechten Eigenvektoren $\underline{r}_i = \underline{r}_i(\widehat{\underline{\nu}})$, $i = 1, \dots, M$. Wir bezeichnen mit $\underline{\underline{R}} = \underline{\underline{R}}(\widehat{\underline{\nu}}) := (\underline{r}_1, \dots, \underline{r}_M)$ die Matrix mit den rechten Eigenvektoren als Spalten. Zu jeder Richtung $\widehat{\underline{\nu}}$ führen wir die charakteristischen Variablen $\underline{w} = \underline{w}(\widehat{\underline{\nu}}) = (w^1, \dots, w^M)^\tau$ mit

$$\underline{w} = \underline{\underline{R}}^{-1}\underline{v} \qquad \text{oder} \qquad \underline{v} = \underline{\underline{R}}\,\underline{w}$$

ein. Weiterhin sei $\underline{\underline{L}}$ die Matrix mit den linken Eigenvektoren (2.23) als Zeilen. Unter Beachtung der Normierung (2.24) erhalten wir mit den Matrizen $\underline{\underline{B}}_k := \underline{\underline{L}}\,\underline{\underline{A}}_k\,\underline{\underline{R}} = (b_{ij}^k)_{i,j=1}^M$ das System in charakteristischen Variablen

$$\underline{w}_t + \sum_{k=1}^{N} \underline{\underline{B}}_k \underline{w}_{x_k} = \underline{\underline{L}}\,\underline{\underline{b}}\,\underline{\underline{R}}\,\underline{w} + \underline{\underline{L}}\,\underline{c}.$$

Die Matrizen $\underline{\underline{B}}_k$ enthalten in den Diagonalen als Einträge Komponenten aus den charakteristischen Vektoren $\underline{t}_i$, wie man aus (2.34) ersieht. Wir zerlegen die Matrizen des Systems gemäß $\underline{\underline{B}}_k = \underline{\underline{\Lambda}}_k + \underline{\underline{B}}_k'$ mit den Diagonalmatrizen $\underline{\underline{\Lambda}}_k$, die nur in der Diagonale von Null verschieden sind und dort die Diagonaleinträge der Matrizen $\underline{\underline{B}}_k$ enthalten, d.h., es gilt

$$\underline{\underline{\Lambda}}_k = \begin{pmatrix} b_{11}^k & & 0 \\ & \ddots & \\ 0 & & b_{MM}^k \end{pmatrix}.$$

Wir erhalten damit das **quasi-diagonalisierte** System

$$(2.45) \qquad \underline{w}_t + \sum_{k=1}^{N} \underline{\underline{\Lambda}}_k \underline{w}_{x_k} = - \sum_{k=1}^{N} \underline{\underline{B}}'_k \underline{w}_{x_k} + \underline{\underline{L}}\,\underline{\underline{b}}\,\underline{\underline{R}}\,\underline{w} + \underline{\underline{L}}\,\underline{c} =: \underline{S}.$$

Die i-te Bicharakteristik ist nach (2.29) Lösung des folgenden Systems gewöhnlicher Differentialgleichungen

$$(2.46) \qquad \frac{d\underline{x}_i}{d\tilde{t}} = \underline{b}_{ii}(\underline{n}) := (b_{ii}^1, \ldots, b_{ii}^M)^\tau$$

und steht daher mit der i-ten Gleichung des Systems (2.45) in Zusammenhang. Wegen der Annahme konstanter Koeffizienten sind die Bicharakteristiken durch den Punkt P Geraden und spannen mittels der Variablen $\widehat{\underline{\nu}} \in S^N$ einen verallgemeinerten Kegel auf.

Wir betrachten zu gegebenem $\widehat{\underline{\nu}}$ die durch (2.46) gegebene i-te Bicharakteristik des Systems (2.45) von einem Punkt $P = (t, x)$ mit $t > 0$ rückwärts bis zur Zeit $t = 0$, wobei wir den Punkt $Q_i(\widehat{\underline{\nu}})$ erreichen. Wir integrieren nun die i-te Gleichung des Systems längs dieser i-ten Bicharakteristik von $Q_i(\widehat{\underline{\nu}})$ nach P. Damit erhalten wir für $i = 1, \ldots, M$

$$(2.47) \qquad w_i(P) - w_i(Q_i(\widehat{\underline{\nu}})) = \int_0^t S_i\left(\tau, \underline{x}_i(\tau, \widehat{\underline{\nu}})\right) d\tau.$$

Multiplikation der Gleichung (2.47) von links mit der Matrix der rechten Eigenvektoren $\underline{\underline{R}}$ und Integration der Variablen $\widehat{\underline{\nu}}$ über die Einheitssphäre S^N liefert mit

$$\underline{\widetilde{S}} = (\widetilde{S}_1, \ldots, \widetilde{S}_M)^\tau := \frac{1}{|S^N|} \int_{S^N} \int_0^t \underline{\underline{R}}(\widehat{\underline{\nu}})\, \underline{S}(\tau, \widehat{\underline{\nu}})\, d\tau\, dO$$

die folgende Integraldarstellung für Lösungen von (2.44)

$$(2.48) \qquad \begin{aligned} \underline{v}(P) = \underline{v}(t, x) &= \frac{1}{|S^N|} \int_{S^N} \underline{\underline{R}}(\widehat{\underline{\nu}}) \begin{pmatrix} w_1(Q_1(\widehat{\underline{\nu}})) \\ \vdots \\ w_M(Q_M(\widehat{\underline{\nu}})) \end{pmatrix} dO + \underline{\widetilde{S}} \\[2mm] &= \frac{1}{|S^N|} \int_{S^N} \underline{v}(Q_i(\widehat{\underline{\nu}}))\, dO + \underline{\widetilde{S}}. \end{aligned}$$

Das Integrationsgebiet ist der rückwärtsgerichtete charakteristische, Mongesche oder **Machsche Kegel** zum Punkt P. Über ihn wird die Abhängigkeit der Lösung im Punkt P von den Anfangsdaten zum Zeitpunkt $t = 0$ beschrieben. Analog gibt es auch einen vorwärtsgerichteten charakteristischen Kegel,

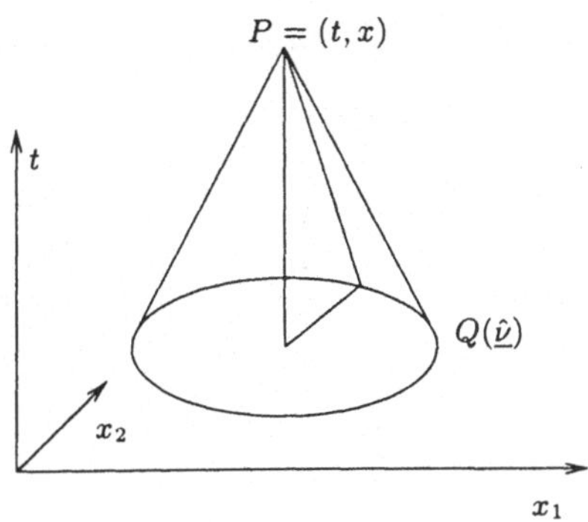

Abbildung 2.8: Machscher Kegel

der den Einfluß von Punkten $Q(\hat{\nu})$ auf die Lösung zu einem späteren Zeitpunkt beschreibt. Darstellungsformeln wie (2.48) wurden von Ostkamp [99] als Ausgangspunkt zur Konstruktion numerischer Verfahren verwendet.

Beispiel 2.11: Wir wollen die **lineare Wellengleichung**

$$(2.49) \qquad w_{tt} - \sum_{j,k=1}^{N} a_{jk} w_{x_j x_k} = 0$$

für eine Funktion $w \in C^2(\mathbb{R} \times \mathbb{R}^N)$ betrachten. Es sei $\underline{a} = (a_{jk})_{1 \le j,k \le N} \in \mathbb{R}^{N^2}$ die zugehörige Matrix der Koeffizienten. Wir fordern, daß die Matrix $\underline{\underline{a}}$ symmetrisch und positiv definit sei, d.h., für alle $\underline{\xi} \in \mathbb{R}^N \setminus \{0\}$ gelte

$$\langle \underline{\xi}, \underline{\underline{a}} \cdot \underline{\xi} \rangle_{\mathbb{R}^N} > 0.$$

Wir setzen

$$\phi = w_t, \quad u^1 = w_{x_1}, \quad \cdots, u^N = w_{x_N}$$

d.h. $\underline{u} = \nabla_x w$. Damit folgt aus (2.49)

$$\phi_t - \nabla_x \cdot (\underline{\underline{a}}\,\underline{u}) = 0$$

und $\underline{u}_t = \nabla_x w_t = \nabla_x \phi$. Somit erhalten wir das zu der Gleichung (2.49) gehörige System erster Ordnung

$$
\begin{aligned}
\phi_t &= \sum_{j,k=1}^{N} a_{jk}(u^k)_{x_j} \\
(u^1)_t &= \phi_{x_1}, \\
&\ \ \vdots \\
(u^N)_t &= \phi_{x_N}.
\end{aligned}
$$

Mit $\underline{v} = (\phi, u^1, \dots, u^N)^\tau$ und der Einheitsmatrix $\underline{\underline{Id}}$ erhalten wir das System in der Form (2.16)

$$0 = \underline{\underline{Id}} \cdot \underline{v}_t - \begin{pmatrix} 0 & a_{11} & \cdots & a_{1N} \\ 1 & 0 & \cdots & 0 \\ 0 & 0 & \cdots & 0 \\ 0 & 0 & \cdots & 0 \\ \vdots & \vdots & & \vdots \\ 0 & 0 & \cdots & 0 \end{pmatrix} \cdot \underline{v}_{x_1} - \begin{pmatrix} 0 & a_{21} & \cdots & a_{2N} \\ 0 & 0 & \cdots & 0 \\ 1 & 0 & \cdots & 0 \\ 0 & 0 & \cdots & 0 \\ \vdots & \vdots & & \vdots \\ 0 & 0 & \cdots & 0 \end{pmatrix} \cdot \underline{v}_{x_2}$$

$$(2.50) \qquad\qquad - \cdots - \begin{pmatrix} 0 & a_{N1} & \cdots & a_{NN} \\ 0 & 0 & \cdots & 0 \\ 0 & 0 & \cdots & 0 \\ 0 & 0 & \cdots & 0 \\ \vdots & \vdots & & \vdots \\ 1 & 0 & \cdots & 0 \end{pmatrix} \cdot \underline{v}_{x_N} .$$

Damit folgt für die charakteristische Form

$$\begin{aligned}
0 = \mathcal{Q}(-\lambda, \widehat{\underline{\nu}}) &= \begin{vmatrix} -\lambda & -\sum_{j=1}^{N} \nu_j a_{j1} & \cdots & -\sum_{j=1}^{N} \nu_j a_{jN} \\ -\nu_1 & -\lambda & \cdots & 0 \\ \vdots & \vdots & \ddots & \vdots \\ -\nu_N & 0 & \cdots & -\lambda \end{vmatrix} \\[2ex]
&= (-\lambda)^{N+1} - (-\lambda)^{N-1} \left(\sum_{j,k=1}^{N} \nu_j a_{jk} \nu_k \right) \\[2ex]
&= (-\lambda)^{N-1} \left(\lambda^2 - \langle \widehat{\underline{\nu}} , \underline{\underline{a}} \cdot \widehat{\underline{\nu}} \rangle_{\mathbb{R}^N} \right) .
\end{aligned}$$

Das obige System hat die Eigenwerte, charakteristischen Geschwindigkeiten,

$$\lambda_{2,\dots,N}(\widehat{\underline{\nu}}) = 0, \quad \lambda_{1,N+1}(\widehat{\underline{\nu}}) = \mp \sqrt{\langle \widehat{\underline{\nu}} , \underline{\underline{a}} \cdot \widehat{\underline{\nu}} \rangle_{\mathbb{R}^N}} .$$

Die rechten Eigenvektoren $\underline{r}_i$ müssen im Kern der Matrix

$$\lambda_i \underline{\underline{Id}} + \begin{pmatrix} 0 & \widehat{\underline{\nu}} \cdot \underline{\underline{a}} \\ \widehat{\underline{\nu}} & \underline{\underline{0}} \end{pmatrix}$$

liegen. Es gilt

$$\underline{r}_{1,N+1}(\widehat{\underline{\nu}}) = \begin{pmatrix} \lambda_{1,N+1} \\ \widehat{\underline{\nu}} \end{pmatrix} .$$

Die Eigenvektoren $\underline{r}_{2,\dots,N}$ haben die Gestalt

$$\underline{r}_{2,\dots,N} = \begin{pmatrix} 0 \\ \underline{\mu}_{2,\dots,N} \end{pmatrix},$$

wobei $\underline{\mu}_{2,\dots,N} \in \mathbb{R}^N$ beliebige $N-1$ linear unabhängige Vektoren aus dem orthogonalen Komplement zu $\underline{\hat{v}} \cdot \underline{a} \in \mathbb{R}^N$ sind. Somit ist das System (2.50) hyperbolisch und im Fall $N \leq 2$ sogar strikt hyperbolisch.

Für die charakteristischen Vektoren gilt

$$\underline{t}_{2,\dots,N} = \underline{T}_{2,\dots,N} = \begin{pmatrix} 1 \\ 0 \\ \vdots \\ 0 \end{pmatrix}$$

und

$$\underline{t}_{1,N+1} = \begin{pmatrix} 1 \\ \dfrac{1}{\mp\sqrt{\langle \underline{\hat{v}}, \underline{\underline{a}}\cdot\underline{\hat{v}}\rangle_{\mathbb{R}^N}}} \, \underline{\underline{a}} \cdot \underline{\hat{v}} \end{pmatrix}, \qquad \underline{T}_{1,N+1} = \begin{pmatrix} 1 \\ \mp\sqrt{\langle \underline{\hat{v}}, \underline{\underline{a}}\cdot\underline{\hat{v}}\rangle_{\mathbb{R}^N}} \; \underline{\hat{v}} \end{pmatrix}.$$

Ist speziell $\underline{\underline{a}} = c^2 \underline{\underline{Id}}$ mit $c \in \mathbb{R}$, so folgt $\lambda_{1,N+1} = \mp c$ und

$$\underline{t}_{1,N+1} = \underline{T}_{1,N+1} = \begin{pmatrix} 1 \\ \mp c \; \underline{\hat{v}} \end{pmatrix}.$$

$\Diamond$

2.4 Die instationären Euler-Gleichungen

Wir wollen in $\mathbb{R}^3$ die Strömung eines idealen, polytropen Gases betrachten. Das Gas soll durch die physikalischen Größen **Dichte** $\rho : \mathbb{R} \times \mathbb{R}^3 \to \mathbb{R}$, **Druck** $p : \mathbb{R} \times \mathbb{R}^3 \to \mathbb{R}$, **innere Energie** $e : \mathbb{R} \times \mathbb{R}^3 \to \mathbb{R}$ und **Geschwindigkeitsvektor** $\underline{u} : \mathbb{R} \times \mathbb{R}^3 \to \mathbb{R}^3$ beschrieben werden. Dazu benötigen wir 6 Gleichungen.

Die physikalischen Gleichungen

In einem idealen Gas ist mit der Gaskonstanten R, für die mathematische Diskussion können wir die universelle Gaskonstante nehmen, die Temperatur T durch die Gleichung

$$T = \frac{p}{R\rho}$$

gegeben. Ein polytropes Gas[12] ist mit der Wärmekapazität bei konstantem Volumen C_V, einer stoffabhängigen Konstanten, durch die Gleichung

$$e = C_V T$$

definiert. Daraus erhält man die Zustandsgleichung

(2.51) $$p = (\gamma - 1)\rho e$$

mit dem **Adiabatenkoeffizienten** oder **Isentropenkoeffizienten**

$$\gamma := \left(\frac{R}{C_V} + 1\right) \in\,]1,2[.$$

Er ist gleichzeitig auch der Quotient aus den Wärmekapazitäten (spezifischen Wärmen) bei konstantem Druck $C_p = R + C_V$ und konstantem Volumen C_V, d.h. $\gamma = \frac{C_p}{C_V}$. Typische Werte sind $\gamma = 1.4$ für diatomische Gase, wie Luft, oder $\gamma = 1.66$ für monoatomische Gase.[13]

Durch weiterführende Überlegungen zu Abschnitt 1.3 erhält man[14] mit der Notation $\nabla_x = \left(\frac{\partial}{\partial x_1}, \frac{\partial}{\partial x_2}, \frac{\partial}{\partial x_3}\right)$ das folgende System von fünf Differentialgleichungen erster Ordnung:

Massenerhaltung (Kontinuitätsgleichung)

(2.52) $$\frac{\partial\rho}{\partial t} + \nabla_x \cdot (\rho\,\underline{u}) = 0,$$

Impulserhaltung

(2.53) $$\frac{\partial(\rho u^j)}{\partial t} + \nabla_x \cdot (\rho u^j\,\underline{u}) + \frac{\partial p}{\partial x_j} = 0, \qquad j = 1,2,3\,,$$

Energieerhaltung

(2.54) $$\frac{\partial(\rho e + \rho\frac{u^2}{2})}{\partial t} + \nabla_x \cdot \left(\left[\rho e + \rho\frac{u^2}{2} + p\right]\underline{u}\right) = 0.$$

Das System (2.51-2.54) wird als System der **instationären Euler-Gleichungen** bezeichnet. Diese Bezeichnung wird auch für die verschiedenen Varianten

---

[12]Bei Courant/Friedrichs [22], ideales Gas konstanter spezifischer Wärme bei Prandtl/ Oswatitsch/Wieghardt [101], kalorisch ideales Gas bei Becker [11].

[13]Siehe z.B. Becker [11, (1.64)] oder Courant/Friedrichs [22]. Mit $\gamma = 2$ lassen sich mit den im folgenden dargestellten Gleichungen für $N = 2$ Wellen auf flachem Wasser beschreiben, siehe Courant/Friedrichs [22, Sect.19] und besonders Stoker [116]. Es tritt eine interessante Analogie zu transsonischen Strömungen auf.

[14]Siehe z.B. Landau/Lifschitz [72], Zierep [137] oder Eppler [37].

des Gleichungssystems verwendet, die man erhält, wenn man andere abhängige Variablen nimmt oder unter zusätzlichen Annahmen die Anzahl der Variablen und Gleichungen reduziert. Ursprünglich wurden die Impulserhaltungsgleichungen (2.53) von Euler aufgestellt und daher findet man die Bezeichnung „Eulersche Bewegungsgleichung" in der Literatur oft auch ausschließlich auf (2.53) bezogen.

Die **konservativen Größen** oder Erhaltungsgrößen sind die Dichte ρ, der **Impulsvektor** $\underline{m} = \rho \underline{u}$ und die **Gesamtenergie** $\mathcal{E} = \rho E$, wobei die **spezifische Gesamtenergie** E durch

$$E = e + \frac{u^2}{2} \quad \text{(innere + kinetische spezifische Energie)}$$

gegeben ist. In dem System (2.52-2.54) ist zusätzlich eine Druckkraft berücksichtigt. In den konservativen Variablen lautet das System unter Berücksichtigung der Zustandsgleichung (2.51)

$$
(2.55) \quad
\begin{aligned}
\frac{\partial \rho}{\partial t} &+ \nabla_x \cdot \underline{m} = 0, \\[2ex]
\frac{\partial m^j}{\partial t} &+ \nabla_x \cdot \left(\frac{m^j}{\rho} \underline{m} \right) + (\gamma - 1) \frac{\partial \left(\mathcal{E} - \frac{m^2}{2\rho} \right)}{\partial x_j} = 0, \quad j = 1, 2, 3, \\[2ex]
\frac{\partial \mathcal{E}}{\partial t} &+ \nabla_x \cdot \left(\left[\gamma \frac{\mathcal{E}}{\rho} - (\gamma - 1) \frac{m^2}{2\rho^2} \right] \underline{m} \right) = 0.
\end{aligned}
$$

Dieses System wollen wir als **Euler-Gleichungen in Erhaltungsform** bezeichnen.

Neben der Tatsache, daß die konservativen Variablen verwendet werden, die bei der Betrachtung von unstetigen Lösungen, siehe Kapitel 10, eine wichtige Rolle spielen, ist diese Form der Gleichungen dadurch ausgezeichnet, daß mit jeder Lösung $(\rho, \underline{m}, \mathcal{E})$ des Systems auch für jedes $\alpha \in \mathbb{R}$ die vektorwerige Funktion $(\alpha\rho, \alpha\underline{m}, \alpha\mathcal{E})$ eine Lösung ist. Das Gleichungssystem ist homogen von der Ordnung 1.

Eine weitere physikalische Größe, die in diesem Zusammenhang häufig verwendet wird, ist die **spezifische Gesamtenthalpie**

$$H = E + \frac{p}{\rho}.$$

Mit dieser Größe erhalten wir die Gleichung (2.54) bzw. die letzte Gleichung in (2.55) in der einfacheren Form

$$\frac{\partial \mathcal{E}}{\partial t} + \nabla_x \cdot (\rho H \underline{u}) = \frac{\partial \mathcal{E}}{\partial t} + \nabla_x \cdot (H \underline{m}) = 0.$$

Solange wir uns mit differenzierbaren, oder wenigstens stückweise differenzierbaren, aber stetigen Lösungen beschäftigen, kann man genausogut (2.52-2.54) verwenden. Dabei kann man mit der Zustandsgleichung (2.51) eine der drei thermodynamischen Variablen ρ, p, e eliminieren. Es ist mathematisch sehr unbequem auf ρ zu verzichten, da die Gleichungen sehr kompliziert werden. Die Variablentransformationen zwischen den üblicherweise verwendeten Sätzen abhängiger Variablen $(\rho, u^1, u^2, u^3, p), (\rho, u^1, u^2, u^3, e)$ oder $(\rho, m^1, m^2, m^3, \mathcal{E})$ sind für $\rho \neq 0$ regulär. Die Variablen Geschwindigkeit, Druck und Temperatur (u^1, u^2, u^3, p, T) sind die physikalischen Größen, die prinzipiell in einem Gas gemessen werden können.

Eigenwerte und charakteristische Vektoren

Da die in Abschnitt 2.2 behandelten Begriffe gegenüber regulären Transformationen der gesuchten Funktionen invariant sind, kann man sich für die Anwendung dieser Begriffe den vorteilhaftesten Satz von abhängigen Variablen aussuchen. Die folgenden Betrachtungen sind am einfachsten mit den Variablen (ρ, u^1, u^2, u^3, p) durchzuführen, daher wollen wir (2.52-2.54) unter Verwendung von (2.51) in die folgende quasilineare Form bringen

$$(2.56) \quad \begin{aligned} \frac{\partial \rho}{\partial t} + \underline{u} \cdot \nabla_x \rho + \rho \, \nabla_x \cdot \underline{u} &= 0, \\[1ex] \frac{\partial u^j}{\partial t} + \underline{u} \cdot \nabla_x u^j + \frac{1}{\rho} \frac{\partial p}{\partial x_j} &= 0, \qquad j = 1, 2, 3, \\[1ex] \frac{\partial p}{\partial t} + \underline{u} \cdot \nabla_x p + \gamma \, p \, \nabla_x \cdot \underline{u} &= 0. \end{aligned}$$

Wenn wir (2.54) in der Form (2.16) mit $\underline{v} = (\rho, u^1, u^2, u^3, p)$ schreiben wollen, ist $\underline{\underline{a}}_0 = \underline{\underline{Id}}$ die Einheitsmatrix,

$$\underline{\underline{a}}_1(\underline{v}) = \begin{pmatrix} u^1 & \rho & 0 & 0 & 0 \\ 0 & u^1 & 0 & 0 & \frac{1}{\rho} \\ 0 & 0 & u^1 & 0 & 0 \\ 0 & 0 & 0 & u^1 & 0 \\ 0 & \gamma p & 0 & 0 & u^1 \end{pmatrix}, \quad \underline{\underline{a}}_2(\underline{v}) = \begin{pmatrix} u^2 & 0 & \rho & 0 & 0 \\ 0 & u^2 & 0 & 0 & 0 \\ 0 & 0 & u^2 & 0 & \frac{1}{\rho} \\ 0 & 0 & 0 & u^2 & 0 \\ 0 & 0 & \gamma p & 0 & u^2 \end{pmatrix},$$

$$(2.57) \qquad \underline{\underline{a}}_3(\underline{v}) = \begin{pmatrix} u^3 & 0 & 0 & \rho & 0 \\ 0 & u^3 & 0 & 0 & 0 \\ 0 & 0 & u^3 & 0 & 0 \\ 0 & 0 & 0 & u^3 & \frac{1}{\rho} \\ 0 & 0 & 0 & \gamma p & u^3 \end{pmatrix}.$$

Wir wollen die Eigenwerte $\lambda_1, \ldots, \lambda_5$ des Systems (2.54) bestimmen. Dazu sei $\widehat{\underline{\nu}} = (\nu_1, \nu_2, \nu_3) \in \mathbb{R}^3$ mit $|\widehat{\nu}|_{\mathbb{R}^3} = 1$. Wir setzen $w = -\lambda + \nu_1 u^1 + \nu_2 u^2 + \nu_3 u^3$, dann sei mit $\xi = (-\lambda, \widehat{\underline{\nu}}) \in \mathbb{R} \times \mathbb{R}^3$

$$
\begin{aligned}
0 \;=\;& \mathcal{Q}(\underline{\xi}) = \det(-\lambda \underline{\underline{Id}} + \nu_1 \underline{\underline{a}}_1 + \nu_2 \underline{\underline{a}}_2 + \nu_3 \underline{\underline{a}}_3) \\[2mm]
=\;& \det \begin{pmatrix}
w & \nu_1 \rho & \nu_2 \rho & \nu_3 \rho & 0 \\
0 & w & 0 & 0 & \frac{\nu_1}{\rho} \\
0 & 0 & w & 0 & \frac{\nu_2}{\rho} \\
0 & 0 & 0 & w & \frac{\nu_3}{\rho} \\
0 & \nu_1 \gamma p & \nu_2 \gamma p & \nu_3 \gamma p & w
\end{pmatrix}.
\end{aligned}
$$

Es folgt

$$
(2.58) \qquad 0 = \mathcal{Q}(\underline{\xi}) = w^3 \left(w^2 - |\widehat{\underline{\nu}}|^2 \gamma \frac{p}{\rho} \right) = w^3 (w^2 - c^2),
$$

wobei

$$
c = \sqrt{\gamma \frac{p}{\rho}} = \sqrt{\gamma R T}
$$

die **lokale Schallgeschwindigkeit** ist. Dieses ist die Geschwindigkeit mit der sich kleine Störungen, insbesondere Schallwellen, im Fluid ausbreiten. Wir erhalten nun

$$
(2.59) \qquad
\begin{aligned}
\lambda_{2,3,4} &= \nu_1 u^1 + \nu_2 u^2 + \nu_3 u^3 = \langle \widehat{\underline{\nu}}, \underline{u} \rangle_{\mathbb{R}^3} \\
\lambda_{1,5} &= \langle \widehat{\underline{\nu}}, \underline{u} \rangle_{\mathbb{R}^3} \mp c
\end{aligned}
$$

als reelle Eigenwerte des Systems, d.h. charakteristische Geschwindigkeiten. Das System ist hyperbolisch, die rechten Eigenvektoren werden in (2.62) angegeben, aber wegen $\lambda_2 = \lambda_3 = \lambda_4$ nicht strikt hyperbolisch. Die charakteristischen Normalvektoren sind durch

$$
(2.60) \quad
\left\langle \begin{pmatrix} 1 \\ u^1 \\ u^2 \\ u^3 \end{pmatrix}, \begin{pmatrix} \xi_0 \\ \xi_1 \\ \xi_2 \\ \xi_3 \end{pmatrix} \right\rangle_{\mathbb{R}^4} = 0 \quad \text{oder} \quad
\left\langle \begin{pmatrix} 1 \\ u^1 \\ u^2 \\ u^3 \end{pmatrix}, \begin{pmatrix} \xi_0 \\ \xi_1 \\ \xi_2 \\ \xi_3 \end{pmatrix} \right\rangle_{\mathbb{R}^4} = \pm c
$$

gegeben, d.h., wir können nun die charakteristischen Flächen bestimmen.

Die zugehörigen charakteristischen Vektorfelder sind nach (2.32) wegen $\lambda_{2,3,4}(\widetilde{\underline{\xi}}) = \langle \widetilde{\underline{\xi}}, \underline{u} \rangle$ und $\lambda_{1,5}(\widetilde{\underline{\xi}}) = \langle \widetilde{\underline{\xi}}, \underline{u} \rangle \mp c|\widetilde{\underline{\xi}}|$ durch

$$
\underline{t}_{2,3,4} = \begin{pmatrix} 1 \\ \nabla_{\widetilde{\underline{\xi}}} \lambda_{2,3,4}(\widehat{\underline{\nu}}) \end{pmatrix} = \begin{pmatrix} 1 \\ u^1 \\ u^2 \\ u^3 \end{pmatrix}
$$

und

$$\underline{t}_{1,5} = \begin{pmatrix} 1 \\ \nabla_{\underline{\tilde{\xi}}} \lambda_{1,5}(\underline{\hat{\nu}}) \end{pmatrix} = \begin{pmatrix} 1 \\ u^1 \\ u^2 \\ u^3 \end{pmatrix} \mp c \begin{pmatrix} 0 \\ \nu_1 \\ \nu_2 \\ \nu_3 \end{pmatrix}$$

gegeben. Weiter sind die charakteristischen Normalstrahlenvektoren durch

$$\underline{T}_{2,3,4} = \begin{pmatrix} 1 \\ \langle \underline{u} , \underline{\hat{\nu}} \rangle_{\mathbb{R}^3} \, \underline{\hat{\nu}} \end{pmatrix} \quad \text{und} \quad \underline{T}_{1,5} = \begin{pmatrix} 1 \\ \langle \underline{u} , \underline{\hat{\nu}} \rangle_{\mathbb{R}^3} \, \underline{\hat{\nu}} \end{pmatrix} \mp c \begin{pmatrix} 0 \\ \underline{\hat{\nu}} \end{pmatrix}$$

gegeben. Ist $\underline{\hat{\nu}} = |\underline{u}|^{-1}\underline{u}$, so gilt $\underline{T}_{2,3,4} = \underline{t}_{2,3,4}$ und $\underline{T}_{1,5} = \underline{t}_{1,5}$.

Man sieht, daß die charakteristischen Geschwindigkeiten $\lambda_{2,3,4}$ und Vektoren $\underline{t}_{2,3,4}$ dem Geschwindigkeitsvektor $\underline{u}$ zugeordnet werden können, da sie von den thermodynamischen Variablen ρ, p nicht abhängen. Dagegen können $\lambda_{1,5}$ und $\underline{t}_{1,5}$ den thermodynamischen Variablen ρ, p zugeordnet werden, da diese charakteristischen Größen durch eine von der lokalen Schallgeschwindigkeit $c = \sqrt{\gamma p/\rho}$ bestimmte Modifikation der Größen $\lambda_{2,3,4}$ bzw. $\underline{t}_{2,3,4}$ gegeben sind.

Charakteristische Flächen und ihre Ausbreitung

Ruht das Gas, d.h., ist $\underline{u} = 0$, so gilt

$$\lambda_{2,3,4} = 0, \quad \underline{t}_{2,3,4} = \begin{pmatrix} 1 \\ 0 \\ 0 \\ 0 \end{pmatrix} = \underline{T}_{2,3,4}.$$

Die zugehörigen charakteristischen Kurven sind räumlich ruhend und stimmen mit den charakteristischen Normalkurven überein. Weiter gilt

$$\lambda_{1,5} = \mp c, \quad \underline{t}_{1,5} = \begin{pmatrix} 1 \\ \mp c\nu_1 \\ \mp c\nu_2 \\ \mp c\nu_3 \end{pmatrix} = \underline{T}_{1,5}.$$

Die zugehörigen charakteristischen Kurven und Normalkurven bewegen sich im Raum $\mathbb{R}^3$ mit der Geschwindigkeit c in normaler Richtung zu den räumlichen Projektionen $\Upsilon_{1,5,t}$ der charakteristischen Flächen $\Gamma_{1,5}$. Wir sehen, daß Unstetigkeiten in den ersten Ableitungen von $\underline{v} = (\rho, u^1, u^2, u^3, p)$ aufgrund der den thermodynamischen Variablen ρ, p zugeordneten charakteristischen Kurven sich in allen Richtungen, aber immer normal zur räumlichen Unstetigkeitsfläche, mit der Geschwindigkeit c ausbreiten können. Dieses entspricht der

Ausbreitung von Schallwellen, daher auch der Name „lokale Schallgeschwindigkeit" für $c = \sqrt{\gamma p / \rho}$.

Nun sei $\underline{u} \neq 0$. Sei Γ_i eine charakteristische Fläche, die lokal in der Form $t = \psi(x)$ mit einer differenzierbaren Funktion $\psi : \mathbb{R}^3 \to \mathbb{R}$ gegeben ist, z.B. indem wir zu einer durch $\phi(t, x) = 0$ gegebenen charakteristischen Fläche, die $\phi_t(t, x) \neq 0$ erfüllt, mit Hilfe des Satzes über implizite Funktionen die Funktion ψ bestimmen.

Betrachten wir zuerst den Fall, daß die Strömungsrichtung $\underline{u}$ ein räumlicher Tangentialvektor der räumlichen charakteristischen Fläche $\Upsilon_{i,t}$ zu Γ_i ist. Dann gilt $\langle \widehat{\underline{\nu}} , \underline{u} \rangle_{\mathbb{R}^3} = 0$. Weiter gilt für die charakteristischen Geschwindigkeiten in (2.59) entweder $\lambda = \lambda_{2,3,4} = 0$, d.h., die Normalgeschwindigkeit verschwindet; die Fläche besteht aus Stromlinien und verändert sich relativ zu den Stromlinien nicht. Oder es gilt $\lambda = \lambda_{1,5} = \mp c$, d.h. die Fläche $\Upsilon_{1,5,t}$ bewegt sich mit der Normalgeschwindigkeit $\pm c$ relativ zu den Stromlinien. Aufgrund unserer vorherigen Betrachtungen über charakteristische Flächen ist somit c die Geschwindigkeit, mit der sich Unstetigkeiten in den ersten Ableitungen von $(\rho, \underline{u}, p)$ orthogonal zu $\underline{u}$ ausbreiten können.

Betrachten wir nun den Fall, daß $\widehat{\underline{\nu}}$ zu der Strömungsrichtung $\underline{u}$ parallel ist, d.h., die charakteristische Fläche $\Upsilon_{i,t}$ steht räumlich orthogonal zu $\underline{u}$. Für die charakteristischen Geschwindigkeiten gilt $\lambda = \lambda_{2,3,4} = |\underline{u}|$ oder $\lambda = \lambda_{1,5} = |\underline{u}| \mp c$. Die Fläche $\Upsilon_{i,t}$ wird dann entweder mit der Strömung mitbewegt oder hat die Normalgeschwindigkeit $\pm c$ relativ zur Strömung in paralleler Richtung.

Wir wollen uns kurz mit den stationären charakteristischen Flächen beschäftigen, deren räumliche Gestalt sich zeitlich nicht verändert. Die Normalgeschwindigkeit λ einer solchen Fläche verschwindet, d.h., die Punkte auf einer solchen Fläche bewegen sich nur auf der Fläche selbst. Es sei durch $\psi(x) = $ *konst.* eine solche Fläche Υ_i gegeben, dann folgt aus (2.59)

$$(2.61) \qquad \left\langle \frac{\nabla_x \psi}{|\nabla_x \psi|}, \underline{u} \right\rangle_{\mathbb{R}^3} = 0 \qquad \text{oder} \qquad \left\langle \frac{\nabla_x \psi}{|\nabla_x \psi|}, \underline{u} \right\rangle_{\mathbb{R}^3} = \mp c.$$

Wir erhalten dieselben Bedingungen wie oben im tangentialen Fall.

Im Fall $i = 1, 5$ gibt es eine solche stationäre Fläche nur, wenn $|\underline{u}| \geq c$ ist. Ist $|\underline{u}| > c$, dann wird die Strömung als **Überschallströmung** bezeichnet. Ist $|\underline{u}| < c$, so wird die Strömung als **Unterschallströmung** bezeichnet. Falls $|\underline{u}| = c$ ist, spricht man von einer **Schallströmung**. Im Überschallfall $|\underline{u}| > c$ gibt es daher zwei stationäre charakteristische Flächen zu $\pm c$. Betrachtet man zu $i = 1, 5$ sämtliche Winkel $\widehat{\underline{\nu}}$ über die Einheitssphäre, so erhält man eine einhüllende Fläche, die alle charakteristischen Flächen berührt und von den Bicharakteristiken aufgespannt wird. Dieses ist derjenige Mongesche Kegel, der in der Gasdynamik auch als **Schallkegel** oder **Machscher Kegel** bezeichnet wird. Die weiteren Mongeschen Kegel sind zu einer Kurve degeneriert. In

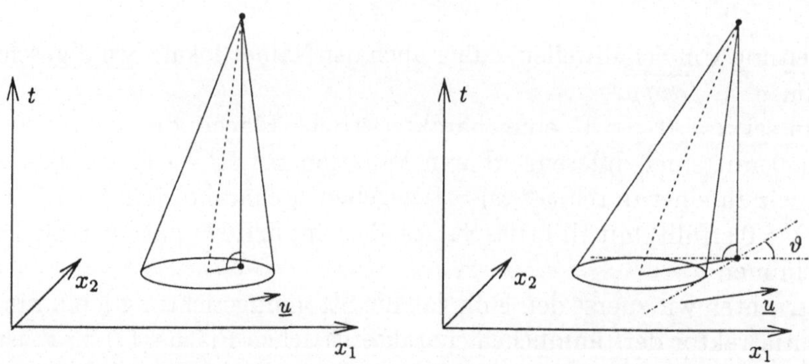

Abbildung 2.9: Schallausbreitung und Schallkegel sowie räumlicher Schallkegel $\cdot - \cdot - \cdot$ im Überschall (links: Unterschall $|\underline{u}| < c$, rechts: Überschall $|\underline{u}| > c$)

Abbildung 2.9 sind die in die Vergangenheit gerichteten Teile der Schallkegel jeweils für den Unter- und Überschallfall bei konstanter Geschwindigkeit $\underline{u}$ dargestellt. Im stationären Fall erhält man durch Projektion räumliche Kegel, für die dieselben Bezeichnungen verwendet werden, siehe Abbildung 2.9 für den Fall N = 2. Diese räumlichen Kegel haben den Vektor $\underline{u}$ als Symmetrieachse und den Öffnungswinkel $\vartheta\pm = 2\arcsin\frac{c}{|\underline{u}|}$. Siehe hierzu auch Oswatitsch [100, Kapitel IV].

Eigenvektoren und Linearität

Die rechten Eigenvektoren $\underline{r}_k(\underline{v}, \widehat{\underline{\nu}})$ lassen sich (*ohne* Normierung (2.24)) zu

$$(2.62)$$

$$\underline{r}_2 = \begin{pmatrix} 1 \\ 0 \\ 0 \\ 0 \\ 0 \end{pmatrix}, \quad \underline{r}_3 = \begin{pmatrix} 0 \\ y_1 \\ y_2 \\ y_3 \\ 0 \end{pmatrix}, \quad \underline{r}_4 = \begin{pmatrix} 0 \\ z_1 \\ z_2 \\ z_3 \\ 0 \end{pmatrix},$$

$$\underline{r}_1 = \begin{pmatrix} \frac{\rho}{c} \\ \nu_1 \\ \nu_2 \\ \nu_3 \\ \rho c \end{pmatrix}, \quad \underline{r}_5 = \begin{pmatrix} -\frac{\rho}{c} \\ \nu_1 \\ \nu_2 \\ \nu_3 \\ -\rho c \end{pmatrix}$$

angeben, wobei die Vektoren $\begin{pmatrix} y_1 \\ y_2 \\ y_3 \end{pmatrix}, \begin{pmatrix} z_1 \\ z_2 \\ z_3 \end{pmatrix}$ linear unabhängig und orthogonal zu $\widehat{\underline{\nu}}$ zu wählen sind.

Weiter folgt aus (2.59)

$$(2.63) \qquad \nabla_{\underline{v}}\lambda_{2,3,4} = \begin{pmatrix} 0 \\ \nu_1 \\ \nu_2 \\ \nu_3 \\ 0 \end{pmatrix}, \qquad \nabla_{\underline{v}}\lambda_{1,5} = \begin{pmatrix} \mp\tfrac{1}{2}\tfrac{c}{\varrho} \\ \nu_1 \\ \nu_2 \\ \nu_3 \\ \pm\tfrac{1}{2}\tfrac{c}{\varrho} \end{pmatrix},$$

woraus

$$\langle \nabla_{\underline{v}}\lambda_{2,3,4} \,,\, \underline{r}_{2,3,4} \rangle_{\mathbb{R}^3} = 0 \quad \text{und} \quad \langle \nabla_{\underline{v}}\lambda_{1,5} \,,\, \underline{r}_{1,5} \rangle_{\mathbb{R}^3} \neq 0$$

(für $p \neq 0$, $c \neq 0$) folgt. Es gibt also drei linear degenerierte charakteristische Felder und zwei genuin nichtlineare Felder.

Die Betrachtungen in diesem Abschnitt lassen sich einfach auf den Fall ein- ($N = 1$) und zweidimensionaler ($N = 2$) Strömungen modifizieren, indem in den Formeln u^2, u^3 bzw. u^3 und ν_2, ν_3 bzw. ν_3 zu Null gesetzt werden. In Vektoren und Matrizen muß entsprechend die Zahl der Komponenten reduziert werden. In (2.59) entfallen $\lambda_{3,4}$ bzw. λ_4. Insbesondere sind für $c \neq 0$ die eindimensionalen Euler-Gleichungen strikt hyperbolisch. Eine ausführliche Abhandlung des Falls $N = 1$ findet man bei Courant/Friedrichs [22]. In diesem Fall gilt

$$\underline{t}_2 = \underline{\mathrm{T}}_2 = \begin{pmatrix} 1 \\ u \end{pmatrix} \quad \text{und} \quad \underline{t}_{1,3} = \underline{\mathrm{T}}_{1,3} = \begin{pmatrix} 1 \\ u \end{pmatrix} \mp \begin{pmatrix} 0 \\ c \end{pmatrix}.$$

Entropie als abhängige Variable

Unter den oben gemachten Annahmen gilt, daß die **Entropie** $S : \mathbb{R} \times \mathbb{R}^3 \to \mathbb{R}$ durch

$$S = C_V \ln\left(p\rho^{-\gamma}\right) = C_V(\ln p - \gamma \ln \rho)$$

mit der Wärmekapazität bei konstantem Volumen C_V, die eine Konstante ist, gegeben ist.[15] Betrachten wir das System (2.56), dann gilt

$$\begin{aligned}
\frac{\partial S}{\partial t} &= C_V \frac{1}{p}\frac{\partial p}{\partial t} - \gamma\, C_V \frac{1}{\rho}\frac{\partial \rho}{\partial t} \\
&= -C_V \frac{1}{p}(\underline{u} \cdot \nabla_x p + \gamma p\, \nabla_x \cdot \underline{u}) + \gamma C_V \frac{1}{\rho}(\underline{u} \cdot \nabla_x \rho + \rho\, \nabla_x \cdot \underline{u}) \\
&= -C_V\, \underline{u} \cdot \left(\frac{1}{p}\nabla_x p - \gamma\frac{1}{\rho}\nabla_x \rho\right) \\
&= -\underline{u} \cdot \nabla_x S.
\end{aligned}$$

---

[15]Siehe Courant/Friedrichs [22, (3.10)], Serrin [111, (35.5)].

Somit erfüllt S die Gleichung

$$(2.64) \qquad \frac{dS}{dt} = \frac{\partial S}{\partial t} + \underline{u} \cdot \nabla_x S = 0,$$

d.h, die Entropie ist längs Bahnkurven konstant. Mit der ersten Gleichung in (2.56) folgt die Erhaltungsgleichung für ρS

$$(2.65) \qquad \frac{\partial(\rho S)}{\partial t} + \nabla_x \cdot (\underline{m}\, S) = 0.$$

Solange wir uns nur für differenzierbare Lösungen interessieren, können wir die letzte Gleichung in (2.55) durch (2.65) ersetzen oder statt (2.56) mit

$$p = e^{\frac{S}{C_V}} \rho^\gamma$$

das System der Euler-Gleichungen in den abhängigen Variablen $\underline{v} = (\rho, \underline{u}, S)$

$$(2.66) \qquad \begin{aligned} \frac{\partial \rho}{\partial t} + \underline{u} \cdot \nabla_x \rho + {}& & \rho\, \nabla_x \cdot \underline{u} \qquad\quad &= 0, \\ \frac{\partial u^j}{\partial t} + \underline{u} \cdot \nabla_x u^j + e^{\frac{S}{C_V}} \rho^{\gamma-2} &\left(\frac{\rho}{C_V} \frac{\partial S}{\partial x_j} + \gamma \frac{\partial \rho}{\partial x_j} \right) &= 0, \quad j = 1,2,3\,, \\ \frac{\partial S}{\partial t} + \underline{u} \cdot \nabla_x S & & &= 0, \end{aligned}$$

betrachten.

Die Matrizen zu der quasilinearen Form (2.16) dieses Systems sind $\underline{\underline{a}}_0 = \underline{\underline{Id}}$ und mit $A = e^{\frac{S}{C_V}} \rho^{\gamma-2}$

$$\underline{\underline{a}}_1(\underline{v}) = \begin{pmatrix} u^1 & \rho & 0 & 0 & 0 \\ \gamma A & u^1 & 0 & 0 & \rho A\, C_V^{-1} \\ 0 & 0 & u^1 & 0 & 0 \\ 0 & 0 & 0 & u^1 & 0 \\ 0 & 0 & 0 & 0 & u^1 \end{pmatrix},$$

$$\underline{\underline{a}}_2(\underline{v}) = \begin{pmatrix} u^2 & 0 & \rho & 0 & 0 \\ 0 & u^2 & 0 & 0 & 0 \\ \gamma A & 0 & u^2 & 0 & \rho A\, C_V^{-1} \\ 0 & 0 & 0 & u^2 & 0 \\ 0 & 0 & 0 & 0 & u^2 \end{pmatrix},$$

$$\underline{\underline{a}}_3(\underline{v}) = \begin{pmatrix} u^3 & 0 & 0 & \rho & 0 \\ 0 & u^3 & 0 & 0 & 0 \\ 0 & 0 & u^3 & 0 & 0 \\ \gamma A & 0 & 0 & u^3 & \rho A\, C_V^{-1} \\ 0 & 0 & 0 & 0 & u^3 \end{pmatrix}.$$

Für die Eigenwerte gilt mit $w = -\lambda + \nu_1 u^1 + \nu_2 u^2 + \nu_3 u^3$

$$0 = \det \begin{pmatrix} w & \nu_1 \rho & \nu_2 \rho & \nu_3 \rho & 0 \\ \nu_1 \gamma A & w & 0 & 0 & \nu_1 \rho A\, C_V^{-1} \\ \nu_2 \gamma A & 0 & w & 0 & \nu_2 \rho A\, C_V^{-1} \\ \nu_3 \gamma A & 0 & 0 & w & \nu_3 \rho A\, C_V^{-1} \\ 0 & 0 & 0 & 0 & w \end{pmatrix}$$

$$= w^3(w^2 - \gamma \rho A) = w^3(w^2 - c^2),$$

da $c^2 = \gamma \frac{p}{\rho} = \gamma e^{\frac{S}{C_V}} \rho^\gamma$ gilt. Wir sehen bestätigt, daß die Eigenwerte durch die Transformation der Gleichungen auf die abhängigen Variablen $\underline{v} = (\rho, \underline{u}, S)$ nicht verändert werden. Wir werden daher keine weiteren Ausführungen zu diesem Beispiel im Rahmen der Charakteristikentheorie machen.

Dieses Beispiel wird in Kapitel 10 bei der Diskussion von Entropieungleichungen wieder aufgegriffen. Deshalb wollen wir noch folgendes anmerken:

Statt der physikalischen Entropie hätte man oben auch jede andere Funktion $h : \mathbb{R} \to \mathbb{R}$ nehmen und

$$S := h\left(p\,\rho^{-\gamma}\right)$$

setzen können, um zu einer zusätzlichen Erhaltungsgleichung zu gelangen. Es gilt nämlich

$$\begin{aligned}
\frac{\partial h}{\partial t} &= h'\left(p\rho^{-\gamma}\right)\left(\rho^{-\gamma}\frac{\partial p}{\partial t} - \gamma p \rho^{-(\gamma+1)}\frac{\partial \rho}{\partial t}\right) \\
&= -h'\left(p\rho^{-\gamma}\right)\left(\rho^{-\gamma}\underline{u}\cdot\nabla_x p + \gamma p \rho^{-\gamma}\nabla_x\cdot\underline{u}\right. \\
&\qquad\qquad\qquad \left. -\gamma p \rho^{-(\gamma+1)}\underline{u}\cdot\nabla_x\rho - \gamma p \rho^{-\gamma}\nabla_x\cdot\underline{u}\right) \\
&= -h'\left(p\rho^{-\gamma}\right)\underline{u}\cdot\left(\rho^{-\gamma}\nabla_x p - \gamma p \rho^{-(\gamma+1)}\nabla_x\rho\right) \\
&= -h'\left(p\rho^{-\gamma}\right)\underline{u}\cdot\nabla_x\left(p\rho^{-\gamma}\right) = -\underline{u}\cdot\nabla_x\left(h(p\rho^{-\gamma})\right).
\end{aligned}$$

2.5 Die stationären Euler-Gleichungen

Wir wollen den Spezialfall behandeln, daß alle Strömungsgrößen $\underline{v} = (\rho, \underline{u}, p) \in \mathbb{R}^5$ in (2.58) von der Zeit unabhängig sind, d.h. das Gleichungssystem

$$(2.67) \qquad \begin{aligned}
\underline{u}\cdot\nabla_x\rho + \rho\,\nabla_x\cdot\underline{u} &= 0 \\
\underline{u}\cdot\nabla_x u^j + \frac{1}{\rho}\frac{\partial p}{\partial x_j} &= 0 \\
\underline{u}\cdot\nabla_x p + \gamma p\,\nabla_x\cdot\underline{u} &= 0.
\end{aligned}$$

Dieses ist ein System von 5 Gleichungen in 5 gesuchten Funktionen der Form (2.16), wobei allerdings die hervorgehobene Koordinate t weggefallen ist. Ohne Einschränkung wollen wir (2.67) so betrachten, als seien (t, x_1, x_2) in (2.16) gleich (x_1, x_2, x_3) in (2.67), d.h., wir zeichnen willkürlich x_1 aus. Die Matrizen $\underline{\underline{a}}_0, \underline{\underline{a}}_1, \underline{\underline{a}}_2$ stehen in (2.57) bei entsprechender Umbenennung. Es seien $(\nu_1, \nu_2) \in \mathbb{R}^2$ mit $\nu_1^2 + \nu_2^2 = 1, \underline{\xi} = (\lambda, \nu_1, \nu_2) \in \mathbb{R}^3$ und $w = -\lambda u^1 + \nu_1 u^2 + \nu_2 u^3$ gesetzt. Wir erhalten damit

$$
\begin{aligned}
0 \;=\; & \mathcal{Q}(\xi) = \det(-\lambda\underline{\underline{a}}_0 + \nu_1\underline{\underline{a}}_1 + \nu_2\underline{\underline{a}}_2) \\[2mm]
(2.68) \qquad =\; & \det\begin{pmatrix}
w & \lambda\rho & \nu_1\rho & \nu_2\rho & 0 \\
0 & w & 0 & 0 & \frac{\lambda}{\rho} \\
0 & 0 & w & 0 & \frac{\nu_1}{\rho} \\
0 & 0 & 0 & w & \frac{\nu_2}{\rho} \\
0 & \lambda\gamma p & \nu_1\gamma p & \nu_2\gamma p & w
\end{pmatrix}.
\end{aligned}
$$

Es folgt wiederum

$$
(2.69) \qquad\qquad 0 = w^3(w^2 - (\lambda^2 + 1)c^2),
$$

woraus man mit $z = \nu_1 u^2 + \nu_2 u^3$

$$
(2.70) \qquad \lambda_{2,3,4} = \frac{z}{u^1}, \qquad \lambda_{1,5} = \frac{u^1 z \pm c\sqrt{(u^1)^2 + z^2 - c^2}}{(u^1)^2 - c^2}
$$

erhält. Man sieht, daß die willkürliche Festlegung $t = x_1$ die Bedingungen $u^1 \neq 0$, c oder $-c$ nach sich zieht. Falls diese gelten, müssen wir eine andere Variable auszeichnen und gleich t setzen. Die zu (2.70) gehörigen charakteristischen Flächen sind die durch (2.61) definierten stationären Flächen, wobei die Gleichungen willkürlich nach ψ_{x_1} aufgelöst wurden.

Die charakteristische Geschwindigkeit $\lambda_{2,3,4}$ ist wieder ein dreifacher reeller charakteristischer Eigenwert. Aber die Eigenwerte $\lambda_1(\widehat{\underline{\nu}})$ und $\lambda_5(\widehat{\underline{\nu}})$ sind nur reell, wenn $(u^1)^2 + z^2 - c^2 > 0$ ist für alle $\widehat{\underline{\nu}} \in \mathbb{R}^2$ mit $|\widehat{\underline{\nu}}|_{\mathbb{R}^2} = 1$. Dann ist das System hyperbolisch bezüglich x_1, aber nicht strikt hyperbolisch. Gilt aber $(u^1)^2 + z^2 - c^2 < 0$, so sind $\lambda_1(\widehat{\underline{\nu}})$ und $\lambda_5(\widehat{\underline{\nu}})$ komplex. Somit ist das System dann von zusammengesetztem Typ.

Betrachten wir die Diskriminante zu den charakteristischen Geschwindigkeiten $\lambda_{1,5}$ näher. Für die Wahl von $\widehat{\underline{\nu}}$ gibt es zwei Extremfälle. Im ersten Fall ist $\widehat{\underline{\nu}}$ orthogonal zu (u^2, u^3), und damit ist $z = 0$. Im zweiten Fall ist $\widehat{\underline{\nu}}$ parallel zu (u^2, u^3), d.h.

$$
\widehat{\underline{\nu}} = \frac{1}{\sqrt{(u^2)^2 + (u^3)^2}} \begin{pmatrix} u^2 \\ u^3 \end{pmatrix}
$$

und somit ist $z = \sqrt{(u^2)^2 + (u^3)^2}$. Liegt eine Unterschallströmung vor, d.h. $(u^1)^2 + (u^2)^2 + (u^3)^2 < c^2$, dann ist die Diskriminante immer negativ, d.h.

unabhängig von $\widehat{\underline{\nu}}$ sind $\lambda_{1,5}$ komplex. Soll andererseits das System hyperbolisch sein, so müssen $(u^1)^2 > c^2$ $(z = 0)$ und $(u^1)^2 + (u^2)^2 + (u^3)^2 > c$ $(z^2 = (u^2)^2 + (u^3)^2)$ gelten, d.h., es muß eine Überschallströmung vorliegen. Es gibt dann noch eine gewisse „Grauzone" von Strömungsgeschwindigkeiten, in der die Eigenwerte $\lambda_{1,5}$ in Abhängigkeit von $\widehat{\underline{\nu}} \in \mathbb{R}^2$ sowohl reell als auch komplex sein können.

Im zweidimensionalen Fall, $N = 2$, erhält man

$$(2.71) \qquad \lambda_{1,2} = \frac{u^2}{u^1}, \quad \lambda_{3,4} = \frac{u^1 u^2 \pm c\sqrt{(u^1)^2 + (u^2)^2 - c^2}}{(u^1)^2 - c^2}.$$

Es liegt wieder ein nicht strikt hyperbolisches System von *zusammengesetztem Typ* vor, ein Eigenwert ist doppelt und reell, zwei Eigenwerte sind im Überschall $|\underline{u}| > c$ reell, im Unterschall komplex. In diesem Fall ist $\lambda_{1,2}$ die Richtung (Steigung) der Stromlinien bezüglich der x_1-Koordinatenachse. Bei $\lambda_{3,4}$ sieht man, daß der Typenwechsel genau bei der Schallgeschwindigkeit $c^2 = (u^1)^2 + (u^2)^2$ stattfindet, da die λ_i nicht mehr von einem Vektor $\widehat{\underline{\nu}}$ abhängig sind, Spezialfall $\widehat{\underline{\nu}} = \nu_1 = 1$. In diesem Fall sind die charakteristischen Flächen nur eindimensional, d.h. Kurven. Eine Stromlinie bildet eine doppelt charakteristische Kurve, gegeben durch die charakteristischen Gleichungen

$$(2.72) \qquad\qquad \dot{x}_1(s) = 1, \quad \dot{x}_2(s) = \lambda_i,$$

$i = 1, 2$ für $u^1 \neq 0$. Die durch λ_3 und λ_4 gegebenen charakteristischen Kurven, die man als Lösungen von (2.72) unter der Vorrausetzung $(u^1)^2 \neq c^2$ erhält, nennt man **Machsche Kurven**. Es sei

$$\theta := \arctan \frac{u^2}{u^1}$$

der Winkel der Stromlinie zu der x_1-Achse. Durch Anwendung trigonometrischer Formeln erhält man, daß durch

$$\alpha = \pm \arctan \frac{\sqrt{|\underline{u}|^2 - c}}{c}$$

die Winkel der Machschen Kurven bezüglich der Stromlinien gegeben sind, d.h., es gilt

$$\Psi = \arctan \lambda_{3,4} = \theta \pm \alpha.$$

Transsonische Potentialströmungen

Im Fall $N = 2$ kann man durch die zusätzliche Annahme, daß die Strömung isentrop ist, d.h., es gilt

$$p = A_0 \rho^\gamma \quad \text{mit} \quad A_0 = \frac{p_0}{\rho_0^\gamma},$$

wobei p_0, ρ_0 die Werte von p und ρ im ruhenden Fluid sind, und daß sie rotationsfrei ist, d.h.,

$$\nabla_x \times \begin{pmatrix} u^1 \\ u^2 \end{pmatrix} = 0$$

gilt, ein System von 2 Gleichungen in den zwei gesuchten Funktionen u^1, u^2 erhalten, das genau λ_3 und λ_4 in (2.71) als Eigenwerte hat, d.h. vom gemischten Typ ist. Diese Annahmen sind wegen des Croccoschen Wirbelsatzes[16] bei Vorliegen einer stetig differenzierbaren Strömung, ρ, u^1, u^2, p sind stetig differenzierbare Funktionen, miteinander verträglich. Über den Satz von Bernoulli[17] erhält man unter obigen Annahmen ρ als Funktion von $|\underline{u}|^2 = (u^1)^2 + (u^2)^2$, nämlich

$$\rho(|\underline{u}|^2) = \rho_0 \cdot \left(1 - \frac{|\underline{u}|^2}{\hat{q}^2}\right)^{\frac{1}{\gamma-1}},$$

mit der maximal erreichbaren Geschwindigkeit

$$\hat{q}^2 = \frac{2\gamma p_0}{(\gamma - 1)\rho_0}.$$

Somit kann man das aus Kontinuitätsgleichung und Rotationsfreiheit gebildete System für $\underline{u} = (u^1, u^2)$

$$
\begin{aligned}
[\rho(|\underline{u}|^2)\, u^1]_x \;+\; [\rho(|\underline{u}|^2)\, u^2]_y \;&=\; 0 \\
(u^2)_x \;-\; (u^1)_y \;&=\; 0
\end{aligned}
$$

betrachten, das λ_3 und λ_4 als charakteristische Eigenwerte besitzt. Es liegt ein System von *gemischtem Typ* vor, die Eigenwerte sind im Überschall $|\underline{u}| > c$ reell, im Unterschall komplex.

Hinweise zu weiterführender Literatur

Grundlagen zur Charakteristikentheorie findet man in den Büchern von Courant/Hilbert [23], Erwe/Peschl [38], Jeffrey [63] und John [64]. Weiterhin sei auf die Bücher von Courant/Friedrichs [22], Godlewski/Raviart [50, 51], Hirsch [56] und LeVeque [79] hingewiesen, die auch Material zu den Euler-Gleichungen und weiteren Beispielen enthalten. Ergänzende Hinweise auf die Literatur zu hyperbolischen Erhaltungsgleichungen werden am Ende von Kapitel 10 gegeben.

---

[16]Siehe Becker [11], Crocco [24], Serrin [111].
[17]Siehe Becker [11], Serrin [111].

Kapitel 3

Maßtheorie

Die Maßtheorie ist die mathematische Verallgemeinerung der Inhaltsbestimmung einfacher geometrischer Objekte. Sie zeichnet Mengen aus, die als meßbar bezeichnet werden, d.h., deren Inhalt sich bestimmen läßt, und es werden Maße betrachtet, d.h. Abbildungen, die den meßbaren Mengen einen Inhalt, eine nichtnegative Zahl, zuordnen. Die Maßtheorie bildet die Grundlage für die Lebesguesche Integrationstheorie, die wegen ihrer Konvergenzsätze die gebräuchlichste Integrationstheorie der modernen Analysis ist. Weiterhin bildet die Maßtheorie das mathematische Gerüst für die Wahrscheinlichkeitstheorie und die Statistik. Um die Maße als Elemente eines linearen Raumes aufzufassen, werden darüber hinaus die signierten Maße eingeführt, die auch negative Werte annehmen können. Damit wird die Brücke zur Funktionalanalysis geschlagen.

Neben den Begriffen und Aussagen der Maßtheorie, die in den unmittelbar folgenden Kapiteln benötigt werden, dienen die Ausführungen in diesem Kapitel der Vorbereitung auf die maßwertigen Lösungen von Variationsproblemen und Differentialgleichungen, die in den Kapiteln 9 und 10 eingeführt werden. Das gilt besonders für den Begriff des Radon-Maßes und den Satz von Riesz-Radon. Außerdem werden wir die Radon-Maße benötigen, um in Kapitel 9 die schwache Konvergenz von Funktionenfolgen zu beschreiben.

Der hier gewählte Zugang zur Maßtheorie geht auf Carathéodory zurück. Er geht von dem Begriff des äußeren Maßes aus. Zu diesen äußeren Maßen erhält man aus einer Meßbarkeitsdefinition von Carathéodory ein System meßbarer Mengen, d.h. eine σ-Algebra. Dieser Zugang wird auch bei Hewitt/Stromberg [55] verwendet.

Für weitere Literatur zur Maßtheorie sei auf die Bücher von Bauer [10] und Taylor [120] hingewiesen. Einführungen findet man bei Alt [5] und Hewitt/Stromberg [55]. In dem Buch von Bauer [10] wird auch die Wahrscheinlichkeitstheorie ausführlich behandelt.

Integrationstheorie wird in diesem Kapitel nicht behandelt. Wichtige Aussagen aus der Theorie des Lebesgue-Integrals sind in Anhang A unter Angabe von Literaturhinweisen zusammengestellt.

3.1　Maße und meßbare Mengen

Äußeres Maß und μ-Meßbarkeit

Es sei M eine Menge. Mit $\mathcal{P}(M)$ bezeichnen wir die **Potenzmenge** von M, d.h.

$$\mathcal{P}(M) := \{\, A \mid A \subseteq M \,\}.$$

Teilmengen der Potenzmenge $\mathcal{P}(M)$ bezeichnen wir als **Mengensystem**.

Eine Funktion $\mu : \mathcal{P}(M) \to [0, \infty]$ heißt **subadditiv**, wenn für jede Teilmenge $A \subseteq M$ und jede abzählbare Überdeckung von A durch Teilmengen $A_n \subseteq M$, d.h. $A \subseteq \bigcup_{n \in \mathbb{N}} A_n$, gilt

$$(3.1) \qquad\qquad \mu(A) \le \sum_{n \in \mathbb{N}} \mu(A_n).$$

Die Abbildung μ heißt **äußeres Maß** auf der Potenzmenge von M genau dann, wenn für die leere Menge $\emptyset$ gilt

$$\mu(\emptyset) = 0$$

und μ subadditiv ist.

Aus (3.1) folgt $\mu(A_1) \le \mu(A_2)$ für zwei beliebige Teilmengen $A_1 \subseteq A_2 \subseteq M$, d.h., das äußere Maß μ ist **monoton**.

Bei dem hier gewählten Zugang zur Maßtheorie geht man von den auf ganz $\mathcal{P}(M)$ definierten äußeren Maßen aus. Dann wird das System der meßbaren Mengen auf M, das wir mit $\mathcal{A}(\mu, M)$ bezeichnen wollen, wie folgt eingeführt:

Eine Teilmenge $A \subseteq M$ heißt **μ-meßbar** genau dann, wenn für jede beliebige Teilmenge $Z \subseteq M$ mit $\mu(Z) < \infty$ gilt

$$(3.2) \qquad\qquad \mu(Z) = \mu(Z \cap A) + \mu(Z \setminus A),$$

wobei $Z \setminus A = \{\, z \in Z \mid z \notin A \,\}$ ist. Dann sei

$$\mathcal{A}(\mu, M) := \{\, A \subseteq M \mid A \text{ ist } \mu\text{-meßbar} \,\}.$$

Aus der Subadditivität (3.1) folgt $\mu(Z) \le \mu(Z \cap A) + \mu(Z \setminus A)$, so daß statt (3.2) eigentlich nur $\mu(Z) \ge \mu(Z \cap A) + \mu(Z \setminus A)$ gefordert werden müßte.

Maß und σ-Algebra

Dieser Zugang zur Maßtheorie erhält dadurch seinen Sinn, daß wir im Satz 3.2 zeigen werden, daß das System meßbarer Mengen $\mathcal{A}(\mu, M)$ eine σ-Algebra ist. Eine **σ-Algebra** $\mathcal{A} \subset \mathcal{P}(M)$ ist ein Mengensystem mit folgenden Eigenschaften:

(1) Die leere Menge gehört zu $\mathcal{A}$, d.h. $\emptyset \in \mathcal{A}$;

(2) ist $A \in \mathcal{A}$, so liegt die Komplementmenge $A^c = M \setminus A$ in $\mathcal{A}$, d.h. $A^c \in \mathcal{A}$;

(3) es sei $(A_n)_{n \in \mathbb{N}} \subseteq \mathcal{A}$ eine beliebige Mengenfolge, dann liegt die Vereinigung der abzählbar vielen Mengen in $\mathcal{A}$, d.h.

$$\bigcup_{n \in \mathbb{N}} A_n \in \mathcal{A}.$$

$\diamond$

Außerdem ist die Abbildung $\mu : \mathcal{P}(M) \to [0, \infty]$ eingeschränkt auf die σ-Algebra $\mathcal{A}(\mu, M) \subseteq \mathcal{P}(M)$, wie wir mit Satz 3.2 zeigen werden, ein Maß. Ein **Maß** ist eine Abbildung $\mu : \mathcal{A} \to [0, \infty]$ mit den Eigenschaften:

(1) $\mu(\emptyset) = 0$;

(2) für jede Mengenfolge $(A_n)_{n \in \mathbb{N}} \subseteq \mathcal{A}(\mu, M)$ paarweise disjunkter Mengen, d.h. $A_j \cap A_k = \emptyset$ für $j \neq k$, gilt

$$\mu\left(\bigcup_{n \in \mathbb{N}} A_n\right) = \sum_{n \in \mathbb{N}} \mu(A_n).$$

$\diamond$

Eine Abbildung μ, die (2) erfüllt, nennt man **σ-additiv**.

Ist $\mathcal{A} \subseteq \mathcal{A}(\mu, M)$ eine σ-Algebra, so wird das Tripel $(M, \mathcal{A}, \mu)$ als **Maßraum** bezeichnet. Eine Menge $A \in \mathcal{A}$ bezeichnen wir auch als **$\mathcal{A}$-meßbar**. Gilt $\mathcal{A} \subset \mathcal{A}(\mu, M)$, dann gibt es mehr μ-meßbare Teilmengen als $\mathcal{A}$-meßbare Teilmengen von M.

Eine Teilmenge $A \subseteq M$ mit $\mu(A) = 0$ wird als **μ-Nullmenge** bezeichnet. Gilt eine Eigenschaft für alle Elemente $x \in M \setminus A$, wobei A eine μ-Nullmenge ist, so sagen wir, die Eigenschaft gilt **μ-fast überall** in M.

Satz 3.1: *Es sei M eine Menge und μ ein äußeres Maß auf der Potenzmenge $\mathcal{P}(M)$. Die Mengen $\emptyset$, M und jede μ-Nullmenge A sind μ-meßbar. Seien $A, A_1, A_2 \subseteq M$ μ-meßbare Teilmengen, dann sind die Komplementmenge $A^c =*

$M \setminus A$, die Vereinigungsmenge $A_1 \cup A_2$, die Durchschnittsmenge $A_1 \cap A_2$ und die Differenzmenge $A_1 \setminus A_2$ μ-meßbar. Weiter seien $A_1, \ldots, A_L \subseteq M$, $L \in \mathbb{N}$, endlich viele μ-meßbare Teilmengen, dann sind auch die Vereinigungs- und Durchschnittsmengen,

$$\bigcup_{i=1}^{L} A_i \quad \text{und} \quad \bigcap_{i=1}^{L} A_i,$$

μ-meßbar.

Beweis: Es gilt für jede Teilmenge $Z \subseteq M$

$$\mu(Z \cap \emptyset) + \mu(Z \setminus \emptyset) = \mu(\emptyset) + \mu(Z) = \mu(Z),$$

da $\mu(\emptyset) = 0$ ist. Weiter gilt genauso

$$\mu(Z \cap M) + \mu(Z \setminus M) = \mu(Z) + \mu(\emptyset) = \mu(Z).$$

Somit sind $\emptyset$ und M μ-meßbar. Nun sei A eine μ-Nullmenge, d.h. $\mu(A) = 0$. Es gilt wegen der Subadditivität von μ und der daraus folgenden Monotonie

$$\mu(Z) \ \leq \ \mu(Z \cap A) + \mu(Z \setminus A) \leq \mu(A) + \mu(Z \setminus A)$$
$$= \ \mu(Z \setminus A).$$

Wegen $Z \setminus A \subseteq Z$ gilt aber auch $\mu(Z \setminus A) \leq \mu(Z)$, woraus $\mu(Z \setminus A) = \mu(Z)$ folgt. Wegen $\mu(Z \cap A) = \mu(A) = 0$ ist die μ-Meßbarkeit der μ-Nullmenge A gezeigt.

Nun sei A μ-meßbar. Für die Komplementmenge A^c und eine beliebige Teilmenge $Z \subseteq M$ gilt

$$\mu(Z \cap A^c) + \mu(Z \setminus A^c) \ = \ \mu(Z \setminus A) + \mu(Z \cap A)$$
$$= \ \mu(Z).$$

Weiter gilt für $A_1 \cup A_2$ aufgrund der Subadditivität

$$\mu\Big(Z \cap (A_1 \cup A_2)\Big) + \mu\Big(Z \setminus (A_1 \cup A_2)\Big)$$
$$= \ \mu\Big((Z \cap A_1) \cup \big((Z \setminus A_1) \cap A_2\big)\Big) + \mu\Big((Z \setminus A_1) \setminus A_2\Big)$$
$$\leq \ \mu(Z \cap A_1) + \mu\Big((Z \setminus A_1) \cap A_2\Big) + \mu\Big((Z \setminus A_1) \setminus A_2\Big).$$

Auf die letzten beiden Summanden wendet man die μ-Meßbarkeit von A_2 an und erhält mit der μ-Meßbarkeit von A_1

$$\mu\Big(Z \cap (A_1 \cup A_2)\Big) + \mu\Big(Z \setminus (A_1 \cup A_2)\Big) \ \leq \ \mu(Z \cap A_1) + \mu(Z \setminus A_1)$$
$$\leq \ \mu(Z).$$

Somit ist die Vereinigungsmenge $A_1 \cup A_2$ meßbar. Wegen $A_1 \cap A_2 = (A_1^c \cup A_2^c)^c$ und $A_1 \setminus A_2 = A_1 \cap A_2^c$ folgt die μ-Meßbarkeit dieser Mengen aus dem bereits Gezeigten. Für endliche Vereinigungen und Durchschnitte μ-meßbarer Mengen folgt die μ-Meßbarkeit durch Induktion. $\qquad\qquad\qquad\qquad\qquad\square$

Für Mengenfolgen $(A_n)_{n \in \mathbb{N}} \subseteq \mathcal{P}(M)$ verwenden wir die Bezeichnungen $\boldsymbol{A_n \uparrow A}$ und $\boldsymbol{A_n \downarrow A}$ wie folgt:

$$A_n \uparrow A, \quad \text{falls} \quad A_1 \subseteq A_2 \subseteq \ldots \subseteq A \quad \text{und} \quad A = \bigcup_{n \in \mathbb{N}} A_n \quad \text{gelten;}$$

$$A_n \downarrow A, \quad \text{falls} \quad A_1 \supseteq A_2 \supseteq \ldots \supseteq A \quad \text{und} \quad A = \bigcap_{n \in \mathbb{N}} A_n \quad \text{gelten.}$$

Satz 3.2: *Das Mengensystem der μ-meßbaren Mengen $\mathcal{A}(\mu, M)$ bildet eine σ-Algebra. Das äußere Maß μ ist ein Maß auf $\mathcal{A}(\mu, M)$.*

*Das Maß ist darüber hinaus **stetig**, d.h., für Folgen $(A_n)_{n \in \mathbb{N}} \subseteq \mathcal{A}(\mu, M)$ und $A \in \mathcal{A}(\mu, M)$ gilt:*
*Das Maß μ ist **isoton**, d.h.*

$$(3.3) \qquad\qquad \lim_{n \to \infty} \mu(A_n) = \mu(A), \quad \text{falls} \quad A_n \uparrow A \quad \text{gilt;}$$

*und das Maß μ ist **antiton**, d.h.*

$$(3.4) \qquad \lim_{n \to \infty} \mu(A_n) = \mu(A), \quad \text{falls} \quad A_n \downarrow A \quad \text{unter der zusätzlichen Voraussetzung } \mu(A_1) < \infty \text{ gilt.}$$

Beweis: Wir müssen aufgrund der in Satz 3.1 schon gezeigten Eigenschaften nur noch zeigen, daß Vereinigungen abzählbar vieler μ-meßbarer Mengen in $\mathcal{A}(\mu, M)$ liegen, daß das Maß μ σ-additiv ist und die Stetigkeitseigenschaften (3.3), (3.4) erfüllt.

Wir beweisen zuerst, daß $A := \bigcup_{n \in \mathbb{N}} A_n$ für paarweise disjunkte Mengenfolgen $(A_n)_{n \in \mathbb{N}} \subseteq \mathcal{A}(\mu, M)$ μ-meßbar ist. Es gelten für eine beliebige Teilmenge $Z \subseteq M$

$$\mu(Z) = \mu(Z \cap A_1) + \mu(Z \setminus A_1),$$

$$\mu(Z \cap A_1) = \mu(Z \cap A_1 \cap A_2) + \mu\big((Z \cap A_1) \setminus A_2\big),$$

$$\mu(Z \cap A_1^c) = \mu(Z \cap A_1^c \cap A_2) + \mu\big((Z \cap A_1^c) \setminus A_2\big).$$

Durch Einsetzen ineinander folgt wegen $A_1 \cap A_2 = \emptyset$

$$\mu(Z) = \mu(Z \cap A_1 \cap A_2^c) + \mu(Z \cap A_1^c \cap A_2) + \mu(Z \cap A_1^c \cap A_2^c).$$

Hierin ersetzen wir Z durch $Z \cap (A_1 \cup A_2)$ und erhalten, da A_1, A_2 disjunkt sind,

$$\mu\big(Z \cap (A_1 \cup A_2)\big) = \mu(Z \cap A_1 \cap A_2^c) + \mu(Z \cap A_1^c \cap A_2)$$
$$= \mu(Z \cap A_1) + \mu(Z \cap A_2).$$

Per Induktion folgt

$$(3.5) \qquad \mu\Big(Z \cap \bigcup_{i=1}^{I} A_i\Big) = \sum_{i=1}^{I} \mu(Z \cap A_i)$$

für jedes $I \in \mathbb{N}$. Es ist $A = \bigcup_{i \in \mathbb{N}} A_i$, dann gilt $Z \setminus A \subseteq Z \setminus \bigcup_{i=1}^{I} A_i$ und somit wegen der Monotonie

$$\mu\Big(Z \setminus \bigcup_{i=1}^{I} A_i\Big) \geq \mu(Z \setminus A).$$

Da $\bigcup_{i=1}^{I} A_i$ μ-meßbar ist, folgt mit (3.5)

$$\mu(Z) = \mu\Big[Z \cap \Big(\bigcup_{i=1}^{I} A_i\Big)\Big] + \mu\Big[Z \setminus \Big(\bigcup_{i=1}^{I} A_i\Big)\Big]$$
$$= \Big(\sum_{i=1}^{I} \mu(Z \cap A_i)\Big) + \mu\Big(Z \setminus \bigcup_{i=1}^{I} A_i\Big)$$
$$\geq \Big(\sum_{i=1}^{I} \mu(Z \cap A_i)\Big) + \mu(Z \setminus A)$$

unabhängig von I. Aus (3.5) folgt

$$\mu(Z \cap A) \leq \sum_{i=1}^{I} \mu(Z \cap A_i).$$

Somit gilt wegen $\mu \geq 0$

$$(3.6) \qquad \mu(Z) \geq \Big(\sum_{i=1}^{\infty} \mu(Z \cap A_i)\Big) + \mu(Z \setminus A)$$
$$\geq \mu(Z \cap A) + \mu(Z \setminus A).$$

Damit ist $A \in \mathcal{A}(\mu, M)$.

Nun sei $(A_i)_{i \in \mathbb{N}}$ eine beliebige Folge μ-meßbar Mengen, die nicht notwendigerweise disjunkt sind. Wir setzen $B_1 = A_1$ und für $i \geq 2$

$$B_i := A_i \setminus \bigcup_{j=1}^{i-1} A_j,$$

dann gilt

$$A = \bigcup_{i \in \mathbb{N}} A_i = \bigcup_{i \in \mathbb{N}} B_i$$

mit B_i paarweise disjunkt. Somit ist auch in diesem Fall $A \in \mathcal{A}(\mu, M)$. Folglich ist $\mathcal{A}(\mu, M)$ eine σ-Algebra.

Setzen wir in (3.6) $Z = A$, so folgt

$$\mu(A) \geq \sum_{i=1}^{\infty} \mu(A_i) \geq \mu(A)$$

und somit die σ-Additivität.

Nun sei $(A_n)_{n \in \mathbb{N}} \subseteq \mathcal{A}(\mu, M)$ eine Folge mit $A_n \uparrow A$, wobei $A \in \mathcal{A}(\mu, M)$. Die Folge $B_1 = A_1$, $B_2 = A_2 \setminus A_1$, $B_3 = A_3 \setminus A_2, \ldots$ ist paarweise disjunkt. Damit gilt

$$
\begin{aligned}
\mu(A) &= \mu\Big(\bigcup_{i \in \mathbb{N}} B_i\Big) = \sum_{i \in \mathbb{N}} \mu(B_i) = \lim_{j \to \infty} \sum_{i=1}^{j} \mu(B_i) \\
&= \lim_{j \to \infty} \mu\Big(\bigcup_{i=1}^{j} B_i\Big) = \lim_{j \to \infty} \mu(A_j)
\end{aligned}
$$

Somit ist (3.3) gezeigt.

Es gelte $A_n \downarrow A$. Wir setzen $B_i = A_1 \setminus A_i$, dann erfüllt B_i (3.3). Es gilt $\lim_{i \to \infty} \mu(B_i) = \mu(A_1 \setminus A)$. Weiter gilt $A_1 = B_i \cup A_i$ und $A_1 = A \cup (A_1 \setminus A)$. Beides sind Vereinigungen disjunkter Mengen. Damit folgt

$$\mu(A_1) = \mu(B_i) + \mu(A_i) = \mu(A) + \mu(A_1 \setminus A)$$

bzw.

$$\lim_{i \to \infty} \mu(A_i) = \mu(A) + \mu(A_1 \setminus A) - \lim_{i \to \infty} \mu(B_i) = \mu(A),$$

d.h., (3.4) gilt. $\qquad \square$

Bemerkung 3.3: Sind A_1, $A_2 \subseteq M$ μ-meßbar, aber nicht notwendigerweise disjunkt, dann gelten wegen der μ-Meßbarkeit von A_2

$$\mu(A_1) = \mu(A_1 \cap A_2) + \mu(A_1 \cap A_2^c)$$

und wegen der Additivität für disjunkte Mengen

$$\mu(A_1 \cup A_2) = \mu\left((A_1 \cap A_2^c) \cup A_2\right) = \mu(A_1 \cap A_2^c) + \mu(A_2).$$

Hieraus folgt

$$(3.7) \qquad \mu(A_1 \cup A_2) = \mu(A_1) + \mu(A_2) - \mu(A_1 \cap A_2).$$

$$\Diamond$$

Fortsetzbarkeit

Es sei $\mathcal{A} \subseteq \mathcal{P}(M)$ eine σ-Algebra und μ ein Maß auf $\mathcal{A}$, nicht unbedingt ein äußeres Maß auf $\mathcal{P}(M)$. Dann wird zu jeder Teilmenge $A \subseteq M$ durch

$$\mathcal{U}(A) := \left\{ (A_n)_{n \in \mathbb{N}} \mid A \subseteq \bigcup_{n \in \mathbb{N}} A_n, \ A_n \in \mathcal{A} \right\}$$

die Menge der **Überdeckungen** aus $\mathcal{A}$ bezeichnet. Wir setzen

$$\widetilde{\mu}(A) := \inf \left\{ \sum_{j \in \mathbb{N}} \mu(A_j) \mid (A_j)_{j \in \mathbb{N}} \in \mathcal{U}(A) \right\}.$$

Ist $A \in \mathcal{A}$ so gilt $\widetilde{\mu}(A) = \mu(A)$, d.h., die Abbildung $\widetilde{\mu}$ ist eine **Fortsetzung** des Maßes μ auf $\mathcal{P}(M)$. Offensichtlich ist $\widetilde{\mu} \geq 0$. Wenn $A_1 \subseteq A_2 \subseteq M$ ist, dann gilt $\mathcal{U}(A_2) \subseteq \mathcal{U}(A_1)$ und somit die Monotonie $\widetilde{\mu}(A_1) \leq \widetilde{\mu}(A_2)$.

Wir wollen zeigen, daß $\widetilde{\mu}$ ein äußeres Maß ist. Dazu muß die Subadditivität nachgewiesen werden. Es sei $(A_n)_{n \in \mathbb{N}} \subseteq \mathcal{P}(M)$ eine Mengenfolge mit

$$\widetilde{\mu}\left(\bigcup_{n \in \mathbb{N}} A_n\right) < \infty.$$

Nach Definition des Infimums existiert zu jedem $\varepsilon > 0$ und jedem $n \in \mathbb{N}$ eine Überdeckung $(A_{nm})_{m \in \mathbb{N}}$ aus $\mathcal{U}(A_n)$ mit

$$\sum_{m \in \mathbb{N}} \mu(A_{nm}) \leq \widetilde{\mu}(A_n) + 2^{-n} \varepsilon.$$

Die Mengenfolge $(A_{nm})_{n,m\in\mathbb{N}}$ liegt in $\mathcal{U}\left(\bigcup_{n\in\mathbb{N}} A_n\right)$. Damit gilt

$$\widetilde{\mu}\left(\bigcup_{n\in\mathbb{N}} A_n\right) \leq \sum_{m,n\in\mathbb{N}} \mu(A_{nm}) \leq \sum_{n\in\mathbb{N}} \widetilde{\mu}(A_n) + \varepsilon.$$

Da $\varepsilon > 0$ beliebig klein gewählt werden kann, folgt

$$\widetilde{\mu}\left(\bigcup_{n\in\mathbb{N}} A_n\right) \leq \sum_{n\in\mathbb{N}} \widetilde{\mu}(A_n).$$

Da wir schon die Monotonie von $\widetilde{\mu}$ festgestellt haben, folgt für $A \subseteq \bigcup_{n\in\mathbb{N}} A_n$

$$\widetilde{\mu}(A) \leq \widetilde{\mu}\left(\bigcup_{n\in\mathbb{N}} A_n\right) \leq \sum_{n\in\mathbb{N}} \widetilde{\mu}(A_n),$$

d.h. die Subadditivität.

Somit ist gezeigt, daß sich jedes Maß zu einem äußeren Maß fortsetzen läßt. Wir können daher von jedem Maß annehmen, daß es auf ganz $\mathcal{P}(M)$ definiert ist.

3.2 Borel- und Radon-Maße

Es sei $(M, \mathcal{T})$ ein topologischer Raum, wobei $\mathcal{T} \subseteq \mathcal{P}(M)$ das System der offenen Mengen in M bezeichne[1], d.h., $\mathcal{T}$ enthalte die leere Menge, die Menge M selbst sowie alle endliche Durchschnitte und alle Vereinigungen von Mengen in $\mathcal{T}$. Die **Borelsche σ-Algebra $\mathcal{B}(\mathcal{M})$** sei die kleinste σ-Algebra, die die offenen, und damit auch die abgeschlossenen, Teilmengen von M enthält. Somit gilt $\mathcal{T} \subseteq \mathcal{B}(M) \subseteq \mathcal{P}(M)$. Diese Definition ist sinnvoll, da der Durchschnitt zweier σ-Algebren wieder eine σ-Algebra ergibt und die Potenzmenge $\mathcal{P}(M)$ eine σ-Algebra ist. Die Elemente der σ-Algebra $\mathcal{B}(M)$ werden als **Borel-Mengen** bezeichnet.

Ein äußeres Maß μ auf einem topologischen Raum M heißt **Borel-Maß**, wenn alle offenen Mengen μ-meßbar sind. Da $\mathcal{A}(\mu, M)$ eine σ-Algebra ist, gilt für Borel-Maße

$$\mathcal{B}(M) \subseteq \mathcal{A}(\mu, M),$$

d.h., alle Borel-Mengen sind μ-meßbar.

Ein Borel-Maß μ heißt **Borel-regulär**, wenn zu jeder Teilmenge $A \subseteq M$ eine Borel-Menge $B \in \mathcal{B}(M)$ existiert mit $A \subseteq B$ und $\mu(A) = \mu(B)$.

Ein Borel-Maß μ auf M heißt **Radon-Maß** genau dann, wenn gilt:

---

[1]Siehe Boto von Querenburg [102], Franz [43] oder Lang [74, Kapitel II].

(a) $\mu(K) < \infty$ für jede kompakte Teilmenge von M.

(b) Für jede offene Teilmenge $O \subseteq M$ ist

$$\mu(O) = \sup\{\, \mu(K) \mid K \text{ ist kompakt, } K \subseteq O \,\}.$$

(c) Für jede Teilmenge $A \subseteq M$ gilt

$$\mu(A) = \inf\{\, \mu(O) \mid O \text{ ist offen, } A \subseteq O \,\}.$$

$\Diamond$

Es sei $(M, \mathcal{A}, \mu)$ ein Maßraum. Gilt $\mu(M) < \infty$, dann wird μ ein **endliches Maß** genannt. Gilt $\mu(M) = 1$, so nennt man μ ein **Wahrscheinlichkeitsmaß**. Ein Maß μ, das zwar nicht endlich ist, aber zu dem in M abzählbar viele meßbare Mengen $(M_n)_{n \in \mathbb{N}} \subseteq M$ mit $M = \bigcup_{n \in \mathbb{N}} M_n$ und $\mu(M_n) < \infty$ gefunden werden können, nennt man ein **σ-endliches Maß**.

Wir bezeichnen mit **Prob(M)** die Menge der Radon-Maße, die Wahrscheinlichkeitsmaße auf M sind.

Bemerkung 3.4: Zu obigen Definitionen ist noch folgendes anzumerken:

(i) Es ist auch gebräuchlich, den Begriff „reguläres Borel-Maß" für die Radon-Maße zu verwenden[2]. Man bezeichnet (b) als **innere** und (c) als **äußere Regularität** des Maßes.

(ii) Wegen (c) ist ein Radon-Maß Borel-regulär. Sei dazu $(O_n)_{n \in \mathbb{N}}$ eine Folge offener Mengen mit $A \subseteq O_n$ und $\mu(A) = \lim_{n \to \infty} \mu(O_n)$. Dann gilt

$$A \subseteq Z := \bigcap_{n \in \mathbb{N}} O_n, \quad Z \in \mathcal{B}(M) \quad \text{und} \quad \mu(A) = \mu(Z).$$

(iii) Man nennt ein Maß μ **regulär**, wenn seine Fortsetzung auf $\mathcal{P}(M)$ die Eigenschaft hat, daß es zu jeder Teilmenge $A_1 \subseteq M$ eine Menge $A_2 \in \mathcal{A}(\mu, M)$ mit $A_1 \subseteq A_2$ und $\mu(A_1) = \mu(A_2)$ gibt. Dann ist $\mathcal{A}(\mu, M)$ die größte σ-Algebra, auf der μ ein Maß, d.h. σ-additiv, ist[3].

(iv) Gilt $M = \bigcup_{n \in \mathbb{N}} K_n$ mit kompakten Mengen $K_n \subset M$, wie zum Beispiel im Fall $M = \mathbb{R}^N$ mit der von der Euklidischen Metrik induzierten natürlichen Topologie, dann sind die Radon-Maße auf M σ-endlich.

$\Diamond$

---

[2]Siehe z.B. bei Bauer [10] oder Hewitt/Stromberg [55, (12.39)].
[3]Siehe Hewitt/Stromberg [55, Exercise (10.40)].

Satz 3.5: *Es sei (M, ρ) ein metrischer Raum, der mit der von der Metrik induzierten Topologie versehen sei, μ sei ein Borel-reguläres Borel-Maß. Weiter gebe es eine Überdeckung $(U_n)_{n \in \mathbb{N}}$ von M durch offene Mengen $U_n \subseteq M$, d.h.*

$$M \subseteq \bigcup_{n \in \mathbb{N}} U_n,$$

mit $\mu(U_n) < \infty$ für alle $n \in \mathbb{N}$. Dann gelten für jede μ-meßbare Menge $A \in \mathcal{A}(\mu, M)$

$$(3.8) \qquad \mu(A) = \inf\{\, \mu(O) \mid O \text{ ist offen und } A \subseteq O \,\}$$

und

$$(3.9) \qquad \mu(A) = \sup\{\, \mu(W) \mid W \text{ ist abgeschlossen und } W \subseteq A \,\}.$$

Ist der metrische Raum (M, ρ) separabel und gilt $\mu(A) < \infty$, dann folgt

$$\mu(A) = \sup\{\, \mu(K) \mid K \text{ ist kompakt und } K \subseteq A \,\}.$$

Beweis: Wegen der Borel-Regularität des Borel-Maßes μ können wir uns auf den Nachweis für $A \in \mathcal{B}(M)$ beschränken. Wir betrachten zu jedem $n \in \mathbb{N}$ das Mengensystem $\mathcal{B}_n \subseteq \mathcal{B}(U_n)$ der Borel-Mengen $B \in \mathcal{B}(U_n)$ mit der Eigenschaft (3.8), d.h.

$$\mu(B) = \inf\{\, \mu(O) \mid O \text{ offen}, \quad B \subseteq O \subseteq U_n \,\}.$$

Das Mengensystem $\mathcal{B}_n$ enthält alle offenen Teilmengen von U_n, insbesondere U_n selbst.

Wir wollen zeigen, daß mit $(B_j)_{j \in \mathbb{N}} \subseteq \mathcal{B}_n$ auch die Vereinigungsmenge $\bigcup_{j \in \mathbb{N}} B_j$ in $\mathcal{B}_n$ liegt. Wegen obiger Definition gibt es für ein beliebiges $\delta > 0$ und jedes $j \in \mathbb{N}$ zu $B_j \in \mathcal{B}_n$ eine offene Menge V_j mit $B_j \subseteq V_j \subseteq U_n$ und $\mu(V_j \setminus B_j) < \delta 2^{-j}$. Weiterhin ist die Vereinigungsmenge $\bigcup_{j \in \mathbb{N}} V_j$ offen. Es gilt

$$\left(\bigcup_{j \in \mathbb{N}} V_j \right) \setminus \left(\bigcup_{j \in \mathbb{N}} B_j \right) = \bigcup_{j \in \mathbb{N}} \left(V_j \setminus \bigcup_{j \in \mathbb{N}} B_j \right) \subseteq \bigcup_{j \in \mathbb{N}} V_j \setminus B_j.$$

Nun folgt aus der Subadditivität des Borel-Maßes μ

$$\mu\left[\left(\bigcup_{j \in \mathbb{N}} V_j \right) \setminus \left(\bigcup_{j \in \mathbb{N}} B_j \right) \right] \leq \sum_{j \in \mathbb{N}} \mu\left(V_j \setminus B_j \right) < \sum_{j \in \mathbb{N}} \delta 2^{-j} = \delta.$$

Da $\delta > 0$ beliebig war, ist $\bigcup_{j \in \mathbb{N}} B_j \in \mathcal{B}_n$.

Es sei $B \subseteq U_n$ eine abgeschlossene Menge. Weiter sei mit dem in Anhang B definierten Mengenabstand zu jedem $j \in \mathbb{N}$

$$O_j = \{\, x \in U_n \mid \operatorname{dist}(\{x\}, B) < j^{-1} \,\}.$$

Dann ist $O_j \subseteq U_n$ offen, $B \subseteq O_j$, und es gilt $B = \bigcap_{j \in \mathbb{N}} O_j$. Wegen $O_j \downarrow B$ liegt nach Satz 3.2 die Menge B in $\mathcal{B}_n$.

Nun sei

$$\widetilde{\mathcal{B}}_n := \{ \, B \in \mathcal{B}_n \mid B^c = U_n \setminus B \in \mathcal{B}_n \, \},$$

dann ist $\widetilde{\mathcal{B}}_n$ eine σ-Algebra, die in $\mathcal{B}_n$ enthalten ist. Da $\widetilde{\mathcal{B}}_n$ alle offenen Mengen in U_n enthält, muß $\widetilde{\mathcal{B}}_n$ alle Borel-Mengen enthalten, d.h., $\widetilde{\mathcal{B}}_n = \mathcal{B}_n$ gelten.

Es seien $A \in \mathcal{B}(M)$ und $\varepsilon > 0$ gegeben. Zu $A \cap U_n$ finden wir aufgrund des bisher Gezeigten eine offene Menge V_n mit

$$A \cap U_n \subseteq V_n \subseteq U_n \quad \text{und} \quad \mu\Big(V_n \setminus (A \cap U_n)\Big) < 2^{-n}\,\varepsilon.$$

Die Menge $V = \bigcup_{n \in \mathbb{N}} V_n$ ist offen, und es gilt $A \subseteq V$. Weiterhin gilt

$$\mu(V) = \mu(A) + \mu(V \setminus A) = \mu(A) + \mu\Big(\bigcup_{n \in \mathbb{N}} V_n \setminus A \Big) \le \mu(A) + \varepsilon.$$

Damit ist (3.8) gezeigt.

Die innere Approximation (3.9) durch abgeschlossene Mengen folgt durch Komplementbildung.

Es sei der metrische Raum (M, ρ) separabel und $\mu(A) < \infty$. Es gibt wegen (3.9) eine abgeschlossene Menge $W \subseteq A$ mit $\mu(A \setminus W) < \varepsilon$, d.h., wir können ohne Einschränkung die Abgeschlossenheit der Menge A annehmen. Es sei $E \subseteq A$ eine abzählbare dichte Teilmenge der Menge A. Wir können sie als Folge $E = (x_n)_{n \in \mathbb{N}}$ auffassen. Dann betrachten wir für $R > 0$ die Mengen

$$B(x_n, R) := \{ \, x \in A \mid |x - x_n| \le R \, \}.$$

Es gilt für festes $R > 0$, daß $A = \bigcup_{n \in \mathbb{N}} B(x_n, R)$ ist, da E dicht liegt. Aufgrund der Stetigkeit des Borel-Maßes μ, Satz 3.2, gilt für jedes $R > 0$

$$\mu(A) = \lim_{k \to \infty} \mu\Big(\bigcup_{n=1}^{k} B(x_n, R) \Big).$$

Zu jedem $\varepsilon > 0$ und jedem $l \in \mathbb{N}$ gibt es ein $k \in \mathbb{N}$ derart, daß

$$(3.10) \qquad \mu\Big(\bigcup_{n=1}^{k} B(x_n, l^{-1}) \Big) \ge \mu(A) - \varepsilon 2^{-l}.$$

Die Mengen $B_l = \bigcup_{n=1}^{k} B(x_n, l^{-1})$ sind abgeschlossen. Weiter folgt aus (3.7)

$$\mu(B_1 \cap \ldots \cap B_{l+1}) = \mu(B_1 \cap \ldots \cap B_l) + \mu(B_{l+1}) - \mu((B_1 \cap \ldots \cap B_l) \cup B_{l+1}).$$

Hieraus folgt per Induktion und anschließend aus der Monotonie des Maßes

$$\mu(B_1 \cap \ldots \cap B_{l+1}) = \sum_{j=1}^{l+1} \mu(B_j) - \sum_{j=1}^{l} \mu((B_1 \cap \ldots \cap B_j) \cup B_{j+1})$$

$$\geq \sum_{j=1}^{l+1} \mu(B_j) - l \cdot \mu(A).$$

Nun folgt aus (3.10)

$$\mu(B_1 \cap \ldots \cap B_{l+1}) \geq \mu(A) - \varepsilon \sum_{j=1}^{l+1} 2^{-j} > \mu(A) - \varepsilon.$$

Da die Mengen B_l abgeschlossen sind, ist auch die Menge

$$K := \bigcap_{l \in \mathbb{N}} B_l$$

abgeschlossen, und es gilt wegen der Stetigkeit des Maßes nach Satz 3.2

$$\mu\left(\bigcap_{l \in \mathbb{N}} B_l\right) \geq \mu(A) - \varepsilon.$$

Wir wollen nun die Kompaktheit von K zeigen. Es ist $K \subseteq B_l \subseteq A$, $l \in \mathbb{N}$. Da K sich durch endlich viele Kugeln mit dem Radius l^{-1} für jedes $l \in \mathbb{N}$ überdecken läßt, ist K relativ kompakt[4] und wegen der Abgeschlossenheit kompakt. $\square$

Produktmaße

Es seien $L \in \mathbb{N}$ und endlich viele Maßräume $(M_j, \mathcal{A}_j, \mu_j)$ für $j = 1, \ldots, L$ gegeben. Darüberhinaus seien die Maße μ_j für $j = 1, \ldots, L$ jeweils σ-endlich. Wir wollen die Produktmenge

$$M := M_1 \times \cdots \times M_L$$

betrachten.

Es sei $\mathcal{A} \subseteq \mathcal{P}(M)$ die kleinste σ-Algebra derart, daß alle **Produktmenge** $A \subseteq M$, d.h. Teilmengen der Form

$$A := A_1 \times \cdots \times A_L$$

---

[4]Siehe Lang [74, Theorem 2].

mit $A_j \in \mathcal{A}_j$, in $\mathcal{A}$ enthalten sind. Diese σ-Algebra nennt man die **Produkt-σ-Algebra** und schreibt

$$\mathcal{A} = \mathcal{A}_1 \otimes \cdots \otimes \mathcal{A}_L.$$

Nun gilt der Satz

Satz 3.6: *Es seien die Maßräume $(M_j, \mathcal{A}_j, \mu_j)$ für $j = 1, \ldots, L$ mit σ-endlichen Borel-Maßen μ_j gegeben. Dann gibt es genau ein σ-endliches Borel-Maß μ auf der Produkt-σ-Algebra $\mathcal{A}$ mit der Eigenschaft*

$$\mu(A_1 \times \cdots \times A_L) = \mu_1(A_1) \cdot \mu_2(A_2) \cdot \cdots \cdot \mu_L(A_L)$$

für alle $A_j \in \mathcal{A}_j$. Dabei soll $\mu(A_1 \times \cdots \times A_L) = 0$ gelten, falls einer der Faktoren auf der rechten Seite verschwindet, auch wenn ein anderer Faktor nicht endlich ist. Das Maß μ wird als **Produktmaß** *bezeichnet, und man schreibt auch*

$$\mu = \mu_1 \otimes \cdots \otimes \mu_L.$$

Beweis: Siehe Bauer [10, Kapitel 21-23] oder Hewitt/Stromberg [55, Chapter VI]. $\qquad\square$

Meßbare Funktionen

Es seien $(M_1, \mathcal{A}_1, \mu_1)$ und $(M_2, \mathcal{A}_2, \mu_2)$ zwei Maßräume. Eine Abbildung $u : M_1 \to M_2$ heißt **$\mathcal{A}_1$-$\mathcal{A}_2$-meßbar** genau dann, wenn das Urbild jeder $\mathcal{A}_2$-meßbaren Menge eine $\mathcal{A}_1$-meßbare Menge ist, d.h. $u^{-1}[A_2] \in \mathcal{A}_1$ für alle $A_2 \in \mathcal{A}_2$. Die Definition ist unabhängig von den Maßen μ_1, μ_2.

Es sei $(M, \mathcal{A}, \mu)$ ein Maßraum und $(N, \mathcal{T}_N)$ ein topologischer Raum. Eine Abbildung $u : M \to N$ heißt **$\mathcal{A}$-meßbar** genau dann, wenn die Urbilder offener Mengen in N $\mathcal{A}$-meßbar sind, d.h., Elemente der σ-Algebra $\mathcal{A}$ sind.

Ist $(M, \mathcal{T}_M)$ auch ein topologischer Raum, dann nennen wir eine Abbildung $u : M \to N$ **Borel-meßbar**, wenn das Urbild jeder offenen Menge $O \in \mathcal{T}_N$ eine Borel-Menge in $\mathcal{B}(M)$ ist.

Zur Verträglichkeit dieser Definitionen miteinander, wenn die topologischen Räume mit der Borelschen σ-Algebra versehen sind, zeigen wir:

Lemma 3.7: *Es seien $(M, \mathcal{T}_M)$ und $(N, \mathcal{T}_N)$ topologische Räume. Eine Abbildung $u : M \to N$ ist genau dann Borel-meßbar, wenn $u^{-1}[B] \in \mathcal{B}(M)$ ist für jede Borel-Menge $B \in \mathcal{B}(N)$.*

Beweis: Es sei die Funktion $u : M \to N$ Borel-meßbar. Es muß gezeigt werden, daß das Urbild jeder Borel-Menge aus $\mathcal{B}(N)$ eine Borel-Menge in $\mathcal{B}(M)$ ist. Es sei

$$\mathcal{A} := \{\, B \in \mathcal{B}(N) \mid u^{-1}[B] \text{ ist eine Borel-Menge} \,\}.$$

Das Mengensystem $\mathcal{A}$ enthält alle offenen Mengen und ist eine σ-Algebra. Daher gilt $\mathcal{B}(N) \subseteq \mathcal{A}$, da $\mathcal{B}(N)$ die kleinste solche σ-Algebra ist. Die Umkehrung ist offensichtlich. $\qquad\square$

Einen wichtigen Zusammenhang zwischen meßbaren und stetigen Funktionen stellt der folgende Satz her.

Satz 3.8 (Lusin): *Es sei μ ein Borel-reguläres Borel-Maß auf $\mathbb{R}^N$ und es gebe eine Überdeckung $(U_n)_{n \in \mathbb{N}}$ von $\mathbb{R}^N$ mit offenen Mengen U_n derart, daß $\mu(U_n) < \infty$ ist für alle $n \in \mathbb{N}$. Weiter seien $\Omega \subseteq \mathbb{R}^N$ ein Gebiet (offen, zusammenhängend) und $u : \Omega \to \mathbb{R}^M$ eine μ-fast-überall-endliche Funktion. Dann sind folgende Aussagen äquivalent:*

(a) *Die Funktion u ist μ-fast überall auf Ω gleich einer Borel-meßbaren Funktion.*

(b) *Zu jeder Borel-meßbaren Menge $\widetilde{\Omega} \subseteq \Omega$ mit $\mu(\widetilde{\Omega}) < \infty$ und jedem $\varepsilon > 0$ existiert eine abgeschlossene Menge $A \subseteq \widetilde{\Omega}$ derart, daß $\mu(\widetilde{\Omega} \setminus A) < \varepsilon$ und die Funktion u auf A stetig ist.*

(c) *Es gibt eine Zerlegung jeder Borel-meßbaren Teilmenge $\widetilde{\Omega} \subseteq \Omega$ mit $\mu(\widetilde{\Omega}) < \infty$ in paarweise disjunkte kompakte Mengen $(K_n)_{n \in \mathbb{N}}$ und eine μ-Nullmenge N, d.h.*

$$\widetilde{\Omega} = N \cup \bigcup_{n \in \mathbb{N}} K_n,$$

derart, daß die Einschränkungen $u|_{K_n}$ für jedes $n \in \mathbb{N}$ stetig sind.

Beweis:

(a) $\Rightarrow$ (b) Es seien die Funktion u Borel-meßbar und $\widetilde{\Omega} \subseteq \Omega$ eine Borel-meßbare Teilmenge mit $\mu(\widetilde{\Omega}) < \infty$. Weiter sei

$$Q := \{\, x \in \mathbb{R}^M \mid 0 \le x_1 < 1, \ldots, 0 \le x_M < 1 \,\}$$

ein halboffener Einheitsquader. Dann bilden für jedes $n \in \mathbb{N}$ die in Anhang A zu Q definierten Quader Q_n^γ mit $\underline{\gamma} \in \mathbb{Z}^M$ eine Zerlegung des Bildbereichs $\mathbb{R}^M$ in paarweise disjunkte Quader der Kantenlänge n^{-1}, wobei $\mathbb{R}^M$ überdeckt wird, d.h.

$$\mathbb{R}^M \subseteq \bigcup_{\underline{\gamma} \in \mathbb{Z}^M} Q_n^\gamma.$$

Da $\mathbb{Z}^M$ abzählbar ist, können wir zu jedem $n \in \mathbb{N}$ eine Abzählung $(Q_n^k)_{k \in \mathbb{N}}$ dieser Quader wählen. Wir setzen

$$\Omega_n^k := (u^{-1}[Q_n^k]) \cap \widetilde{\Omega}.$$

Nach Satz 3.5 können wir zu jedem Ω_n^k und zu gegebenen $\varepsilon > 0$ eine abgeschlossene Menge $A_n^k \subseteq \Omega_n^k$ derart wählen, daß $\mu(\Omega_n^k \setminus A_n^k) < \varepsilon 2^{-(k+n)}$ gilt. Dann folgt

$$\mu\Big(\widetilde{\Omega} \setminus \bigcup_{k \in \mathbb{N}} A_n^k\Big) = \mu\Big(\bigcup_{k \in \mathbb{N}} \Omega_n^k \setminus A_n^k\Big) = \sum_{k=1}^{\infty} \mu(\Omega_n^k \setminus A_n^k) < \varepsilon 2^{-n}.$$

Aufgrund der Stetigkeit des Maßes μ und wegen $\mu(\widetilde{\Omega}) < \infty$ gibt es zu obigem $\varepsilon > 0$ und jedem $n \in \mathbb{N}$ eine Zahl $N(n) \in \mathbb{N}$ derart, daß

$$\mu\Big(\widetilde{\Omega} \setminus \bigcup_{k=1}^{N(n)} A_n^k\Big) < \varepsilon 2^{-n}$$

gilt. Da $\Omega_n^j \cap \Omega_n^k = \emptyset$ ist für festes n und alle Indexpaare $j \neq k$, sind die abgeschlossenen Mengen A_n^k paarweise disjunkt für festes $n \in \mathbb{N}$, d.h., die abgeschlossene Menge

$$A_{N(n)} := \bigcup_{k=1}^{N(n)} A_n^k \subset \widetilde{\Omega}$$

besteht aus $N(n)$ Zusammenhangskomponenten.

Es seien $y_n^k \in Q_n^k$ beliebig, aber fest gewählte Punkte. Wir definieren für jedes $n \in \mathbb{N}$ die Abbildung $v_n : A_{N(n)} \to \mathbb{R}^M$ durch

$$v_n(x) = y_n^k \quad \text{für} \quad x \in A_n^k,$$

für $k = 1, \ldots, N(n)$. Dann ist die Funktion v_n stetig auf der abgeschlossenen Menge $A_{N(n)}$.

Es sei $A := \bigcap_{n=1}^{\infty} A_{N(n)}$. Die Menge A ist abgeschlossen und es gilt

$$
\begin{aligned}
\mu(\widetilde{\Omega} \setminus A) \;=\;& \mu\Big(\widetilde{\Omega} \setminus \Big(\bigcap_{n \in \mathbb{N}} A_{N(n)}\Big)\Big) = \mu\Big(\bigcap_{n \in \mathbb{N}} \big(\widetilde{\Omega} \setminus A_{N(n)}\big)\Big) \\
\leq\;& \sum_{n=1}^{\infty} \mu(\widetilde{\Omega} \setminus A_{N(n)}) < \sum_{n=1}^{\infty} \varepsilon 2^{-n} = \varepsilon.
\end{aligned}
$$

Weiter gilt für $v_n|_A$

$$
|v_n(x) - u(x)|_\infty \leq \frac{1}{n} \quad \text{für alle } x \in A,
$$

d.h., die Funktionenfolge $(v_n)_{n \in \mathbb{N}}$ konvergiert gleichmäßig gegen die Funktion u auf A. Damit ist die Funktion u auf A stetig.

(b) $\Rightarrow$ (c) Es sei $\varepsilon > 0$ gegeben. Aufgrund von (b) gibt es eine abgeschlossene Teilmenge A mit $\mu(\widetilde{\Omega} \setminus A) < \frac{\varepsilon}{2}$, und die Funktion u ist stetig auf A. Wegen $\mu(A) < \infty$ gibt es nach Satz 3.5 eine kompakte Teilmenge $K \subseteq A$ mit $\mu(A \setminus K) < \frac{\varepsilon}{2}$. Damit gilt $\mu(\widetilde{\Omega} \setminus K) < \varepsilon$ und die Funktion u ist stetig auf K. Wir wählen eine kompakte Teilmenge K_1 derart, daß $\mu(\widetilde{\Omega} \setminus K_1) < 1$ gilt und die Funktion u auf K_1 stetig ist. Dann wählen wir eine weitere kompakte Menge K mit $\mu(\widetilde{\Omega} \setminus K) < \frac{1}{4}$ derart, daß die Funktion u auf K stetig ist. Aufgrund von Satz 3.5 gibt es eine kompakte Teilmenge $K_2 \subseteq K \setminus K_1$ mit

$$
\mu\Big((K \setminus K_1) \setminus K_2\Big) < \frac{1}{4}, \quad \text{d.h.} \quad \mu\Big(\widetilde{\Omega} \setminus (K_1 \cup K_2)\Big) < \frac{1}{2}.
$$

Die Funktion u ist stetig auf $K_1 \cup K_2$, und die beiden kompakten Mengen sind disjunkt. Per Induktion können wir daher paarweise disjunkte kompakte Mengen $(K_n)_{n \in \mathbb{N}}$ finden, auf denen die Funktion u stetig ist, mit der Eigenschaft

$$
\mu\Big(\widetilde{\Omega} \setminus (K_1 \cup \ldots \cup K_n)\Big) < \frac{1}{n}.
$$

Nun sei $\widetilde{K} = \bigcup_{n \in \mathbb{N}} K_n$, dann gilt $\mu(\widetilde{\Omega} \setminus \widetilde{K}) = 0$, d.h., $N = \widetilde{\Omega} \setminus \widetilde{K}$ ist eine Nullmenge.

(c) $\Rightarrow$ (a) Wir können ohne Einschränkung die Funktion u auf eine Menge U_n der Zerlegung eingeschränkt betrachten. Es sei $U_n = N \cup \bigcup_{k \in \mathbb{N}} K_k$ und weiter sei v eine Abbildung mit $v = u$ falls $N = \emptyset$ und sonst gelte für ein festes $y_0 \in \mathbb{R}^M$.

$$
v(x) = \begin{cases} y_0 & \text{für } x \in N \\ u(x) & \text{für } x \in U_n \setminus N. \end{cases}
$$

Es reicht, die Borel-Meßbarkeit der Funktion v auf U_n zu zeigen. Sei
$O \subseteq \mathbb{R}^M$ offen, und wir zerlegen

$$v^{-1}[O] = \left(v^{-1}[O] \cap N\right) \cup \left(\bigcup_{k \in \mathbb{N}} (v^{-1}[O] \cap K_k)\right).$$

Ist $y_0 \in O$, dann ist $v^{-1}[O] \cap N = N$, sonst ist diese Menge leer, insbesondere aber ist sie Borel-meßbar. Auf K_n ist v stetig, und somit ist $v^{-1}[O]$ offen auf K_n in der Spurtopologie, d.h., es gibt eine offene Menge $O_n \subseteq \mathbb{R}^N$ mit $v^{-1}[O] \cap K_n = O_n \cap K_n \in \mathcal{B}(\mathbb{R}^N)$. Somit ist die Abbildung v meßbar.

$\square$

ν-Stetigkeit

Es seien μ und ν zwei Maße auf einer σ-Algebra $\mathcal{A} \subseteq \mathcal{P}(M)$. Man sagt, das Maß μ sei **absolut stetig** bezüglich des Maßes ν bzw. **ν-stetig** und schreibt $\boldsymbol{\mu \prec \nu}$, wenn für alle ν-Nullmengen $A \in \mathcal{A}$, d.h. $\nu(A) = 0$, gilt, daß $\mu(A) = 0$ ist.

Wir machen im folgenden von der Lebesgueschen Integrationstheorie gebrauch, die wir als bekannt voraussetzen. Wichtige Aussagen zum Lebesgue-Integral sind in Anhang A zusammengestellt.

Wir bezeichnen mit $\mathcal{L}_+^1(M, \mathcal{A}, \nu)$ die Menge der nicht-negativen $\mathcal{A}$-meßbaren Funktionen $u : M \to \mathbb{R}$, für die

$$\int_M u(x)\, d\nu < \infty$$

gilt. Dann gilt der

Satz 3.9 (Radon-Nikodym): *Es seien M eine Menge und $\mathcal{A} \subseteq \mathcal{P}(M)$ eine σ-Algebra. Auf $\mathcal{A}$ seien ν ein σ-endliches Maß und μ ein Maß mit $\mu \prec \nu$. Dann existiert eine Funktion $u \in \mathcal{L}_+^1(M, \mathcal{A}, \nu)$ derart, daß*

$$\mu(A) = \int_A u(x)\, d\nu$$

*für alle $A \in \mathcal{A}$ gilt. Man nennt die Funktion u eine **Dichte** für μ bezüglich ν.*

Beweis: Die Aussage folgt aus Alt [5, Satz 4.13], Bauer [10, Satz 17.10] oder Hewitt/Stromberg [55, Theorem (19.23)]. $\square$

Bemerkung 3.10: Bei Alt [5] und Hewitt/Stromberg [55] findet man allgemeinere Versionen des Satzes von Radon-Nikodym. Für unsere Zwecke reicht die obige Fassung des Satzes. $\diamond$

Der Satz von Radon-Nikodym 3.9 motiviert die Bezeichnung der Dichte $u \in \mathcal{L}^1_+(M, \mathcal{A}, \nu)$ als **Radon-Nikodym-Ableitung** des Maßes μ nach dem Maß ν, d. h. die Notation

$$u = \frac{d\mu}{d\nu},$$

siehe auch Hewitt/Stromberg [55].

Es seien wieder μ und ν zwei Maße auf einer σ-Algebra $\mathcal{A} \subseteq \mathcal{P}(M)$. Wir sagen, die Maße μ und ν seien **singulär** zueinander und schreiben $\mu \perp \nu$, wenn eine $\mathcal{A}$-meßbare Menge $A \in \mathcal{A}$ derart existiert, daß $\mu(A) = 0$ und $\nu(A^c) = 0$ sind. Es gilt der

Satz 3.11 (Lebesguescher Zerlegungssatz): *Es sei* $(M, \mathcal{A}, \mu)$ *ein Maßraum mit einem* σ-*endlichen Maß* μ. *Es sei* ν *ein weiteres* σ-*endliches Maß. Dann hat* ν *eine eindeutige Zerlegung in zwei Maße* ν_1, ν_2, *d.h.*

$$\nu = \nu_1 + \nu_2,$$

mit $\nu_1 \prec \mu$ *und* $\nu_2 \perp \mu$. *Man bezeichnet* ν_1 *als* **μ-regulären Teil** *von* ν *und* ν_2 *als* **μ-singulären Teil** *von* ν.

Beweis: Siehe Hewitt/Stromberg [55, Theorem (19.42)]. $\square$

3.3 Signierte Maße

Im folgenden wollen wir uns mit den stetigen linearen Funktionalen auf dem Banach-Raum $C^{0,0}(\overline{\Omega}; \mathbb{K})$, siehe Anhang B.1, $\mathbb{K}$ sei $\mathbb{R}$ oder $\mathbb{C}$, näher beschäftigen. Dazu betrachten wir zuerst:

Satz 3.12 (Rieszscher Darstellungssatz): *Es sei* $\Omega \subseteq \mathbb{R}^N$ *eine offene oder abgeschlossene Teilmenge und* F *ein nicht-negatives lineares Funktional auf* $C^0_0(\Omega; \mathbb{K})$, *d.h., es gelte*

$$\langle F, f \rangle_{C^0_0(\Omega;\mathbb{K})} \geq 0$$

für alle $f \in C^0_0(\Omega; \mathbb{R})$ *mit* $f \geq 0$. *Insbesondere im Fall* $C^0_0(\Omega; \mathbb{C})$ *sollen* $f(x)$ *für* $x \in \Omega$ *und* $\langle F, f \rangle_{C^0_0(\Omega;\mathbb{K})}$ *reell sein. Dann gibt es ein Borel-Maß* μ *mit*

$$\langle F, f \rangle_{C^0_0(\Omega;\mathbb{K})} = \int_\Omega f(x)\, d\mu$$

für alle $f \in C^0_0(\Omega, \mathbb{K})$.

Beweis: Siehe Hewitt/Stromberg [55, (12.36)], wo dieser Satz allgemeiner für lokal konvexe Hausdorff-Räume bewiesen ist. $\qquad\square$

Um nicht nur positive Funktionale betrachten zu können, benötigen wir den Begriff der signierten Maße. Es sei $(M, \mathcal{T})$ ein topologischer Raum und $\mathcal{B}(M)$ die Borelsche σ-Algebra auf M. Weiter seien $\mu_1^+, \mu_1^-, \mu_2^+, \mu_2^-$ *endliche* Borel-Maße, dann wird durch

$$(3.11) \qquad\qquad \mu(B) := \mu_1^+(B) - \mu_1^-(B)$$

für alle $B \in \mathcal{B}(M)$ ein **signiertes Borel-Maß** definiert.
Weiter wird durch

$$(3.12) \qquad\qquad \nu(B) := \mu_1^+(B) - \mu_1^-(B) + i\mu_2^+(B) - i\mu_2^-(B)$$

für alle $B \in \mathcal{B}(M)$ ein **komplexwertiges Borel-Maß** definiert. Die signierten Borel-Maße $\mu_1 = \mu_1^+ - \mu_1^-$, $\mu_2 = \mu_2^+ - \mu_2^-$ bilden jeweils den **Realteil** bzw. **Imaginärteil** von ν.

Bemerkung 3.13: Es werden oft die signierten Maße als reellwertige bzw. komplexwertige Abbildungen auf einer σ-Algebra mit den Eigenschaften (1) und (3) eines Maßes eingeführt.[5] Dann wird mit dem Hahnschen Zerlegungssatz, Satz 3.14, bzw. der Jordan-Zerlegung [55, (19.13)] bewiesen, daß Darstellungen (3.11) bzw. (3.12) gelten. Daß für μ und ν die σ-Additivität und $\mu(\emptyset) = 0$, $\nu(\emptyset) = 0$ gelten, ist offensichtlich. $\qquad\Diamond$

Die Hahn-Zerlegung

Es sei μ ein signiertes Borel-Maß. Eine Menge $B \in \mathcal{B}(M)$ nennen wir eine **nicht-negative Menge** (bzw. **nicht-positive Menge**) zu μ, wenn für alle $A \in \mathcal{B}(M)$ gilt $\mu(B \cap A) \geq 0$ (bzw. $\mu(B \cap A) \leq 0$). Gilt für eine Menge $H \in \mathcal{B}(M)$, daß H eine nicht-negative Menge und $H^c = M \setminus H$ eine nicht-positive Menge zu μ sind, dann nennt man das Paar $(\boldsymbol{H}, \boldsymbol{H^c})$ eine **Hahn-Zerlegung** von M zu μ. Es gilt der

Satz 3.14 (Hahnscher Zerlegungssatz): *Es sei μ ein signiertes Borel-Maß auf einem topologischen Raum $(M, \mathcal{T})$. Dann existiert eine Hahn-Zerlegung (H, H^c) mit $H \in \mathcal{B}(M)$. Ist (A, A^c) mit $A \in \mathcal{B}(M)$ eine weitere Hahn-Zerlegung von M zu μ, dann gilt für jede Menge $B \in \mathcal{B}(M)$, daß $\mu(H \cap B) = \mu(A \cap B)$ und $\mu(H^c \cap B) = \mu(A^c \cap B)$ ist.*

---

[5]Siehe z.B. Hewitt/Stromberg [55, Definition (19.1)].

Beweis: Siehe Hewitt/Stromberg [55, (19.6)].   □

Wir können daher zu dem signierten Borel-Maß μ die Borel-Maße $\boldsymbol{\mu^+}$, $\boldsymbol{\mu^-}$, den **positiven Teil** μ^+ und den **negativen Teil** μ^- von μ, für die Mengen $B \in \mathcal{B}(M)$ wie folgt definieren:

$$\begin{aligned}
\mu^+(B \cap H) &= \mu(B \cap H), & \mu^-(B \cap H) &= 0 \\
\mu^+(B \cap H^c) &= 0, & \mu^-(B \cap H^c) &= -\mu(B \cap H^c)
\end{aligned}$$

dann gilt wie oben

$$\mu = \mu^+ - \mu^-.$$

Der Satz von Riesz-Radon

Es seien $\mu, \tilde{\mu}$ zwei signierte Borel-Maße und $\nu, \tilde{\nu}$ zwei komplexwertige Borel-Maße. Mit der Definition

$$(\alpha\mu + \beta\tilde{\mu})(B) := \alpha \cdot \mu(B) + \beta \cdot \tilde{\mu}(B), \qquad \alpha, \beta \in \mathbb{R},$$

erhalten wir wieder ein signiertes Borel-Maß. Genauso ergibt

$$(\alpha\nu + \beta\tilde{\nu})(B) := \alpha \cdot \nu(B) + \beta \cdot \tilde{\nu}(B), \qquad \alpha, \beta \in \mathbb{C},$$

ein komplexwertiges Borel-Maß. Somit bilden die signierten Borel-Maße bzw. die komplexwertigen Borel-Maße lineare Räume.

Sind die in obiger Definition auftretenden Borel-Maße alle Radon-Maße, so bezeichnen wir μ als **signiertes Radon-Maß** und ν als **komplexwertiges Radon-Maß**. Für den linearen Raum der signierten Radon-Maße auf M führen wir die Bezeichnungen $\mathcal{M}(M)$ bzw. $\mathcal{M}(M, \mathbb{R})$, für den Raum der komplexwertigen Radon-Maße auf M die Bezeichnung $\mathcal{M}(M; \mathbb{C})$, ein.

Zu einem signierten Borel-Maß μ definieren wir die **totale Variation** $|\mu|$ durch

$$|\mu|(B) := \mu^+(B) + \mu^-(B)$$

für alle $B \in \mathcal{B}(M)$. Offensichtlich ist $|\mu|$ ein Borel-Maß. Es gilt

Lemma 3.15: *Auf dem topologischen Raum* $(M, \mathcal{T})$ *sei* μ *ein signiertes Borel-Maß, dann gilt für alle* $B \in \mathcal{B}(M)$

$$|\mu|(B) = \sup_{m \in \mathbb{N}} \left\{ \sum_{j=1}^{m} |\mu(B_j)| \ \middle|\ \bigcup_{j=1}^{m} B_j = B, B_j \in \mathcal{B}(M), B_j \cap B_k = \emptyset \text{ für } j \neq k \right\}.$$

(3.13)

Beweis: Seien $B \in \mathcal{B}(M)$ und Borel-Mengen B_j für $j = 1, \ldots, m$ wie in (3.13) gegeben. Dann gilt

$$
\begin{aligned}
\sum_{j=1}^{m} |\mu(B_j)| &= \sum_{j=1}^{m} |\mu^+(B_j) - \mu^-(B_j)| \\
&\leq \sum_{j=1}^{m} \mu^+(B_j) + \mu^-(B_j) = \sum_{j=1}^{m} |\mu|(B_j) \\
&= |\mu|(B).
\end{aligned}
$$

Weiter sei (H, H^c) eine Hahn-Zerlegung von M zu μ. Dann gilt mit $B_1 = H \cap B$ und $B_2 = H^c \cap B$

$$
|\mu(B_1)| + |\mu(B_2)| = \mu^+(B) + \mu^-(B) = |\mu|(B).
$$

$\square$

Nun sei μ ein komplexwertiges Borel-Maß, dann definieren wir mit (3.13) die **totale Variation** $|\mu|$ von μ. Die totale Variation $|\mu|$ ist auch in diesem Fall ein Borel-Maß.[6] Es gilt offensichtlich

Lemma 3.16: *Es wird für* $\mu \in \mathcal{M}(M; \mathbb{K})$*,* $\mathbb{K}$ *sei* $\mathbb{R}$ *oder* $\mathbb{C}$*, durch*

$$
(3.14) \qquad \|\mu\|_{\mathcal{M}(M;\mathbb{K})} = |\mu|(M)
$$

eine Norm eingeführt, d.h., die Räume $\mathcal{M}(M; \mathbb{K})$ *sind normierte lineare Räume.*

$\square$

Damit kommen wir zu dem wichtigen Darstellungssatz für Dualräume zu Räumen stetiger Funktionen auf $\mathbb{R}^N$, siehe Anhang B.1.

Satz 3.17 (Riesz-Radon): *Es sei* $\Omega \subseteq \mathbb{R}^N$ *ein Gebiet und die abgeschlossene Menge* $\overline{\Omega} \subseteq \mathbb{R}^N$ *mit der Spurtopologie versehen. Dann ist der Banach-Raum* $[C^{0,0}(\overline{\Omega}; \mathbb{K})]'$ *isometrisch isomorph zum Raum* $\mathcal{M}(\overline{\Omega}; \mathbb{K})$*,* $\mathbb{K}$ *gleich* $\mathbb{R}$ *oder* $\mathbb{C}$*.*

Wir bezeichnen den isometrischen Isomorphismus mit $\mathcal{I} : [C^{0,0}(\overline{\Omega}; \mathbb{K})]' \to \mathcal{M}(\overline{\Omega}; \mathbb{K})$*. Sei* $F \in [C^{0,0}(\overline{\Omega}; \mathbb{K})]'$ *und* $\mu = \mathcal{I}(F)$*, dann gilt für alle* $f \in C^{0,0}(\overline{\Omega}; \mathbb{K})$ *die Darstellungsformel*

$$
(3.15) \qquad \langle F, f \rangle_{C^{0,0}(\overline{\Omega};\mathbb{K})} = \int_{\overline{\Omega}} f(y) \, d\mu.
$$

Insbesondere ist damit der Raum $(\mathcal{M}(\overline{\Omega}; \mathbb{K}), \| \cdot \|_{\mathcal{M}(\overline{\Omega};\mathbb{K})})$ *mit der durch* (3.14) *definierten Norm ein Banach-Raum. Es sei noch daran erinnert, daß für beschränkte Gebiete* Ω *gilt* $C^{0,0}(\overline{\Omega}; \mathbb{K}) = C^0(\overline{\Omega}; \mathbb{K})$*.*

---

[6]Siehe Hewitt/Stromberg [55, Theorem (19.12)].

Beweis: Siehe Alt [5, Satz 4.11] oder Hewitt/Stromberg [55, Theorem (20.48)]. In diesen Referenzen findet man das Integral in (3.15) eingeführt, siehe auch Anhang A. $\qquad\Box$

Ist $\mu = \mathcal{I}(F) \in \mathcal{M}(\overline{\Omega}, \mathbb{K})$, so schreiben wir auch für $f \in C^{0,0}(\overline{\Omega}, \mathbb{K})$ das Funktional (3.15) als

$$\langle \mu, f \rangle_{C^{0,0}(\overline{\Omega};\mathbb{K})} := \langle F, f \rangle_{C^{0,0}(\overline{\Omega};\mathbb{K})},$$

da ein isometrischer Isomorphismus vorliegt und wir daher Maß und Funktional in der Notation nicht unterscheiden müssen.

Lemma 3.18: *Es sei $\Omega \subseteq \mathbb{R}^N$ ein Gebiet. Der Banach-Raum $L^1(\Omega)$, siehe Anhang B.2, ist isometrisch in den Banach-Raum $\mathcal{M}(\overline{\Omega})$ eingebettet. Es sei*

$$\mathsf{E}_{\mathcal{M}} : L^1(\Omega) \to \mathcal{M}(\overline{\Omega})$$

die lineare Isometrie, die für $u \in L^1(\Omega)$ durch

$$\mathsf{E}_{\mathcal{M}}(u) = \mu_u$$

gegeben ist, wobei das signierte Maß μ_u durch

$$\mu(B) = \int_B u(x)\, dx$$

für alle Borel-Mengen $B \in \mathcal{B}(\overline{\Omega})$ definiert ist. Es gilt für $u \in L^1(\Omega)$

$$\|u\|_{L^1(\Omega)} = \int_\Omega |u(x)|\, dx = \|\mu_u\|_{\mathcal{M}(\overline{\Omega})}.$$

Beweis: Es sei

$$u^+(x) := \begin{cases} u(x) & \text{falls} \quad u(x) \geq 0 \\ 0 & \text{sonst} \end{cases}$$

und

$$u^-(x) := \begin{cases} -u(x) & \text{falls} \quad u(x) \leq 0 \\ 0 & \text{sonst} \end{cases}.$$

Offensichtlich sind μ_{u^+}, μ_{u^-} Radon-Maße, die absolut stetig bezüglich des Lebesgue-Maßes λ^N sind. Damit ist $\mu_u = \mu_{u^+} - \mu_{u^-}$ ein signiertes Maß. Es sei

$$H = \{\, x \in \Omega \mid u(x) > 0 \,\},$$

dann ist H eine nicht-negative Menge zu μ_u und (H, H^c) eine Hahn-Zerlegung von Ω zu μ_u. Damit gilt

$$\|u\|_{L^1(\Omega)} \;=\; \int_\Omega |u(x)|\, dx = \int_\Omega u^+(x)\, dx + \int_\Omega u^-(x)\, dx$$

$$=\; |\mu_{u^+}|(\Omega) + |\mu_{u^-}|(\Omega) = |\mu_u|(\Omega) = \|\mu_u\|_{\mathcal{M}(\overline{\Omega})}.$$

$$\square$$

Weiter definieren wir die abgeschlossene Menge A als **Träger** von μ, d.h.,

$$\operatorname{supp}\mu = A,$$

wenn für alle $B \in \mathcal{B}(\overline{\Omega})$, mit $B \cap A = \emptyset$, gilt $\mu(B) = 0$ und A keine abgeschlossene echte Teilmenge mit dieser Eigenschaft besitzt. Dieses bedeutet, daß $\langle\, \mu\, , f\, \rangle_{C^{0,0}(\overline{\Omega};\mathbb{K})} = 0$ für alle $f \in C^{0,0}(\overline{\Omega}, \mathbb{K})$ mit $f|_A = 0$ gilt.

Satz 3.19 (Momentensatz): *Es sei* $\Omega \subset \mathbb{R}^N$ *ein beschränktes Gebiet. Ein signiertes (komplexwertiges) Maß* $\mu \in \mathcal{M}(\overline{\Omega}; \mathbb{K})$ *mit* $\mathbb{K}$ *gleich* $\mathbb{R}$ *oder* $\mathbb{C}$ *ist durch seine Werte*

$$c_\alpha := \langle\, \mu\, , p_\alpha\, \rangle_{C^0(\overline{\Omega};\mathbb{K})} = \int_{\overline{\Omega}} x^\alpha\, d\mu \;\in \mathbb{K}$$

für alle $\alpha \in \mathbb{N}_0^N$ *auf der Menge der Monome*

$$\mathcal{P}_{\mathrm{mon}}(\overline{\Omega}) := \{\, p_\alpha \mid p_\alpha(x) = x^\alpha \;\text{für}\; x \in \overline{\Omega} \;\text{und}\; \alpha \in \mathbb{N}_0^N \,\}$$

eindeutig bestimmt. Die Werte c_α, $\alpha \in \mathbb{N}_0^N$, *werden als* **Momente** *des Maßes* μ *bezeichnet.*

Beweis: Wir schränken uns auf den Fall $\mathbb{K} = \mathbb{R}$ ein. Im Fall $\mathbb{K} = \mathbb{C}$ müssen wir nur den Realteil und den Imaginärteil entsprechend betrachten.

Nach Satz B.6 liegt die Menge der Polynome mit rationalen Koeffizienten $\mathcal{P}_\mathbb{Q}(\overline{\Omega})$ dicht in dem Raum $C^0(\overline{\Omega})$. Somit ist $\mu = \mathcal{I}(F)$ auf $\mathcal{P}_\mathbb{Q}(\overline{\Omega})$ eindeutig bestimmt, da das Funktional F dann eine eindeutige stetige Fortsetzung auf den ganzen Raum $C^0(\overline{\Omega})$ besitzt.

Die Menge $\mathcal{P}_{\mathrm{mon}}(\overline{\Omega})$ ist eine Basis des Raumes $\mathcal{P}_\mathbb{Q}(\overline{\Omega})$. Da F ein lineares Funktional ist, folgt die Aussage des Satzes. $\qquad\square$

3.4 Konvergenz meßbarer Funktionen

Es sei $(M, \mathcal{A}, \mu)$ ein Maßraum. Wir wollen in diesem Abschnitt Folgen $(\underline{u}_n)_{n \in \mathbb{N}}$ $\mathcal{A}$-meßbarer Funktionen $\underline{u}_n : M \to \mathbb{R}^M$ betrachten.

Es sei $(\underline{u}_n)_{n \in \mathbb{N}}$ eine Folge $\mathcal{A}$-meßbarer Funktionen. Wir sagen die Folge konvergiere **punktweise μ-fast überall**, wenn es eine μ-Nullmenge N, d.h. $\mu(N) = 0$, derart gibt, daß die Folgen $(\underline{u}_n(x))_{n \in \mathbb{N}}$ für alle $x \in M \setminus N$ in $\mathbb{R}^M$ gegen einen endlichen Zahlenvektor konvergieren. Damit erhalten wir eine Funktion $\underline{u} : M \to \mathbb{R}^M$, definiert durch

$$\underline{u}(x) := \begin{cases} \lim_{n \to \infty} \underline{u}_n(x) & \text{für} \quad x \in M \setminus N \\ \text{beliebig} & \text{für} \quad x \in N \, . \end{cases}$$

Es gilt

Satz 3.20: *Es sei $(M, \mathcal{A}, \mu)$ ein Maßraum. Weiter sei $(\underline{u}_n)_{n \in \mathbb{N}}$ eine Folge $\mathcal{A}$-meßbarer Funktionen $\underline{u}_n : M \to \mathbb{R}^M$. Die Folge konvergiere punktweise μ-fast überall gegen die Funktion $\underline{u} : M \to \mathbb{R}^M$. Dann ist die Funktion $\underline{u}$ ebenso $\mathcal{A}$-meßbar.*

Beweis: Siehe Alt [5, Lemma A 1.19], Dunford/Schwartz [35, Corollary III. 6.14], Hewitt/Stromberg [55, Theorem (11.18)], oder Hirzebruch/Scharlau [57, Satz 10.6.1]. $\qquad\qquad\square$

Ein weiterer Konvergenzbegriff in diesem Zusammenhang ist die Konvergenz im μ-Maß. Wir sagen, eine Folge $\mathcal{A}$-meßbarer Funktionen $(\underline{u}_n)_{n \in \mathbb{N}}$, $\underline{u}_n : M \to \mathbb{R}^M$, **konvergiert im μ-Maß** gegen eine $\mathcal{A}$-meßbare Funktion $\underline{u} : M \to \mathbb{R}^M$ genau dann, wenn für jedes $\varepsilon > 0$

$$\lim_{n \to \infty} \mu\Big(\{ \, x \in M \mid |u(x) - u_n(x)| > \varepsilon \, \} \Big) = 0$$

gilt.

Zwischen der Konvergenz punktweise fast überall und der Konvergenz im μ-Maß besteht folgender Zusammenhang:

Satz 3.21 (Lebesgue/F. Riesz): *Es sei $(M, \mathcal{A}, \mu)$ ein Maßraum. Weiter sei $(\underline{u}_n)_{n \in \mathbb{N}}$ eine Folge $\mathcal{A}$-meßbarer Funktionen $\underline{u}_n : M \to \mathbb{R}^M$. Ist μ ein endliches Maß und konvergiert die Folge punktweise μ-fast überall auf M gegen eine $\mathcal{A}$-meßbare Funktion $\underline{u} : M \to \mathbb{R}^M$, dann konvergiert die Folge im μ-Maß gegen die Funktion $\underline{u}$. Konvergiert umgekehrt die Folge $(\underline{u}_n)_{n \in \mathbb{N}}$ im μ-Maß gegen die $\mathcal{A}$-meßbare Funktion $\underline{u}$ auf M, wobei das Maß μ nicht endlich sein muß, dann gibt es eine Teilfolge, die punktweise μ-fast überall auf M gegen die Funktion $\underline{u}$ konvergiert.*

Beweis: Siehe Dunford/Schwartz [35, Corollary III.6.13] oder Hewitt/Stromberg [55, Theorem (11.31) und Theorem (11.26)].   □

Wir sagen, eine Folge $\mathcal{A}$-meßbarer Funktionen $(\underline{u}_n)_{n\in\mathbb{N}}$ konvergiere **μ-gleichmäßig** gegen eine $\mathcal{A}$-meßbare Funktion $\underline{u} : M \to \mathbb{R}^M$, wenn zu jedem $\varepsilon > 0$ eine Menge $A \in \mathcal{A}$ mit $\mu(A) < \varepsilon$ derart existiert, daß die Folge auf der Menge $M \setminus A$ gleichmäßig gegen die Funktion $\underline{u}$ konvergiert. D.h., zu jedem $\delta > 0$ gibt es ein n_0 derart, daß für $n \geq n_0$

$$\sup_{x \in M \setminus A} |\underline{u}_n(x) - \underline{u}(x)| < \delta$$

gilt.

Eine gewisse Verwandtschaft zum Satz von Lusin 3.8 hat der folgende Satz:

Satz 3.22 (Egorow): *Es sei $(M, \mathcal{A}, \mu)$ ein Maßraum mit endlichem Maß μ. Weiter sei $(\underline{u}_n)_{n\in\mathbb{N}}$ eine Folge $\mathcal{A}$-meßbarer Funktionen $\underline{u}_n : M \to \mathbb{R}^M$. Die Folge konvergiert genau dann punktweise μ-fast überall auf M gegen eine $\mathcal{A}$-meßbare Funktion $\underline{u} : M \to \mathbb{R}^M$, wenn die Folge μ-gleichmäßig gegen die Funktion $\underline{u}$ konvergiert.*

Beweis: Siehe Alt [5, Satz A 1.21], Dunford/Schwartz [35, Corollary III.6.12] oder Hewitt/Stromberg [55, Theorem (11.32)].   □

Kapitel 4

Nichtlineare Operatoren

In diesem Kapitel betrachten wir die für die Behandlung nichtlinearer Probleme zentrale Klasse der Superpositionsoperatoren, die durch die Anwendung, Superposition, von nichtlinearen Funktionen auf Borel-meßbare Funktionen entstehen. Es werden die wichtigsten Resultate zur Stetigkeit und Differenzierbarkeit auf L^p-Räumen angegeben.

4.1 Superpositionsoperatoren

Es sei $\mathbb{R}^N$ mit der von der Euklidischen Metrik induzierten natürlichen Topologie versehen. Weiterhin sei ein Gebiet $\Omega \subseteq \mathbb{R}^N$ (offen, zusammenhängend) gegeben und mit der Spurtopologie versehen. Mit λ^N bezeichnen wir das Lebesgue-Maß auf $\mathbb{R}^N$ bzw. Ω. Weiter seien eine Funktion $f : \Omega \times \mathbb{R}^M \to \mathbb{R}$ sowie Borel-meßbare Funktionen $u_1, \ldots, u_M : \Omega \to \mathbb{R}$ gegeben. Wir wollen die Funktion $f(\cdot, u_1(\cdot), \ldots, u_M(\cdot))$ bzw. den durch sie definierten **Superpositionsoperator (Nemytskiĭ-Operator)**

$$\widetilde{f} : (u_1, \ldots, u_M) \to f(\cdot, u_1(\cdot), \ldots, u_M(\cdot)) = \widetilde{f}(u_1, \ldots, u_M)$$

betrachten. In diesem Kapitel sind einige Resultate hierzu zusammengestellt. Für eine sehr ausführliche Darstellung des Themas siehe Appell/Zabrejko [7].

Wir sagen, eine Funktion $f : \Omega \times \mathbb{R}^M \to \mathbb{R}$ erfüllt die **Carathéodory-Bedingung** genau dann, wenn gilt:

1) $f(\cdot, \underline{y})$ ist Borel-meßbar für alle $\underline{y} \in \mathbb{R}^M$,

2) $f(x, \cdot)$ ist stetig für fast alle $x \in \Omega$.

$\Diamond$

Wir werden für Funktionen $f : \Omega \times \mathbb{R}^M \to \mathbb{R}$, die der Carathéodory-Bedingung genügen, die Bezeichnung **Carathéodory-Funktion** verwenden.

Eine Funktion $f : \Omega \times \mathbb{R}^M \to \mathbb{R}$ erfüllt die **S-Bedingung** genau dann, wenn gilt:

Zu jedem $\varepsilon > 0$ existiert eine abgeschlossene Menge $A \subseteq \Omega$ derart, daß $\lambda^N(\Omega \setminus A) < \varepsilon$ gilt und die Funktion f auf $A \times \mathbb{R}^M$ stetig ist. $\diamond$

Man beachte, daß die S-Bedingung der Aussage (b) im Satz von Lusin 3.8 ähnlich ist. Der Satz von Lusin läßt sich nicht unmittelbar anwenden, trotzdem gilt die folgende Aussage:

Satz 4.1: *Die Carathéodory-Bedingung und die S-Bedingung sind äquivalent.*

Beweis: Siehe Vainberg [123, Theorem 18.2]. $\square$

Die fundamentale Bedeutung der Carathéodory-Bedingung wird mit den Aussagen der beiden folgenden Sätze klar.

Satz 4.2: *Es sei $f : \Omega \times \mathbb{R}^M \to \mathbb{R}$ eine Carathéodory-Funktion. Weiter seien die Funktionen $u_1, \ldots, u_M : \Omega \to \mathbb{R}$ Borel-meßbar. Dann ist die Funktion*

$$f\left(\cdot,\, u_1(\cdot), \ldots, u_M(\cdot)\right) : \Omega \to \mathbb{R}$$

Borel-meßbar.

Beweis: Aufgrund von Satz 4.1 erfüllt die Funktion f die S-Bedingung. Zu gegebenem $\varepsilon > 0$ sei die abgeschlossene Teilmenge $A_1 \subset \Omega$ mit $\lambda^N(\Omega \setminus A_1) < \frac{\varepsilon}{2}$ derart gewählt, daß die Funktion f auf der Menge $A_1 \times \mathbb{R}^M$ stetig ist. Der Satz von Lusin 3.8 liefert eine abgeschlossene Teilmenge $A_2 \subseteq \Omega$ mit $\lambda^N(\Omega \setminus A_2) < \frac{\varepsilon}{2}$ derart, daß die Funktionen $u_1, \ldots, u_M$ auf A_2 stetig sind. Dann ist die Funktion $f\left(\cdot,\, u_1(\cdot), \ldots, u_M(\cdot)\right)$ auf der abgeschlossenen Menge $A_1 \cap A_2$ stetig, und es gilt $\lambda^N(\Omega \setminus A_1 \cap A_2) < \varepsilon$. Daraus folgt wiederum mit dem Satz von Lusin 3.8 die Borel-Meßbarkeit der Funktion $f\left(\cdot,\, u_1(\cdot), \ldots, u_M(\cdot)\right)$. $\square$

Satz 4.3 (Satz von Nemytskiĭ) : *Sei $\lambda^N(\Omega) < \infty$ und f eine Carathéodory-Funktion. Der Superpositionsoperator $\widetilde{f}(\underline{u}) = f(\cdot, u_1(\cdot), \ldots, u_M(\cdot))$ bildet jede Folge $(\underline{u}^n)_{n \in \mathbb{N}}$ meßbarer Funktionen, die im λ^N-Maß gegen eine meßbare Funktion $\underline{u}$ konvergiert, auf eine Funktionenfolge $\left(\widetilde{f}(\underline{u}^n)\right)_{n \in \mathbb{N}}$ ab, die im λ^N-Maß gegen $\widetilde{f}(\underline{u})$ konvergiert.*

Beweis: Es sei $\varepsilon > 0$ beliebig, aber fest gewählt. Unter Anwendung des Satzes von Lusin 3.8 läßt sich eine kompakte Teilmenge $K_1 \subset \Omega$ mit $\lambda^N(\Omega \setminus K_1) < \varepsilon/3$ derart finden, daß die Funktionen $u_1, \ldots, u_M$ auf K_1 stetig sind. Da K_1 kompakt ist, sind die Funktionen gleichmäßig stetig auf K_1. Es sei

$$C := 1 + \max_{i=1,\ldots,M} \ \max_{x \in K_1} |u_i(x)|.$$

Mit Satz 4.1 folgt aus der S-Bedingung, daß es zur Carathéodory-Funktion f eine kompakte Teilmenge $K_2 \subset \Omega$ mit $\lambda^N(\Omega \setminus K_2) < \frac{\varepsilon}{3}$ derart gibt, daß f auf der kompakten Menge $K_2 \times [-C, C]^M$ gleichmäßig stetig ist.

Wegen der gleichmäßigen Stetigkeit von f gibt es zu beliebigem $\widetilde{\varepsilon} > 0$ ein $\delta \in\,]0, 1[$ mit

$$|f(x, \underline{u}^n(x)) - f(x, \underline{u}(x))| < \widetilde{\varepsilon}, \quad \text{falls} \quad \max_{i=1,\ldots,M} |u_i^n(x) - u_i(x)| < \delta$$

für $x \in K_1 \cap K_2$ ist. Wir definieren zu diesem δ die Mengen

$$B_i^n = \{x \in \Omega \mid |u_i^n(x) - u_i(x)| < \delta\}.$$

Wegen der Konvergenz im λ^N-Maß gibt es zu $\delta \in\,]0,1[$ ein n_0 derart, daß $\lambda^N(\Omega \setminus B_i) < \frac{\varepsilon}{3n}$ für alle $n \geq n_0$ und $i = 1, \ldots, M$ gilt. Damit ist für $n \geq n_0$

$$\lambda^N\left(\Omega \setminus \left(K_1 \cap K_2 \cap B_1^n \cap \cdots \cap B_M^n\right)\right) < \varepsilon,$$

und für $x \in K_1 \cap K_2 \cap B_1^n \cap \cdots \cap B_M^n$ folgt

$$|f(x, \underline{u}^n(x)) - f(x, \underline{u}(x))| < \widetilde{\varepsilon}.$$

Da ε und $\widetilde{\varepsilon}$ beliebig klein gewählt werden können, konvergiert die Folge $\widetilde{f}(\underline{u}^n)$ gegen $\widetilde{f}(\underline{u})$ im λ^N-Maß. $\qquad \square$

Für die Abbildungseigenschaften von Superpositionsoperatoren $\widetilde{f}$ auf den L^p-Räumen, siehe Anhang B.2, gilt der zentrale Satz:

Satz 4.4 (Hauptsatz über Superpositionsoperatoren / Nemytskiĭ-Operatoren): *Es seien $\Omega \subseteq \mathbb{R}^N$ ein Gebiet und $f : \Omega \times \mathbb{R}^M \to \mathbb{R}$ eine Carathéodory-Funktion. Dann bildet der Superpositionsoperator $\widetilde{f}$ den Raum $[L^p(\Omega)]^M$ für ein $p \in [1, \infty[$ genau dann in den Raum $L^q(\Omega)$ für ein $q \in [1, \infty[$ ab, d.h. $\widetilde{f} : [L^p(\Omega)]^M \to L^q(\Omega)$, wenn eine Funktion $a \in L^q(\Omega)$ und eine Konstante $b \geq 0$ derart existieren, daß*

$$(4.1) \qquad\qquad |f(x, \underline{y})| \leq a(x) + b|\underline{y}|^r$$

für $r = \frac{p}{q}$, fast alle $x \in \Omega$ und alle $\underline{y} \in \mathbb{R}^M$ gilt. In diesem Fall ist der Superpositionsoperator $\widetilde{f} : [L^p(\Omega)]^M \to L^q(\Omega)$ stetig, man nennt diese Eigenschaft die **automatische Stetigkeit** *dieser Operatoren, und beschränkt, d.h., er bildet beschränkte Mengen in beschränkte Mengen ab.*

Weiterhin bildet der Superpositionsoperator $\widetilde{f}$ den Raum $[L^p(\Omega)]^M$ für ein $p \in [1, \infty[$ genau dann in den Raum $L^\infty(\Omega)$ ab, d.h. $\widetilde{f} : [L^p(\Omega)]^M \to L^\infty(\Omega)$, wenn eine Konstante $C > 0$ derart existiert, daß

$$|f(x, \underline{y})| \leq C < \infty$$

für fast alle $x \in \Omega$ und alle $\underline{y} \in \mathbb{R}^M$ gilt. Der Superpositionsoperator ist dann beschränkt. Er ist genau dann stetig, wenn $f(x, \cdot) = konst.$ ist für fast alle $x \in \Omega$, d.h., der Operator hängt von $\underline{u} \in [L^p(\Omega)]^M$ nicht ab.

Außerdem bildet der Superpositionsoperator $\widetilde{f}$ den Raum $[L^\infty(\Omega)]^M$ genau dann in den Raum $L^q(\Omega)$ für ein $q \in [1, \infty[$ ab, d.h. $\widetilde{f} : [L^\infty(\Omega)]^M \to L^q(\Omega)$, wenn zu jedem $\rho > 0$ ein $v_\rho \in L^q(\Omega)$ derart existiert, daß

$$(4.2) \qquad\qquad |f(x, \underline{y})| \leq v_\rho(x)$$

für fast alle $x \in \Omega$ und alle $\underline{y} \in \mathbb{R}^M$ mit $|\underline{y}| \leq \rho$ gilt. Der Superpositionsoperator ist dann stetig und beschränkt.

Der Superpositionsoperator $\widetilde{f}$ bildet den Raum $[L^\infty(\Omega)]^M$ genau dann in den Raum $L^\infty(\Omega)$ ab, d.h. $\widetilde{f} : [L^\infty(\Omega)]^M \to L^\infty(\Omega)$, wenn (4.2) für ein $v_\rho \in L^\infty(\Omega)$ gilt. Der Superpositionsoperator ist dann beschränkt. Er ist ganau dann stetig, wenn zu jedem $\rho > 0$ eine stetige Funktion $g_\rho \in C^0(\mathbb{R})$ mit $g_\rho(0) = 0$ derart existiert, daß

$$|f(x, \underline{y}) - f(x, \underline{z})| \leq g_\rho(|\underline{y} - \underline{z}|)$$

für fast alle $x \in \Omega$ und alle $\underline{y}, \underline{z} \in \mathbb{R}^M$ mit $|\underline{y}|, |\underline{z}| \leq \rho$ gilt.

Beweis: Da am häufigsten die automatische Stetigkeit und die Beschränktheit der Superpositionsoperators für $p, q \in [1, \infty[$ sowie $\lambda^N(\Omega) < \infty$ benötigt werden, wollen wir hier nur diesen Teil der Aussagen beweisen. Insbesondere verzichten wir auf einen Beweis der Ungleichung (4.1). Für die nicht gezeigten Aussagen seien die folgenden Literaturhinweise gegeben. Für die Fälle $p, q \in [1, \infty[$ und $M = 1$ siehe Krasnosel'skiĭ [68, Abschnitt I.2.2]. Für $p \in [1, \infty[$ und $q \in [1, \infty]$ siehe Vainberg [123, Theorem 19.1 und Abschnitt 19.2]. Für $p = \infty$ oder $q = \infty$ und $M = 1$ siehe Appell/Zabrejko [7, Theorem 3.17 und Abschnitt 3.9].

Gilt (4.1), so folgt aus $u \in [L^p(\Omega)]^M$, daß $|u|^r \in L^q(\Omega)$ ist. Somit ist mit $a \in L^q(\Omega)$ auch $a + b|u|^r \in L^q(\Omega)$.

Sei $\underline{0}$ die Nullfunktion in $[L^p(\Omega)]^{\mathsf{M}}$. Wir nehmen an, daß $\widetilde{f}(\underline{0}) = 0$ gilt und daß $\widetilde{f}$ unstetig bei $\underline{0}$ ist. Wir werden zeigen, daß dies zu einem Widerspruch führt.

Unter diesen Anahmen existiert in $[L^p(\Omega)]^{\mathsf{M}}$ eine Funktionenfolge $(\underline{\phi}_n)_{n \in \mathbb{N}} = (\phi_n^1, ..., \phi_n^{\mathsf{M}})_{n \in \mathbb{N}}$ mit

$$\underline{\phi}_n \longrightarrow \underline{0} \quad \text{in} \quad [L^p(\Omega)]^{\mathsf{M}}.$$

Somit existiert eine Teilfolge $(\underline{\phi}_{n_k})_{k \in \mathbb{N}}$ von $(\underline{\phi}_n)_{n \in \mathbb{N}}$ mit $\|\underline{\phi}_{n_k}\|_p < 2^{-k}$, d.h.

$$\sum_{k=1}^{\infty} \|\underline{\phi}_{n_k}(x)\|_p < \infty.$$

Ohne Einschränkung habe bereits die Folge $(\underline{\phi}_n)_{n \in \mathbb{N}}$ selbst diese Eigenschaft, d.h., es sei

$$(4.3) \qquad \sum_{n=1}^{\infty} \sum_{i=1}^{\mathsf{M}} \int_{\Omega} |\phi_n^i(x)|^p \, dx < \infty.$$

Aus der Unstetigkeitsannahme an $\widetilde{f}$ folgt, daß ein $a > 0$ und ein $n_0 \in \mathbb{N}$ existieren mit

$$(4.4) \qquad \int_{\Omega} |\widetilde{f}(\underline{\phi}_n)(x)|^q \, dx > a$$

für $n \geq n_0$. Nun konstruiert man eine Nullfolge $(\epsilon_k)_{k \in \mathbb{N}} > 0$, eine Funktionenfolge $(\underline{\phi}_{n_k})_{k \in \mathbb{N}}$ und eine Mengenfolge $(\Omega_k)_{k \in \mathbb{N}} \subset \Omega$, die die folgenden Eigenschaften erfüllen:

(a) $\epsilon_{k+1} < \frac{\epsilon_k}{2}$,

(b) $\lambda^{\mathsf{N}}(\Omega_k) \leq \epsilon_k$,

(c) $\displaystyle\int_{\Omega_k} |\widetilde{f}(\underline{\phi}_{n_k})(x)|^q \, dx > \frac{2}{3}a$,

(d) Wenn $\lambda^{\mathsf{N}}(D) \leq 2\epsilon_{k+1}$ für eine beschränkte Menge $D \subset \Omega$ ist, dann gelte
$$\int_{D} |\widetilde{f}(\underline{\phi}_{n_k})(x)|^q \, dx < \frac{a}{3}.$$

Die $\epsilon_k, \underline{\phi}_{n_k}$ und Ω_k werden induktiv konstruiert. Für $k = 1$ sei $\epsilon_1 = \lambda^{\mathsf{N}}(\Omega)$, $\underline{\phi}_{n_1} = \underline{\phi}_1$ und $\Omega_1 = \Omega$. Seien nun $\epsilon_k, \underline{\phi}_{n_k}$ und Ω_k konstruiert, dann wählt man eine positive Zahl ϵ_{k+1}, so daß die Bedingung (d) erfüllt ist. Dies ist möglich, weil das Lebesgue-Integral

$$\int_{\Omega} |\widetilde{f}(\underline{\phi}_{n_k})(x)|^q \, dx$$

nach Lemma A.2 absolutstetig ist.

Wir zeigen, daß die Bedingung (a) somit automatisch erfüllt ist. Wäre nämlich die Bedingung (a) nicht erfüllt, so würde $2 \cdot \epsilon_{k+1} \geq \epsilon_k \geq \lambda^N(\Omega_k)$ gelten und da Bedingung (d) für alle D mit $\lambda^N(D) \leq 2 \cdot \epsilon_{k+1}$ erfüllt ist, müßte

$$\int_{\Omega_k} |\widetilde{f}(\underline{\phi}_{n_k})(x)|^q \, dx < \frac{a}{3}$$

gelten. Dieses wäre ein Widerspruch zur Bedingung (c) für k und somit ist Bedingung (a) erfüllt.

Aus der starken Konvergenz folgt nach Dunford/Schwartz [35, Theorem III.3.6] oder Hewitt/Stromberg [55, Exercise (13.33)] die Konvergenz im λ^N-Maß. Da die Funktionenfolge $(\underline{\phi}_n)_{n \in \mathbb{N}}$ in $[L^p(\Omega)]^M$ konvergiert, konvergiert sie auch im λ^N-Maß. Mit dem Satz von Nemytskiĭ 4.3 gilt dieses auch für die Bildfolge. Somit existieren eine Zahl n_{k+1} und eine Menge $B_{k+1} \subset \Omega$, so daß für $x \in B_{k+1}$ die Ungleichungen

$$(4.5) \qquad\qquad \lambda^N(\Omega)|\widetilde{f}(\underline{\phi}_{n_{k+1}})(x)|^q < \frac{a}{3}$$

und
$$(4.6) \qquad\qquad \lambda^N(\Omega) - \lambda^N(B_{k+1}) < \epsilon_{k+1}$$

gelten. Es sei $\Omega_{k+1} = \Omega \setminus B_{k+1}$. Dann folgt aus (4.6), daß Ω_{k+1} Bedingung (b) erfüllt.

Aus (4.4) und (4.5) folgt, daß (c) erfüllt ist, denn es gilt

$$\int_{\Omega_{k+1}} |\widetilde{f}(\underline{\phi}_{n_{k+1}})(x)|^q \, dx = \int_{\Omega} |\widetilde{f}(\underline{\phi}_{n_{k+1}})(x)|^q \, dx - \int_{B_{k+1}} |\widetilde{f}(\underline{\phi}_{n_{k+1}})(x)|^q \, dx > \frac{2}{3}a.$$

Setzt man $D_k := \Omega_k \setminus \bigcup_{i=k+1}^{\infty} \Omega_i$ für $k \in \mathbb{N}$, so sind die D_k disjunkt. Aus den Bedingungen (a) und (b) folgt

$$(4.7) \quad \lambda^N\left(\bigcup_{i=k+1}^{\infty} \Omega_i \right) \leq \sum_{i=k+1}^{\infty} \epsilon_i < \epsilon_{k+1} \sum_{j=0}^{\infty} 2^{-j} = 2\epsilon_{k+1} \qquad \text{für } k \in \mathbb{N}.$$

Nun definiert man Funktionen $\underline{\varphi}_{n_k}$ durch

$$(4.8) \qquad\qquad \underline{\varphi}_{n_k}(x) := \left\{ \begin{array}{ll} \underline{\phi}_{n_k}(x), & x \in D_k \\ 0, & x \notin \bigcup_{i=1}^{\infty} D_i. \end{array} \right.$$

Aus (c), (d) und (4.7) folgt für $k \in \mathbb{N}$

$$\int_{D_k} |\widetilde{f}(\underline{\varphi})(x)|^q \, dx = \int_{D_k} |\widetilde{f}(\underline{\phi}_{n_k})(x)|^q \, dx$$

$$\geq \int_{\Omega_k} |\widetilde{f}(\underline{\phi}_{n_k})(x)|^q \, dx - \int_{\Omega_k - D_k} |\widetilde{f}(\underline{\phi}_{n_k})(x)|^q \, dx$$

$$(4.9) \qquad\qquad > \frac{a}{3}.$$

Aus (4.3) folgt, daß $\underline{\varphi} \in [L^p(\Omega)]^M$ und $\widetilde{f}(\underline{\varphi}) \in L^q(\Omega)$ sind, da $\widetilde{f}$ von $[L^p(\Omega)]^M$ nach $L^q(\Omega)$ abbildet. Aber aus (4.9) folgt $\widetilde{f}(\underline{\varphi}) \notin L^q(\Omega)$, weil

$$\int_{\Omega} |\widetilde{f}(\underline{\varphi})(x)|^q \, dx \geq \sum_{k=1}^{\infty} \int_{D_k} |\widetilde{f}(\underline{\varphi})(x)|^q \, dx = \infty$$

ist. Der Widerspruch beweist die Stetigkeit des Operators $\widetilde{f}$ bei $\underline{0}$ unter der Annahme $\widetilde{f}(\underline{0}) = 0$.

Um die Stetigkeit bei einem beliebigen Element $\underline{u}_0 \in [L^p(\Omega)]^M$ und ohne die Annahme $\widetilde{f}(\underline{0}) = 0$ zu zeigen, betrachtet man den Nemytskiĭ-Operator $\widetilde{g}$, der durch

$$g(x, \underline{y}) := f(x, \underline{y} + \underline{u}_0(x)) - f(x, \underline{u}_0(x))$$

definiert ist. Dann gelten $\widetilde{g}(\underline{0}) = 0$ und mit (B.4)

$$\begin{aligned}
|g(x, \underline{y})| &= |f(x, \underline{y} + \underline{u}_0(x)) - f(x, \underline{u}_0(x))| \\
&\leq a(x) + b|\underline{y} + \underline{u}_0(x)|^r + a(x) + b|u_0(x)|^r \\
&\leq 2a(x) + b(1 + 2^{r-1})|u_0(x)|^r + b2^{r-1}|\underline{y}|^r.
\end{aligned}$$

Der Operator $\widetilde{g}$ erfüllt somit die Voraussetzungen für die soeben gezeigte Stetigkeit bei $\underline{0}$. Folglich ist $\widetilde{f}$ stetig bei $\underline{u}_0 \in [L^p(\Omega)]^M$.

Nun wird die Beschränktheit des Operators $\widetilde{f}$ bewiesen. Sei ohne Beschränkung der Allgemeinheit wieder $\widetilde{f}(\underline{0}) = 0$. Da der Operator $\widetilde{f}$ stetig ist, existiert ein $\delta > 0$, so daß

$$(4.10) \qquad\qquad \int_{\Omega} |\widetilde{f}(\underline{\phi})(x)|^q \, dx \leq 1$$

gilt, wenn nur

$$\|\underline{\phi}(x)\|_p^p \leq \delta,$$

d.h.

$$\sum_{i=1}^{M} \int_{\Omega} |\phi^i(x)|^p \, dx \leq \delta,$$

ist. Es sei $\underline{u} \in [L^p(\Omega)]^M$ beliebig. Wir finden ein geeignetes $n \in \mathbb{N}$ mit $n\delta \leq \|\underline{u}\|_p^p \leq (n+1)\delta$. Dann kann man Ω in disjunkte Teilmengen $\Omega_1, ..., \Omega_{n+1}$ zerlegen, so daß

$$\sum_{i=1}^{M} \int_{\Omega_k} |u^i(x)|^p \, dx \leq \delta \qquad \text{für } k = 1, ..., n+1$$

ist. Aus (4.10) folgt, indem wir die Einschränkungen $\underline{u}|_{\Omega_i}$ jeweils auf ganz Ω zu Null fortsetzen,

$$\int_\Omega |\widetilde{f}(\underline{u})(x)|^q\,dx \;=\; \sum_{k=1}^{n+1}\int_{\Omega_i} |\widetilde{f}(\underline{u})(x)|^q\,dx = \sum_{k=1}^{n+1}\int_\Omega |\widetilde{f}(\underline{u}|_{\Omega_i})(x)|^q\,dx$$

$$\leq\; n+1 \leq \frac{\|\underline{u}\|_p^p}{\delta} + 1.$$

Damit erhalten wir die Beschränktheit des Operators, da die gezeigte Abschätzung für alle $\underline{u} \in [L^p(\Omega)]^M$ gilt. $\qquad\qquad\square$

4.2　Differenzierbarkeit

Es seien $(X, \|\cdot\|_X)$ und $(Y, \|\cdot\|_Y)$ Banach-Räume über $\mathbb{K}$, d. h. $\mathbb{R}$ oder $\mathbb{C}$. Ihre Dualräume, d. h. die Räume der stetigen linearen Funktionale auf X bzw. Y, bezeichnen wir mit X' bzw. Y'. Mit $(\mathcal{L}(X, Y), \|\cdot\|_{\mathcal{L}(X,Y)})$ bezeichnen wir den normierten Raum der stetigen linearen Operatoren von X nach Y, der bekanntlich auch ein Banach-Raum ist[1].

Es sei $D \subseteq X$ eine offene Teilmenge. Ein Operator $\mathsf{F} : D \to Y$ heißt im Punkt $u \in D$ **Fréchet-differenzierbar** wenn ein Operator $\nabla_X\mathsf{F}(u) \in \mathcal{L}(X, Y)$ bzw. im Fall $Y = \mathbb{K}$ ein Funktional $\nabla_X\mathsf{F}(u) \in X'$ existiert, so daß

$$\lim_{\substack{h\to 0\\ h\neq 0}} \frac{\mathsf{F}(u+h) - \mathsf{F}(u) - \nabla_X\mathsf{F}(u)h}{\|h\|_X} = 0$$

für alle $h \in X$ mit $u + h \in D$ ist. Gilt dieses für jedes $u \in D$, dann sagen wir der Operator F sei auf D Fréchet-differenzierbar. Gilt darüber hinaus, daß der Operator $\nabla_X\mathsf{F} : D \to \mathcal{L}(X,\ Y)$ stetig ist, so nennen wir den Operator $\mathsf{F} : D \to Y$ **stetig Fréchet-differenzierbar**.

Beispiel 4.5: Es sei $\mathsf{L} : X \to Y$ ein stetiger linearer Operator, dann gilt

$$\frac{\mathsf{L}(u+h) - \mathsf{L}u - \mathsf{L}h}{\|h\|_X} = 0$$

für alle $u, h \in X$, $h \neq 0$. Daher ist jeder lineare Operator L stetig Fréchet-differenzierbar auf X mit

$$\nabla_X\mathsf{L} \;=\; \mathsf{L}.$$

$$\diamond$$

---

[1]Siehe Alt [5, Satz 3.3] oder Hirzebruch/Scharlau [57, Satz 7.2].

Es seien F, G : $D \to Y$ zwei Fréchet-differenzierbare Operatoren, dann sind die Operatoren αF mit $\alpha \in \mathbb{K}$ und F + G Fréchet-differenzierbar. Es gelten

$$\nabla_X(\alpha F) = \alpha \nabla_X F \quad \text{und} \quad \nabla_X(F + G) = \nabla_X F + \nabla_X G.$$

Außerdem seien $(Z, \|\cdot\|_Z)$ ein weiterer Banach-Raum und H : $Y \to Z$ ein Fréchet-differenzierbarer Operator. Dann ist die Komposition der Operatoren H ∘ F : $D \to Z$ ein Fréchet-differenzierbarer Operator, und es gilt die Kettenregel

$$\nabla_X(H \circ F)(u) = \nabla_X H\,(F(u))\,\nabla_X F(u).$$

Die obigen Aussagen gewinnt man auf gleiche Weise wie in der Analysis für Operatoren von $\mathbb{R}^N$ nach $\mathbb{R}^M$.[2]

Beispiel 4.6: Ist $X = H$ ein Hilbert-Raum mit dem Skalarprodukt $\langle\,\cdot\,,\,\cdot\,\rangle_H$, sowie $Y = \mathbb{R}$. Ist F : $D \to \mathbb{R}$ ein Fréchet-differenzierbares Funktional, dann gilt $\nabla_X F : D \to H'$. Aufgrund des Fréchet-Rieszschen Darstellungssatzes für alle $h \in H$ folgt

$$\nabla_X F(u)\,h = \langle\,w\,,\,h\,\rangle_H$$

mit einem eindeutig bestimmten $w \in H$. Dies führt zu den Schreibweisen $w = \nabla_X F(u)$ und $\langle\,\nabla_X F(u)\,,\,h\,\rangle_H$. $\diamond$

Ein Operator F : $D \to Y$ heißt im Punkt $u \in D$ **Gâteaux-differenzierbar**[3], wenn für alle $h \in X$ ein Operator $\partial_X F(u) \in \mathcal{L}(X,\,Y)$ bzw. im Fall $Y = \mathbb{K}$ ein Funktional $\partial_X F(u) \in X'$ existiert, so daß

$$\lim_{\substack{s \to 0 \\ s \neq 0}} \frac{F(u + sh) - F(u) - s\partial_X F(u)h}{s} = 0$$

für $s \in \mathbb{K}$ mit $u + sh \in D$ gilt. Gilt dieses für jedes $u \in D$, so nennen wir den Operator F auf D Gâteaux-differenzierbar. Die Gâteaux-Ableitung ist eine Verallgemeinerung der Richtungsableitung in $\mathbb{R}^N$.

Ist der Operator F Fréchet-differenzierbar, so ist F auch Gâteaux-differenzierbar, und umgekehrt gilt:

Satz 4.7: *Sei* F : $D \to Y$ *Gâteaux-differenzierbar auf* D, *und es gelte, daß der Operator* $\partial_X F : D \to \mathcal{L}(X,\,Y)$ *stetig ist. Dann ist* F *auf* D *Fréchet-differenzierbar, und es gilt*

$$\nabla_X F(u) \cdot h = \partial_X F(u) \cdot h.$$

---

[2]Siehe Lang [74].

[3]Die hier gegebene Definition ist schärfer als die in Vainberg [123]. Dort wird die Linearität nicht verlangt, was aber sonst allgemein üblich ist.

Beweis: Siehe Vainberg [123, Theorem 3.3]. Die Aussage erhält man wie im Fall der Funktionen $F : \mathbb{R}^N \to \mathbb{R}^M$. $\square$

Beispiel 4.8: Es sei: $g : \Omega \times \mathbb{R} \to \mathbb{R}$, $\Omega \subseteq \mathbb{R}^N$, eine Carathéodory-Funktion. Weiter gelte für ein $p \in]2, \infty[$, daß der Superpositionsoperator $\tilde{g}$ den Raum $L^p(\Omega)$ in den Raum $L^{\frac{p}{p-1}}(\Omega)$ abbildet, d.h., es existieren nach Satz 4.4 eine Funktion $a \in L^{\frac{p}{p-1}}(\Omega)$ und eine Konstante $b \geq 0$ derart, daß

$$|g(x,\,y)| \leq a(x) + b|y|^{p-1}$$

für fast alle $x \in \Omega$ und alle $y \in \mathbb{R}^N$ gilt. Sei

$$G(x,\,y) := \int_0^y g(x,\,s)\,ds$$

für fast alle $x \in \Omega$ eine Stammfunktion, dann folgt

$$
\begin{aligned}
|G(x,\,y)| &\leq \int_0^y |g(x,\,s)|\,ds \leq \int_0^y a(x) + b|s|^{p-1}\,ds \\
&= a(x)y + \frac{b}{p}|y|^p.
\end{aligned}
$$

Somit ist für $u \in L^p(\Omega)$

$$|G(x,\,u(x))| \leq a(x)|u(x)| + \frac{b}{p}|u(x)|^p,$$

für fast alle $x \in \Omega$, d.h., für den Superpositionsoperator gilt mit der Hölderschen Ungleichung (B.8) $\tilde{G} : L^p(\Omega) \to L^1(\Omega)$. Weiter gilt für $u, h \in L^p(\Omega)$

$$
\begin{aligned}
\left(\partial_X \tilde{G}(u)\,h\right)(x) &= \lim_{\substack{s \to 0 \\ s \neq 0}} \frac{\tilde{G}(u+sh) - \tilde{G}(u)}{s}(x) \\[2mm]
&= \lim_{\substack{s \to 0 \\ s \neq 0}} \frac{G(x, u(x) + sh(x)) - G(x, u(x))}{s} \\[2mm]
&= g(x, u(x))\,h(x).
\end{aligned}
$$

Da nach Satz 4.4 der Superpositionsoperator $\tilde{g} : L^p(\Omega) \to L^{\frac{p}{p-1}}(\Omega)$ stetig ist, ist der Superpositionsoperator $\tilde{G}$ nach Satz 4.7 Fréchet-differenzierbar, und es gilt

$$\left(\nabla_X \tilde{G}(u)\,h\right)(x) = \left(\tilde{g}(u)\,h\right)(x) = g(x, u(x))\,h(x)$$

für fast alle $x \in \Omega$. $\diamond$

Kapitel 5

Schwache und starke Konvergenz

Schwach konvergente Folgen sind ein wichtiges Hilfsmittel in der Existenztheorie für nichtlineare partielle Differentialgleichungen und der damit in Zusammenhang stehenden direkten Methode der Variationsrechnung. In Kapitel 6 werden die Zusammenhänge mit der Variationsrechnung näher erläutert. In Kapitel 10 wird die schwache Konvergenz im Rahmen der Existenztheorie für hyperbolische Erhaltungsgleichungen benötigt. In den Kapiteln 7, 8 und 9 werden wir uns mit dem Konvergenzverhalten von Bildfolgen befassen, wenn nicht-lineare Operatoren und Funktionale auf schwach konvergente Folgen angewandt werden.

In Abschnitt 5.1 sind allgemeine Aussagen über die schwache Konvergenz in Banach-Räumen und ihre Beziehungen zur Normkonvergenz zusammengestellt, wobei die meisten Aussagen und die verwendeten Begriffe in Standardwerken zur Funktionalanalysis[1] zu finden sind. Anschließend werden in den folgenden Abschnitten ausführlich die L^p-Räume betrachtet.

5.1 Schwache und starke Konvergenz in Banach-Räumen

Sei $(X, \| \cdot \|_X)$ ein Banach-Raum über dem Körper $\mathbb{K} = \mathbb{R}$ oder $\mathbb{C}$, und der Raum $(X', \| \cdot \|_{X'})$ sei sein Dualraum, d. h. der Raum der stetigen linearen Funktionale auf X, der wiederum ein Banach-Raum ist. Mit X'' bezeichnen wir den Dualraum von X', d. h. den **Bidualraum** von X. Für $u \in X$ und

---

[1]Siehe z.B. Alt [5], Dunford/Schwartz [35], Heuser [54], Hirzebruch/Scharlau [57], Reed/Simon [104], Yosida [133].

$F \in X'$ verwenden wir folgende Schreibweisen

$$Fu = \langle\, F\,,\, u\,\rangle_X \in \mathbb{K}.$$

Wir erinnern daran, daß die Norm auf X' für $F \in X'$ gegeben ist durch

$$\|F\|_{X'} = \sup_{\substack{u \in X \\ u \neq 0}} \frac{|Fu|}{\|u\|_X} = \sup_{\|u\|_X \leq 1} |Fu| = \sup_{\|u\|_X = 1} |Fu|.$$

Eine Folge $(u_n)_{n \in \mathbb{N}} \subset X$ heißt **schwach konvergent** gegen $u \in X$ genau dann, wenn für alle $F \in X'$ für $n \to \infty$

$$Fu_n \to Fu, \text{ bzw. } \langle\, F\,,\, u_n\,\rangle_X \to \langle\, F\,,\, u\,\rangle_X,$$

in $\mathbb{K}$ konvergiert. Wir schreiben $u_n \rightharpoonup u$ bzw. $\text{w-lim}_{n \to \infty} u_n = u$. Die zugehörige **schwache Topologie** ist die gröbste Topologie derart, daß alle $F \in X'$ noch stetig sind. Die Grenzelemente einer schwach konvergenten Folge sind eindeutig bestimmt.[2]

Gilt dagegen, daß die Folge $(u_n)_{n \in \mathbb{N}} \subset X$ gegen $u \in X$ in der Normtopologie auf X konvergiert, so nennen wir die Folge **stark konvergent** und schreiben $u_n \to u$.

Bekanntlich ist durch den linearen Operator $\mathsf{E} : X \to X''$, definiert durch

$$\mathsf{E}u : F \to \langle\, F\,,\, u\,\rangle_X \text{ bzw. } \langle\, \mathsf{E}u\,,\, F\,\rangle_{X'} := \langle\, F\,,\, u\,\rangle_X$$

für alle $u \in X$ und alle $F \in X'$, eine Einbettung von X in X'', d.h. $X \subseteq X''$, gegeben. Diese Einbettung ist eine Isometrie, d. h. es gilt

$$\|\mathsf{E}u\|_{X''} = \|u\|_X,$$

für alle $u \in X$.[3] Ist diese Einbettung ein Isomorphismus, d. h. $X \cong X''$, so heißt der Banach-Raum X **reflexiv**.

Nun sei $(F_n)_{n \in \mathbb{N}} \subset X'$ eine Folge und $F \in X'$, so können wir durch

$$(5.1) \qquad\qquad \langle\, \ell\,,\, F_n\,\rangle_{X'} \to \langle\, \ell\,,\, F\,\rangle_{X'}, \quad n \to \infty$$

für alle $\ell \in X''$ die schwache Konvergenz $F_n \rightharpoonup F$ auf X' einführen. Schränken wir uns bei (5.1) auf diejenigen $\ell \in X''$ ein, die im Bild der oben erwähnten Einbettung $X \subseteq X''$ liegen, d.h. $\ell = \mathsf{E}u$ für ein $u \in X$, erhalten wir die

---

[2] Siehe Hirzebruch/Scharlau [57, Lemma 13.1].

[3] Siehe Alt [5, 5.6], Dunford/Schwartz [35, Theorem II.3.19], Heuser [54, Satz 41.2], Hewitt/Stromberg [55, Theorem (14.14)], Hirzebruch/Scharlau [57, Lemma 7.6] oder Yosida [133, Theorem IV.8.2].

Schwach-∗-Konvergenz der Folge $(F_n)_{n\in\mathbb{N}} \subset X'$ gegen $F \in X'$, d. h. $F_n \xrightarrow{*}$ F, bzw. $\text{w-}*\text{-}\lim_{n\to\infty} F_n = F$. Die Folge konvergiert genau dann schwach-∗ gegen F, wenn für alle $u \in X$ gilt

$$\langle F_n , u \rangle_X \to \langle F , u \rangle_X.$$

Die **Schwach-∗-Topologie** auf X' ist die gröbste Topologie, bezüglich der alle Funktionale $\ell = \mathsf{E}u \in X''$, die in der Einbettung von X in X'' liegen, stetig sind. Die Grenzelemente einer schwach-∗-konvergenten Folge sind eindeutig bestimmt.[4]

Lemma 5.1: *Eine Folge $(u_n)_{n\in\mathbb{N}} \subset X$ ist genau dann schwach konvergent in X, wenn die Folge $(\mathsf{E}u_n)_{n\in\mathbb{N}}$ in X'' schwach-∗-konvergent ist. Damit gelten alle Aussagen über schwach-∗-konvergente Folgen in X'' auch für schwach konvergente Folgen in X. Ist der Banach-Raum X darüber hinaus reflexiv, dann stimmen auf X' die schwache Konvergenz und die Schwach-∗-Konvergenz überein.*

Beweis: Die Aussagen folgen aufgrund der Tatsache, daß der Operator E ein isometrischer Isomorphismus ist. $\qquad\qquad\qquad\qquad\qquad\qquad\qquad\qquad$ $\square$

Somit kann die schwache Konvergenz, ebenso wie die Schwach-∗-Konvergenz, als Konvergenz von Funktionalen aufgefaßt werden. Deshalb läßt sich das für die Funktionalanalysis fundamentale Prinzip der gleichmäßigen Beschränktheit anwenden.

Satz 5.2 (Prinzip der gleichmäßigen Beschränktheit) : *Es seien $(X, \|\cdot\|_X)$ ein Banach-Raum und $(Y, \|\cdot\|_Y)$ ein normierter Raum. Weiter sei $\mathcal{T} \subset \mathcal{L}(X,Y)$ eine Menge stetiger linearer Operatoren. Es gelte für jedes $u \in X$, daß die Menge*

$$(5.2) \qquad\qquad \{ \|Tu\|_Y \mid T \in \mathcal{T} \}$$

beschränkt ist, d. h. die Operatoren sind punktweise beschränkt. Dann ist die Mengen der Operatornormen

$$\{ \|T\|_{\mathcal{L}(X,Y)} \mid T \in \mathcal{T} \}$$

beschränkt. Es sei daran erinnert, daß die Operatornorm auf $\mathcal{L}(X,Y)$ für $T \in \mathcal{L}(X,Y)$ definiert ist durch

$$\|T\|_{\mathcal{L}(X,Y)} = \sup_{\substack{u \in X \\ u \neq 0}} \frac{\|Tu\|_Y}{\|u\|_X} = \sup_{\|u\|_X \leq 1} \|Tu\|_Y = \sup_{\|u\|_X = 1} \|Tu\|_Y.$$

---

[4]Siehe Hirzebruch/Scharlau [57, Lemma 13.7].

Beweis: Es seien für $k \in \mathbb{N}$ die Mengen

$$A_k = \bigcap_{T \in \mathcal{T}} \{ \, u \in X \mid \|Tu\|_Y \le k \, \}$$

definiert. Die Mengen A_k sind abgeschlossen, da die Operatoren T stetig sind und somit A_k als Durchschnitt abgeschlossener Mengen definiert ist. Weiterhin gilt nach Voraussetzung

$$X = \bigcup_{k \in \mathbb{N}} A_k \, .$$

Dann muß nach dem Satz von Baire[5] mindestens eine der Mengen $A_{k'}$ eine offene Kugel

$$B(u_0, r) = \{ \, u \in X \mid \|u - u_0\|_X < r \, \}$$

mit $r > 0$ enthalten. Da die Menge $A_{k'}$ abgeschlosssen ist, gilt

$$K(u_0, r) = \{ \, u \in X \mid \|u - u_0\|_X \le r \, \} \subset A_{k'} \, .$$

Weiterhin sei $u \in K(0, r)$, dann gilt $u + u_0 \in K(u_0, r) \subset A_{k'}$ und somit

$$\|Tu\|_Y \le \|T(u + u_0)\|_Y + \|Tu_0\|_Y \le 2k' \, .$$

Somit ist $K(0, r) \subset A_{2k'}$, d. h. $\|Tu\| \le 2k'$ für alle $\|u\| \le r$ und alle $T \in \mathcal{T}$, d. h.

$$\|T\| \le \frac{2k'}{r} \, . \qquad \qquad \square$$

Wir wollen den Satz 5.2 nun auf die schwache Konvergenz anwenden.

Lemma 5.3: *Es sei $(X, \| \cdot \|_X)$ ein Banach-Raum.*

(1) Ist eine Folge $(u_n)_{n \in \mathbb{N}} \subset X$ stark konvergent, so ist sie schwach konvergent.

Ist eine Folge $(u_n)_{n \in \mathbb{N}} \subset X$ schwach konvergent, dann ist sie beschränkt d. h. es existiert eine Konstante $C > 0$ derart, daß $\|u_n\|_X < C$ ist für alle $n \in \mathbb{N}$. Weiterhin gilt

$$(5.3) \qquad \qquad \|u\|_X \le \liminf_{n \to \infty} \|u_n\|_X \, .$$

---

[5]Siehe Alt [5, 6.1] oder Hirzebruch/Scharlau [57, Satz 4.3].

(2) Ist eine Folge $(F_n)_{n\in\mathbb{N}} \subset X'$ stark konvergent, so ist sie schwach konvergent und damit auch schwach--konvergent.*

Ist eine Folge $(F_n)_{n\in\mathbb{N}} \subset X'$ schwach--konvergent, so ist sie beschränkt, d. h. es gibt eine Konstante $C > 0$ derart, daß $\|F_n\|_{X'} < C$ ist für alle $n \in \mathbb{N}$. Weiterhin gilt*

$$(5.4) \qquad \|F\|_{X'} \leq \liminf_{n\to\infty} \|F_n\|_{X'}.$$

Beweis: Wegen Lemma 5.1 können wir uns auf den Nachweis von (2) beschränken. Die Aussagen über stark konvergente Folgen in X' erhält man aus der Stetigkeit der linearen Funktionale, d. h. der Ungleichung

$$|F_n u - Fu| = |(F_n - F)(u)| \leq \|F - F_n\|_{X'} \|u\|_X,$$

die für alle $u \in X$ und $F_n, F \in X'$ gilt.

Die Beschränktheit der schwach-*-konvergenten Folgen erhält man folgendermaßen. Nach Voraussetzung sind die Folgen $(F_n u)_{n\in\mathbb{N}}$ konvergente und damit beschränkte Zahlenfolgen. Die Aussage ergibt sich somit aus Satz 5.2 für $Y = \mathbb{K}$.

Weiter gilt

$$\begin{aligned}
\|F\|_{X'} &= \sup_{\|u\|_X \leq 1} |Fu| = \sup_{\|u\|_X \leq 1} \left(\lim_{n\to\infty} |F_n u|\right) \\
&\leq \sup_{\|u\|_X \leq 1} \left(\liminf_{n\to\infty} \|F_n\|_{X'} \|u\|_X\right) \\
&= \liminf_{n\to\infty} \|F_n\|_{X'}.
\end{aligned}$$

Damit folgt (5.4) und über die Isometrie E (5.3), da (5.4) auch in X'' gilt. $\qquad\square$

Beispiel 5.23(i) wird zeigen, daß in (5.3) bzw. (5.4) die strikte Ungleichung gelten kann. In dem Beispiel gilt $\|u_n\|_\infty = 1$ für alle $n \in \mathbb{N}$, aber $u = 0$.

Eine Teilmenge $D \subseteq X$ eines Banach-Raumes heißt **dicht** genau dann, wenn für jedes Element $u \in X$ und jedes $\varepsilon > 0$ ein Element $v \in D$ mit $\|v - u\|_X < \varepsilon$ existiert.

Die Forderung $u \in X$ bei (5.2) kann dahingehend abgeschwächt werden, daß die Bedingung nur für $u \in A$ mit einer Teilmenge $A \subset X$ von zweiter Bairescher Kategorie gefordert wird. Mengen $M \subset X$, deren topologischer Abschluß $\overline{M}$ keine offene Teilmenge enthält, heißen **nirgends dicht**. Mengen von **zweiter Bairescher Kategorie** sind solche Mengen, die sich nicht als eine abzählbare Vereinigung nirgends dichter Mengen ergeben. Eine dichte Teilmenge ist nicht unbedingt von zweiter Bairescher Kategorie, da zum

Beispiel die rationalen Zahlen in $\mathbb{R}$ dicht liegen und eine abzählbare Vereinigung einpunktiger Mengen sind. Das hat im folgenden zur Konsequenz, daß wir bei verschieden Aussagen neben der Betrachtung von dichten Teilmengen eine zusätzliche Beschränktheitsbedingung benötigen werden.

Lemma 5.4: *Es sei $(X, \|\cdot\|_X)$ ein Banach-Raum. Eine Folge $(u_n)_{n\in\mathbb{N}} \subset X$ konvergiert genau dann schwach gegen $u \in X$, wenn gilt:*

(1) $\|u_n\|_X < C$ für eine Konstante $C > 0$ und alle $n \in \mathbb{N}$, d. h., die Folge ist beschränkt, und

(2) $\lim\limits_{n\to\infty} \Phi u_n = \Phi u$ für alle $\Phi \in D'$, wobei $D' \subseteq X'$ eine bezüglich $\|\cdot\|_{X'}$ dichte Teilmenge ist.

Eine Folge $(F_n)_{n\in\mathbb{N}} \subset X'$ konvergiert genau dann schwach-$*$ gegen $F \in X'$, wenn gilt:

(1) $\|F_n\|_{X'} < C$ für eine Konstante $C > 0$ und alle $n \in \mathbb{N}$, d. h., die Folge ist beschränkt, und

(2) $\lim\limits_{n\to\infty} F_n\phi = F\phi$ für alle $\phi \in D$, wobei $D \subseteq X$ eine bezüglich $\|\cdot\|_X$ dichte Teilmenge ist.

Beweis: Wir betrachten wieder zuerst den zweiten Teil des Satzes. Es sei die Folge $(F_n)_{n\in\mathbb{N}} \subset X'$ schwach konvergent, dann folgt (1) aus Lemma 5.3, und (2) ist für $D' \subseteq X'$ erfüllt.

Umgekehrt gelte (1) und (2). Sei $u \in X, \varepsilon > 0$ und $\phi \in D$ mit $\|u-\phi\|_X < \varepsilon$, dann folgt

$$
\begin{aligned}
|F_n u - F u| &\leq |F_n u - F_n \phi| + |F_n \phi - F\phi| + |F\phi - Fu| \\
&\leq \|F_n\|_{X'}\|u - \phi\|_X + |F_n\phi - F\phi| + \|F\|_{X'}\|\phi - u\|_X \\
&\leq \varepsilon\,(C + \|F\|_{X'}) + |F_n\phi - F\phi|.
\end{aligned}
$$

Weil $\lim\limits_{n\to\infty} F_n\phi = F\phi$ gilt, kann die Differenz $|F_n\phi - F\phi|$ beliebig klein gemacht werden. Da $\varepsilon > 0$ beliebig klein gemacht werden kann, folgt $\lim\limits_{n\to\infty} F_n u = Fu$. Die Aussage für Folgen $(u_n)_{n\in\mathbb{N}} \subset X$ folgt über Lemma 5.1 oder analog. $\square$

Lemma 5.5: *Es seien $(X, \|\cdot\|_X), (Y, \|\cdot\|_Y)$ Banach-Räume und $\mathsf{L} : X \to Y$ ein stetiger linearer Operator, d. h., es gilt $\|\mathsf{L}u\|_Y \leq C\|u\|_X$ für eine Konstante $C > 0$ und alle $u \in X$. Dann ist der Operator L auch bezüglich der schwachen Konvergenz stetig, d. h., für jede Folge $(u_n)_{n\in\mathbb{N}} \subset X$ mit $u_n \rightharpoonup u \in X$ gilt $\mathsf{L}u_n \rightharpoonup \mathsf{L}u \in Y$.*

Weiter sei $\mathsf{L}' : Y' \to X'$ *der durch*

$$\mathsf{L}'F := F \circ \mathsf{L}$$

für $F \in Y'$ *definierte stetige lineare* **duale Operator**[6]. *Dann ist der Operator* L' *sowohl bezüglich der schwachen Konvergenz als auch der Schwach-*-Konvergenz stetig, d. h., für jede Folge* $(F_n)_{n \in \mathbb{N}} \subset Y'$ *mit* $F_n \rightharpoonup F \in Y'$ *(bzw. mit* $F_n \overset{*}{\rightharpoonup} F \in Y'$*) gilt* $\mathsf{L}'F_n \rightharpoonup \mathsf{L}'F \in X'$ *(bzw.* $\mathsf{L}'F_n \overset{*}{\rightharpoonup} \mathsf{L}'F \in X'$*).*

Beweis: Sei $(u_n)_{n \in \mathbb{N}} \subset X$ eine Folge mit $u_n \rightharpoonup u \in X$ für $n \to \infty$. Weiter sei $F \in Y'$ beliebig, dann ist $(F \circ \mathsf{L}) \in X'$, und es gilt

$$F(\mathsf{L}u_n - \mathsf{L}u) = (F \circ \mathsf{L})(u_n - u) \to 0 \text{ für } n \to 0.$$

Somit ist $\mathsf{L}u_n \rightharpoonup \mathsf{L}u$ gezeigt.

Die Aussage über die schwache Stetigkeit von L' folgt aus dem schon gezeigten Resultat. Weiter sei $(F_n)_{n \in \mathbb{N}} \subset Y'$ eine Folge mit $F_n \overset{*}{\rightharpoonup} F \in Y'$ für $n \to \infty$. Wir nehmen $u \in X$ beliebig, dann ist $(\mathsf{L}' \circ F) \in X'$, und es gilt

$$\mathsf{L}'F_n(u) - \mathsf{L}'F(u) = F_n(\mathsf{L}u) - F(\mathsf{L}u) \to 0 \text{ für } n \to 0.$$

Somit ist $\mathsf{L}'F_n \overset{*}{\rightharpoonup} \mathsf{L}'F$ gezeigt. $\qquad\Box$

Schwache Folgenkompaktheit

In der Schwach-*-Topologie auf dem Dualraum X' sind nach dem Satz von Alaoglu beschränkte Mengen relativ-kompakt.[7] Wenn der Banach-Raum X **separabel** ist, d. h. er besitzt eine abzählbare dichte Teilmenge, dann sind schwach-*-kompakte Mengen in dem Dualraum X' auch schwach-*-folgenkompakt, d. h., jede beschränkte Folge in X' besitzt eine schwach-*-konvergente Teilfolge:[8]

Lemma 5.6: *Ist der Banach-Raum* $(X, \| \cdot \|_X)$ *separabel, dann hat jede Folge* $(F_n)_{n \in \mathbb{N}} \subset X'$*, die bezüglich* $\| \cdot \|_{X'}$ *beschränkt ist, d. h.* $\|F_n\|_{X'} \leq C$ *für eine Konstante* $C > 0$ *und alle* $n \in \mathbb{N}$*, eine schwach-*-konvergente Teilfolge* $F_{n'} \overset{*}{\rightharpoonup} F \in X'$*.*

Beweis: Siehe Alt [5, Satz 5.4] oder Hirzebruch/Scharlau [57, Korollar 13.11]. $\qquad\Box$

---

[6] Adjungierter Operator bei Alt [5], konjugierter bei Heuser [54], transponierter bei Hirzebruch/Scharlau [57].

[7] Siehe Hirzebruch/Scharlau [57, Satz 13.9].

[8] Siehe Hirzebruch/Scharlau [57, Satz 3.10 und Anhang I].

Für reflexive Banach-Räume gilt:

Lemma 5.7: *Es sei $(X, \| \cdot \|_X)$ ein reflexiver Banach-Raum. Dann sind die abgeschlossenen Kugeln*

$$K(0, R) = \{\, u \in X \mid \|u\|_X \leq R \,\}$$

für $R \geq 0$ schwach folgenkompakt.

Beweis: Siehe Alt [5, Satz 5.7], Dunford/Schwartz [35, Theorem II.3.28] oder Hirzebruch/Scharlau [57, Satz 14.9]. $\qquad\qquad\square$

Es gilt auch die Umkehrung, daß ein Banach-Raum reflexiv ist, wenn alle beschränkten abgeschlossenen Kugeln schwach folgenkompakt sind.[9]

Lemma 5.8: *Es seien $(X, \| \cdot \|_X), (Y, \| \cdot \|_Y)$ Banach-Räume und $\mathsf{L} : X \to Y$ ein stetiger linearer Operator, d. h., es gilt $\|\mathsf{L}u\|_Y \leq C\|u\|_X$ für eine Konstante $C > 0$ und alle $u \in X$. Dann sind die folgenden Eigenschaften äquivalent:*

(i) Der Operator L ist **kompakt (vollstetig)**, *d. h., er bildet beschränkte Teilmengen von X in relativ kompakte Teilmengen von Y ab.*

(ii) Zu jeder beschränkten Folge $(u_n)_{n\in\mathbb{N}} \subset X$ gibt es eine Teilfolge $(u_{n'})_{n'\in\mathbb{N}}$ derart, daß die Bildfolge $(\mathsf{L}\,u_{n'})_{n'\in\mathbb{N}}$ in Y stark konvergiert.

Weiterhin folgt aus (i) bzw. (ii):

(iii) Für jede schwach konvergente Folge $(u_n)_{n\in\mathbb{N}} \subset X$ mit $u_n \rightharpoonup u \in X$ gilt, daß die Bildfolge $\mathsf{L}\,u_n \to \mathsf{L}\,u$ in Y stark konvergiert.

Ist der Banach-Raum X reflexiv, dann folgt aus (iii) auch (i) bzw. (ii).

Ist $\mathsf{L}' : Y' \to X'$ der duale Operator zu dem Operator L, siehe Lemma 5.5. Dann sind die folgenden Eigenschaften äquivalent:

(a) Der Operator L ist kompakt.

(b) Der Operator L' ist kompakt.

Weiterhin folgt aus (a) bzw. (b):

(c) Für jede schwach-$*$-konvergente Folge $(F_n)_{n\in\mathbb{N}} \subset Y'$ mit $F_n \overset{*}{\rightharpoonup} F \in Y'$ gilt, daß die Bildfolge $\mathsf{L}'\,F_n \to \mathsf{L}'\,F$ in X' stark konvergiert.

Ist der Banach-Raum Y separabel, folgt aus (c) auch (a) bzw. (b).

---

[9]Siehe Dunford/Schwartz [35, Theorem V.4.7] oder Yosida [133, Appendix V.4].

Beweis: Betrachten wir den Operator L. Die Äquivalenz von (i) und (ii) folgt daraus, daß in metrischen Räumen die Kompaktheit äquivalent zur Folgenkompaktheit ist.[10]

Nehmen wir an, daß (ii) gelte. Wir wollen (iii) zeigen. Es sei $(u_n)_{n\in\mathbb{N}} \subset X$ eine schwach konvergente Folge mit $u_n \rightharpoonup u \in X$. Nach Lemma 5.5 folgt $\mathsf{L}u_n \rightharpoonup \mathsf{L}u \in Y$. Da schwach konvergente Folgen nach Lemma 5.3 beschränkt sind, folgt aus (ii), daß es eine Teilfolge $(u_{n'})_{n'\in\mathbb{N}}$ derart gibt, daß $\mathsf{L}u_{n'} \to w \in Y$ stark konvergiert. Nach Lemma 5.3 konvergiert die Teilfolge auch schwach in Y. Da die Grenzelemente schwach konvergenter Folgen eindeutig bestimmt sind, gilt $w = \mathsf{L}u$.

Wir müssen noch zeigen, daß die gesamte Folge $(\mathsf{L}u_n)_{n\in\mathbb{N}}$ stark konvergiert. Nehmen wir an, dieses sei nicht der Fall, dann hätte eine Teilfolge ein von $w = \mathsf{L}u$ verschiedenes Grenzelement. Das kann aber nicht sein, wie wir schon eingesehen haben. Somit folgt (iii).

Nun sei der Banach-Raum X reflexiv und $(u_n)_{n\in\mathbb{N}} \subset X$ eine beschränkte Folge. Dann existiert nach Lemma 5.7 eine schwach konvergente Teilfolge $u_{n'} \rightharpoonup u$. Wegen (iii) folgt $\mathsf{L}u_{n'} \to \mathsf{L}u$ und somit (ii).

Betrachten wir den dualen Operator L'. Zur Äquivalenz von (a) und (b) siehe Alt [5, Satz 10.6], Dunford/Schwartz [35, Theorem VI.5.2], Heuser [54, Satz 42.2 und Satz 42.3] oder Yosida [133, Section X.4]. Die weiteren Aussagen folgen wie oben, wobei statt Lemma 5.7 das Lemma 5.6 angewandt werden muß. $\qquad\square$

Schwache Cauchy-Folgen und Vollständigkeit

Wir nennen eine Folge $(F_n)_{n\in\mathbb{N}} \subset X'$ eine **Schwach-∗-Cauchy-Folge** genau dann, wenn für alle $u \in X$ die Zahlenfolgen $(F_n u)_{n\in\mathbb{N}} \subset \mathbb{K}$ Cauchy-Folgen sind. Es gilt

Lemma 5.9: *Es sei $(X, \|\cdot\|_X)$ ein Banach-Raum und $(F_n)_{n\in\mathbb{N}} \subset X'$ eine Schwach-∗-Cauchy-Folge. Dann gibt es ein $F \in X'$ derart, daß $F_n \overset{*}{\rightharpoonup} F$ konvergiert, d. h., X' ist* **schwach-∗-vollständig**.

Beweis: Da die Folge $(F_n)_{n\in\mathbb{N}} \subset X'$ eine Schwach-∗-Cauchy-Folge ist, gibt es zu jedem $u \in X$ den Grenzwert

$$\lim_{n\to\infty} F_n u =: Fu \in \mathbb{K}.$$

Das Funktional $F : X \to \mathbb{K},\ u \to Fu$ ist linear. Für jedes $u \in X$ ist die Menge

$$\{\, F_n u \mid n \in \mathbb{N} \,\}$$

---

[10]Siehe Boto von Querenburg [102, Satz 8.34] oder Franz [43, Satz 23.2].

beschränkt. Aufgrund des Prinzips der gleichmäßigen Beschränktheit, d.h. Satz 5.2, folgt $\|F_n\|_{X'} < C$ für eine Konstante $C > 0$ und alle $n \in \mathbb{N}$, d. h.

$$|F_n u| \leq C\|u\|_X.$$

Daher gilt

$$|Fu| = \lim_{n\to\infty} |F_n u| \leq C\|u\|_X$$

d. h. $F \in X'$. $\hfill\square$

Wir sagen, eine Folge $(u_n)_{n\in\mathbb{N}} \subset X$ ist eine **schwache Cauchy-Folge** genau dann, wenn die Folgen $(Fu_n)_{n\in\mathbb{N}}$ in $\mathbb{K}$ für alle $F \in X'$ Cauchy-Folgen sind. Sind alle schwachen Cauchy-Folgen $(u_n)_{n\in\mathbb{N}} \subset X$ konvergent, d. h., $u_n \rightharpoonup u$ für ein $u \in X$, so nennen wir den Banach-Raum X **schwach vollständig**.

Korollar 5.10: *Es sei $(X, \|\cdot\|_X)$ ein reflexiver Banach-Raum. Dann ist X schwach vollständig.*

Beweis: Wir können die Folge $(u_n)_{n\in\mathbb{N}} \subset X \cong X''$ als Schwach-$*$-Cauchy-Folge in X'' auffassen und Lemma 5.9 anwenden. $\hfill\square$

Produkträume

Es seien $(X_j, \|\cdot\|_{X_j})$ für $j = 1, \ldots, \mathsf{M}$ Banach-Räume. Dann ist auf dem kartesischen Produkt

$$X := X_1 \times \cdots \times X_\mathsf{M}$$

für $r \in [1, \infty[$ und $\underline{u} = (u^1, \ldots, u^\mathsf{M})$, mit $u^j \in X_j$ für $j = 1, \ldots, \mathsf{M}$, durch

$$\|\underline{u}\|_{X,r} := \left(\sum_{j=1}^{\mathsf{M}} \|u^j\|_{X_j}^r \right)^{\frac{1}{r}}$$

oder für $r = \infty$ durch

$$\|\underline{u}\|_{X,\infty} := \max_{j=1,\ldots,\mathsf{M}} \|u^j\|_{X_j}$$

eine **Produktnorm** auf X definiert. Der lineare Raum $(X, \|\cdot\|_{X,r})$ ist ein Banach-Raum für $r \in [1, \infty]$ und wird als **Produktraum** bezeichnet. Wir schreiben das Produkt der Banach-Räume in der Form

$$X = X_1 \otimes \cdots \otimes X_\mathsf{M}.$$

Die Normen $\|\cdot\|_{X,r}$ sind wegen Lemma B.2 zueinander äquivalent. Häufig nimmt man $r = 1$. Bei den L^p-Räumen[11] ist es vorteilhafter, $r = p$ zu wählen.

Es seien für $j = 1, \ldots, \mathsf{M}$ die Räume $(X'_j, \|\cdot\|_{X'_j})$ die Dualräume zu den Banach-Räumen $(X_j, \|\cdot\|_{X_j})$, und für jedes $r \in [1, \infty]$ der Raum $(X', \||\cdot\||_{X',r})$ der Dualraum zu dem Banach-Raum $(X, \|\cdot\|_{X,r})$. Wir setzen

$$Y := X'_1 \times \cdots \times X'_\mathsf{M}$$

und betrachten ein Funktional $\underline{F} = (F^1, \ldots, F^\mathsf{M}) \in Y$ mit $F^j \in X'_j$ für $j = 1, \ldots, \mathsf{M}$. Mit der Definition

$$(5.5) \qquad \langle \underline{F} , \underline{u} \rangle_X := \langle F^1 , u^1 \rangle_{X_1} + \cdots + \langle F^\mathsf{M} , u^\mathsf{M} \rangle_{X_\mathsf{M}}$$

erhalten wir ein lineares Funktional auf dem Banach-Raum X.

Es sei $r \in [1, \infty]$, dann gilt

$$|\langle \underline{F} , \underline{u} \rangle_X| = \left| \sum_{j=1}^{\mathsf{M}} \langle F^j , u^j \rangle_{X_j} \right| \leq \sum_{j=1}^{\mathsf{M}} \|F^j\|_{X'_j} \|u^j\|_{X_j}.$$

Im Fall $r = 1$ folgt mit

$$\|\underline{F}\|_{X',\infty} := \max_{j=1,\ldots,\mathsf{M}} \|F^j\|_{X'_j}$$

die Ungleichung

$$|\langle \underline{F} , \underline{u} \rangle_X| \leq \|\underline{F}\|_{X',\infty} \|\underline{u}\|_{X,1} ,$$

und im Fall $r = \infty$ mit

$$\|\underline{F}\|_{X',1} := \sum_{j=1}^{\mathsf{M}} \|F^j\|_{X'_j}$$

die Ungleichung

$$|\langle \underline{F} , \underline{u} \rangle_X| \leq \|\underline{F}\|_{X',1} \|\underline{u}\|_{X,\infty}.$$

Im Fall $r \in {]1, \infty[}$ folgt mit $s = \frac{r}{r-1}$

$$\|\underline{F}\|_{X',s} := \left(\sum_{j=1}^{\mathsf{M}} \|F^j\|_{X'_j}^s \right)^{\frac{1}{s}}$$

und mit der Hölderschen Ungleichung (B.2)

$$|\langle \underline{F} , \underline{u} \rangle_X| \leq \|\underline{F}\|_{X',s} \|\underline{u}\|_{X,r} .$$

---

[11]Siehe Anhang B.2.

Somit ist $\underline{F} \in X'$ für jede der Normen $\|\cdot\|_{X,r}$ auf X, d.h. $Y \subseteq X'$. Es gelten für $r = 1$

$$\|\underline{F}\|_{X',1} \leq \|\underline{F}\|_{X',\infty}\,,$$

für $r = \infty$

$$\|\underline{F}\|_{X',\infty} \leq \|\underline{F}\|_{X',1}\,,$$

bzw. für $r \in]1,\infty[$

$$\|\underline{F}\|_{X',r} \leq \|\underline{F}\|_{X',s}.$$

Wir definieren die speziellen Elemente $\underline{u}_j = (0,\ldots,0,u^j,0,\ldots,0) \in X$, dann gilt $\|\underline{u}_j\|_{X,r} = \|u^j\|_{X_j}$ für alle $r \in [1,\infty]$. Somit folgt für $r \in [1,\infty]$

$$
\begin{aligned}
\|\underline{F}\|_{X',r} \;&=\; \sup_{\|\underline{u}\|_{X,r}\leq 1} |\langle \underline{F}, \underline{u}\rangle_X| = \sup_{\|\underline{u}\|_{X,r}\leq 1} \left| \sum_{j=1}^{\mathsf{M}} \langle F^j, u^j\rangle_{X_j} \right| \\[2ex]
&\geq\; \sup_{\|\underline{u}_j\|_{X,r}\leq 1} \left| \sum_{j=1}^{\mathsf{M}} \langle F^j, u^j\rangle_{X_j} \right| = \sup_{\|u^j\|_{X_j}\leq 1} |\langle F^j, u^j\rangle_{X_j}| = \|F^j\|_{X_j'}
\end{aligned}
$$

für $j = 1,\ldots,\mathsf{M}$, d.h.

$$\|\underline{F}\|_{X',\infty} = \max_{j=1,\ldots,\mathsf{M}} \|F^j\|_{X_j'} \leq \|\underline{F}\|_{X',r}.$$

Damit folgt für $r = 1$

$$\|\underline{F}\|_{X',1} = \|\underline{F}\|_{X',\infty}.$$

Für $r \in]1,\infty[$ und $s = \frac{r}{r-1}$ folgt

$$
\mathsf{M}^{-\frac{1}{s}}\|\underline{F}\|_{X',s} \;=\; \mathsf{M}^{-\frac{1}{s}} \left(\sum_{j=1}^{\mathsf{M}} \|F^j\|_{X_j'}^s \right)^{\frac{1}{s}} \leq \max_{j=1,\ldots,\mathsf{M}} \|F^j\|_{X_j'}
$$

$$
\leq\; \|\underline{F}\|_{X',r} \leq \|\underline{F}\|_{X',s},
$$

d.h., die Normen $\|\cdot\|_{X',r}$ und $\|\cdot\|_{X',s}$ sind äquivalent. Weiter gilt für $r = \infty$

$$
\mathsf{M}^{-1}\|\underline{F}\|_{X',1} = \mathsf{M}^{-1} \left(\sum_{j=1}^{\mathsf{M}} \|F^j\|_{X_j'} \right) \leq \max_{j=1,\ldots,\mathsf{M}} \|F^j\|_{X_j'} \leq \|\underline{F}\|_{X',\infty} \leq \|\underline{F}\|_{X',1}
$$

und damit die Äquivalenz der Normen $\|\cdot\|_{X',\infty}$ und $\|\cdot\|_{X',1}$.

Nun sei $\underline{G} \in X'$ beliebig, dann ist über $\underline{u}_j = (0,\ldots,0,u^j,0,\ldots,0) \in X$ durch

$$G^j\, u^j := \underline{G}\, \underline{u}_j$$

für $j = 1, \ldots, \mathsf{M}$ jeweils ein stetiges lineares Funktional auf X_j definiert. Weiter gilt mit

$$\underline{u} = \sum_{j=1}^{\mathsf{M}} \underline{u}_j,$$

daß

$$\langle\, \underline{G}\,,\, \underline{u}\,\rangle_X = \sum_{j=1}^{\mathsf{M}} \underline{G}\,\underline{u}_j = \sum_{j=1}^{\mathsf{M}} G^j\, u^j = \langle\, G^1\,,\, u^1\,\rangle_{X_1} + \cdots + \langle\, G^{\mathsf{M}}\,,\, u^{\mathsf{M}}\,\rangle_{X_{\mathsf{M}}}.$$

Damit besitzt jedes $\underline{G} \in X'$ die Darstellung (5.5). Es folgt $(X', \|\!|\!| \cdot \|\!|\!|_{X',r}) = (Y, \|\cdot\|_{X',s})$, d. h.

$$X' = X'_1 \otimes \cdots \otimes X'_{\mathsf{M}}.$$

Damit gilt:

Lemma 5.11: *Es sei* $r \in [1, \infty]$ *und* $(X, \|\cdot\|_{X,r})$ *der oben definierte Produktraum aus den Banach-Räumen* $(X_j, \|\cdot\|_{X_j})$ *für* $j = 1, \ldots, \mathsf{M}$. *Weiter sei* $(X', \|\cdot\|_{X'})$ *der zugehörige Dualraum. Für Folgen* $(\underline{u}_n)_{n \in \mathbb{N}} \subset X$, $(\underline{F}_n)_{n \in \mathbb{N}} \subset X'$ *und* $\underline{u} \in X$, $\underline{F} \in X'$ *gilt:*

$$\underline{u}_n \to \underline{u} \text{ in } X \quad \text{genau dann, wenn} \quad u_n^j \to u^j \text{ in } X_j \quad \text{für} \quad j = 1, \ldots, \mathsf{M},$$

$$\underline{u}_n \rightharpoonup \underline{u} \text{ in } X \quad \text{''} \quad u_n^j \rightharpoonup u^j \text{ in } X_j \quad \text{''} \quad j = 1, \ldots, \mathsf{M},$$

$$\underline{F}_n \to \underline{F} \text{ in } X' \quad \text{''} \quad F_n^j \to F^j \text{ in } X'_j \quad \text{''} \quad j = 1, \ldots, \mathsf{M},$$

$$\underline{F}_n \overset{*}{\rightharpoonup} \underline{F} \text{ in } X' \quad \text{''} \quad F_n^j \overset{*}{\rightharpoonup} F^j \text{ in } X'_j \quad \text{''} \quad j = 1, \ldots, \mathsf{M}.$$

$$\square$$

5.2 Schwache Konvergenz in L^p-Räumen

Wir wollen nun die reellwertigen **L^p-Räume** mit $p \in [1, \infty]$ betrachten, siehe Anhang B.2. Für die entsprechenden Räume komplexwertiger Funktionen gelten analoge Aussagen zu denen, die hier getroffen werden.

Es sei $\Omega \subseteq \mathbb{R}^{\mathsf{N}}$ ein Gebiet (offen, zusammenhängend). Die Banach-Räume $L^p(\Omega)$ sind für $p \in\,]1, \infty[$ nach Satz B.9 reflexiv, und mit $q = \frac{p}{p-1}$, d. h. $\frac{1}{p} + \frac{1}{q} = 1$, gilt

$$\left(L^p(\Omega)\right)' \cong L^q(\Omega).$$

Sei $u \in L^p(\Omega)$, $v \in L^q(\Omega)$, dann ist ein lineares Funktional $F_v \in (L^p(\Omega))'$ durch

$$\langle\, F_v\,,\, u\,\rangle_{L^p(\Omega)} = \int_\Omega v(x) u(x)\, dx$$

definiert. Die Stetigkeit ist durch die Höldersche Ungleichung (B.8) gegeben. Der Darstellungssatz B.9 besagt, daß alle Funktionale eine solche Darstellung besitzen. Wegen der Reflexivität müssen wir für $p \in]1, \infty[$ nicht zwischen schwacher Konvergenz und der Schwach-$*$-Konvergenz unterscheiden.

Der Raum $L^1(\Omega)$ ist nicht reflexiv. Es gilt nach Satz B.9 $(L^1(\Omega))' \cong L^\infty(\Omega)$. Insbesondere gilt für $u \in L^1(\Omega)$, $v \in L^\infty(\Omega)$

$$|\langle F_v ,\, u \rangle_{L^1(\Omega)}| = \left| \int_\Omega v(x)u(x)\, dx \right| \leq \|v\|_\infty \|u\|_1.$$

Der Dualraum $(L^\infty(\Omega))'$ ist größer als $L^1(\Omega)$. Seien $x \in \Omega$, und $f \in C^{0,0}(\overline{\Omega})$, siehe Anhang B.1, dann ist durch

$$F_x(f) := f(x)$$

ein lineares, stetiges Funktional auf dem abgeschlossenen Unterraum $C^{0,0}(\overline{\Omega})$ von $L^\infty(\Omega)$ gegeben und somit, Satz von Hahn-Banach[12], auf $L^\infty(\Omega)$ fortsetzbar. Es gibt aber kein $v \in L^1(\Omega)$ mit $f(x) = \int_\Omega fv\, dx$. Das Dirac-Maß δ_x ist nicht absolut stetig bezüglich des Lebesgue-Maßes λ^N, da $\lambda^N(\{x\}) = 0$ ist, aber $\delta_x(\{x\}) = 1$ gilt, man vergleiche mit dem Satz von Radon-Nikodym 3.9. Eine Folge $(u_n)_{n\in\mathbb{N}}$ in $L^\infty(\Omega) \cong (L^1(\Omega))'$ ist schwach-$*$-konvergent gegen $u \in L^\infty(\Omega)$ genau dann, wenn für alle $v \in L^1(\Omega)$ gilt

$$\int_\Omega u_n(x)v(x)\, dx \to \int_\Omega u(x)v(x)\, dx.$$

Die Räume $L^p(\Omega)$ sind für $p \in]1, \infty[$ wegen der Reflexivität nach Korollar 5.10 schwach vollständig. Der Raum $L^\infty(\Omega)$ ist nach Lemma 5.9 schwach-$*$-vollständig. Für $L^1(\Omega)$ gilt aber auch

Lemma 5.12: *Sei $\Omega \subseteq \mathbb{R}^N$ ein Gebiet. Dann ist $L^1(\Omega)$ schwach vollständig.*

Beweis: Siehe Dunford/Schwartz [35, Theorem IV.8.6]. $\qquad\qquad\square$

Wir können für $p \in]1, \infty[$ nach Lemma 5.7 zu jeder beschränkten Folge, d. h. $(u_n)_{n\in\mathbb{N}} \subset L^p(\Omega)$ und $\|u_n\|_p < C$ für eine Konstante $C > 0$ und alle $n \in \mathbb{N}$, eine in $L^p(\Omega)$ schwach konvergente Teilfolge finden, da die Räume reflexiv sind. In $L^\infty(\Omega)$ gilt das Gleiche nach Lemma 5.6 bezüglich der Schwach-$*$-Konvergenz, da der Raum $L^1(\Omega)$ separabel ist, siehe Lemma B.7, und $L^\infty(\Omega) \cong (L^1(\Omega))'$ gilt.

---

[12]Siehe Alt [5, Satz 4.2], Dunford/Schwartz [35, Theorem II.3.11], Hirzebruch/Scharlau [57, Korollar 6.7] oder Yosida [133, V.5, Theorem 1].

Es stellt sich die Frage, was im Fall $p = 1$ diesbezüglich gilt. Da der Banach-Raum $L^1(\Omega)$ nicht reflexiv ist, könnte man daran denken, $L^1(\Omega)$ in seinen Bidualraum $[L^1(\Omega)]'' \cong [L^\infty(\Omega)]'$ einzubetten, aber da $L^\infty(\Omega)$ nicht separabel ist, können wir zu einer in $L^1(\Omega)$ beschränkten Folge $(u_n)_{n\in\mathbb{N}} \subset L^1(\Omega)$, d. h. $\|u_n\|_1 < C$ für eine Konstante $C > 0$ und alle $n \in \mathbb{N}$, auch in $[L^\infty(\Omega)]'$ keine schwach-$*$-konvergente Teilfolge erwarten, vergleiche Lemma 5.6.

Wir können aber folgendermaßen vorgehen. Da der Banach-Raum $(C^{0,0}(\overline{\Omega}), \|\cdot\|_\infty)$ nach Satz B.6 separabel ist, hat jede in $[C^{0,0}(\overline{\Omega})]' \cong \mathcal{M}(\overline{\Omega})$, dem Raum der signierten Radon-Maße auf $\overline{\Omega}$, siehe Abschnitt 3.3, beschränkte Folge nach Lemma 5.6 eine schwach-$*$-konvergente Teilfolge. Weiterhin ist der Banach-Raum $L^1(\Omega)$ nach Lemma 3.18 isometrisch in den Banach-Raum $\mathcal{M}(\overline{\Omega})$ eingebettet, $L^1(\Omega) \subset \mathcal{M}(\overline{\Omega})$, und es gibt zu jeder in $L^1(\Omega)$ beschränkten Folge eine Teilfolge $(u_n)_{n\in\mathbb{N}} \subset L^1(\Omega)$, die über die Einbettung zugeordnete Folge $(\mu_{u_n})_{n\in\mathbb{N}} \subset \mathcal{M}(\overline{\Omega})$ von signierten Maßen mit Dichte und ein signiertes Maß $\mu \in \mathcal{M}(\overline{\Omega})$ derart, daß für alle $f \in C^{0,0}(\overline{\Omega})$ gilt

$$\int_\Omega u_n(x) f(x)\, dx = \int_\Omega f(x)\, d\mu_{u_n} \quad \to \quad \int_{\overline{\Omega}} f(x)\, d\mu,$$

wobei $\mu = \text{w-}*\text{-}\lim_{n\to\infty} \mu_{u_n}$ ist.

Ist $u_n \rightharpoonup u \in L^1(\Omega)$ eine schwach konvergente Folge, dann ist wegen der Einbettung $C^{0,0}(\overline{\Omega}) \subset L^\infty(\Omega)$ die Folge $(\mu_{u_n})_{n\in\mathbb{N}}$ schwach-$*$-konvergent in $\mathcal{M}(\overline{\Omega})$ gegen das zugeordnete Maß $\mu_u \in \mathcal{M}(\overline{\Omega})$. Das Maß μ ist im allgemeinen nicht absolut stetig bezüglich des Lebesgue-Maßes, wie das folgende Beispiel zeigt:

Beispiel 5.13:

(i) Es seien die Quader

$$Q := \{\, x \in \mathbb{R}^N \mid \sup_{i=1,\dots,N} |x_i| < 1 \,\}$$

und

$$Q_n := \{\, x \in \mathbb{R}^N \mid \sup_{i=1,\dots,N} |x_i| < \tfrac{1}{n} \,\}$$

für $n \in \mathbb{N}$ gegeben. Wir betrachten die Funktionenfolge $(u_n)_{n\in\mathbb{N}} \subset L^1(Q)$, die durch

$$u_n(x) := \begin{cases} \dfrac{1}{\lambda^N(Q_n)} & \text{für} \quad x \in Q_n \\[2mm] 0 & \text{für} \quad x \in Q \setminus Q_n \end{cases}$$

definiert ist. Dann gilt für alle $n \in \mathbb{N}$

$$\|u_n\|_1 = \int_Q |u_n(x)|\, dx = \frac{1}{\lambda^N(Q_n)} \int_{Q_n} dx = 1,$$

d. h., die Folge $(u_n)_{n\in\mathbb{N}}$ ist in $L^1(Q)$ beschränkt. Weiter sei $f \in C^0(\overline{Q})$, dann gilt, siehe Satz A.9,

$$\int_Q u_n(x)f(x)\, dx = \frac{1}{\lambda^N(Q_n)} \int_{Q_n} f(x)\, dx \to f(0) = \langle\, \delta_0\, ,\, f\, \rangle_{C^0(\overline{Q})},$$

d. h. $\mu_{u_n} \overset{*}{\rightharpoonup} \delta_0$. Das Dirac-Maß δ_0 ist nicht absolut stetig bezüglich des Lebesgue-Maßes, siehe oben. Daher existiert kein $u \in L^1(Q)$ derart, daß
$$\int_Q u(x)f(x)\, dx = f(0) \text{ gilt.}$$

(ii) Wir können auch eine Dirac-Folge von Glättungskernen $(J_{\varepsilon_n})_{n\in\mathbb{N}}$ mit $\varepsilon_n \to 0$, wie in Anhang B.2 definiert, nehmen. Es ist für $x \in \Omega \subseteq \mathbb{R}^N$ die Folge $(J_{\varepsilon_n}(x - \cdot))_{n\in\mathbb{N}}$ in $L^1(\Omega)$ beschränkt, da

$$\int_\Omega J_{\varepsilon_n}(x - y)\, dy \le \int_{\mathbb{R}^N} J_{\varepsilon_n}(x - y)\, dy = 1$$

gilt. Weiter sei $g \in C^{0,0}(\overline{\Omega}) \subset L^\infty(\Omega)$, dann gilt nach Satz B.12(4) auf jeder kompakten Teilmenge $K \subset \overline{\Omega}$

$$J_{\varepsilon_n} * g(x) = \int_{\mathbb{R}^N} J_{\varepsilon_n}(x - y)g(y)\, dy = \langle\, J_{\varepsilon_n}\, ,\, g\, \rangle_{C^{0,0}(\mathbb{R}^N)} \to g(x)$$

gleichmäßig, d. h., die Folge der Glättungskerne $(J_{\varepsilon_n}(x - \cdot))_{n\in\mathbb{N}}$ konvergiert schwach-$*$ gegen das Dirac-Maß $\delta_x \notin L^1(\Omega)$. $\Diamond$

Diese Erscheinung, daß beschränkte Folgen in $L^1(\Omega)$ schwach-$*$ gegen Punktmaße in $\mathcal{M}(\overline{\Omega})$ konvergieren, nennt man eine **Konzentration** in der Folge. Dieses Verhalten kann bei Folgen, die bezüglich $\|\cdot\|_\infty$ beschränkt sind, nicht auftreten.

Wir fassen obige Resultate zusammen:

Lemma 5.14: *Es seien $\Omega \subseteq \mathbb{R}^N$ ein Gebiet, $p \in [1,\infty]$ und $(u_n)_{n\in\mathbb{N}} \subset L^p(\Omega)$ eine Folge, die beschränkt ist, d. h., es ist $\|u_n\|_p < C$ für eine Konstante $C > 0$ und alle $n \in \mathbb{N}$. Dann gibt es eine Teilfolge derart, daß*

$$
\begin{array}{llll}
(a) & u_n \rightharpoonup u \in L^p(\Omega), & \text{falls} \quad p \in\,]1,\infty[& \text{ist;} \\
(b) & u_n \overset{*}{\rightharpoonup} u \in L^\infty(\Omega), & \text{falls} \quad p = \infty & \text{ist;} \\
(c) & u_n \overset{*}{\rightharpoonup} \mu \in \mathcal{M}(\overline{\Omega}), & \text{falls} \quad p = 1 & \text{ist.}
\end{array}
$$
$\hfill \square$

Es seien ein Punkt $z \in \mathbb{R}^N$ und paarweise orthogonale Vektoren $\underline{Z}_1, \ldots, \underline{Z}_N$ $\in \mathbb{R}^N \setminus \{0\}$, d. h. $\langle \underline{Z}_i, \underline{Z}_j \rangle_{\mathbb{R}^N} = 0$ für $i \neq j$, $i, j, = 1, \ldots, N$ gegeben. Wir nennen die Menge

$$(5.6) \qquad Q = \left\{\, x \in \mathbb{R}^N \mid x = z + \sum_{i=1}^{N} \alpha_i \underline{Z}_i \text{ mit } \alpha_i \in]0, 1[\text{ für } i = 1, \ldots, N \,\right\}$$

einen (offenen) **Quader**. Wir sagen, der Quader werde bei z von den Vektoren $\underline{Z}_1, \ldots, \underline{Z}_N$ aufgespannt. Sind die Vektoren $\underline{Z}_i$, $i = 1, \ldots, N$, jeweils parallel zu einer Koordinatenachse in $\mathbb{R}^N$, dann nennen wir Q einen **achsenparallelen Quader**. Für zwei Zahlenvektoren $\underline{a}, \underline{b} \in \mathbb{R}^N$ mit $a_i < b_i$ für $i = 1, \ldots N$ wird durch

$$Q(\underline{a}, \underline{b}) = \left\{\, x \in \mathbb{R}^N \mid a_1 < x_1 < b_1, \ldots, a_N < x_N < b_N \,\right\}$$

auch ein offener achsenparalleler Quader definiert.

Wir zeigen nun zwei wichtige Lemmata zur Charakterisierung der schwachen Konvergenz bzw. der Schwach-∗-Konvergenz.

Lemma 5.15: *Es seien $\Omega \subset \mathbb{R}^N$ ein beschränktes Gebiet und $(u_n)_{n \in \mathbb{N}} \subset L^\infty(\Omega)$ eine Folge, die beschränkt ist, d. h. $\|u_n\|_\infty < C$ für eine Konstante $C > 0$ und alle $n \in \mathbb{N}$. Weiter sei $u \in L^\infty(\Omega)$. Dann sind folgende Aussagen äquivalent:*

(a) $u_n \overset{*}{\rightharpoonup} u$ in $L^\infty(\Omega)$.

(b) $u_n \rightharpoonup u$ in $L^p(\Omega)$, für beliebiges $p \in [1, \infty[$.

(c) $\dfrac{1}{\lambda^N(K)} \displaystyle\int_K u_n(x)\, dx \to \dfrac{1}{\lambda^N(K)} \displaystyle\int_K u(x)\, dx$ für alle $K \subset \Omega$, K kompakt.

(d) $\displaystyle\int_{\overline{Q}} u_n(x)\, dx \to \int_{\overline{Q}} u(x)\, dx$ für alle (kompakten) achsenparallelen Quader $\overline{Q} \subseteq \Omega$.

(e) $u_n \to u$ im Distributionensinn, siehe Anhang C, d. h.,

$$\int_\Omega u_n(x)\varphi(x)\, dx \to \int_\Omega u(x)\varphi(x)\, dx$$

für alle $\varphi \in C_0^\infty(\Omega)$.

In (c) können auch statt der kompakten Teilmengen alle offenen Teilmengen $\Omega' \subset \Omega$ mit $\overline{\Omega'} \subset \Omega$ genommen werden.

Beweis: Da Ω beschränkt ist, liegen die Folge $(u_n)_{n\in\mathbb{N}}$ und das Grenzelement u in allen $L^p(\Omega)$ für $p \in [1,\infty]$.

(a) $\Rightarrow$ (b): Mit $v \in L^{\frac{p}{p-1}}(\Omega) \subset L^1(\Omega)$ im Fall $1 < p < \infty$ gilt wegen (a)

$$\int_\Omega u_n(x)v(x)\,dx \to \int_\Omega u(x)v(x)\,dx.$$

Mit $v \in L^\infty(\Omega) \subset L^1(\Omega)$ gilt dieses auch für $p = 1$.

(b) $\Rightarrow$ (c): Es sei $K \subset \Omega$ kompakt. Die charakteristische Funktion oder Indikatorfunktion von K ist

$$\chi_K(x) \;=\; \begin{cases} 1 & \text{für } x \in K \\ 0 & \text{für } x \in \Omega \setminus K. \end{cases}$$

Es ist $\chi_K \in L^\infty(\Omega)$ und da K beschränkt ist auch $\chi_K \in L^p(\Omega)$, für alle $p \in [1,\infty]$. Somit folgt die Aussage (c) wegen

$$\int_K u_n(x)\,dx = \int_\Omega u_n(x)\,\chi_K(x)\,dx$$

aus (b).

Ist $\Omega' \subset \Omega$ eine offene Teilmenge mit $\overline{\Omega'} \subset \Omega$, dann ist der Abschluß $\overline{\Omega'}$ eine kompakte Menge und die Integrale auf Ω' und $\overline{\Omega'}$ stimmen überein.

(c) $\Rightarrow$ (d): Die kompakten achsenparallelen Quader sind spezielle kompakte Mengen.

(d) $\Rightarrow$ (e): Es sei $\varphi \in C_0^\infty(\Omega) \subset L^1(\Omega)$. In $L^1(\Omega)$ liegen nach Lemma B.16 die über kompakte achsenparallele Quader gebildeten Treppenfunktionen dicht. Es gibt eine Folge von Treppenfunktionen

$$(5.7) \qquad t_m = \sum_{k=1}^{N(m)} \alpha_k^{(m)}\,\chi_{Q_k^{(m)}}, \ \text{mit } \alpha_k^{(m)} \in \mathbb{K}$$

mit $t_m \to \varphi$ in $L^1(\Omega)$. Daraus folgt

$$\left|\int_\Omega (u_n - u)\varphi\,dx\right| \leq \left|\int_\Omega (u_n - u)(\varphi - t_m)\,dx\right| + \left|\int_\Omega (u_n - u)t_m\,dx\right|$$

$$\leq \Big(\|u_n\|_\infty + \|u\|_\infty\Big)\int_\Omega |\varphi - t_m|\,dx$$

$$+ \sum_{k=1}^{N(m)} |\alpha_k^{(m)}| \cdot \left|\int_\Omega (u_n - u)\,\chi_{Q_k^{(m)}}\,dx\right|.$$

Nun kann m wegen der L^1-Konvergenz der Folge $(t_m)_{m\in\mathbb{N}}$ so gewählt werden, daß der erste Term kleiner $\frac{\varepsilon}{2}$ ist. Für dieses m können wir wegen (d) den zweiten Term auch kleiner $\frac{\varepsilon}{2}$ bekommen.

(e) $\Rightarrow$ (a): Sei nun $v \in L^1(\Omega)$. Da nach Lemma B.13 der Raum $C_0^\infty(\Omega)$ in $L^1(\Omega)$ dicht liegt, gibt es eine Folge $(\varphi_m)_{m\in\mathbb{N}} \subset C_0^\infty(\Omega)$ mit $\varphi_m \to v$ in $L^1(\Omega)$. Es gilt

$$\left| \int_\Omega (u_n - u)v \, dx \right| \leq \left(\|u_n\|_\infty + \|u\|_\infty \right) \int_\Omega |v - \varphi_m| \, dx + \left| \int_\Omega (u_n - u)\varphi_m \, dx \right|.$$

Zuerst wähle man $m \in \mathbb{N}$ derart, daß der erste Term auf der rechten Seite kleiner als $\frac{\varepsilon}{2}$ ist. Dann kann aufgrund von (e) $n \in \mathbb{N}$ so groß gewählt werden, daß auch der zweite Term kleiner als $\frac{\varepsilon}{2}$ wird. $\qquad\square$

Für $p < \infty$ gilt analog

Lemma 5.16: *Es sei $\Omega \subset \mathbb{R}^N$ ein beschränktes Gebiet. Weiter seien $p \in [1, \infty[$, $(u_n)_{n\in\mathbb{N}} \subset L^p(\Omega)$, $u \in L^p(\Omega)$, und es gelte $\|u_n\|_p \leq C$ für eine Konstante $C > 0$ und alle $n \in \mathbb{N}$. Dann sind folgende Aussagen für äquivalent:*

(a) $u_n \rightharpoonup u$ *in* $L^p(\Omega)$.

(b) $u_n \rightharpoonup u$ *in* $L^q(\Omega)$ *für beliebiges* $q \in [1, p[$, *falls* $p > 1$ *ist.*

(c) $\dfrac{1}{\lambda^N(K)} \displaystyle\int_K u_n(x) \, dx \;\to\; \dfrac{1}{\lambda^N(K)} \int_K u(x) \, dx$ *für alle* $K \subset \Omega$, K *kompakt.*

(d) $\displaystyle\int_{\overline{Q}} u_n(x) \, dx \;\to\; \int_{\overline{Q}} u(x) \, dx$ *für alle kompakten achsenparallelen*

Quader $\overline{Q} \subseteq \Omega$.

(e) $u_n \to u$ *im Distributionensinn, siehe Anhang C, d.h.*

$$\int_\Omega u_n(x)\varphi(x) \, dx \;\to\; \int_\Omega u(x)\varphi(x) \, dx$$

für alle $\varphi \in C_0^\infty(\Omega)$.

Im Fall $p = 1$ ist zu beachten, daß wir $u \in L^1(\Omega)$ voraussetzen. In (c) können auch statt der kompakten Teilmengen alle offenen Teilmengen $\Omega' \subset \Omega$ mit $\overline{\Omega'} \subset \Omega$ genommen werden.

Beweis: Da Ω beschränkt ist, liegen die Folge $(u_n)_{n\in\mathbb{N}}$ und das Grenzelement u in allen $L^q(\Omega)$ für $q \in [1,p]$. **(a)** $\Rightarrow$ **(b)** $\Rightarrow$ **(c)** $\Rightarrow$ **(d)**: Der Beweis verläuft wie bei Lemma 5.15, wobei für $p = 1$ die Aussage (b) entfällt.

(d) $\Rightarrow$ **(e)**: Es seien $p > 1$, $q = \frac{p}{p-1}$ und $\varphi \in C_0^\infty(\Omega) \subset L^q(\Omega)$. In $L^q(\Omega)$ liegen nach Lemma B.16 die über kompakte achsenparallele Quader gebildeten Treppenfunktionen (5.7) dicht, daher sei $(t_m)_{m\in\mathbb{N}}$ eine Folge von Treppenfunktionen $t_m \to \varphi$ in $L^q(\Omega)$. Dann folgt mit der Hölderschen Ungleichung (B.8)

$$
\left| \int_\Omega (u_n - u)\varphi \, dx \right| \leq \left| \int_\Omega (u_n - u)(\varphi - t_m) \, dx \right| + \left| \int_\Omega (u_n - u)t_m \, dx \right|
$$

$$
\leq \left(\|u_n\|_p + \|u\|_p \right) \|\varphi - t_m\|_q
$$

$$
+ \sum_{k=1}^{N(m)} |\alpha_k^{(m)}| \cdot \left| \int_\Omega (u_n - u) \chi_{Q_k^{(m)}} \, dx \right|,
$$

womit (e) folgt.

Ist $p = 1$, so ist zu beachten, daß die über kompakte Quader gebildeten Treppenfunktionen wegen der Beschränktheit von Ω auch in $L^\infty(\Omega)$ dicht liegen. Daher können wir $\varphi \in C_0^\infty(\Omega) \subset L^\infty(\Omega)$ durch Treppenfunktionen in $L^\infty(\Omega)$ approximieren. Wir können wie oben verfahren.

(e) $\Rightarrow$ **(a)**: Es seien $p > 1$, $q = \frac{p}{p-1}$ und $g \in L^q(\Omega)$. Da der Raum $C_0^\infty(\Omega)$ nach Lemma B.13 in $L^q(\Omega)$ dicht liegt, gibt es eine Folge $(\varphi_m)_{m\in\mathbb{N}} \subset C_0^\infty(\Omega)$ mit $\varphi_m \to g$ in $L^q(\Omega)$. Der weitere Beweis folgt analog zu „(d) $\Rightarrow$ (e)".

Ist $p = 1$, dann zeigen wir „(d) $\Rightarrow$ (a)" und „(e) $\Rightarrow$ (c)". Indem wir $v \in L^\infty(\Omega)$ durch Treppenfunktionen approximieren, folgt aus (d) die Aussage (a) wie oben unter „(d) $\Rightarrow$ (e)" mit $\varphi = v$, da das Gebiet Ω beschränkt ist.

Es gelte (e) und es sei $K \subset \Omega$ eine kompakte Teilmenge. Wie im Beweis von Lemma B.18 gilt für eine Folge $(\varepsilon_m)_{m\in\mathbb{N}}$ mit $0 < \varepsilon_m < \text{dist}(K, \partial\Omega)$ und $\varepsilon_m \to 0$ für $m \to \infty$ bei Verwendung der Friedrichs-Glättung

$$
\lim_{m\to\infty} \int_\Omega \mathsf{J}_{\varepsilon_m}(\chi_K)(x)[u_n(x) - u(x)] \, dx = \int_K [u_n(x) - u(x)] \, dx.
$$

Weiter gilt

$$
\left| \int_K [u_n(x) - u(x)] \, dx \right| \leq \left| \int_\Omega (\chi_K(x) - \mathsf{J}_{\varepsilon_m}(\chi_K)(x)) [u_n(x) - u(x)] \, dx \right|
$$

$$
+ \left| \int_\Omega \mathsf{J}_{\varepsilon_m}(\chi_K)(x)[u_n(x) - u(x)] \, dx \right|.
$$

Den ersten Term auf der rechten Seite der Ungleichung bekommt man für genügend großes $m \in \mathbb{N}$ kleiner als $\frac{\delta}{2}$ mit obiger Konvergenzaussage. Wegen $J_{\varepsilon_m}(\chi_K) \in C_0^\infty(\Omega)$ nach Satz B.12 und wegen (e) ist der zweite Term dann kleiner als $\frac{\delta}{2}$ für genügend großes $n \in \mathbb{N}$. $\square$

Die Lemmata 5.15 und 5.16 zeigen die für die angewandte Analysis wichtige Bedeutung der schwachen Konvergenz in L^p-Räumen auf. Es handelt sich nämlich um die Konvergenz von Integralen (d) oder Mittelwerten (c). Eine derartige Konvergenz wird benötigt, wenn kleinskalige Schwankungen einer Größe herausgemittelt werden und nur ein gröberskaliges Verhalten dieser Größe betrachtet werden soll. Derartige Grenzübergänge werden als *Homogenisierung* einer Größe bezeichnet.

Für den Fall $p = 1$ ist in Lemma 5.16 die Voraussetzung, daß $u \in L^1(\Omega)$ ist, sehr wichtig. Für $p > 1$ könnte man auf die Forderung $u \in L^p(\Omega)$ wegen Lemma 5.14 verzichten. Die Beispiele 5.13 zeigen nämlich, daß in $L^1(\Omega)$ eine Folge beschränkt sein und im Distributionensinn konvergieren kann, aber nicht schwach konvergent sein muß, d. h., aus (e) folgt dann nicht (a).

Korollar 5.17: *Es sei $\Omega \subset \mathbb{R}^N$ beschränktes Gebiet. Weiter seien $p \in [1, \infty]$, $(u_n)_{n \in \mathbb{N}} \subset L^p(\Omega)$, $u \in L^p(\Omega)$, und es gelte $u_n \rightharpoonup u$ für $p < \infty$ bzw. $u_n \overset{*}{\rightharpoonup} u$ für $p = \infty$. Weiter sei $\Omega' \subseteq \Omega$ offen. Dann gilt $u_n \rightharpoonup u$ für $p < \infty$ bzw. $u_n \overset{*}{\rightharpoonup} u$ für $p = \infty$ in $L^p(\Omega')$.*

Beweis: Folgt unmittelbar aus Lemma 5.15(c) bzw. 5.16(c). $\square$

Lemma 5.18: *Es seien $\Omega \subseteq \mathbb{R}^N$ ein Gebiet und $p \in [1, \infty]$. Eine Folge $(u_n)_{n \in \mathbb{N}} \subset L^p(\Omega)$ konvergiert schwach für $p < \infty$ (bzw. schwach-$*$ für $p = \infty$) gegen ein $u \in L^p(\Omega)$ genau dann, wenn:*

(1) $\|u_n\|_p < C$ für eine Konstante $C > 0$ und alle $n \in \mathbb{N}$ ist, und

(2) der Grenzwert

$$\lim_{n \to \infty} \int_{\Omega'} u_n(x)\, dx$$

für alle offenen, im Fall $p > 1$ außerdem noch beschränkten, Teilmengen $\Omega' \subseteq \Omega$ existiert.

Damit gilt insbesondere die Aussage von Korollar 5.17 auch für unbeschränkte Gebiete.

Beweis: Ist $(u_n)_{n\in\mathbb{N}} \subset L^p(\Omega)$ schwach konvergent bzw. schwach-$*$-konvergent, so folgt (1) aus Lemma 5.3 und (2) aus der Tatsache, daß unter den angegebenen Bedingungen $\chi_{\Omega'} \in L^q(\Omega)$ für alle $q = \frac{p}{p-1} \in [1,\infty]$ gilt.

Umgekehrt gelte (1) und (2). Sei $p > 1$, dann können wir nach Lemma B.7 eine Funktion $v \in L^q(\Omega)$ mit $q = \frac{p}{p-1}$, bzw. $v \in L^1(\Omega)$, falls $p = \infty$ ist, durch eine Folge $(t_k)_{k\in\mathbb{N}}$ von Treppenfunktionen der Gestalt (5.7) in $L^q(\Omega)$ bzw. in $L^1(\Omega)$ approximieren. Es folgt für $p \in\,]1,\infty[$

$$\left| \int_\Omega (u_n - u_m)v\,dx \right| \leq \left| \int_\Omega (u_n - u_m)(v - t_k)\,dx \right| + \left| \int_\Omega (u_n - u_m)t_k\,dx \right|$$

$$\leq \left(\|u_n\|_p + \|u_m\|_p \right)\|v - t_k\|_q$$

$$+ \sum_{j=1}^{N(k)} |\alpha_j^{(k)}| \cdot \left| \int_{Q_j^{(k)}} (u_n - u_m)\,dx \right|.$$

Damit folgt aus (1), (2) und $t_k \to v$ in $L^q(\Omega)$, daß $(u_n)_{n\in\mathbb{N}}$ eine schwache Cauchy-Folge ist. Nach Korollar 5.10 ist $L^p(\Omega)$ schwach vollständig, d. h. $u_n \rightharpoonup u \in L^p(\Omega)$. Indem wir für $p = \infty$ oben q durch 1 ersetzen, folgt mit Lemma 5.9 die Schwach-$*$-Konvergenz $u_n \stackrel{*}{\rightharpoonup} u$ in $L^\infty(\Omega)$.

Ist $p = 1$, so betrachten wir oben $v \in L^\infty(\Omega)$ und approximieren wieder nach Lemma B.16 durch Treppenfunktionen über eventuell unbeschränkte Teilmengen $\Omega' \subseteq \Omega$. Die schwache Vollständigkeit ist in diesem Fall durch Lemma 5.12 gegeben. $\qquad\square$

Der schwache Grenzwert ist immer eindeutig bestimmt. Für die L^p-Räume bedeutet dieses:

Lemma 5.19: *Es seien $\Omega \subseteq \mathbb{R}^N$ ein Gebiet, $p \in [1,\infty]$, $(u_n)_{n\in\mathbb{N}} \subset L^p(\Omega)$ eine Folge und $u, v \in L^p(\Omega)$. Weiter gelte $u_n \rightharpoonup u$ für $p < \infty$ (bzw. $u_n \stackrel{*}{\rightharpoonup} u$ für $p = \infty$) und $u_n \rightharpoonup v$ (bzw. $u_n \stackrel{*}{\rightharpoonup} v$). Dann gilt $u(x) = v(x)$ für fast alle $x \in \Omega$.*

Beweis: Es sei $\varphi \in C_0^\infty(\Omega)$. Dann gilt

$$\left| \int_\Omega (u - v)\,\varphi\,dx \right| \leq \left| \int_\Omega (u - u_n)\,\varphi\,dx \right| + \left| \int_\Omega (u_n - v)\,\varphi\,dx \right|.$$

Es ist $C_0^\infty(\Omega) \subset L^p(\Omega)$ für alle $p \in [1,\infty]$. Die rechte Seite können wir daher aufgrund der schwachen Konvergenz (bzw. der Schwach-$*$-Konvergenz) beliebig klein machen. Damit gilt

$$\left| \int_\Omega (u - v)\,\varphi\,dx \right| = 0$$

für alle $\varphi \in C_0^\infty(\Omega)$. Die Aussage des Lemmas folgt aus Lemma B.18. $\qquad\square$

Lemma 5.20: *Es sei $\Omega \subseteq \mathbb{R}^N$ ein Gebiet, $p \in [1, \infty]$, die Folge $(u_n)_{n \in \mathbb{N}} \subset L^p(\Omega)$, $u \in L^p(\Omega)$, und es gilt $u_n \rightharpoonup u$ für $p < \infty$ (bzw. $u_n \overset{*}{\rightharpoonup} u$ für $p = \infty$), dann besitzt die Menge*

$$\mathcal{G} = \{\, u_n \mid n \in \mathbb{N} \,\} \subset \mathcal{L}^1(\Omega')$$

auf jeder beschränkten offenen Teilmenge $\Omega' \subseteq \Omega$ gleichgradig absolut stetige Integrale, siehe Anhang A.

Im Fall $p = 1$ gilt dieses auch für unbeschränkte offene Teilmengen. Im Fall $p > 1$ muß die Folge nur beschränkt sein.

Beweis: Wir zeigen den Fall $p > 1$. Es sei $\varepsilon > 0$ beliebig gewählt. Da die Folge nach Lemma 5.3 beschränkt ist, sei $C > 0$ eine Konstante mit $\|u_n\|_p < C$ für alle $n \in \mathbb{N}$. Für jede Borel-Menge $B \subseteq \Omega$ mit $\lambda^N(B) < \infty$ gilt $\chi_B \in L^p(\Omega)$ für alle $p \in [1, \infty]$. Ist $p \in \,]1, \infty[$, dann folgt mit $q = \frac{p}{p-1}$ aus der Ungleichung (B.11)

$$\left| \int_B u_n(x)\, dx \right| \leq (\lambda^N(B))^{\frac{1}{q}} \, \|u_n\|_p < C \, (\lambda^N(B))^{\frac{1}{q}}.$$

Mit $\delta = (C^{-1}\varepsilon)^q > 0$ folgt die gleichgradige absolute Stetigkeit der Folge.

Im Fall $p = \infty$ folgt die Aussage aus der Ungleichung

$$\left| \int_B u_n(x)\, dx \right| \leq \lambda^N(B) \, \|u_n\|_\infty < C \, \lambda^N(B)$$

und mit $\delta = C^{-1}\varepsilon > 0$.

Im Fall $p = 1$ folgt die Aussage mit Lemma 5.18 und Natanson [92, Satz VI.3.3]. $\qquad\square$

Zum Zusammenhang von schwacher Konvergenz und Konvergenz punktweise fast überall gelten die beiden folgenden Aussagen.

Lemma 5.21: *Es seien $\Omega \subseteq \mathbb{R}^N$ ein Gebiet, $p \in [1, \infty]$, $(u_n)_{n \in \mathbb{N}} \subset L^p(\Omega)$ eine Folge und $u \in L^p(\Omega)$. Weiter gelte $u_n \rightharpoonup u$ für $p < \infty$ (bzw. $u_n \overset{*}{\rightharpoonup} u$ für $p = \infty$) und die Folge $(u_n)_{n \in \mathbb{N}}$ konvergiere punktweise fast überall gegen die meßbare Funktion $v : \Omega \to \mathbb{R}$. Dann gilt $u(x) = v(x)$ für fast alle $x \in \Omega$.*

Beweis: Da die Folge schwach (bzw. schwach-$*$) konvergiert, ist sie beschränkt. Sie besitzt nach Lemma 5.20 gleichgradig absolut stetige Integrale auf jeder beschränkten offenen Teilmenge $\Omega' \subseteq \Omega$. Aus dem Satz von Vitali A.6 folgt

$$\lim_{n \to \infty} \int_{\Omega'} u_n(x)\, dx = \int_{\Omega'} v(x)\, dx.$$

Im Fall $p = 1$ und unbeschränktem Gebiet Ω gilt dieses auch für unbeschränkte offene Teilmengen Ω'. Damit folgt aus Lemma 5.18 $u_n \rightharpoonup v$ (bzw. $u_n \overset{*}{\rightharpoonup} v$) in $L^p(\Omega)$. Aus Lemma 5.19 folgt $u(x) = v(x)$ für fast alle $x \in \Omega$. $\qquad\square$

Lemma 5.22: *Es seien* $\Omega \subseteq \mathbb{R}^N$ *ein Gebiet,* $p \in]1,\infty]$ *und* $(u_n)_{n\in\mathbb{N}} \subset L^p(\Omega)$ *eine beschränkte Folge, d. h.* $\|u_n\|_p < C$ *für eine Konstante* $C > 0$ *und alle* $n \in \mathbb{N}$*. Konvergiert die Folge punktweise fast überall gegen die meßbare Funktion* $u : \Omega \to \mathbb{R}$*, dann ist* $u \in L^p(\Omega)$*. Es gilt*

$$u_n \rightharpoonup u \quad \text{in} \quad L^p(\Omega) \quad \text{für} \quad p \in]1,\infty[, \quad \text{bzw.} \quad u_n \overset{*}{\rightharpoonup} u \quad \text{in} \quad L^\infty(\Omega).$$

Beweis: Da die Folge beschränkt ist, existieren nach Lemma 5.14 eine Teilfolge $(u_{n'})_{n'\in\mathbb{N}} \subset L^p(\Omega)$ und ein $v \in L^p(\Omega)$ mit $u_n \rightharpoonup v$ für $p < \infty$, bzw. $u_n \overset{*}{\rightharpoonup} v$ für $p = \infty$. Nach Lemma 5.21 gilt $u = v \in L^p(\Omega)$. Wir müssen noch zeigen, daß die gesamte Folge konvergiert. Es gebe eine Teilfolge, die keine weitere Teilfolge besitzt, die schwach (bzw. schwach-$*$) gegen u konvergiert. Die Teilfolge erfüllt die Voraussetzungen des Lemmas und muß daher aufgrund des bisher Gezeigten eine solche Teilfolge besitzen. Somit konvergiert die gesamte ursprüngliche Folge schwach (bzw. schwach-$*$). $\square$

5.3   Periodische L^p-Räume

Es sei $Q \subset \mathbb{R}^N$ ein Quader, der bei $z \in \mathbb{R}^N$ von den Vektoren $\underline{Z}_1, \ldots, \underline{Z}_N \in \mathbb{R}^N$ aufgespannt wird, siehe (5.6). Dann definieren wir zu einem Vektor ganzer Zahlen $\underline{\gamma} \in \mathbb{Z}^N$ mit $\underline{\gamma} = (\gamma_1, \ldots, \gamma_N)$ den Quader

$$Q^{\underline{\gamma}} = \left\{ x \in \mathbb{R}^N \mid x = z + \sum_{i=1}^N (\gamma_i + \alpha_i)\underline{Z}_i \text{ mit } \alpha_i \in]0,1[\text{ für } i = 1,\ldots,N \right\},$$

der aus dem Quader Q durch Verschiebung mit dem Vektor $\gamma_1\underline{Z}_1 + \cdots + \gamma_N\underline{Z}_N$ hervorgeht. Es sei $p \in [1,\infty]$ und $u \in \mathcal{L}^p(Q)$, siehe Anhang B.2, dann definieren wir wir durch

$$u_\pi(x) = \begin{cases} u\left(z + \sum_{i=1}^N \alpha_i\underline{Z}_i\right), & \text{falls } x = z + \sum_{i=1}^N (\gamma_i + \alpha_i)\underline{Z}_i \text{ für ein } \underline{\gamma} \in \mathbb{Z}^N \\ \text{beliebig} & \text{sonst} \end{cases}$$

die **periodische Fortsetzung**, fast überall, bezüglich des Quaders Q von u auf $\mathbb{R}^N$. Weiterhin definieren wir für $p \in [1,\infty]$ den linearen Raum

$$\mathcal{L}^p_\pi(Q) = \{\, u_\pi : \mathbb{R}^N \to \mathbb{R} \mid u_\pi \text{ ist periodische Fortsetzung von } u \in L^p(Q) \,\}.$$

Wie in Anhang B.2 erhalten wir den Banach-Raum $(L^p_\pi(Q), \|\cdot\|_{p,Q})$, wobei wir wieder Äquivalenzklassen und ihre Repräsentanten identifizieren. Die Banach-Räume $L^p_\pi(Q)$ und $L^p(Q)$ sind isometrisch isomorph.

Zu $u \in \mathcal{L}^p(Q)$ definieren wir eine spezielle Folge von Funktionen $(u_n)_{n \in \mathbb{N}} \subset \mathcal{L}^p(Q)$, die **oszillatorische Folge**, durch

$$(5.8) \qquad u_n(x + z) = u_\pi(nx + z)$$

für $n \in \mathbb{N}$ und $x + z \in Q$. Damit erhalten wir auch zu $u \in L^p(Q)$ die oszillatorische Folge $(u_n)_{n \in \mathbb{N}} \subset L^p(Q)$ bzw. $L^p_\pi(Q)$.

Wir wollen ein Beispiel betrachten:

Beispiel 5.23: (i) Es sei $\Omega =]0,\, 2\pi[\subset \mathbb{R}$ und $u_n \in L^\infty_\pi(]0, 2\pi[)$ die Folge $u_n(x) = \sin nx$. Wir wollen $u_n \overset{*}{\rightharpoonup} 0$ zeigen. Wegen Lemma 5.15 reicht es für ein beliebiges Teilintervall $[\alpha,\, \beta] \subset]0,\, 2\pi[$ die Konvergenz

$$\int_\alpha^\beta \sin nx \, dx = -\frac{1}{n}[\cos nx]_\alpha^\beta = -\frac{1}{n}[\cos n\beta - \cos n\alpha] \to 0$$

zu zeigen.

(ii) Nun wollen wir noch die Folge $((u_n)^2)_{n \in \mathbb{N}} \subset L^\infty_\pi(]0, 2\pi[)$ betrachten. Es folgt

$$\int_\alpha^\beta \sin^2 nx \, dx = \left[\frac{x}{2} - \frac{1}{4n}\sin 2nx\right]_\alpha^\beta$$
$$= \int_\alpha^\beta \frac{1}{2}\, dx - \frac{1}{4n}[\sin 2n\beta - \sin 2n\alpha].$$

Hieraus folgt $(u_n)^2 \overset{*}{\rightharpoonup} \frac{1}{2}$. Somit ist der Superpositionsoperator, der durch die stetige Funktion $f(y) = y^2$ definiert ist, siehe Kapitel 4, nicht stetig bezüglich der Schwach-$*$-Konvergenz. $\diamond$

Das Ergebnis des ersten Teils des obigen Beispiels läßt sich folgendermaßen verallgemeinern:

Lemma 5.24: *Es seien Q ein Quader in $\mathbb{R}^N$ und für $p \in [1, \infty]$ der Banach-Raum $(L^p_\pi(Q), \|\cdot\|_{p,Q})$ gegeben. Weiter sei $u \in L^p_\pi(Q)$ und die oszillatorische Folge $(u_n)_{n \in \mathbb{N}} \subset L^p_\pi(Q)$ wie oben definiert. Dann gilt für $p \in [1, \infty[$*

$$u_n \rightharpoonup \frac{1}{\lambda^N(Q)}\int_Q u(x)\, dx = \bar{u} \ \text{ für } n \to \infty,$$

bzw. für $p = \infty$

$$u_n \overset{*}{\rightharpoonup} \frac{1}{\lambda^N(Q)}\int_Q u(x)\, dx = \bar{u} \ \text{ für } n \to \infty.$$

Wir bezeichnen die reelle Zahl

$$\bar{u} = \frac{1}{\lambda^N(Q)} \int_Q u(x)\, dx$$

*als **Mittelwert** von $u \in L^p(Q)$ bezüglich Q.*

Beweis: Der Quader Q läßt sich durch Verschiebung, Drehung und anschlie-
ßende Skalierung auf den Quader $W^N =\,]0\,,\,2\pi[^N$ so transformieren, daß der
Mittelwert $\bar{u}$ unter diesen Transformationen invariant ist. Daher genügt es,
das Lemma für $Q = W^N$ zu beweisen. Es seien $N = 1$, $p = \infty$, $u \in L_\pi^\infty(W^N)$.
Nach Lemma 5.15 ist zu zeigen, daß

$$(5.9) \qquad \int_\alpha^\beta u_n(x)\, dx \to \frac{\beta - \alpha}{2\pi} \int_0^{2\pi} u(x)\, dx = \int_\alpha^\beta \bar{u}\, dx$$

für alle Teilintervalle $[\alpha,\, \beta] \subset\,]0,\, 2\pi[$ gilt. Es ist mit $y = nx$, $dy = n\, dx$

$$\int_\alpha^\beta u_n(x)\, dx = \int_\alpha^\beta u(nx)\, dx = \frac{1}{n} \int_{n\alpha}^{n\beta} u(y)\, dy.$$

Sei für $x \in \mathbb{R}$

$$[x] := \max\{\, y \in \mathbb{N} \mid 2\pi y \le |x|\, \}.$$

Wegen der Periodizität von u gilt

$$\frac{1}{n} \int_{n\alpha}^{n\beta} u(y)\, dy = \frac{[n\beta] - [n\alpha]}{n} \int_0^{2\pi} u(y)\, dy + \frac{1}{n} \int_{2\pi\cdot[n\beta]}^{n\beta} u(y)\, dy - \frac{1}{n} \int_{2\pi\cdot[n\alpha]}^{n\alpha} u(y)\, dy.$$

Weiter gilt

$$\left| \frac{1}{n} \int_{2\pi\cdot[n\alpha]}^{n\alpha} u(y)\, dy \right| \le \frac{1}{n} \cdot 2\pi \|u\|_\infty \to 0.$$

Dies gilt analog für das vorletzte Integral. Außerdem gilt

$$\left| \frac{[n\alpha]}{n} - \frac{\alpha}{2\pi} \right| = \left| \frac{2\pi[n\alpha] - \alpha n}{2\pi n} \right| \le \frac{2\pi}{n \cdot 2\pi} = \frac{1}{n} \to 0$$

d. h. $\frac{[n\alpha]}{n} \to \frac{\alpha}{2\pi}$ und analog $\frac{[n\beta]}{n} \to \frac{\beta}{2\pi}$. Somit erhalten wir (5.9).

Für $N > 1$ folgt die Aussage für W^N über den Satz von Fubini A.7.

Für $1 \le p < \infty$ folgt die Aussage analog mit Lemma 5.16. $\qquad\qquad\square$

5.4 Normkonvergenz in L^p-Räumen

Wir wollen hier einige Sätze, die mit der Normkonvergenz zusammenhängen, zusammenstellen.

Satz 5.25 (Riesz/Radon): *Es seien $\Omega \subseteq \mathbb{R}^N$ ein Gebiet und $p \in]1, \infty[$. Weiter sei $(u_n)_{n \in \mathbb{N}} \subset L^p(\Omega)$ eine schwach konvergente Folge, $u_n \rightharpoonup u \in L^p(\Omega)$. Die Folge konvergiert genau dann stark, d. h. bezüglich der Normtopologie, wenn $\|u_n\|_p \to \|u\|_p$ für $n \to \infty$ gilt.*

Beweis: Siehe Riesz/Sz.-Nagy [106, Abschnitt 37] oder Riesz [105]. $\qquad\square$

Im Fall $p = 1$ gilt nun analog zum vorangegangenen Satz

Satz 5.26: *Es seien $\Omega \subseteq \mathbb{R}^N$ ein Gebiet und $(u_n)_{n \in \mathbb{N}} \subset L^1(\Omega)$ eine schwach konvergente Folge $u_n \rightharpoonup u \in L^1(\Omega)$. Dann konvergiert u_n genau dann stark gegen u, wenn u_n gegen u im λ^N-Maß auf jeder beschränkten Menge $B \in \mathcal{B}(\Omega)$ konvergiert, siehe Abschnitt 3.4.*

Beweis: Dunford/Schwartz [35, Theorem IV.8.12] oder Yosida [133, Theorem V.5]. $\qquad\square$

Wir wollen uns mit Interpolationsaussagen auf $L^p(\Omega)$-Räumen, $1 \leq p \leq \infty$, befassen. Wesentlich weitergehende und umfassendere Aussagen erhält man in der allgemeinen Theorie der Interpolation von Banach-Räumen, die in Bergh/Löfström [14] dargestellt ist. Wir wollen nur einige leichter zu erhaltende Konvergenzaussagen formulieren.

Lemma 5.27 (Interpolationsungleichung): *Es sei $\Omega \subseteq \mathbb{R}^N$ ein Gebiet. Weiter seien $p, q, r \in [1, \infty[$ und $\theta \in]0, 1[$ mit*

$$\frac{1}{r} = \frac{\theta}{p} + \frac{1 - \theta}{q}.$$

Außerdem sei $u \in L^p(\Omega) \cap L^q(\Omega)$. Dann gilt $u \in L^r(\Omega)$ und

$$(5.10) \qquad \|u\|_r \leq \|u\|_p^\theta \, \|u\|_q^{1-\theta}.$$

Beweis: In der verallgemeinerten Hölderschen Ungleichung (B.10) setzen wir $f = u^\theta, g = u^{1-\theta}$, dann folgt

$$\|u\|_r \;\leq\; \|u^\theta\|_{\frac{p}{\theta}} \, \|u^{1-\theta}\|_{\frac{q}{1-\theta}} = \left(\int_\Omega |u|^p \, dx \right)^{\frac{\theta}{p}} \left(\int_\Omega |u|^q \, dx \right)^{\frac{1-\theta}{q}}$$

$$= \; \|u\|_p^\theta \, \|u\|_q^{1-\theta}. \qquad\qquad\square$$

Man kann auch in obigem Satz

$$\frac{1}{r} = \frac{1}{p'} + \frac{1}{q'}$$

nehmen. Dann erhält man äquivalent zu (5.10) die Ungleichung

$$\|u\|_r \leq \|u\|_{p'\theta}^{\theta} \, \|u\|_{q'(1-\theta)}^{1-\theta}.$$

Das Lemma 5.27 ist eine Interpolation zwischen den Räumen $L^p(\Omega)$ und $L^q(\Omega)$ für beschränkte Gebiete, da aus

$$\frac{1}{r} = \theta \frac{1}{p} + (1 - \theta) \frac{1}{q}$$

und $p > q$ folgt $\frac{1}{r} \in]\frac{1}{p}, \frac{1}{q}[$ und somit $r \in]q, p[$.

Lemma 5.28: *Es sei $\Omega \subset \mathbb{R}^N$ ein beschränktes Gebiet, $p \in]1, \infty]$, $(u_n)_{n \in \mathbb{N}} \subset L^p(\Omega)$ eine beschränkte Folge, d. h. $\|u_n\|_p < C$ für ein $C > 0$ und alle $n \in \mathbb{N}$, und $u \in L^p(\Omega)$. Dann gilt*

$$u_n \to u \quad \text{in } L^q(\Omega)$$

für alle $q \in [1, p[$ genau dann, wenn $u_n \to u$ in $L^q(\Omega)$ für ein $q \in [1, p[$ gilt.

Beweis: Es ist nur eine Richtung zu zeigen. Sei $p < \infty$. Es gelte $u_n \to u$ in $L^q(\Omega)$ für ein $q \in [1, p[$, dann folgt aus (B.11) $u_n \to u$ in $L^r(\Omega)$ für alle $r \in [1, q]$. Es bleibt die Konvergenz für $r \in]q, p[$ zu zeigen. Dazu nehmen wir $q = 1$ an, und es sei $r \in]1, p[$ beliebig, dann gibt es ein $\theta \in]0, 1[$ derart, daß

$$\frac{1}{r} = \frac{\theta}{p} + \frac{1 - \theta}{1}$$

gilt und somit aus (5.10) folgt

$$\|u_n - u\|_r \leq \|u_n - u\|_1^{1-\theta} \|u_n - u\|_p^{\theta} \leq \|u_n - u\|_1^{1-\theta} \left(\|u_n\|_p + \|u\|_p \right)^{\theta}.$$

Damit erhalten wir die Aussage für $p < \infty$.
Für $p = \infty$ und $1 \leq r < \infty$ folgt

$$\|u_n - u\|_r^r \leq \int_{\Omega} |u_n - u|^r \, dx \leq \left(\|u_n\|_\infty + \|u\|_\infty \right) \int_{\Omega} |u_n - u|^{r-1} \, dx.$$

Per Induktion folgt die Konvergenz für $q + 1, q + 2, \ldots$. Wegen (B.11) folgt die Konvergenz für die dazwischen liegenden Werte von q. $\qquad \square$

Für die lokalen L^p-Räume, siehe Anhang B.2, folgt unmittelbar:

Korollar 5.29: *Es sei $\Omega \subseteq \mathbb{R}^N$ ein Gebiet, $p \in{]}1,\infty]$ und $(u_n)_{n\in\mathbb{N}} \subset L^p_{loc}(\Omega)$ eine lokal beschränkte Folge, d. h. $\|u_n\|_{p,\Omega'} < C$ für alle beschränkten offenen Teilmengen $\Omega' \subset \Omega$, alle $n \in \mathbb{N}$ und mit einer jeweils von Ω' abhängigen Konstanten $C > 0$. Weiterhin sei $u \in L^p_{loc}(\Omega)$. Dann gilt*

$$u_n \to u \quad \text{in } L^q_{loc}(\Omega)$$

für alle $q \in [1,p[$ genau dann, wenn $u_n \to u$ in $L^q_{loc}(\Omega)$ für ein $q \in [1,p[$ gilt.
$\square$

Einen Zusammenhang der starken Konvergenz mit der Konvergenz punktweise fast überall stellt der folgende Satz her:

Satz 5.30: *Es sei $\Omega \subseteq \mathbb{R}^N$ ein Gebiet, $p \in [1,\infty[$ und $(u_n)_{n\in\mathbb{N}} \subset L^p(\Omega)$ eine stark konvergente Folge, d. h. $u_n \to u \in L^p(\Omega)$. Dann gibt es eine Teilfolge $(u_{n'})_{n'\in\mathbb{N}}$ derart, daß*

$$u_{n'}(x) \to u(x)$$

für fast alle $x \in \Omega$ konvergiert.

Beweis: Aus der starken Konvergenz folgt nach Dunford/Schwartz [35, Theorem III.3.6] oder Hewitt/Stromberg [55, Exercise (13.33)] die Konvergenz im λ^N-Maß. Man erhält die Konvergenz einer Teilfolge punktweise fast überall mit dem Satz 3.21.
$\square$

Kapitel 6

Grundzüge der Variationsrechnung

Zwischen partiellen Differentialgleichungen und der Variationsrechnung, der Suche nach Extrema nicht-linearer Funktionale, bestehen enge Zusammenhänge. In diesem Kapitel werden diese Zusammenhänge erläutert, um Grundlagen für das Verständnis der Methoden und Resultate, die in den Kapiteln 7, 8 und 9 betrachtet werden sollen, zu schaffen. Dabei steht der Begriff der „Konvexität" sowohl von Mengen als auch von Funktionalen im Mittelpunkt. Die Ausführungen zum Dirichletschen Prinzip für die Laplace-Gleichung dienen als Vorbereitung auf die in Kapitel 10 für hyperbolische Erhaltungsgleichungen einzuführenden schwachen und maßwertigen Lösungen. Es sollen die Parallelen zur Einführung der schwachen Lösungen und der Sobolev-Räume bei elliptischen Problemen aufgezeigt werden.

6.1 Konvexität

Es sei $(X, \|\cdot\|_X)$ ein Banach-Raum. Eine Menge $D \subseteq X$ heißt **konvex** genau dann, wenn für alle u, $v \in D$ und alle $s \in \,]0\,,1[$ gilt, daß $su + (1-s)v \in D$ ist, d.h., alle Punkte auf dem zwischen u und v liegenden Segment der Verbindungsgeraden gehören zu der Menge D.

Lemma 6.1: *Es sei* $(X, \|\cdot\|_X)$ *ein Banach-Raum. Die Menge* $D \subseteq X$ *ist genau dann konvex, wenn folgendes gilt:*

Seien $u_1, \ldots, u_m \in D$ *und* $0 \leq s_1, \ldots, s_m \leq 1,$ $\displaystyle\sum_{k=1}^{m} s_k = 1$ *beliebig, dann ist*

$$(6.1) \qquad\qquad v = s_1 u_1 + \cdots + s_m u_m \in D.$$

Solche Summen nennen wir **Konvexkombinationen.**

Beweis: Es muß nur gezeigt werden, daß aus der Konvexität (6.1) folgt. Sei ohne Einschränkung $0 \leq s_m < 1$. Es gilt

$$v = (1 - s_m) \left(\frac{s_1}{(1 - s_m)} u_1 + \cdots + \frac{s_{m-1}}{(1 - s_m)} u_{m-1} \right) + s_m u_m,$$

womit die Aussage durch Induktion folgt. $\qquad\square$

Da die schwache Topologie auf einem Banach-Raum $(X, \| \cdot \|_X)$ gröber als die Normtopologie ist, sind Mengen, die schwach abgeschlossen sind, auch bezüglich der Normtopologie abgeschlossen. Für konvexe Mengen gilt auch die Umkehrung.

Satz 6.2 (Mazur): *Es sei $(X, \| \cdot \|_X)$ ein Banach-Raum und $D \subseteq X$ eine konvexe, bezüglich der Normtopologie abgeschlossene Teilmenge von X. Dann ist die Menge D auch in der schwachen Topologie abgeschlossen.*

Beweis: Siehe z.B. Dunford/Schwartz [35, Theorem V.3.13] oder Lang [74, Kapitel IV, Appendix]. $\qquad\square$

Der Durchschnitt konvexer Mengen ist konvex. Sei $A \subseteq X$ eine Menge, dann bezeichne **co** A die kleinste konvexe Menge, die A enthält. Man nennt **co** A die **konvexe Hülle** von A.

Eine Folgerung aus Satz 6.2 ist das

Lemma 6.3 (Mazur): *Sei $(X, \| \cdot \|_X)$ ein Banach-Raum und $(u_n)_{n \in \mathbb{N}} \subset X$ eine Folge, die schwach gegen $u \in X$ konvergiert. Dann gibt es eine Folge von Konvexkombinationen $(v_n)_{n \in \mathbb{N}}$, d.h.*

$$v_n = \sum_{k=n}^{N(n)} s_k^{(n)} u_k, \qquad \sum_{k=n}^{N(n)} s_k^{(n)} = 1, \quad s_k^{(n)} \geq 0,$$

derart, daß $v_n \to u$ stark konvergiert bezüglich $\| \cdot \|_X$.

Beweis: Der schwache Grenzwert u liegt im schwachen Abschluß der Mengen

$$\bigcup_{k=n}^{\infty} \{u_k\} \qquad \text{sowie} \qquad \text{co} \left(\bigcup_{k=n}^{\infty} \{u_k\} \right).$$

Satz 6.2 garantiert nun, daß der schwache Abschluß von $\text{co}(\bigcup_{k=n}^{\infty} \{u_k\})$ gleich dem Abschluß in der Normtopologie ist. Es gibt daher eine Folge $v_n \in \text{co}(\bigcup_{k=n}^{\infty} \{u_k\})$ mit $v_n \to u$.

Es sei

$$A := \mathrm{co}\left(\bigcup_{k=n}^{\infty}\{u_k\}\right), \qquad B := \bigcup_{m\in\mathbb{N}}\left[\mathrm{co}\left(\bigcup_{k=n}^{n+m}\{u_k\}\right)\right].$$

Die Menge B ist konvex, denn seien $u, v \in B$, so gibt es ein $m \in \mathbb{N}$ mit $u, v \in \mathrm{co}\bigcup_{k=n}^{m+n}\{u_n\}$ und die Verbindungsstrecke liegt in allen konvexen Hüllen für größere m. Es gilt offensichtlich $A \supset \mathrm{co}\,(\bigcup_{k=n}^{n+m}\{u_n\})$ für alle m. Somit gilt $A \supset B$. Weiter ist B eine konvexe Menge, die alle $\{u_k\}$ enthält, d.h., B ist eine konvexe Hülle von $\bigcup_{k=n}^{\infty}\{u_k\}$. Dies bedeutet $A = B$. Somit gilt für jedes v_n, daß ein m existiert mit $v_n \in \mathrm{co}\,(\bigcup_{k=n}^{n+m}\{u_k\})$, d.h., die v_n haben die geforderte Darstellung. $\qquad\qquad\square$

Es sei $D \subseteq X$ konvex und offen. Wir definieren, ein Funktional $\mathsf{F} : D \to \mathbb{R}$ ist **konvex** genau dann, wenn für alle $u, v \in D$ gilt

$$\text{(6.2)} \qquad\qquad \mathsf{F}\,(su + [1 - s]v) \leq s\mathsf{F}(u) + (1 - s)\mathsf{F}(v)$$

für alle $s \in\,]0, 1[$. Gilt die strikte Ungleichung „$<$" , so bezeichnen wir F als **strikt konvex**. Per Induktion läßt sich zeigen, daß die Ungleichung (6.2) auch für beliebige endliche Konvexkombinationen der Gestalt (6.1) gilt.

Wir sagen, ein Funktional $\mathsf{F} : X \to \mathbb{R}$ ist **affin linear**, wenn das Funktional $\mathsf{L} : X \to \mathbb{R}$, definiert durch

$$\mathsf{L}u = \mathsf{F}(u) - \mathsf{F}(0)$$

für $u \in X$, linear ist.

Lemma 6.4: *Ein Funktional* $\mathsf{F} : X \to \mathbb{R}$ *ist genau dann affin linear, wenn die Funktionale* F *und* $-\mathsf{F}$ *auf* X *konvex sind.*

Beweis:

„$\Rightarrow$" Es gilt für $u, v \in X$ und $s \in (0\,,\,1)$

$$\begin{aligned}
\mathsf{F}(su + [1 - s]v) - \mathsf{F}(0) &= \mathsf{L}(su + [1 - s]v) \\
&= s\mathsf{L}u + (1 - s)\mathsf{L}v \\
&= s\mathsf{F}(u) + (1 - s)\mathsf{F}(v) - \mathsf{F}(0).
\end{aligned}$$

Damit folgt die Konvexität der Funktionale F und $-\mathsf{F}$.

„$\Leftarrow$" Umgekehrt folgt aus der Konvexität von F und $-$F die Gleichheit in (6.2). Wir müssen die Linearität von L zeigen. Dazu sei $s \in \mathbb{R}$. Nehmen wir zuerst $s > 1$ an, dann gilt für $u \in X$

$$\mathsf{F}(u) = \mathsf{F}([1 - \frac{1}{s}]0 + \frac{1}{s}su) = \mathsf{F}(0) - \frac{1}{s}\mathsf{F}(0) + \frac{1}{s}\mathsf{F}(su)$$

bzw.

$$\mathsf{L}(su) = \mathsf{F}(su) - \mathsf{F}(0) = s[\mathsf{F}(u) - \mathsf{F}(0)] = s\mathsf{L}u.$$

Für $0 \le s \le 1$ gilt

$$\mathsf{F}(su) = \mathsf{F}(su + [1 - s]0) = s\mathsf{F}(u) + (1 - s)\mathsf{F}(0)$$

und damit wieder $\mathsf{L}(su) = s\mathsf{L}u$. Nun erhalten wir zuerst mit $s = \frac{1}{2}$ und anschließend mit $s = 2$

$$
\begin{aligned}
\mathsf{F}(u + v) = \mathsf{F}(\frac{1}{2}[2u + 2v]) &= \frac{1}{2}\mathsf{F}(2u) + \frac{1}{2}\mathsf{F}(2v) \\
&= \frac{1}{2}[2\mathsf{F}(u) - \mathsf{F}(0)] + \frac{1}{2}[2\mathsf{F}(v) - \mathsf{F}(0)] \\
&= \mathsf{F}(u) + \mathsf{F}(v) - \mathsf{F}(0),
\end{aligned}
$$

womit $\mathsf{L}(u + v) = \mathsf{L}u + \mathsf{L}v$ folgt. Weiter gilt

$$0 = \mathsf{L}0 = \mathsf{L}(u + [-u]) = \mathsf{L}u + \mathsf{L}(-u),$$

woraus $\mathsf{L}u = -\mathsf{L}(-u)$ folgt.

$$\square$$

6.2 Differenzierbarkeit und Minima

Ein Operator $\mathsf{G} : D \to X'$ heißt **hemistetig** genau dann, wenn die Funktion $f : \mathbb{R} \to \mathbb{R}$, definiert durch

$$f : s \to \langle \mathsf{G}(u + sv)\,,\, h \rangle_X\,,$$

für alle u, v, $h \in X$, $s \in \mathbb{R}$ mit $u + sv \in D$ stetig ist.

Unter Differenzierbarkeitsbedingungen an F gelangt man zu folgenden Charakterisierungen der Konvexität:

Lemma 6.5: *Es sei $D \subseteq X$ offen und konvex. Weiter sei das Funktional* $\mathsf{F} : D \to \mathbb{R}$ *Gâteaux-differenzierbar und die Gâteaux-Ableitung $\partial_X \mathsf{F} : D \to X'$ hemistetig. Dann sind folgende Aussagen äquivalent:*

(a) *Das Funktional* F *ist konvex auf* D.

(b) *Es gilt* $F(u) - F(v) \geq \langle \partial_X F(v), (u-v) \rangle_X$ *für alle* $u, v \in D$.

(c) *Es gilt* $\langle [\partial_X F(u) - \partial_X F(v)], (u-v) \rangle_X \geq 0$ *für alle* $u, v \in D$.

Einen Operator, der wie $\partial_X F : D \to X'$ *die Eigenschaft* (c) *erfüllt, nennt man* **monoton**.

Die analoge Aussage gilt für strikte Konvexität, wenn in (b) *und* (c) *„$\geq$"* *durch „$>$" ersetzt und* $u \neq v$ *verlangt wird. Die Eigenschaft* (c) *wird dann als* **strikte Monotonie** *des Operators* $\partial_X F$ *bezeichnet.*

Beweis: (a) $\Rightarrow$ (b):

Sei $1 \geq s > 0$, dann folgt aus (6.2) für $u, v \in D$

$$F(u) - F(v) \geq \frac{1}{s} \left[F\left(v + s(u-v)\right) - F(v) \right].$$

Hieraus folgt nach Definition der Gâteaux-Ableitung

$$\begin{aligned}
F(u) - F(v) \;&\geq\; \lim_{s \to 0} \frac{1}{s} \left[F(v + s(u-v)) - F(v) \right] \\
&=\; \langle \partial_X F(v), (u-v) \rangle_X.
\end{aligned}$$

(b) $\Rightarrow$ (c): Wir vertauschen in (b) u und v und addieren beide Ungleichungen, dann folgt

$$0 \geq \langle [\partial_X F(v) - \partial_X F(u)], (u-v) \rangle_X.$$

(c) $\Rightarrow$ (b): Es sei die Funktion $f : \mathbb{R} \to \mathbb{R}$ durch

$$f(s) = F\left(u + s(v-u)\right)$$

für $u, v \in D$ definiert, dann folgt die Differenzierbarkeit von f in s aus der Gâteaux-Differenzierbarkeit von F. Es gilt

$$f'(s) = \langle \partial_X F\left(u + s(v-u)\right), (v-u) \rangle_X.$$

Die Hemistetigkeit des Operators $\partial_X F : D \to X'$ impliziert die Stetigkeit der differenzierten Funktion f'. Daher gilt

$$f(1) - f(0) = \int_0^1 f'(s)\, ds$$

bzw. durch Einsetzen

$$
\begin{aligned}
F(v) - F(u) &= \int_0^1 \langle\, \partial_X F\,(u + s(v - u))\,,\,(v - u)\,\rangle_X\, ds \\
&= \int_0^1 \langle\, \partial_X F\,(u + s(v - u))\,,\, s(v - u)\,\rangle_X\, \frac{ds}{s}.
\end{aligned}
$$

Aus (c) folgt nun

$$
\begin{aligned}
F(v) - F(u) &\geq \int_0^1 \langle\, \partial_X F(u)\,,\, s(v - u)\,\rangle_X\, \frac{ds}{s} \\
&= \int_0^1 \langle\, \partial_X F(u)\,,\,(v - u)\,\rangle_X\, ds \\
&= \langle\, \partial_X F(u)\,,\,(v - u)\,\rangle_X.
\end{aligned}
$$

(b) $\Rightarrow$ **(a):** Es gelten

$$
F(u) \geq F\,(s(u - v) + v) + \langle\, \partial_X F\,(s(u - v) + v)\,,\,[u - (s(u - v) + v)]\,\rangle_X
$$

und

$$
F(v) \geq F\,(s(u - v) + v) + \langle\, \partial_X F\,(s(u - v) + v)\,,\, -s(u - v)\,\rangle_X.
$$

Dann folgt

$$
\begin{aligned}
sF(u) + (1 - s)F(v) \;\geq\;\; & F\,(su + (1 - s)v) \\
& + \Big\langle\, \partial_X F(s(u - v) + v)\,,\,[su - s^2(u - v) \\
& \qquad\qquad -sv + s^2(u - v) - s(u - v)]\,\Big\rangle_X.
\end{aligned}
$$

Der letzte Summand ist gleich Null, somit ist F konvex.

□

Die Hemistetigkeit der Gâteaux-Ableitung $\partial_X F$ wurde nur für den Schritt (c) $\Rightarrow$ (b) benötigt. Somit gilt das

Korollar 6.6: *Bei den Voraussetzungen von Lemma 6.5 sei die Hemistetigkeit weggelassen. Dann sind (a) und (b) äquivalent. Aus beiden folgt (c). Entsprechend gilt dies für die strikte Konvexität.*   □

Analog zu der Charakterisierung konvexer Funktionen auf $\mathbb{R}$ durch die Nicht-Negativität der zweiten Ableitung kann man genügend oft differenzierbare konvexe Funktionen auf X mit Hilfe der Hesseschen Bilinearform charakterisieren.

Es sei $D \subseteq X$ konvex und offen. Weiter sei $\mathsf{F} : D \to \mathbb{R}$ ein stetig Fréchet-differenzierbares Funktional. Die Ableitung $\nabla_X \mathsf{F} : D \to X'$ sei ein Gâteaux-differenzierbarer Operator, es ist $\partial_X \left(\nabla_X \mathsf{F} \right) : D \to \mathcal{L}(X; X')$, siehe Abschnitt 4.2, gegeben durch

$$\lim_{s \to 0} \frac{\nabla_X \mathsf{F}(u + sh) - \nabla_X \mathsf{F}(u)}{s} = \partial_X \left(\nabla_X \mathsf{F} \right)(u)\, h \ \in X'$$

für $u \in D, h \in X, s \in \mathbb{R}$ mit $u + sh \in D$. Sei $w \in X$, dann können wir auch

$$\lim_{s \to 0} \frac{1}{s} \langle\, [\nabla_X \mathsf{F}(u + sh) - \nabla_X \mathsf{F}(u)]\, ,\ w\, \rangle_X = \langle\, \partial_X \left(\nabla_X \mathsf{F} \right)(u)\, h\, ,\ w\, \rangle_X$$

schreiben. Da $\partial_X \left(\nabla_X \mathsf{F} \right)(u)$ auf ganz X linear fortgesetzt werden kann, haben wir mit dem letzten Term eine stetige Bilinearform $\boldsymbol{\nabla_X^2 \mathsf{F}(u)}$ auf $X \times X$, d.h.,

$$\nabla_X^2 \mathsf{F}(u)[h, w] = \langle\, \partial_X \left(\nabla_X \mathsf{F} \right)(u) h\, ,\ w\, \rangle_X,$$

die **Hessesche Bilinearform**. Sie ist in $u \in X$ nur stetig, wenn $\nabla_X \mathsf{F}$ stetig Fréchet-differenzierbar ist.

Lemma 6.7: *Unter den Differenzierbarkeitsvoraussetzungen im vorangegangenen Absatz sei das Funktional F konvex, dann ist die Hessesche Bilinearform $\nabla_X^2 \mathsf{F}(u)$ nicht negativ, d.h., es gilt*

$$\nabla_X^2 \mathsf{F}(u)[w, w] \geq 0$$

für alle $w \in X, u \in D$. Ist das Funktional F strikt konvex, dann gilt

$$\nabla_X^2 \mathsf{F}(u)[w, w] > 0$$

für alle $w \in X, w \neq 0, u \in D$.

Ist die Gâteaux-Ableitung $\partial_X \left(\nabla_X \mathsf{F} \right)(\cdot) : D \to \mathcal{L}(X; X')$ der Fréchet-Ableitung $\nabla_X \mathsf{F}$ hemistetig, dann gelten auch die Umkehrungen.

Beweis: Sei zunächst F konvex, dann gilt nach Lemma 6.5 (c)

$$\langle\, \partial_X \left(\nabla_X \mathsf{F} \right)(u) w\, ,\ w\, \rangle_X = \lim_{s \to 0} \frac{\langle\, [\nabla_X \mathsf{F}(u + sw) - \nabla_X \mathsf{F}(u)]\, ,\ w\, \rangle_X}{s}$$

$$= \lim_{s \to 0} \frac{\langle\, [\nabla_X \mathsf{F}(u + sw) - \nabla_X \mathsf{F}(u)]\, ,\ sw\, \rangle_X}{s^2} \geq 0.$$

Umgekehrt gelte $\nabla_X^2 F[w, w] \geq 0$. Wir betrachten für $w = v - u$ die Funktion $f : \mathbb{R} \to \mathbb{R}$, definiert durch

$$f(s) := \langle\, \nabla_X F(u + sw)\, ,\ w\,\rangle_X,$$

dann erhalten wir die Ableitung

$$f'(s) = \nabla_X^2 F(u + sw)[w, w],$$

die wegen der vorausgesetzten Hemistetigkeit stetig in s ist. Somit gilt

$$\langle\, [\nabla_X F(v) - \nabla_X F(u)]\, ,\ (v - u)\,\rangle_X = f(1) - f(0) = \int_0^1 \nabla_X^2 F(u + sw)[w, w]\, ds \geq 0.$$

Für die strikte Konvexität folgen die Aussagen analog. $\qquad\qquad\square$

Wir wollen nun einen sehr nützlichen Satz zeigen, der die Existenz eines Minimums einer konvexen Funktion unter gewissen Voraussetzungen liefert. Damit das Minimum als Funktionswert auch angenommen wird, brauchen wir den Begriff der schwachen Unterhalbstetigkeit.

Es sei $(X, \|\cdot\|_X)$ ein Banach-Raum. Weiter sei $F : D \to \mathbb{R}$ mit $D \subseteq X$ offen, ein Funktional. Dann heißt F **schwach unterhalbstetig** in $u \in D$ genau dann, wenn für jede schwach konvergente Folge $(u_n)_{n \in \mathbb{N}}$ mit $u_n \rightharpoonup u$ gilt

$$\liminf_{n \to \infty} F(u_n) \geq F(u).$$

Analog führt man die **Schwach-*-Unterhalbstetigkeit** von Funktionalen auf dem Dualraum X' ein. Ein Beispiel hierfür hatten wir schon im zweiten Teil von Beispiel 5.23 gesehen. In Abschnitt 7.1 führen wir diese Begriffe auch für Superpositionsoperatoren ein.

Man sieht sofort, daß die Funktion $f :]0, \infty[\to \mathbb{R}$, $f(x) = \frac{1}{x}$ konvex ist und 0 nur als Infimum, aber nicht als Minimum besitzt. Man kann daher ein Minimum auf unbeschränkten Definitionsbereichen $D \subseteq X$ nur erwarten, wenn das Funktional für $u \in D$ mit sehr großer Norm $\|u\|_X$ auch große Werte annimmt. Dieses nennt man die Koerzivität des Funktionals.

Es sei $(X, \|\cdot\|_X)$ ein Banach-Raum und $D \subseteq X$ eine unbeschränkte Teilmenge. Ein Funktional $F : D \to \mathbb{R}$ heißt **koerzitiv** auf D genau dann, wenn $\lim_{n \to \infty} F(u_n) = +\infty$ für alle Folgen mit $\|u_n\|_X \to \infty$ gilt.

Satz 6.8: *Es sei $(X, \|\cdot\|_X)$ ein reflexiver Banach-Raum. Das Funktional $F : X \to \mathbb{R}$ sei koerzitiv und schwach unterhalbstetig. Dann hat das Funktional F auf X ein Minimum.*

Beweis: Da F koerzitiv ist, gibt es ein $R > 0$ derart, daß $\mathsf{F}(u) > \mathsf{F}(0) + 1$ für alle $u \in X$ mit $\|u\|_X > R$ ist.[1] Auf der abgeschlossenen Kugel

$$K_R := \{u \in X \mid \|u\|_X \leq R\}$$

gilt

$$\inf_{u \in X} \mathsf{F}(u) = \inf_{u \in K_R} \mathsf{F}(u) \leq \mathsf{F}(0).$$

Wir wollen annehmen, F sei auf K_R nicht nach unten beschränkt. Dann gibt es eine Folge $(u_n)_{n \in \mathbb{N}} \subset K_R$ mit $\mathsf{F}(u_n) < -n$. Da die Kugel K_R nach Lemma 5.7 schwach folgenkompakt ist, existiert ein $u \in K_R$ und eine Teilfolge mit $u_n \rightharpoonup u$. Aus der schwachen Unterhalbstetigkeit folgt nun $\mathsf{F}(u) \leq \liminf \mathsf{F}(u_n) = -\infty$, was wegen $\mathsf{F}(u) \in \mathbb{R}$ ein Widerspruch ist. Daher gibt es eine Konstante $C \in \mathbb{R}$ mit $\inf_{u \in X} \mathsf{F}(u) = \inf_{u \in K_R} \mathsf{F}(u) = C$.

Sei $(u_n)_{n \in \mathbb{N}} \subset K_R$ eine Folge mit $\lim_{n \to \infty} \mathsf{F}(u_n) = C$. Wiederum gibt es eine Teilfolge und ein $u' \in K_R$ mit $u_n \rightharpoonup u'$. Und es gilt wegen der schwachen Unterhalbstetigkeit

$$C \leq \mathsf{F}(u') \leq \liminf_{n \to \infty} \mathsf{F}(u_n) = \lim_{n \to \infty} \mathsf{F}(u_n) = C.$$

Hieraus folgt $\mathsf{F}(u') = C$, d.h., das Infimum ist ein Minimum und wird bei $u' \in K_R$ angenommen. $\qquad\square$

Der vorausgegangene Satz liefert die Existenz eines Minimums des Funktionals F. Die Verwendung einer **Minimalfolge**, d.h. einer Folge $(u_n)_{n \in \mathbb{N}} \subset X$ mit

$$\lim_{n \to \infty} \mathsf{F}(u_n) = \inf_{u \in X} \mathsf{F}(u),$$

nennt man auch die **direkte Methode der Variationsrechnung**. Außerdem sieht man in dem Beweis sehr deutlich die Rolle der schwachen Konvergenz bei dem Existenznachweis.

Wir geben eine hinreichende Bedingung für die schwache Unterhalbstetigkeit von differenzierbaren Funktionalen an.

Lemma 6.9: *Sei* $\mathsf{F} : X \to \mathbb{R}$ *ein Gâteaux-differenzierbares Funktional. Weiter sei entweder das Funktional* F *konvex, oder die Gâteaux-Ableitung* $\partial_X \mathsf{F}$ *sei monoton und hemistetig. Dann ist das Funktional* F *schwach unterhalbstetig.*

---

[1] Wäre dieses nicht der Fall, fände man zu jedem $n \in \mathbb{N}$ ein $u_n \in X$ mit $\|u_n\|_X > n$ und $\mathsf{F}(u_n) \leq \mathsf{F}(0) + 1$. Dieses ergäbe eine Folge, die der Definition widerspricht.

Beweis: Nach Lemma 6.5 und Korollar 6.6 gilt in beiden Fällen

$$\mathsf{F}(v) - \mathsf{F}(u) \geq \langle\, \partial_X \mathsf{F}(u)\, ,\, (v - u)\,\rangle_X$$

für alle $u,\, v \in X$. Weiter sei $(u_n)_{n \in \mathbb{N}}$ eine Folge mit $u_n \rightharpoonup u$. Dann gilt wegen $\partial_X \mathsf{F}(u) \in X'$

$$\begin{aligned}
\liminf_{n \to \infty} \mathsf{F}(u_n) - \mathsf{F}(u) \; &\geq \; \liminf_{n \to \infty} \langle\, \partial_X \mathsf{F}(u)\, ,\, (u_n - u)\,\rangle_X \\
&= \; \lim_{n \to \infty} \langle\, \partial_X \mathsf{F}(u)\, ,\, (u_n - u)\,\rangle_X = 0
\end{aligned}$$

d.h., das Funktional F ist schwach unterhalbstetig. $\qquad\square$

Somit können wir z.B. aus Gâteaux-Differenzierbarkeit, Konvexität und Koerzivität des Funktionals F auf die Existenz eines Minimums schließen.

Sei $\mathsf{F} : D \to \mathbb{R}$ ein Funktional auf $D \subseteq X$ offen. Wir sagen, F besitzt ein **lokales Minimum** in $u \in D$, wenn eine offene Kugel

$$B(u, R) = \{\, v \in X \mid \|u - v\|_X < R \,\}$$

mit $R > 0$ existiert, $B(u, R) \subset D$ gilt, und $\mathsf{F}(v) \geq \mathsf{F}(u)$ für alle $v \in B(u, R)$ erfüllt ist. Dann gilt wie in der reellen Analysis

Lemma 6.10: *Es sei $D \subseteq X$ offen. Weiter sei $\mathsf{F} : D \to \mathbb{R}$ ein Gâteaux-differenzierbares Funktional. Es sei $u \in D$ ein lokales Minimum des Funktionals F, dann gilt*

(6.3) $$\langle\, \partial_X \mathsf{F}(u)\, ,\, h \,\rangle_X = 0$$

für alle $h \in X$, d.h., die Gâteaux-Ableitung erfüllt die Gleichung

$$\partial_X \mathsf{F}(u) = 0.$$

Beweis: Sei $v \in B(u, R)$ mit der offenen Kugel $B(u, R)$ wie oben definiert. Sei $0 < s \leq 1$, dann gilt für $h = v - u$

$$0 \leq \frac{\mathsf{F}(u + sh) - \mathsf{F}(u)}{s}$$

womit

$$0 \leq \lim_{s \to 0} \frac{\mathsf{F}(u + sh) - \mathsf{F}(u)}{s} = \langle\, \partial_X \mathsf{F}(u)\, ,\, h \,\rangle_X$$

folgt. Mit $u + h$ liegt auch $u - h$ in $B(u, R)$, d.h. analog folgt

$$0 \leq \langle\, \partial_X \mathsf{F}(u)\, ,\, -h \,\rangle_X,$$

d.h. $0 = \langle\, \partial_X \mathsf{F}(u)\, ,\, h \,\rangle_X$. Da die h beliebig aus $B(0, R)$ gewählt werden können, folgt (6.3) für alle $h \in X$, wegen $\partial_X \mathsf{F}(u) \in X'$. $\qquad\square$

Die Gleichung (6.3) bezeichnet man als **Euler-Lagrange-Gleichung** des Funktionals F. Sie ist eine notwendige Bedingung für die Existenz von Minima (Maxima, Sattelpunkten) des differenzierbaren Funktionals F. Einen Punkt $u \in D$, für den (6.3) erfüllt ist, nennt man einen **kritischen Punkt** des Funktionals. Die Suche nach solchen Punkten bezeichnet man als **Variationsrechnung**. Die Gleichung

$$\partial_X F(u) = 0$$

ist eine Differentialgleichung. Satz 6.8 und die Lemmata 6.9, 6.10 zeigen eine Möglichkeit auf, die Existenz von Lösungen gewisser Differentialgleichungen mit Hilfe der Variationsrechnung zu zeigen.

Wir wollen nun noch eine Eindeutigkeitsbedingung angeben.

Satz 6.11: *Es sei* F $: X \to \mathbb{R}$ *ein Gâteaux-differenzierbares Funktional. Weiterhin sei das Funktional* F *koerzitiv und strikt konvex. Dann besitzt es ein eindeutig bestimmtes Minimum.*

Beweis: Die Existenz des Minimums folgt aus Lemma 6.9 und Satz 6.8. Seien u_1, $u_2 \in X$ mit $F(u_1) = F(u_2) = C = \min_{u \in X} F(u)$ und $u_1 - u_2 \neq 0$. Da an beiden Stellen Minima vorliegen, gilt $\partial_X F(u_1) = \partial_X F(u_2) = 0$. Nach Lemma 6.5 gilt die strikte Monotonie. Es folgt

$$0 = \langle \left[\partial_X F(u_1) - \partial_X F(u_2) \right], (u_1 - u_2) \rangle_X > 0,$$

d.h. ein Widerspruch. Es muß $u_1 = u_2$ gelten. $\qquad\qquad\qquad\square$

6.3 Beispiel: Das Dirichletsche Prinzip

Wir wollen die im vorangegangenen Abschnitt eingeführte Theorie der konvexen Funktionale und der Variationsrechnung an einem wichtigen Beispiel näher betrachten. Der Zusammenhang mit partiellen Differentialgleichungen wird über die Gleichung (6.3) hergestellt, siehe auch Beispiel 7.2. Dabei wird auch die Rolle der im Anhang B.3 eingeführten Sobolev-Räume erläutert. Darüber hinaus wird die Bedeutung des in Abschnitt 9.1 behandelten Beispiels zur Einführung der Youngschen Maße verdeutlicht.

Sei $\Omega \in \mathbb{R}^N$ ein beschränktes Gebiet (offen, zusammenhängend) und mit $x = (x_1, \dots, x_N) \in \Omega$

$$\Delta = \frac{\partial^2}{\partial x_1} + \dots + \frac{\partial^2}{\partial x_N}$$

der **Laplace-Operator**.

Wir betrachten zu $f \in C^0(\Omega) \cap L^2(\Omega)$ das folgende Randwertproblem:

Dirichlet-Problem: *Gesucht sei eine Funktion* $u \in C^2(\Omega) \cap C^0(\overline{\Omega})$, *die die Gleichung*

$$(6.4) \qquad\qquad -\Delta u(x) = f(x), \quad x \in \Omega,$$

und die **Randbedingung**

$$u|_{\partial\Omega} = 0$$

erfüllt. $\qquad\qquad\qquad\qquad\qquad\qquad\qquad\qquad\qquad\qquad\qquad\qquad\qquad\Diamond$

Zumeist läßt man bei der Randbedingung auch vorgegebene Funktionen auf dem Rand zu, worauf wir zur Vereinfachung verzichten wollen. Den hier behandelten Fall bezeichnet man auch als **homogenes** Dirichlet-Problem.

Wir führen den linearen Raum

$$\widetilde{H} := \{\, u \in C^1(\Omega) \cap C^0(\overline{\Omega}) \;\mid\; u|_{\partial\Omega} = 0 \,\}$$

ein. Auf $\widetilde{H}$ betrachten wir das konvexe Funktional $\mathsf{F} : \widetilde{H} \to \mathbb{R}$, gegeben durch

$$(6.5) \qquad\qquad \mathsf{F}(u) = \int_{\Omega} \frac{1}{2} |\nabla_x u|^2 - fu \; dx.$$

Wir betrachten formal die·Gâteaux-Ableitung des Funktionals F. Es ist für $u, h \in \widetilde{H}$

$$\langle\, \partial_X \mathsf{F}(u) \,,\, h \,\rangle_{\widetilde{H}} \;=\; \lim_{s\to 0} \frac{\mathsf{F}(u + sh) - \mathsf{F}(u)}{s}$$

$$(6.6)$$

$$=\; \int_{\Omega} \nabla_x u \nabla_x h \; dx - \int_{\Omega} fh \; dx.$$

Man kann die Gleichung in (6.4) mit $h \in \widetilde{H}$ multiplizieren und das Resultat über das Gebiet Ω integrieren. Mit Hilfe der partiellen Integration (A.2) sieht man ein, daß eine Lösung $u \in C^2(\Omega) \cap C^0(\overline{\Omega})$ von (6.4), die somit in $\widetilde{H}$ liegt, der Gleichung

$$\langle\, \partial_X \mathsf{F}(u) \,,\, h \,\rangle_{\widetilde{H}} = 0$$

genügt für alle $h \in \widetilde{H}$, d.h., u erfüllt die notwendige Bedingung an ein Extremum von F.

Man sieht leicht ein, daß das Funktional F strikt konvex ist. Weiter unten werden wir auch die Fréchet-Differenzierbarkeit, sowie die Koerzivität zeigen, so daß allem Anschein nach Satz 6.11 die Existenz eines eindeutig bestimmten Minimums liefern würde. Daher wurde von Dirichlet im letzten Jahrhundert vorgeschlagen, die Lösung von (6.4) über Minimalfolgen von (6.5) zu finden.

Von Weierstraß wurde später eingewendet, daß die Konvergenz der Minimalfolgen nicht gesichert sei. Dieser Einwand ist berechtigt, da der Raum $\widetilde{H}$ kein *vollständiger* Raum ist, auf dem F schwach unterhalbstetig ist. Für ein entsprechendes Gegenbeispiel siehe Courant [20, Abschnitt I.1.3]. Dieses Problem wurde durch Einführung einer entsprechenden Vervollständigung von $\widetilde{H}$ zu einem Hilbert-Raum überwunden. Dabei muß allerdings der Lösungsbegriff von (6.4) verallgemeinert werden. Wir wollen diese Vorgehensweise im folgenden näher erläutern.

Wir führen die Vervollständigung von $\widetilde{H}$ bezüglich der Norm

$$\|u\|_{1,2,\Omega} := \left(\int_\Omega |\nabla_x u|^2 \, dx + \int_\Omega |u|^2 \, dx \right)^{\frac{1}{2}}$$

ein und bezeichnen sie mit $H_0^1(\Omega)$. Wir bezeichnen die Vervollständigung von $C^1(\overline{\Omega})$ bezüglich $\|\cdot\|_{1,2,\Omega}$ mit $H^1(\Omega)$. Diese Räume heißen **Sobolev-Räume**. In Anhang B.3 werden diese Räume etwas anders eingeführt und ausführlicher betrachtet. Die Definitionen sind jedoch für viele Mengen Ω äquivalent, nämlich z.B. für solche, die einer sogenannten Segmentbedingung genügen, vgl. Adams [1]. Die Aussagen in diesem Abschnitt sind davon nicht wesentlich berührt.

Da die Norm $\|\cdot\|_{1,2,\Omega}$ durch das Skalarprodukt

$$\langle u \, , \, v \rangle_{1,\Omega} := \int_\Omega \nabla_x u \nabla_x v + uv \, dx$$

induziert ist, sind die Räume $H_0^1(\Omega)$ und $H^1(\Omega)$ Hilbert-Räume. Offensichtlich gilt $H_0^1(\Omega) \subseteq H^1(\Omega)$. Es gilt für $u \in H^1(\Omega)$, daß $\nabla_x u \in [L^2(\Omega)]^N$ ist. Daher ist das durch (6.5) definierte Funktional $F : H^1(\Omega) \to \mathbb{R}$ stetig Fréchet-differenzierbar, siehe Satz 7.1, mit (6.6) als Ableitung.

Um die Koerzitivität nachzuweisen, benötigen wir die folgenden Überlegungen. Es sei $\Omega \in \mathbb{R}^N$ ein **Normalgebiet** mit der Eigenschaft, daß für ein beliebiges, aber festes $j \in \{1, \ldots, N\}$, eine Zahl $d > 0$ derart existiert, daß für alle $x \in \Omega$ gilt $|x_j| \leq d$; das Gebiet sei in einer achsenparallelen Richtung beschränkt. Weiter sei $\varphi \in \widetilde{H}$, dann gilt mit partieller Integration (A.2) und der Cauchy-Schwarzschen Ungleichung (B.9)

$$\begin{aligned}
\|\varphi\|_2^2 &= \int_\Omega 1 \cdot \varphi^2 \, dx = -\int_\Omega x_j \frac{\partial}{\partial x_j} \varphi^2 \, dx \\
&\leq \int_\Omega |x_j| \cdot 2|\varphi \frac{\partial \varphi}{\partial x_j}| \, dx \\
&\leq 2d \int_\Omega |\varphi \frac{\partial \varphi}{\partial x_j}| \, dx
\end{aligned}$$

$$\leq\ 2d\,\|\varphi\|_2\,\|\frac{\partial\varphi}{\partial x_j}\|_2.$$

Hieraus folgt die **Poincaré-Ungleichung**

$$\|\varphi\|_2 \leq 2d\|\frac{\partial\varphi}{\partial x_i}\|_2$$

oder

$$\|\varphi\|_2 \leq 2d\|\nabla_x\varphi\|_2 = 2d\left(\int_\Omega |\nabla_x\varphi|^2\,dx\right)^{\frac{1}{2}}.$$

Da $\widetilde{H}$ in $H_0^1(\Omega)$ dicht liegt, gilt sie auch für alle $u \in H_0^1(\Omega)$.

Es folgt

$$(6.7)\qquad \frac{1}{4d^2+1}\|u\|_{1,2}^2 \ =\ \frac{1}{4d^2+1}\left(\int_\Omega |\nabla_x u|^2 dx + \int_\Omega |u|^2\,dx\right)$$
$$\leq\ \int_\Omega |\nabla_x u|^2\,dx \leq \|u\|_{1,2}^2.$$

Es gilt somit, daß

$$\|\|u\|\|_{1,2} = \left(\int_\Omega |\nabla_x u|^2\,dx\right)^{\frac{1}{2}}$$

auf $H_0^1(\Omega)$ eine äquivalente Norm zu $\|\cdot\|_{1,2}$ ist. Außerdem folgt, daß das Funktional

$$u \to \int_\Omega |\nabla_x u|^2\,dx$$

auf $H_0^1(\Omega)$ koerzitiv ist. Wegen

$$\mathsf{F}(u) \geq \frac{1}{8d^2+2}\|u\|_{1,2}^2 - \|f\|_2\|u\|_{1,2}$$

ist das Funktional F auch koerzitiv. Da F strikt konvex, Fréchet-differenzierbar und koerzitiv ist, folgt nach Satz 6.11 die Existenz eines eindeutig bestimmten Minimums auf $X = H_0^1(\Omega)$. Sei $u \in H_0^1(\Omega)$ dieses Minimum, dann gilt nach Lemma 6.10 und (6.6)

$$(6.8)\qquad\qquad 0 = \int_\Omega \nabla_x u \nabla_x \varphi - f\varphi\,dx$$

für alle $\varphi \in H_0^1(\Omega)$. Man nennt $u \in H_0^1(\Omega)$ wegen (6.6) eine **variationelle Lösung** des Dirichlet-Problems (6.4). Eine Lösung $u \in C^2(\Omega) \cap C^0(\overline{\Omega})$ von (6.4) nennt man **klassische Lösung** des Dirichlet-Problems.

Man kann zeigen, daß die Testfunktionen $C_0^\infty(\Omega)$ in $H_0^1(\Omega)$ dicht liegen, dann ist (6.8) für alle $\varphi \in C_0^\infty(\Omega)$ erfüllt. Durch partielle Integration (A.2) folgt

$$(6.9) \qquad 0 = \int_\Omega u \cdot (-\Delta\varphi) - f\varphi \, dx,$$

d.h., u erfüllt die Differentialgleichung $\Delta u = f$ im Distributionensinn, siehe Anhang C. Ein solches $u \in L_{loc}^1(\Omega)$, das (6.9) erfüllt, nennen wir eine **Distributionenlösung**. Verschiedentlich wird sowohl für die variationelle Lösung als auch für die Distributionenlösung die Bezeichnung **schwache Lösung** verwendet. Gilt für $u \in H_0^1(\Omega)$, daß $\Delta u \in L^2(\Omega)$ ist, so folgt durch partielle Integration aus (6.8)

$$0 = \int_\Omega (\Delta u - f)\varphi \, dx$$

für alle $\varphi \in C_0^\infty(\Omega)$. Man nennt ein derartiges u eine **starke Lösung**. Aufgrund von Lemma B.17 erfüllt ein solches u die Differentialgleichung punktweise fast überall auf Ω.

Offensichtlich ist eine klassische Lösung auch eine starke Lösung, eine starke Lösung ist variationell, und eine variationelle ist eine Distributionenlösung. Die Umkehrungen gelten nur, wenn jeweils nachgewiesen ist, daß die Lösung genügend regulär ist, um partielle Integration zuzulassen bzw. im Fall der starken Lösung über Lemma B.18 auf eine klassische Lösung schließen zu lassen. Eine wichtige Rolle spielt bei Regularitätsfragen auch das Sobolev-Lemma B.22.

Welche Eigenschaften in bezug auf die Randwertvorgabe des Dirichlet-Problems (6.4) hat u?

Sei $\Omega = Q =]0, 1[^{\mathsf{N}}$ ein Quader und $\varphi \in C^1(\overline{\Omega})$, dann gilt für $x = (x_1, \ldots, x_{\mathsf{N}}) \in Q$

$$\varphi(x_1, \ldots, x_{\mathsf{N}}) - \varphi(0, x_2, \ldots, x_{\mathsf{N}}) = \int_0^{x_1} \frac{\partial\varphi}{\partial x_1}(s, x_2, \ldots, x_{\mathsf{N}}) \, ds.$$

Daraus folgt

$$|\varphi(0, x_2, \ldots, x_{\mathsf{N}})| \leq |\varphi(x_1, \ldots, x_{\mathsf{N}})| + \int_0^{x_1} |\frac{\partial\varphi}{\partial x_1}(s, x_2, \ldots, x_{\mathsf{N}})| \, ds.$$

Durch Quadrieren der Ungleichung, Ausnutzen der Ungleichung $2ab \leq a^2 + b^2$ und Integration über Q folgt

$$\int_{\tilde{Q}} |\varphi(0, x_2, \ldots, x_{\mathsf{N}})|^2 \, dx_2 \ldots dx_{\mathsf{N}} \leq 2 \int_Q |\varphi|^2 \, dx + 2 \int_Q |\frac{\partial\varphi}{\partial x_1}|^2 \, dx,$$

wobei wir mit $\widetilde{Q}$ die Seite von ∂Q bezeichnen, auf der $x_1 = 0$ ist. Damit folgt, wenn über alle $2N$ Seiten summiert wird,

$$(6.10) \qquad \|\varphi\|_{2,\partial Q}^2 \leq 4N\|\varphi\|_{1,2,Q}^2.$$

Die Abbildung $T : \varphi \to \varphi|_{\partial Q}$ für $\varphi \in C^1(\overline{\Omega})$ ist linear, wegen (6.10) stetig auf dem in $H^1(Q)$ dichten Raum $C^1(\overline{\Omega})$ und läßt sich daher eindeutig zu einem stetigen linearen Operator $T : H^1(Q) \to L^2(\partial Q)$ fortsetzen. Dieser Operator T heißt **Spuroperator**. Man kann zeigen, daß $u \in H_0^1(Q)$ genau dann gilt, wenn $Tu = 0$ ist. Ist $\partial\Omega$ genügend glatt, kann man T auch für allgemeine Gebiete einführen.[2] Somit erfüllt $u \in H_0^1(\Omega)$ für genügend glatt berandete Gebiete automatisch eine Verallgemeinerung der Randbedingung in (6.4). Ist darüber hinaus $u \in C^0(\overline{\Omega})$, so ist die Randbedingung auch klassisch erfüllt.

Es stellt sich die Frage nach der Regularität der verallgemeinerten Lösungen des Dirichlet-Problems, d.h. die Frage, ob die variationelle Lösung $u \in H_0^1(\Omega)$ auch starke Lösung und vielleicht sogar klassische Lösung ist. Diese Frage wird in der sogenannten **Regularitätstheorie** untersucht. Bei genügend glattem Rand von Ω folgt für $f \in L^2(\Omega)$, daß u auch starke Lösung ist. Um über das Sobolev-Lemma noch mehr Glattheit der Lösung zu erhalten, muß man die Forderung an die rechte Seite f verschärfen.[3]

Das Sobolev-Lemma B.23 besagt, daß für genügend großes m und unter den dort genannten Bedingungen an Ω die Räume $H^{m,p}(\Omega)$ sich in Räume differenzierbarer Funktionen einbetten lassen. Man kann unter gewissen Voraussetzungen zeigen, daß für $f \in H^{m,2}(\Omega)$ folgt, daß $u \in H^{m+2,2}(\Omega)$ ist. Dann gilt, falls $m > \frac{N}{2} + 2$ ist, daß $u \in C^2(\overline{\Omega})$ und damit eine klassische Lösung von (6.4) ist.

Hinweise zu weiterführender Literatur

Weitere Aussagen zu konvexen Mengen und zur Analysis konvexer Funktionale findet man in den Büchern von Ekeland/Temam [36] und Rockafellar [107].

Die hier am Beispiel skizzierte Lösungstheorie linearer partieller Differentialgleichungen auf Sobolev-Räumen ist ausführlicher bei Agmon [2], Friedman [45], Nečas [93], Showalter [113] oder Wloka [132] dargestellt. Zum Zusammenhang zwischen Variationsrechnung und partiellen Differentialgleichungen sei auf Dacorogna [26] oder Morrey [85] verwiesen. Die Theorie monotoner Operatoren für partielle Differentialgleichungen findet man bei Gajewski/Gröger/Zacharias [47] oder Zeidler [135, 136].

---

[2]Siehe Adams [1], Nečas [93] oder Showalter [113].

[3]Siehe z.B. Agmon [2], Agmon/Douglas/Nirenberg [3, 4], Friedman [45], Nečas [93] oder Wloka [132].

Kapitel 7

Schwache Folgenstetigkeit von Superpositionsoperatoren

Wir wollen uns in diesem Kapitel mit dem Stetigkeitsverhalten von Superpositionsoperatoren und aus ihnen konstruierten Funktionalen bezüglich der schwachen bzw. der Schwach-∗-Konvergenz auf L^p-Räumen für $p \in [1, \infty]$ befassen. Uns interessiert die schwache Folgenstetigkeit und, motiviert durch Kapitel 6, die schwache Folgenunterhalbstetigkeit. Dabei werden in Vorbereitung auf die in Kapitel 8 dargestellte Theorie der kompensierten Kompaktheit auch spezielle Folgen, die im Kern linearer Differentialoperatoren liegen, untersucht.

7.1 Superpositionsoperatoren und schwache Unterhalbstetigkeit

Es sollen, neben den in Kapitel 4 behandelten Superpositionsoperatoren, die nicht-linearen Funktionale betrachtet werden, die sich durch Integration der Superpositionsoperatoren ergeben. Es sei daher an den fundamentalen Satz 4.4 erinnert.

Wir knüpfen am Beispiel 4.8 an. Es sei $\Omega \subseteq \mathbb{R}^N$ ein Gebiet, d. h. eine offene und zusammenhängende Teilmenge, und $M \in \mathbb{N}$. Weiter seien die Carathéodory-Funktionen $G, g_1, \ldots, g_M : \Omega \times \mathbb{R}^M \to \mathbb{R}$ gegeben. Für die den Carathéodory-Funktionen g_j für $j = 1, \cdots, M$ zugeordneten Superpositionsoperatoren gelte $\widetilde{g}_j : [L^p(\Omega)]^M \to L^{\frac{p}{p-1}}(\Omega)$ für $p \in]1, \infty[$. Wir fordern für die Carathéodory-Funktion G die stetige Differenzierbarkeit, daß der zugehörige Superpositionsoperator $\widetilde{G} : [L^p(\Omega)]^M \to L^1(\Omega)$ abbildet und daß

$$\frac{\partial G}{\partial y_j}(x, \underline{y}) = g_j(x, \underline{y})$$

gelte. Es folgt nach Satz 4.4 die Ungleichung

$$|G(x,\underline{y})| \leq a(x) + b|\underline{y}|^p$$

für fast alle $x \in \Omega$, alle $\underline{y} \in \mathbb{R}^M$, eine geeignete Funktion $a \in L^1(\Omega)$ und eine Konstante $b \geq 0$.

Wir wollen uns zuerst mit der Differentiation des Superpositionsoperators $\widetilde{G}$ und des nicht-linearen Funktionals $\mathsf{F} : [L^p(\Omega)]^M \to \mathbb{R}$, gegeben durch

$$(7.1) \qquad \mathsf{F}(\underline{u}) = \int_\Omega G(x,\underline{u}(x))\, dx$$

für $\underline{u} \in [L^p(\Omega)]^M$, befassen. Es gilt:

Satz 7.1: *Es sei Ω ein beschränktes Gebiet, $\mathsf{M} \in \mathbb{N}$, $p \in\,]1,\infty[$ und $q = \frac{p}{p-1}$. Seien die Carathéodory-Funktionen $G, g_1, \dots, g_\mathsf{M}$ wie oben gegeben, d.h. $\widetilde{G} : [L^p(\Omega)]^M \to L^1(\Omega)$, $\widetilde{g}_j : [L^p(\Omega)]^M \to L^q(\Omega)$, und es gelte*

$$\frac{\partial G}{\partial y_j} = g_j$$

für $j = 1, \dots, \mathsf{M}$. Wir setzen $\underline{g} = (g_1, \cdots, g_\mathsf{M})$. Weiter sei das Funktional $\mathsf{F} : [L^p(\Omega)]^M \to \mathbb{R}$ durch (7.1) definiert. Dann sind der Superpositionsoperator $\widetilde{G}$ und das Funktional F Fréchet-differenzierbar auf $[L^p(\Omega)]^M$, und es gelten für $\underline{u} \in X = [L^p(\Omega)]^M$

$$(7.2) \qquad \nabla_X \widetilde{G}(\underline{u}) = \widetilde{\underline{g}}(\cdot,\underline{u}(\cdot)) \in \mathcal{L}([L^p(\Omega)]^M, L^1(\Omega))$$

sowie

$$\nabla_X \mathsf{F}(\underline{u}) \in \mathcal{L}([L^p(\Omega)]^M, \mathbb{R}) = (L^p(\Omega)^M)' \cong [L^q(\Omega)]^M.$$

Für $\underline{h} \in [L^p(\Omega)]^M$ gilt

$$(7.3) \qquad \nabla_X \mathsf{F}(\underline{u})\,\underline{h} = \int_\Omega \underline{g}(x,\underline{u}(x)) \cdot \underline{h}(x)\, dx.$$

Zur Notation siehe Kapitel 4, vgl. Beispiel 4.8.

Beweis: Zum Beweis der Fréchet-Differenzierbarkeit zeigt man die stetige Gâteaux-Differenzierbarkeit. Es gilt für $\underline{u}, \underline{h} \in [L^p(\Omega)]^M$

$$
\begin{aligned}
(\partial_X \widetilde{G}(\underline{u})\underline{h})(x) &= \lim_{s \to 0} \frac{\widetilde{G}(\underline{u}+s\underline{h}) - \widetilde{G}(\underline{u})}{s}(x) \\
(7.4) \qquad &= \lim_{s \to 0} \frac{G(x,\underline{u}(x)+s\underline{h}(x)) - G(x,\underline{u}(x))}{s} \\
&= \underline{g}\,(x,\underline{u}(x)) \cdot \underline{h}(x),
\end{aligned}
$$

da die Carathéodory-Funktion $G(\cdot, \cdot)$ nach $\underline{y} \in \mathbb{R}^M$ stetig differenzierbar ist. Es ist nach Voraussetzung $\underline{g}(\cdot, \underline{u}(\cdot)) \in [L^q(\Omega)]^M$ und somit $\underline{g}(\cdot, \underline{u}(\cdot)) \cdot \underline{h} \in L^1(\Omega)$ aufgrund der Hölderschen Ungleichung (B.8). Wegen der automatischen Stetigkeit, Satz 4.4, ist die Gâteaux-Ableitung stetig in $\underline{u}$.

Das Funktional $\ell : L^1(\Omega) \to \mathbb{R}$ gegeben durch

$$(7.5) \qquad \ell(w) = \int_\Omega w(x) \, dx$$

für $w \in L^1(\Omega)$ ist stetig, linear und somit nach Beispiel 4.5 stetig Fréchet-differenzierbar. Somit folgt der Rest der Aussage aus der Kettenregel. $\qquad \Box$

Beispiel 7.2: Betrachten wir den Fall, daß die stetigen Funktionen $G(x, \cdot)$ für fast alle $x \in \Omega$ konvex sind. Für $\underline{u}, \underline{w} \in [L^p(\Omega)]^M$ gilt dann

$$
\begin{aligned}
\mathsf{F}(\lambda \underline{u} + (1 - \lambda) \underline{w}) &= \int_\Omega G(x, \lambda \underline{u}(x) + (1 - \lambda) \underline{w}(x)) \, dx \\[2ex]
(7.6) \qquad &\leq \int_\Omega \lambda \, G(x, \underline{u}(x)) + (1 - \lambda) \, G(x, \underline{w}(x)) \, dx \\[2ex]
&= \lambda \, \mathsf{F}(\underline{u}) + (1 - \lambda) \, \mathsf{F}(\underline{w}),
\end{aligned}
$$

d.h., das Funktional F ist somit auch konvex.

Nehmen wir zusätzlich an, es gebe ein $\widetilde{a} \in L^1(\Omega)$ und eine Konstante $\widetilde{b} \geq 0$, so daß

$$(7.7) \qquad \widetilde{a}(x) + \widetilde{b} \, |\underline{y}|^p \leq G(x, \underline{y})$$

für fast alle $x \in \Omega$ und alle $\underline{y} \in \mathbb{R}^M$ gilt, dann folgt

$$(7.8) \qquad \mathsf{F}(\underline{u}) \geq \int_\Omega [\widetilde{a}(x) + \widetilde{b} \, |\underline{u}(x)|^p] \, dx \geq -\|\widetilde{a}\|_{L^1(\Omega)} + \widetilde{b} \, \|\underline{u}\|_p^p.$$

Insbesondere ist das Funktional F koerzitiv. Unter diesen Voraussetzungen können wir Satz 6.8 und Lemma 6.9 anwenden, um die Existenz eines Minimums von F auf $[L^p(\Omega)]^M$ zu zeigen. Ist die Carathéodory-Funktion G für fast alle $x \in \Omega$ strikt konvex, dann ist auch analog zu (7.6) das Funktional F strikt konvex und nach Satz 6.11 ist das Minimum eindeutig bestimmt.

Wir betrachten weiterhin $G, g_1, \ldots, g_\mathsf{M} : \Omega \times \mathbb{R}^M \to \mathbb{R}$ wie in Satz 7.1, setzen aber $\mathsf{M} = \mathsf{N} + 1$. Wir nehmen an, daß das Gebiet Ω einer Kegelbedingung genügt, siehe Anhang B.3. Weiter sei V ein abgeschlossener Unterraum des Sobolev-Raumes $W^{1,p}(\Omega)$ mit $W_0^{1,p}(\Omega) \subseteq V$. Wir betrachten das Funktional $\mathsf{J} : V \to \mathbb{R}$, gegeben durch

$$(7.9) \qquad \mathsf{J}(v) = \int_\Omega G(x, v(x), \nabla_x v(x)) \, dx$$

für $v \in V$.

Das Funktional J ist unter den oben angegebenen Voraussetzungen an die Carathéodory-Funktion G konvex und koerzitiv, sowie nach Satz 7.1 Fréchet-differenzierbar. Für dieses Funktional gelten die Aussagen über Existenz und Eindeutigkeit eines Minimums $v \in V$, die in Abschnitt 6.2 gemacht wurden. Es sei

$$C = \inf_{v \in V} J(v) \geq \int_{\Omega} \tilde{a}(x)\, dx.$$

Eine Minimalfolge $(v_n)_{n \in \mathbb{N}} \subset V$, siehe Abschnitt 6.2, ist beschränkt und besitzt wegen $p \in\,]1, \infty[$ nach Satz B.21 und Lemma 5.7 eine schwach konvergente Teilfolge $v_n \rightharpoonup v$ in $W^{1,p}(\Omega)$. Wegen der kompakten Einbettung, die in Satz 8.3 gezeigt wird, gilt $v_n \to v$ in $L^p(\Omega)$.

Nach Lemma 6.10 gilt $\langle \partial_X J(v)\,,\, h \rangle_V = 0$ für alle $h \in V$ für ein Minimum $v \in V$. Explizit bedeutet dieses wie in (7.3) mit $\underline{g} = (g_2, \ldots, g_{N+1})$

$$\begin{aligned}
0 &= \langle \partial_X J(v)\,,\, h \rangle_V \\[2ex]
&= \int_{\Omega} g_1(x, v(x), \nabla_x v(x)) h(x)\, dx + \int_{\Omega} \underline{g}(x, v(x), \nabla_x v(x)) \cdot \nabla_x h(x)\, dx.
\end{aligned}$$

Somit ist $v \in V$ im Sinne von Abschnitt 6.3 eine variationelle Lösung der nicht-linearen Differentialgleichung

$$(7.10) \qquad -\nabla_x \cdot \underline{g}(x, v, \nabla_x v) + g_1(x, v, \nabla_x v) = 0.$$

$\Diamond$

Um eine weitere wichtige Eigenschaft des Funktionals (7.1) nachzuweisen, benötigen wir ein technisches Lemma:

Lemma 7.3: *Es sei $\Omega \subset \mathbb{R}^N$ ein beschränktes Gebiet. Weiter sei $\mu \in\,]0, 1[$ eine beliebige Zahl, dann gibt es eine Folge von Borel-Mengen $(A_n)_{n \in \mathbb{N}} \subset \Omega$ derart, daß die Folge der charakteristischen Funktionen χ_{A_n} schwach in $L^p(\Omega)$ für $p \in [1, \infty[$, bzw. schwach-$*$ in $L^\infty(\Omega)$, gegen die konstante Funktion $u \equiv \mu$ konvergiert, d.h., es gilt mit Lemma 5.16 bzw. Lemma 5.15*

$$\int_{\Omega'} \chi_{A_n}(x)\, dx \quad \to \quad \mu \int_{\Omega'} dx = \mu \lambda^N(\Omega')$$

für alle Teilmengen $\Omega' \subseteq \Omega$ offen und für $n \to \infty$.

Beweis: Da das Gebiet Ω beschränkt ist, gibt es einen achsenparallelen Quader Q mit $\Omega \subset Q$, der bei einem Punkt $z \in \mathbb{R}^N$ von den paarweise orthogonalen Vektoren $Z_1, \ldots, Z_N$ aufgespannt wird, siehe (5.6). Zu $\mu \in]0, 1[$ definieren wir den Quader $Q(\mu)$, der bei z von den Vektoren $\mu Z_1, Z_2, \ldots, Z_N$ aufgespannt wird. Es gelten $Q(\mu) \subset Q$ und

$$\frac{1}{\lambda^N(Q)} \int_{Q(\mu)} dx = \frac{1}{\lambda^N(Q)} \int_Q \chi_{Q(\mu)}(x) = \mu.$$

Zu der charakteristischen Funktion $\chi_{Q(\mu)} \in L^\infty(Q)$ betrachten wir die periodische Fortsetzung bezüglich Q auf ganz $\mathbb{R}^N$ und die oszillatorische Folge $\chi^n_{Q(\mu)}$, wie in (5.8) definiert. Nach Lemma 5.24 gilt

$$\chi^n_{Q(\mu)} \quad \overset{*}{\rightharpoonup} \quad \mu$$

in $L^\infty(Q)$. Nach Korollar 5.17 gilt dieses auch in $L^\infty(\Omega)$ für jede offene Teilmenge $\Omega \subset Q$. Weiter folgt aus Lemma 5.15 die schwache Konvergenz dieser Folge für alle $p \in [1, \infty[$. Mit

$$A_n := \left\{ \, x \in \Omega \mid \chi^n_{Q(\mu)}(x) = 1 \, \right\}$$

gilt die Aussage des Lemmas. $\qquad\qquad\qquad\qquad\qquad\qquad\qquad\qquad\qquad$ $\square$

Satz 7.4: *Es sei $\Omega \subset \mathbb{R}^N$ ein beschränktes Gebiet und $M \in \mathbb{N}$. Es sei eine Carathéodory-Funktion $G : \Omega \times \mathbb{R}^M \to \mathbb{R}$ derart gegeben, daß für ein $p \in [1, \infty[$ gilt $\widetilde{G} : [L^p(\Omega)]^M \to L^1(\Omega)$. Dann ist durch (7.1) für $q \in [p, \infty]$ ein Funktional $F : [L^q(\Omega)]^M \to \mathbb{R}$ gegeben. Das Funktional F ist bezüglich der schwachen Konvergenz auf $[L^q(\Omega)]^M$ falls $q < \infty$ ist, bzw. der Schwach-$*$-Konvergenz in $[L^\infty(\Omega)]^M$, genau dann*

    (a) stetig, wenn es auf $[L^q(\Omega)]^M$ affin linear ist;

    (b) unterhalbstetig, siehe Abschnitt 6.2, wenn es auf $[L^q(\Omega)]^M$ konvex ist.

Beweis: Der Teil (a) folgt aus Teil (b) angewandt auf die Funktionale F und $-F$. Wir müssen daher nur Teil (b) zeigen.

„$\Rightarrow$" Wegen Lemma 5.15 und Lemma 5.16 wird es genügen, im folgenden $q = \infty$ zu betrachten. Das Funktional F sei schwach-$*$-unterhalbstetig, wir wollen die Konvexität zeigen. Da das Funktional F genau dann konvex ist, wenn $F - F(0)$ konvex ist, können wir annehmen, daß $G(x, \underline{0}) = 0$ ist für fast alle $x \in \Omega$. Nun sei die Zahl $\mu \in]0, 1[$ beliebig, aber fest gegeben, dann gibt es nach Lemma 7.3 eine Folge von Borel-Mengen $(A_n)_{n \in \mathbb{N}} \subset \Omega$

derart, daß die Folge der charakteristischen Funktionen χ_{A_n} schwach-$*$ in $L^\infty(\Omega)$ gegen die Funktion $u(\cdot) \equiv \mu$ konvergiert.

Seien $\underline{v}, \underline{w} \in [L^\infty(\Omega)]^M$ beliebig gewählt, dann setzen wir für fast alle $x \in \Omega$

$$\underline{u}_n(x) := \chi_{A_n}(x)\,\underline{v}(x) + (1 - \chi_{A_n}(x))\,\underline{w}(x).$$

Da $\chi_{A_n} \overset{*}{\rightharpoonup} \mu$ in $L^\infty(\Omega)$ gilt, folgt insbesondere

$$\int_\Omega \chi_{A_n} \cdot f\,dx \quad \to \quad \mu \int_\Omega f\,dx$$

für alle $f \in L^1(\Omega)$. Nun liegt für eine beliebige kompakte Teilmenge $K \subset \Omega$ die Funktion $\underline{f} = \chi_K \cdot \underline{v}$ in $[L^1(\Omega)]^M$, d.h., es folgt

$$\int_K \chi_{A_n} \cdot \underline{v}\,dx = \int_\Omega \chi_{A_n} \cdot \underline{f}\,dx \quad \to \quad \mu \int_\Omega \underline{f}\,dx = \mu \int_K \underline{v}\,dx$$

für $n \to \infty$. Nach Lemma 5.15 bedeutet dieses, daß $\chi_{A_n} \cdot \underline{v} \overset{*}{\rightharpoonup} \mu\,\underline{v}$ in $[L^\infty(\Omega)]^M$ konvergiert. Analog gilt die Schwach-$*$-Konvergenz auch für die Folge $(1 - \chi_{A_n})\,\underline{w} = \chi_{\Omega \setminus A_n}\,\underline{w}$, weshalb

$$(7.11) \qquad \underline{u}_n \quad \overset{*}{\rightharpoonup} \quad \mu\,\underline{v} + (1 - \mu)\,\underline{w}$$

folgt. Wegen der Annahme $G(x, \underline{0}) = 0$ gilt für fast alle $x \in \Omega$

$$G(x, \chi_{A_n}(x)\,\underline{v}(x)) = \chi_{A_n}(x) \cdot G(x, \underline{v}(x)).$$

Daher folgt genauso wie oben mit $f = \chi_K \cdot G(\cdot, \underline{v}) \in L^1(\Omega)$, daß

$$\chi_{A_n}\,G(\cdot, \underline{v}) \quad \overset{*}{\rightharpoonup} \quad \mu\,G(\cdot, \underline{v})$$

in $L^\infty(\Omega)$ konvergiert. Wir erhalten daher

$$G(\cdot, \underline{u}_n) = \chi_{A_n}\,G(\cdot, \underline{v}) + (1 - \chi_{A_n})\,G(\cdot, \underline{w})$$

$$\overset{*}{\rightharpoonup} \quad \mu\,G(\cdot, \underline{v}) + (1 - \mu)\,G(\cdot, \underline{w}).$$

Es gilt insbesondere mit Lemma 5.15

$$(7.12) \quad F(\underline{u}_n) = \int_\Omega G(x, \underline{u}_n(x))\,dx$$

$$\to \quad \mu \int_\Omega G(x, \underline{v}(x))\,dx + (1 - \mu) \int_\Omega G(x, \underline{w}(x))\,dx.$$

Somit folgt aus der Schwach-$*$-Unterhalbstetigkeit des Funktionals F und aus (7.12)

$$\mu \mathsf{F}(\underline{v}) + (1 - \mu)\mathsf{F}(\underline{w}) \;=\; \mu \int_\Omega G(x, \underline{v}(x))\, dx + (1 - \mu) \int_\Omega G(x, \underline{w}(x))\, dx$$

$$=\; \lim_{n\to\infty} \mathsf{F}(\underline{u}_n) \geq \mathsf{F}(\text{w-}*\text{-}\lim_{n\to\infty} \underline{u}_n)$$

$$=\; \mathsf{F}(\mu\,\underline{v} + (1 - \mu)\,\underline{w}).$$

Das Funktional F ist somit konvex. Der Fall $p \leq q < \infty$ folgt analog.

„$\Leftarrow$" Nun sei F konvex, es sei $q = \infty$ und $(\underline{u}_n)_{n\in\mathbb{N}} \subset [L^\infty(\Omega)]^M$ eine schwach-$*$-konvergente Folge, d.h. $\underline{u}_n \overset{*}{\rightharpoonup} \underline{u} \in [L^\infty(\Omega)]^M$. Nach Lemma 5.15 gilt $\underline{u}_n \rightharpoonup \underline{u}$ in $L^p(\Omega)$ für $p \in [1, \infty)$. Wir setzen

$$L := \liminf_{n\to\infty} \mathsf{F}(\underline{u}_n).$$

Dann sei $(\underline{u}_k)_{k\in\mathbb{N}}$ eine Teilfolge mit

$$\lim_{k\to\infty} \mathsf{F}(\underline{u}_k) = L.$$

Das Lemma von Mazur 6.3 liefert eine Folge von Konvexkombinationen

$$\underline{v}_n = \sum_{k=n}^{N(n)} \lambda_k^{(n)} \underline{u}_k, \qquad \sum_{k=n}^{N(n)} \lambda_k^{(n)} = 1, \qquad \lambda_k^{(n)} \geq 0,$$

die in $[L^p(\Omega)]^M$ stark gegen $\underline{u}$ konvergiert, d.h. $\underline{v}_n \to \underline{u}$. Aufgrund der Voraussetzungen und Satz 4.4 ist das Funktional $\mathsf{F} : [L^p(\Omega)]^M \to \mathbb{R}$ stetig. Für jedes $\varepsilon > 0$ gibt es daher ein $n_0 \in \mathbb{N}$, so daß für alle $n \geq n_0$ die Ungleichung

$$\mathsf{F}(\underline{u}) \leq \mathsf{F}(\underline{v}_n) + \varepsilon$$

und nach Definition von L für alle $k \geq n_0$ die Ungleichung

$$\mathsf{F}(\underline{u}_k) \leq L + \varepsilon$$

gilt. Da das Funktional F konvex ist, folgt

$$\mathsf{F}(\underline{u}) \;\leq\; \mathsf{F}(\underline{v}_n) + \varepsilon \;\leq\; \left(\sum_{k=n}^{N(n)} \lambda_k^{(n)} \mathsf{F}(\underline{u}_k) \right) + \varepsilon$$

$$\leq\; \left((L + \varepsilon) \sum_{k=n}^{N(n)} \lambda_k^{(n)} \right) + \varepsilon \;=\; L + 2\varepsilon.$$

Da ε beliebig war, folgt $F(\underline{u}) \leq L$, was zu zeigen war. Für $q \in\,]1, \infty[$ geht der Beweis analog.

$\square$

Weiter folgt der

Satz 7.5: *Es seien die Voraussetzungen von Satz 7.4 erfüllt. Das Funktional F ist bezüglich der schwachen Konvergenz auf $[L^q(\Omega)]^M$ mit $q \in [p, \infty[$, bzw. der Schwach-$*$-Konvergenz in $[L^\infty(\Omega)]^M$ genau dann*

(a) stetig, wenn die stetigen Funktionen $G(x, \cdot)$ affin linear sind für fast alle $x \in \Omega$;

(b) unterhalbstetig, wenn die stetigen Funktionen $G(x, \cdot)$ konvex sind für fast alle $x \in \Omega$.

Beweis: Wie bei Satz 7.4 folgt Teil (a) aus Teil (b). Wir müssen daher nur Teil (b) zeigen.

„$\Rightarrow$" Wir betrachten den Fall $q = \infty$. Es sei $\Omega' \subseteq \Omega$ eine beliebige offene Teilmenge. Es seien $\mu \in\,]0, 1[$ beliebig gewählt und die Folge von Borel-Mengen $(A_n)_{n \in \mathbb{N}} \subset \Omega'$ nach Lemma 7.3 bestimmt. Weiter seien die Funktionen $\underline{v}, \underline{w} \in [L^\infty(\Omega)]^M$ beliebig gewählt, dann setzen wir auf Ω für fast alle $x \in \Omega$

$$\underline{u}_n(x) := \chi_{A_n}(x) \cdot \underline{v}(x) + \chi_{\Omega' \setminus A_n}(x) \cdot \underline{w}(x).$$

In diesem Fall gilt

$$\underline{u}_n \;\overset{*}{\rightharpoonup}\; \underline{u} = (\mu\, \underline{v} + (1 - \mu)\, \underline{w}) \cdot \chi_{\Omega'}$$

in $[L^\infty(\Omega)]^M$. Weiter gilt

$$F(\underline{u}_n) = \int_\Omega G(x, \underline{u}_n(x))\, dx = \int_{\Omega'} G(x, \underline{u}_n(x))\, dx.$$

Wie in (7.12) folgt unter der Annahme $G(x, \underline{0}) = 0$ für fast alle $x \in \Omega$

$$F(\underline{u}_n) \;=\; \int_{\Omega'} G(x, \underline{u}_n(x))\, dx$$

$$\rightarrow \mu \int_{\Omega'} G(x, \underline{v}(x))\, dx + (1 - \mu) \int_{\Omega'} G(x, \underline{w}(x))\, dx.$$

Somit erhalten wir aus der Schwach-$*$-Unterhalbstetigkeit des Funktionals F

$$\int_{\Omega'} \mu G(x,\underline{v}(x)) \;+\; (1-\mu)G(x,\underline{w}(x))\;dx = \lim_{n\to\infty} \mathsf{F}(\underline{u}_n)$$

$$(7.13) \qquad\qquad\qquad \geq\; \mathsf{F}(\underline{u}) = \mathsf{F}((\mu\,\underline{v} + (1-\mu)\,\underline{w})\cdot \chi_{\Omega'})$$

$$= \int_{\Omega'} G(x,\mu\,\underline{v}(x) + (1-\mu)\,\underline{w}(x))\;dx.$$

Da Ω' beliebig gewählt war, folgt aus (7.13) mit Lemma B.17

$$\mu\,G(x,\underline{v}(x)) + (1-\mu)\,G(x,\underline{w}(x)) \geq G(x,\mu\,\underline{v}(x) + (1-\mu)\,\underline{w}(x))$$

für fast alle $x \in \Omega$. Insbesondere können $\underline{v},\underline{w} \in [L^\infty(\Omega)]^{\mathsf{M}}$ als konstante Funktionen gewählt werden.

Der Fall $q \in [p,\infty[$ kann analog bewiesen werden.

„$\Leftarrow$" Die Umkehrung ist mit Satz 7.4 unmittelbar einsichtig, da nach Beispiel 7.2 aus der Konvexität der stetigen Funktionen $G(x,\cdot)$ für fast alle $x \in \Omega$ die Konvexität des Funktionals F folgt.

$$\square$$

Es seien $p \in [1,\infty]$, $(\underline{u}_n)_{n\in\mathbb{N}} \subset [L^p(\Omega)]^{\mathsf{M}}$ eine beliebige schwach (bzw. schwach-$*$-) konvergente Folge, d.h., für $p < \infty$ gelte $\underline{u}_n \rightharpoonup \underline{u} \in [L^p(\Omega)]^{\mathsf{M}}$, bzw. für $p = \infty$ gelte $\underline{u}_n \stackrel{*}{\rightharpoonup} \underline{u} \in [L^\infty(\Omega)]^{\mathsf{M}}$. Weiter sei für $q \in [1,\infty]$ der Operator $\widetilde{G} : [L^p(\Omega)]^{\mathsf{M}} \to L^q(\Omega)$ ein Superpositionsoperator, siehe Kapitel 4. Da die beschränkten Teilmengen der Dualräume separabler Banach-Räume bezüglich der Schwach-$*$-Topologie das erste Abzählbarkeitsaxiom erfüllen[1], stimmen für $p \in\,]1,\infty]$ die Schwach-$*$-Folgenstetigkeit und die Schwach-$*$-Stetigkeit auf $L^p(\Omega)$ überein.[2] Wir sagen, der Operator $\widetilde{G}$ ist

stetig bezüglich der schwachen (Schwach-$*$-) Konvergenz, **schwach folgenstetig**, wenn für alle schwach (bzw. schwach-$*$-) konvergenten Folgen in $[L^p(\Omega)]^{\mathsf{M}}$ die Bildfolge gegen ein $\bar{g} \in L^q(\Omega)$ schwach (bzw. schwach-$*$) konvergiert, d.h. $\widetilde{G}(\underline{u}_n) \rightharpoonup \bar{g}$ in $L^q(\Omega)$ für $q \in [1,\infty[$ (bzw. $\widetilde{G}(\underline{u}_n) \stackrel{*}{\rightharpoonup} \bar{g}$ in $L^\infty(\Omega)$) und

$$\bar{g} = \widetilde{G}(\underline{u})$$

ist;

---

[1] Siehe Hirzebruch/Scharlau [57, Satz 13.10].
[2] Siehe Boto von Querenburg [102, Satz 5.5].

schwach unterhalbstetig bezüglich der schwachen (Schwach-∗-) Konvergenz, **schwach folgenunterhalbstetig**, wenn für alle schwach (bzw. schwach-∗-) konvergenten Teilfolgen $(\underline{u}_{n'})_{n'\in\mathbb{N}}$, deren Bildfolge $(\widetilde{G}(\underline{u}_{n'}))_{n'\in\mathbb{N}}$ gegen ein $\bar{g} \in L^q(\Omega)$ in $L^q(\Omega)$ schwach konvergiert, d.h. $\widetilde{G}(\underline{u}_n) \rightharpoonup \bar{g}$, (bzw. Schwach-∗-konvergiert, d.h. $\widetilde{G}(\underline{u}_n) \overset{*}{\rightharpoonup} \bar{g}$) die Ungleichung

$$\bar{g} \geq \widetilde{G}(\underline{u})$$

punktweise fast überall auf Ω gilt.

◇

Satz 7.6: *Es sei $\Omega \subset \mathbb{R}^N$ ein beschränktes Gebiet und $\mathsf{M} \in \mathbb{N}$. Weiter sei eine Carathéodory-Funktion $G : \Omega \times \mathbb{R}^\mathsf{M} \to \mathbb{R}$ derart gegeben, daß für ein $p \in [1, \infty[$ und ein $q \in]1, \infty]$ gilt $\widetilde{G} : [L^p(\Omega)]^\mathsf{M} \to L^q(\Omega)$. Der Superpositionsoperator $\widetilde{G}$ ist bezüglich der schwachen Konvergenz (bzw. der Schwach-∗-Konvergenz) genau dann*

(a) *stetig, wenn die stetigen Funktionen $G(x, \cdot)$ für fast alle $x \in \Omega$ affin linear sind;*

(b) *unterhalbstetig, wenn die stetigen Funktionen $G(x, \cdot)$ für fast alle $x \in \Omega$ konvex sind.*

Beweis: Wir betrachten zuerst den Fall der Unterhalbstetigkeit (b).

„⇒" Es sei $\widetilde{G}$ schwach unterhalbstetig. Wegen $L^\infty(\Omega) \subset L^r(\Omega)$ für $r < \infty$ können wir $q < \infty$ annehmen. Weiter sei $(\underline{u}_n)_{n\in\mathbb{N}} \subset [L^p(\Omega)]^\mathsf{M}$ eine schwach konvergente Folge. Die Folge ist beschränkt und da nach Satz 4.4 der Superpositionsoperator $\widetilde{G}$ beschränkt ist, ist die Bildfolge $(\widetilde{G}(\underline{u}_n))_{n\in\mathbb{N}}$ in $L^q(\Omega)$, und damit auch in $L^1(\Omega)$, beschränkt. Somit existiert zu dem durch (7.1) definierten Funktional F

$$\liminf_{n\to\infty} \mathsf{F}(\underline{u}_n) = L \geq -\sup_{n\in\mathbb{N}} \|\widetilde{G}(\underline{u}_n)\|_{1,\Omega}.$$

Aufgrund von Lemma 5.14 gibt es eine Teilfolge $(\underline{u}_{n'})_{n'\in\mathbb{N}}$, deren Bildfolge $(\widetilde{G}(\underline{u}_{n'}))_{n'\in\mathbb{N}}$ in $L^q(\Omega)$ schwach konvergiert. Nach Lemma 5.16 folgt mit $\bar{g} = \text{w-}\lim_{n'\to\infty} \widetilde{G}(\underline{u}_{n'})$

$$L = \liminf_{n'\to\infty} \mathsf{F}(\underline{u}_{n'}) = \lim_{n'\to\infty} \int_\Omega G(x, \underline{u}_{n'}(x))\, dx = \int_\Omega \bar{g}(x)\, dx.$$

Da wir den Superpositionsoperator $\widetilde{G}$ als schwach unterhalbstetig voraussetzen, folgt

$$L = \int_\Omega \bar{g}(x)\,dx \geq \int_\Omega G(x, \underline{u}(x))\,dx = \mathsf{F}(\underline{u}),$$

d.h., das Funktional F ist auch schwach unterhalbstetig.

Daher folgt aus Satz 7.5, daß die Funktionen $G(x, \cdot)$ für fast alle $x \in \Omega$ konvex sind.

„$\Leftarrow$" Nun seien die Funktionen $G(x, \cdot)$ für fast alle $x \in \Omega$ konvex. Es sei $\Omega' \subseteq \Omega$ eine beliebige offene Teilmenge. Wir betrachten die konvexen Funktionale $\mathsf{F}_{\Omega'} : [L^p(\Omega')]^{\mathsf{M}} \to \mathbb{R}$, definiert durch

$$\mathsf{F}_{\Omega'}(\underline{w}) = \int_{\Omega'} G(x, \underline{w}(x))\,dx$$

für $\underline{w} \in [L^p(\Omega')]^{\mathsf{M}}$. Nach Korollar 5.17 gilt $\underline{u}_n \rightharpoonup \underline{u}$ in $[L^p(\Omega')]^{\mathsf{M}}$. Mit Satz 7.4 folgt daher

$$\int_{\Omega'} G(x, \underline{u}(x))\,dx = \mathsf{F}_{\Omega'}(\underline{u}) \leq L = \liminf_{n \to \infty} \int_{\Omega'} G(x, \underline{u}_n(x))\,dx = \int_{\Omega'} \bar{g}(x)\,dx.$$

Somit folgt die Aussage aus Lemma B.17.

Die Aussage zur Stetigkeit (a) folgt wieder aus (b). Dabei ist zu beachten, daß aus der Unterhalbstetigkeit der Superpositionsoperatoren $\widetilde{G}$ und $-\widetilde{G}$ die schwache Konvergenz der gesamten Bildfolge $\widetilde{G}(u_n)$ in $L^q(\Omega)$ folgt. Würde dieses nicht gelten, so müßte es eine Teilfolge geben, die keine weitere Teilfolge besitzt, die schwach gegen $\bar{g} \in L^q(\Omega)$ konvergiert. Aber jede Teilfolge der Bildfolge ist beschränkt und besitzt daher eine schwach konvergente Teilfolge. Diese muß wiederum gegen $\bar{g}$ konvergieren. $\qquad\square$

Wir geben eine schematische Übersicht über die Resultate aus diesem Abschnitt:

<table>
<tr><td colspan="3">Eigenschaften der Carathéodory-Funktion G und des Funktionals F:</td></tr>
<tr><td>$\widetilde{G}$</td><td>schwach unterhalbstetig</td><td>schwach stetig</td></tr>
<tr><td></td><td align="center">$\updownarrow$ Satz 7.6</td><td align="center">$\updownarrow$</td></tr>
<tr><td>$G(x, \cdot)$</td><td>konvex fast überall auf Ω</td><td>affin linear fast überall</td></tr>
<tr><td></td><td align="center">$\updownarrow$ Satz 7.5</td><td align="center">$\updownarrow$</td></tr>
<tr><td>F</td><td>schwach unterhalbstetig</td><td>schwach stetig</td></tr>
<tr><td></td><td align="center">$\updownarrow$ Satz 7.4</td><td align="center">$\updownarrow$</td></tr>
<tr><td>F</td><td>konvex</td><td>affin linear</td></tr>
</table>

Bezüge zur Variationsrechnung

Es sei Ω ein beschränktes Gebiet und $p \in [1, \infty[$. Weiter sei V ein abgeschlossener Unterraum des Sobolev-Raumes $[W^{1,p}(\Omega)]^M$ mit $[W_0^{1,p}(\Omega)]^M \subset V$. Betrachten wir das Funktional $\mathsf{J} : V \to \mathbb{R}$, gegeben durch

$$(7.14) \qquad \mathsf{J}(\underline{v}) = \int_\Omega G(x, \underline{v}(x), \nabla_x \underline{v}(x)) \, dx$$

für $\underline{v} \in V$, wobei $\nabla_x \underline{v}$ die Jacobi-Matrix der vektorwertigen Funktion $\underline{v}$ bezeichnet. Mit der stetigen Einbettung (B.17) können wir den Raum V als abgeschlossenen Unterraum von $[L^p(\Omega)]^{M(N+1)}$ auffassen. Die Folge $(\underline{v}_n)_{n \in \mathbb{N}} \subset V$ konvergiert gegen $\underline{v} \in V$ genau dann schwach, wenn die einzelnen Komponenten der zugehörigen Folge

$$\Big((\underline{v}_n, \nabla_x \underline{v}_n) \Big)_{n \in \mathbb{N}} \subset [L^p(\Omega)]^{M(N+1)}$$

schwach in $L^p(\Omega)$ konvergieren. Aufgrund des Satzes von Rellich 8.3 gilt die starke Konvergenz von $\underline{v}_n \to \underline{v}$ in $[L^p(\Omega)]^M$.

Bei dem Versuch einer Anwendung der vorhergehenden Resultate auf Funktionale der Gestalt (7.14) sind daher zwei Punkte zu beachten. Aufgrund der soeben erwähnten starken Konvergenz müssen die Konvexitäts- bzw. affinen Linearitätsbedingungen an den Integranden G für die Komponenten von $\underline{v}$ nicht gestellt werden[3], um schwache Folgenunterhalbstetigkeit bzw. schwache Folgenstetigkeit zu erhalten, d.h., man betrachtet $G(x, \underline{v}, \cdot)$ für fast alle $x \in \Omega$ und alle $\underline{v} \in \mathbb{R}^M$. Es muß aber noch ein weiterer wichtiger Punkt berücksichtigt werden. Die Jacobi-Matrizen $\nabla_x \underline{v}$ liegen nur in einem abgeschlossenen Unterraum von $[L^p(\Omega)]^{M \cdot N}$. Dieses führt dazu, daß sich die Resultate aus diesem Abschnitt nicht mehr in vollem Umfang über die Einbettung (B.17) übertragen lassen. Eine gewisse Ausnahme bilden die Fälle $\mathsf{M} = 1$ und $\mathsf{N} = 1$. Ausführlich dargestellt findet man die entsprechenden Aussagen bei Dacorogna [26]. Wir wollen hierzu nur zwei wichtige Gegenbeispiele aus Dacorogna [26] erwähnen, die auf die im Zusammenhang mit Funktionalen der Gestalt (7.14) auftretenden Probleme hinweisen.

Beispiel 7.7:

(a)　Es sei Ω ein beschränktes Gebiet und $\mathsf{M} = \mathsf{N} = 2$. Wir betrachten das Funktional $\mathsf{F} : [W_0^{1,\infty}(\Omega)]^2 \to \mathbb{R}$ definiert durch

$$\mathsf{F}(\underline{v}) = \int_\Omega \det (\nabla_x \underline{v}) \, dx$$

---

[3]Siehe Dacorogna [26, Kapitel 3], Morrey [84], [85, Abschnitt 1.8].

für $\underline{v} \in [W_0^{1,\infty}(\Omega)]^2$. Wir setzen $\underline{v} = (u, w)$ mit $u, w \in C_0^\infty(\Omega)$. Dann gilt mit partieller Integration

$$\mathsf{F}(\underline{v}) \;=\; \int_\Omega [u_{x_1}\, w_{x_2} - u_{x_2}\, w_{x_1}]\, dx = \int_\Omega u(w_{x_2 x_1} - w_{x_1 x_2})\, dx = 0.$$

Da $C_0^\infty(\Omega)$ in $W_0^{1,\infty}(\Omega)$ dicht liegt, gilt $\mathsf{F}(\underline{v}) = 0$ auf $[W_0^{1,\infty}(\Omega)]^2$. Das Funktional F ist daher affin linear (somit auch konvex) auf dem Raum $[W_0^{1,\infty}(\Omega)]^2$, aber der Integrand

$$G(\underline{\underline{A}}) = \det\left(\underline{\underline{A}}\right) \qquad \text{für} \qquad \underline{\underline{A}} \in \mathbb{R}^2 \times \mathbb{R}^2$$

ist weder affin linear noch konvex auf $\mathbb{R}^4$.

(b) Es sei $\mathsf{M} = \mathsf{N} = 1$ und $\Omega =]0, 1[$. Bei Dacorogna [26, Theorem 3.4] wird gezeigt, daß das Funktional $\mathsf{F} : W_0^{1,\infty}(]0, 1[) \to \mathbb{R}$ gegeben durch

$$\mathsf{F}(v) = \int_0^1 \left[[v'(x)]^4 + ([v(x)]^2 - 1)^2 \right] dx$$

für $v \in W_0^{1,\infty}(]0, 1[)$ mit $v' = \frac{dv}{dx}$, schwach folgenunterhalbstetig ist. Das Funktional ist offensichtlich nicht konvex in $v \in W_0^{1,\infty}(]0, 1[)$. Dieser Sachverhalt ist eine Konsequenz der oben erwähnten Tatsache, daß das Verhalten des Integranden in den Funktionen v selbst für die schwache Folgenstetigkeit und die schwache Folgenunterhalbstetigkeit für Funktionale der Gestalt (7.14) nicht entscheidend ist.

◇

7.2   Oszillatorische Varietäten

Es sei $p \in [1, \infty]$. Außerdem seien $\mathsf{L}, \mathsf{M}, \mathsf{N} \in \mathbb{N}$ und Zahlen $a_{jk}^i \in \mathbb{R}$ für $i = 1, \dots, \mathsf{L}$, $j = 1, \dots, \mathsf{M}$ und $k = 1, \dots, \mathsf{N}$ gegeben. Mit diesen definieren wir lineare Differentialoperatoren erster Ordnung A_i durch

$$(7.15) \qquad \mathsf{A}_i\, \underline{w} = \sum_{j=1}^{\mathsf{M}} \sum_{k=1}^{\mathsf{N}} a_{jk}^i \frac{\partial w^j}{\partial x_k} \qquad \text{für } i = 1, \dots, \mathsf{L}$$

mit $\underline{w} = (w^1, \dots, w^{\mathsf{M}}) \in [L^p(\Omega)]^{\mathsf{M}}$, wobei die Differentiation im Distributionen-sinn, siehe Anhang C, zu verstehen ist. Wir fassen die Differentialoperatoren A_i, $i = 1, \dots, \mathsf{L}$, zu dem System $\underline{\mathsf{A}} = (\mathsf{A}_1, \dots, \mathsf{A}_{\mathsf{L}})$ zusammen.

Es sei $\Omega \subseteq \mathbb{R}^N$ ein Gebiet. Wir führen zu den Operatoren $\underline{A} = (A_1, \ldots, A_L)$ den **anisotropen Sobolev-Raum**

$$(7.16) \qquad H^{\underline{A},p}(\Omega) = \{\, \underline{u} \in [L^p(\Omega)]^M \mid \underline{A}\,\underline{u} \in [L^p(\Omega)]^L \,\}$$

mit der Norm

$$\|\underline{u}\|_{\underline{A},p,\Omega} = \left(\|\underline{u}\|^p_{[L^p(\Omega)]^M} + \sum_{i=1}^{L} \|A_i\,\underline{u}\|^p_p \right)^{\frac{1}{p}} \qquad \text{für } p \in [1, \infty[$$

bzw.

$$\|\underline{u}\|_{\underline{A},\infty,\Omega} = \max\left(\|\underline{u}\|_{[L^\infty(\Omega)]^M}, \|A_1\,\underline{u}\|_\infty, \ldots, \|A_L\,\underline{u}\|_\infty \right) \qquad \text{für } p = \infty$$

ein. Derartige anisotrope Sobolev-Räume wurden für den Fall $M = 1$ für die Untersuchung linearer und nichtlinearer partieller Differentialgleichungen höherer Ordnung (≥ 4) benutzt[4]. Man kann auch allgemeiner Räume mit $\underline{u} \in [L^p(\Omega)]^M$ und $\underline{A}\,\underline{u} \in [L^q(\Omega)]^L$ betrachten. Siehe zum Beispiel Murat [89] für den Fall $q = 2$. Es gilt

Lemma 7.8: *Die anisotropen Sobolev-Räume $H^{\underline{A},p}(\Omega)$ für $p \in [1, \infty]$ sind abgeschlossene Unterräume von $[L^p(\Omega)]^M$. Damit sind diese Räume Banach-Räume. Im Fall $p \in [1, \infty[$ sind sie separabel, im Fall $p \in]1, \infty[$ reflexiv und gleichmäßig konvex. Wir bezeichnen das Skalarprodukt für $u, v \in L^2(\Omega)$ mit $\langle u , v \rangle_0$ und für $\underline{u}, \underline{v} \in [L^2(\Omega)]^M$ mit*

$$\langle \underline{u} , \underline{v} \rangle_{0,M} = \langle u_1 , v_1 \rangle_0 + \cdots + \langle u_M , v_M \rangle_0.$$

Ist $p = 2$, dann sind diese Räume Hilbert-Räume mit dem Skalarprodukt

$$\langle \underline{u} , \underline{v} \rangle_A := \langle \underline{u} , \underline{v} \rangle_{0,M} + \sum_{i=1}^{L} \langle A_i\,\underline{u} , A_i\,\underline{v} \rangle_0.$$

Beweis: Wir betrachten eine Cauchy-Folge $(\underline{u}_n)_{n \in \mathbb{N}} \subset H^{\underline{A},p}(\Omega)$. Dann ist die Folge eine Cauchy-Folge in $[L^p(\Omega)]^M$, d. h. $\underline{u}_n \to \underline{u} \in [L^p(\Omega)]^M$; weiterhin gilt für $i = 1, \ldots, N$

$$A_i \underline{u}_n \to u_i \in L^p(\Omega).$$

Es sei $\varphi \in C_0^\infty(\Omega)$ eine Testfunktion. Für die Anwendung einer Distribution $T \in \mathcal{D}'(\Omega)$ auf eine Testfunktion verwenden wir die Schreibweise $\langle T , \varphi \rangle_{\mathcal{D}(\Omega)}$.

---

[4] Siehe Doppel und Jacob [34], Warnecke [128], [129] und die dort zitierte Literatur.

Da hier reguläre Distributionen vorliegen, gilt

$$\langle u_i \,,\, \varphi \rangle_{\mathcal{D}(\Omega)} \;=\; \lim_{n\to\infty} \langle \mathsf{A}_i\,\underline{u}_n \,,\, \varphi \rangle_{\mathcal{D}(\Omega)} = \lim_{n\to\infty} \sum_{j=1}^{M} \sum_{k=1}^{N} a^i_{jk} \langle \frac{\partial u^j_n}{\partial x_k} \,,\, \varphi \rangle_{\mathcal{D}(\Omega)}$$

$$=\; -\lim_{n\to\infty} \sum_{j=1}^{M} \sum_{k=1}^{N} a^i_{jk} \langle u^j_n \,,\, \frac{\partial \varphi}{\partial x_k} \rangle_{\mathcal{D}(\Omega)}$$

$$=\; -\sum_{j=1}^{M} \sum_{k=1}^{N} a^i_{jk} \langle u^j \,,\, \frac{\partial \varphi}{\partial x_k} \rangle_{\mathcal{D}(\Omega)} = \langle \mathsf{A}_i\,\underline{u} \,,\, \varphi \rangle_{\mathcal{D}(\Omega)} \,,$$

d. h. $\mathsf{A}_i\,\underline{u} = u_i \in L^p(\Omega)$. Damit ist $\underline{u} \in H^{\underline{A},p}(\Omega)$ gezeigt. Somit ist der Raum $H^{\underline{A},p}(\Omega)$ vollständig, d. h. ein Banach-Raum.

Durch die Abbildung

$$\mathcal{E} : H^{\underline{A},p}(\Omega) \;\to\; [L^p(\Omega)]^{M+L},$$

(7.17)   definiert durch

$$\underline{u} \;\mapsto\; \underline{w} = (\underline{u}, \mathsf{A}_1\,\underline{u}, \ldots, \mathsf{A}_L\,\underline{u}) \,,$$

ist ein isometrischer Isomorphismus von $H^{\underline{A},p}(\Omega)$ in einen abgeschlossenen Unterraum von $[L^p(\Omega)]^{M+L}$ gegeben. Darüber folgen die Aussagen zu Separabilität, gleichmäßiger Konvexität und Reflexivität aus den entsprechenden Eigenschaften der L^p-Räume. $\quad\square$

Zu den Differentialoperatoren (7.15) definieren wir die zugehörigen linearen **Symbole $\underline{A}_i(\underline{\xi})$** $: \mathbb{R}^M \to \mathbb{R}$ für beliebiges $\underline{\xi} \in \mathbb{R}^N, \underline{\xi} = (\xi_1, \ldots, \xi_N)$, durch

$$(7.18) \qquad \underline{A}_i(\underline{\xi}) := \begin{pmatrix} \displaystyle\sum_{k=1}^{N} a^i_{1k}\xi_k \\[1em] \vdots \\[1em] \displaystyle\sum_{k=1}^{N} a^i_{Mk}\xi_k \end{pmatrix} \qquad \text{für} \quad i = 1, \ldots, L.$$

Dann gilt für $\underline{\lambda} \in \mathbb{R}^M$ mit $\underline{\lambda} = (\lambda_1, \ldots, \lambda_M)$, daß

$$(7.19) \qquad \underline{A}_i(\underline{\xi})\underline{\lambda} = \sum_{j=1}^{M} \sum_{k=1}^{N} a^i_{jk}\xi_k\lambda_j.$$

Für das ganze System $\underline{A} = (A_1, \ldots, A_L)$ schreiben wir

$$\underline{\underline{A}}(\underline{\xi})\underline{\lambda} = (\underline{A}_1(\underline{\xi})\underline{\lambda}, \ldots, \underline{A}_L(\underline{\xi})\underline{\lambda})^\tau.$$

Die Symbole (7.18) erhält man durch Anwendung der linearen Differentialoperatoren $A_i, i = 1, \ldots, L$ auf Fourier-Transformierte geeigneter Funktionsvektoren, siehe auch Satz C.1. Das Symbol wird formal dem Operator zugeordnet.

Wir setzen

$$\mathcal{V} = \{ (\underline{\lambda}, \underline{\xi}) \in \mathbb{R}^M \times (\mathbb{R}^N \setminus \{0\}) \mid \underline{A}(\underline{\xi})\underline{\lambda} = \underline{0} \},$$

$$\Lambda = \{ \underline{\lambda} \in \mathbb{R}^M \mid \text{Es existiert ein } \underline{\xi} \in \mathbb{R}^N \setminus \{0\} \text{ mit } (\underline{\lambda}, \underline{\xi}) \in \mathcal{V} \}$$

$$= P_{\mathbb{R}^M} \mathcal{V}$$

und

$$\mathcal{C} = \{ \underline{\xi} \in \mathbb{R}^N \setminus \{0\} \mid \text{Es existiert ein } \underline{\lambda} \in \mathbb{R}^M \setminus \{\underline{0}\} \text{ mit } (\underline{\lambda}, \underline{\xi}) \in \mathcal{V} \}$$

$$= P_{\mathbb{R}^N} \left(\mathcal{V} \setminus \{\underline{0} \times \mathbb{R}^N\} \right)$$

mit den orthogonalen Projektionen $P_{\mathbb{R}^M}, P_{\mathbb{R}^N}$ von $\mathbb{R}^M \times \mathbb{R}^N$ jeweils auf $\mathbb{R}^M$ bzw. $\mathbb{R}^N$. Die Menge $\mathcal{V}$ wird als **oszillatorische Varietät** zu dem System von Differentialoperatoren $\underline{A}$ bezeichnet; der Grund für die Bezeichnungsweise wird weiter unten in Beispiel 7.12 erläutert. Die Menge Λ ist eine **konische Menge** in $\mathbb{R}^M$, d.h., mit $\underline{\lambda} \in \Lambda$ ist auch $c\underline{\lambda} \in \Lambda$ für alle $c > 0$; dieses gilt hier natürlich auch für $c < 0$. Wir werden sie als **Menge der Wellenamplituden** zu dem System $\underline{A}$ bezeichnen. Die konische Menge $\mathcal{C} \subset \mathbb{R}^N$ bezeichnen wir als **Menge der charakteristischen Normalen** zu dem System $\underline{A}$. Diese Begriffe und Bezeichnungen gehen teilweise auf Murat [89], [91], Tartar [118], [119] und DiPerna [32] zurück, siehe auch Dacorogna [25].

Im Spezialfall $L = M$ kann das System (7.15) mit $A_i \underline{w} = 0$ in die Gestalt (2.16) gebracht werden, wobei $\underline{a}_{N+1} = 0$ ist und eine Variable x_k wie t zu behandeln ist. Analog können wir aber auch die Gestalt

$$\underline{\underline{a}}_1 \underline{w}_{x_1} + \ldots + \underline{\underline{a}}_N \underline{w}_{x_N} = 0$$

wählen. Es ist

$$\underline{\underline{a}}_k = (a^i_{jk})_{1 \le i,j \le M}$$

und

$$\underline{A}(\underline{\xi}) = \underline{\underline{a}}_1 \xi_1 + \ldots + \underline{\underline{a}}_N \xi_N = \underline{A}(\underline{\xi}).$$

Somit ist $\underline{\xi} \in \mathcal{C}$ äquivalent zu $\mathcal{Q}(\underline{\xi}) = \det \underline{A}(\underline{\xi}) = 0$. Insbesondere bedeutet $\mathcal{C} = \emptyset$, daß das System (7.15) *elliptisch* ist.

Für *hyperbolische Systeme* ist $\mathcal{C} \neq \emptyset$ notwendig, aber nicht hinreichend. Es muß zu jedem $(\xi_2, \ldots, \xi_N)$ jeweils M reelle Nullstellen $\xi_1 = -\lambda_k$ des charakteristischen Polynoms und M linear unabhängige rechte Eigenvektoren geben. Die oszillatorische Varietät $\mathcal{V}$ besteht für $k = 1, \ldots, M$ aus den Paaren

$$\left(\underline{r}_k(\widehat{\underline{\nu}}), \begin{pmatrix} -\lambda_k \\ \widehat{\underline{\nu}} \end{pmatrix} \right) \in \mathbb{R}^M \times \mathbb{R}^N \setminus \{0\}.$$

Somit gilt span $\Lambda = \mathbb{R}^M$.

Beispiel 7.9: Wir wollen eine Reihe von Beispielen für die Mengen $\mathcal{V}$, Λ und $\mathcal{C}$ betrachten.

(a) Es sei der triviale Fall betrachtet, daß $a^i_{jk} = 0$ ist für alle Indizes $i = 1,\dots,\mathsf{L}$, $j = 1,\dots,\mathsf{M}$, $k = 1,\dots,\mathsf{N}$. Dann gelten

$$\mathcal{V} = \mathbb{R}^M \times (\mathbb{R}^N \setminus \{0\}), \quad \Lambda = \mathbb{R}^M, \quad \mathcal{C} = \mathbb{R}^N \setminus \{0\}.$$

(b) Das andere Extrem besteht darin, daß mit $\mathsf{L} = \mathsf{M} \cdot \mathsf{N}$

$$\underline{A}\,\underline{u} = \left(\frac{\partial u^j}{\partial x_k}\right)_{1 \le j \le \mathsf{M},\, 1 \le k \le \mathsf{N}}$$

ist und $\underline{A}(\underline{\xi})\underline{\lambda} = \underline{0}$ aus den Gleichungen

$$\lambda_j \xi_k = 0, \quad j = 1,\dots,\mathsf{M}, \quad k = 1,\dots,\mathsf{N}$$

besteht. Daher folgt

$$\mathcal{V} = \{\underline{0}\} \times (\mathbb{R}^N \setminus \{0\}), \quad \Lambda = \{\underline{0}\} \quad \text{und} \quad \mathcal{C} = \emptyset.$$

(c) Es sei $\mathsf{M} = \mathsf{N} > 1$ und $\underline{u} = \nabla v$ für $v : \mathbb{R}^N \to \mathbb{R}$. Falls $v \in C^2(\Omega)$ ist, gelten mit $\mathsf{L} = \frac{\mathsf{N}(\mathsf{N}-1)}{2}$ und

$$\underline{A}\,\underline{u} = \left(\frac{\partial u^j}{\partial x_k} - \frac{\partial u^k}{\partial x_j}\right)_{1 \le j < k \le \mathsf{N}}$$

die Verträglichkeitsbedingungen $\underline{A}\,\underline{u} = \underline{0}$. Man erhält dann die Gleichungen

$$\lambda_j \xi_k - \lambda_k \xi_j = 0, \quad 1 \le j < k \le \mathsf{N}.$$

Wir verwenden die Bezeichnung $\underline{\lambda} \,\|\, \underline{\xi}$ für den Fall, daß $\underline{\lambda}$ und $\underline{\xi}$ parallel sind, d. h., es existiert ein $\alpha \in \mathbb{R}$ derart, daß $\underline{\lambda} = \alpha\underline{\xi}$ ist. Es gilt somit

$$\mathcal{V} = \{\, (\underline{\lambda},\underline{\xi}) \in \mathbb{R}^N \times (\mathbb{R}^N \setminus \{\underline{0}\}) \mid \underline{\lambda} \,\|\, \underline{\xi} \,\}$$

und

$$\Lambda = \{\, \underline{\lambda} \in \mathbb{R}^N \mid \text{Es existiert ein } \underline{\xi} \in \mathbb{R}^N \setminus \{0\} \text{ mit } \underline{\lambda} \,\|\, \underline{\xi} \,\} = \mathbb{R}^N.$$

Das heißt, Λ ist wie in Teil (a) der ganze Raum. Außerdem gilt wiederum

$$\mathcal{C} = \mathbb{R}^N \setminus \{0\}.$$

(d) Es sei $M = 2N$, und die vektorwertige Funktion $\underline{u} : \Omega \to \mathbb{R}^N \times \mathbb{R}^N$ werde auf einem Gebiet $\Omega \subseteq \mathbb{R}^N$ betrachtet. Die Funktion $\underline{u}$ habe die Gestalt $\underline{u} = (\underline{v}, \underline{w})$ mit $\underline{v}(x), \underline{w}(x) \in \mathbb{R}^N$ für $x \in \Omega$. Wir wollen verschiedene Fälle für N betrachten.

(i) $N = 2$. Es sei

$$\begin{aligned} A_1\underline{u} &= \nabla \cdot \underline{v} \\ A_2\underline{u} &= \nabla \times \underline{w}, \end{aligned}$$

dann gilt für $(\underline{\lambda}, \underline{\mu}) \in \mathbb{R}^2 \times \mathbb{R}^2$

$$\begin{aligned} A_1(\underline{\xi})\underline{\lambda} &= \lambda_1\xi_1 + \lambda_2\xi_2 = 0 \\ A_2(\underline{\xi})\underline{\mu} &= \mu_1\xi_2 - \mu_2\xi_1 = 0. \end{aligned}$$

Somit gelten

$$\begin{aligned} \mathcal{V} &= \{\, (\underline{\lambda}, \underline{\mu}, \underline{\xi}) \in \mathbb{R}^2 \times \mathbb{R}^2 \times (\mathbb{R}^2 \setminus \{0\}) \mid \underline{\lambda} \perp \underline{\xi} \text{ und } \underline{\mu} \parallel \underline{\xi} \,\}, \\ \Lambda &= \{\, (\underline{\lambda}, \underline{\mu}) \in \mathbb{R}^2 \times \mathbb{R}^2 \mid \underline{\lambda} \perp \underline{\mu} \,\} \subset \mathbb{R}^4 \end{aligned}$$

und

$$\mathcal{C} = \mathbb{R}^2 \setminus \{0\}.$$

(ii) $N = 3$. Es seien

$$A_1\underline{u} \quad = \nabla \cdot \underline{v},$$

$$\begin{pmatrix} A_2\underline{u} \\ A_3\underline{u} \\ A_4\underline{u} \end{pmatrix} = \nabla \times \underline{w},$$

bzw. für $(\underline{\lambda}, \underline{\mu}) \in \mathbb{R}^3 \times \mathbb{R}^3$

$$\begin{aligned} A_1(\underline{\xi})\underline{\lambda} &= \lambda_1\xi_1 + \lambda_2\xi_2 + \lambda_3\xi_3 = 0 \\ A_2(\underline{\xi})\underline{\mu} &= \mu_3\xi_2 - \mu_2\xi_3 = 0 \\ A_3(\underline{\xi})\underline{\mu} &= \mu_1\xi_3 - \mu_3\xi_1 = 0 \\ A_4(\underline{\xi})\underline{\mu} &= \mu_2\xi_1 - \mu_1\xi_2 = 0. \end{aligned}$$

Somit gelten wie unter (i)

$$\begin{aligned} \mathcal{V} &= \{\, (\underline{\lambda}, \underline{\mu}, \underline{\xi}) \in \mathbb{R}^3 \times \mathbb{R}^3 \times (\mathbb{R}^3 \setminus \{0\}) \mid \underline{\lambda} \perp \underline{\xi} \text{ und } \underline{\mu} \parallel \underline{\xi} \,\}, \\ \Lambda &= \{\, (\underline{\lambda}, \underline{\mu}) \in \mathbb{R}^3 \times \mathbb{R}^3 \mid \underline{\lambda} \perp \underline{\mu} \,\} \subset \mathbb{R}^6 \end{aligned}$$

und

$$\mathcal{C} = \mathbb{R}^3 \setminus \{0\}.$$

(iii) Im allgemeinen Fall $N \geq 4$ setzen wir für $\underline{w} : \Omega \to \mathbb{R}^N$

$$\nabla \times \underline{w} := (-1)^{j+k} \left(\frac{\partial w^j}{\partial x_k} - \frac{\partial w^k}{\partial x_j} \right), \quad 1 \leq j < k \leq N$$

als Kürzel für dieses System von $\frac{N \cdot (N-1)}{2}$ Operatoren. Mit

$$\underline{A}\,\underline{u} = (\nabla \cdot \underline{v},\, \nabla \times \underline{w})$$

erhalten wir wie unter (i) und (ii), vergleiche (c),

$$\begin{aligned}
\mathcal{V} &= \{\, (\underline{\lambda}, \underline{\mu}, \underline{\xi}) \in \mathbb{R}^{2N} \times (\mathbb{R}^N \setminus \{0\}) \mid \underline{\lambda} \perp \underline{\xi} \text{ und } \underline{\mu} \parallel \underline{\xi} \,\}, \\
\Lambda &= \{\, (\underline{\lambda}, \underline{\mu}) \mid \underline{\lambda} \perp \underline{\mu} \,\} \subset \mathbb{R}^{2N}
\end{aligned}$$

und

$$\mathcal{C} = \mathbb{R}^N \setminus \{0\}.$$

(e) Es sei $M = NP$ mit $P > 1$. Wir betrachten die Jacobi-Matrix $\underline{u} = (\nabla v_1, \ldots, \nabla v_P)$ mit den Funktionen $v_1, \ldots, v_P \in C^2(\Omega)$. Dann sind die Gleichungen

$$\nabla \times \nabla v_1 = \underline{0}, \ \ldots \, , \nabla \times \nabla v_P = \underline{0},$$

d. h. für $\underline{u} = (\underline{u}_1, \ldots, \underline{u}_P)$ gilt

$$\nabla \times \underline{u}_1, \ldots, \nabla \times \underline{u}_P = 0,$$

erfüllt. Deshalb gilt für $\underline{\lambda} = (\underline{\lambda}_1, \ldots, \underline{\lambda}_P)$ mit $\underline{\lambda}_j \in \mathbb{R}^N$, daß

$$\begin{aligned}
\mathcal{V} &= \{\, (\underline{\lambda}, \underline{\xi}) \in \mathbb{R}^{NP} \times (\mathbb{R}^N \setminus \{0\}) \mid \text{ Es ist } \underline{\lambda}_j \parallel \underline{\xi} \text{ für alle } j = 1, \ldots, P \,\} \\
&\subset \mathbb{R}^{NP} \times (\mathbb{R}^N \setminus \{0\}),
\end{aligned}$$

$$\Lambda = \{\, \underline{\lambda} \in \mathbb{R}^{NP} \mid \underline{\lambda}_k \parallel \underline{\lambda}_j \text{ für alle } k, j = 1, \ldots, P \,\} \subset \mathbb{R}^{NP}$$

und

$$\mathcal{C} = \mathbb{R}^N \setminus \{0\}$$

sind. Somit besteht Λ aus den $N \times P$-Matrizen mit Rang maximal 1.

(f) Es sei $M = NP$ mit $P \geq N \geq 2$. Wir betrachten

$$\underline{u} = (\underline{u}_1, \ldots, \underline{u}_P) \text{ mit } \underline{u}_i = (u_i^1, \ldots, u_i^N)$$

für $i = 1, \ldots, P$ und die Operatoren

$$A_i \underline{u}_i = \nabla \cdot \underline{u}_i \text{ für } i = 1, \ldots, P$$

erfüllt. Dann gilt für $\underline{\lambda} = (\underline{\lambda}_1, \ldots, \underline{\lambda}_P)$ mit $\underline{\lambda}_i \in \mathbb{R}^N$, daß

$$\mathcal{V} = \{ (\underline{\lambda}, \underline{\xi}) \in \mathbb{R}^{NP} \times (\mathbb{R}^N \setminus \{0\}) \mid \text{Es ist } \underline{\lambda}_j \perp \underline{\xi} \text{ für alle } j = 1, \ldots, P \}$$
$$\subset \mathbb{R}^{NP} \times \mathbb{R}^N \setminus \{0\},$$

$$\Lambda = \{ \underline{\underline{\lambda}} \in \mathbb{R}^{NP} \mid \det(\underline{\lambda}_{l(1)}, \ldots, \underline{\lambda}_{l(N)}) = 0 \text{ für alle}$$
$$\text{Teilmengen } \{l(1), \ldots, l(N)\} \subset \{1, \ldots, P\} \} \subset \mathbb{R}^{NP}$$

und

$$\mathcal{C} = \mathbb{R}^N \setminus \{0\}$$

sind. Somit besteht Λ aus den $N \times P$-Matrizen mit Rang maximal $N - 1$. Ist $P < N$, dann gilt $\Lambda = \mathbb{R}^{NP}$ und $\mathcal{C} = \mathbb{R}^N \setminus \{0\}$.

(g)   Es sei $M = N = 2$ und $\underline{u} : \Omega \to \mathbb{R}^2$, d. h. $\underline{u}(x_1, x_2) = (v(x_1, x_2), w(x_1, x_2))$.

   (i)   Es seien

$$A_1\underline{u} = \frac{\partial v}{\partial x_1}$$
$$A_2\underline{u} = \frac{\partial w}{\partial x_2}.$$

Dann gelten

$$A_1(\underline{\xi})\underline{\lambda} = \lambda_1 \xi_1 = 0, \quad A_2(\underline{\xi})\underline{\lambda} = \lambda_2 \xi_2 = 0,$$

womit folgt, daß

$$\mathcal{V} = \{ (\lambda_1, \lambda_2, \xi_1, \xi_2) \in \mathbb{R}^2 \times (\mathbb{R}^2 \setminus \{0\}) \mid \lambda_1 \xi_1 = \lambda_2 \xi_2 = 0 \},$$
$$\Lambda = \{ (\lambda_1, \lambda_2) \in \mathbb{R}^2 \mid \lambda_1 = 0 \text{ oder } \lambda_2 = 0 \} \subset \mathbb{R}^2$$

und

$$\mathcal{C} = \{ (\xi_1, \xi_2) \in \mathbb{R}^2 \setminus \{0\} \mid \xi_1 = 0 \text{ oder } \xi_2 = 0 \} \subset \mathbb{R}^2 \setminus \{0\}$$

sind.

  (ii)   Es seien

$$A_1\underline{u} = \frac{\partial v}{\partial x_1} - \frac{\partial w}{\partial x_2}$$
$$A_2\underline{u} = \frac{\partial v}{\partial x_2} - \frac{\partial w}{\partial x_1} = \nabla \times \underline{u}.$$

Dann gelten

$$A_1(\underline{\xi})\underline{\lambda} = \lambda_1\xi_1 - \lambda_2\xi_2 = 0, \quad A_2(\underline{\xi})\underline{\lambda} = \lambda_1\xi_2 - \lambda_2\xi_1 = 0\,.$$

Damit folgen

$$\mathcal{V} = \{\,(\lambda_1,\lambda_2,\xi_1,\xi_2) \in \mathbb{R}^2 \times (\mathbb{R}^2 \setminus \{0\}) \mid \underline{\lambda} \parallel \underline{\xi} \text{ und}$$
$$\lambda_1\xi_1 - \lambda_2\xi_2 = 0\,\},$$
$$\Lambda = \{\,(\lambda_1,\lambda_2) \in \mathbb{R}^2 \mid |\lambda_1| = |\lambda_2|\,\} \subset \mathbb{R}^2$$

und

$$\mathcal{C} = \{\,(\xi_1,\xi_2) \in \mathbb{R}^2 \setminus \{0\} \mid |\xi_1| = |\xi_2|\,\} \subset \mathbb{R}^2 \setminus \{0\}.$$

(iii) Es seien

$$A_1\underline{u} = \nabla \cdot \underline{u}\,, \quad A_2\underline{u} = \nabla \times \underline{u}\,.$$

Dann gelten

$$A_1(\underline{\xi})\underline{\lambda} = \lambda_1\xi_1 + \lambda_2\xi_2 = 0, \qquad A_2(\underline{\xi})\underline{\lambda} = \lambda_1\xi_2 - \lambda_2\xi_1 = 0\,.$$

Damit folgen $\underline{\lambda} \perp \underline{\xi}$ und $\lambda \parallel \underline{\xi}$, d. h.

$$\mathcal{V} = \{\underline{0}\} \times (\mathbb{R}^2 \setminus \{0\}), \quad \Lambda = \{\underline{0}\} \quad \text{und} \quad \mathcal{C} = \emptyset.$$

(h) Es sei $\mathsf{M} = \mathsf{N} = 3$. Wir betrachten das System

$$A_1\underline{u} = \frac{\partial u_1}{\partial x_1}, \qquad A_4\underline{u} = \frac{\partial u_2}{\partial x_3} + \frac{\partial u_3}{\partial x_2},$$
$$A_2\underline{u} = \frac{\partial u_2}{\partial x_2}, \qquad A_5\underline{u} = \frac{\partial u_1}{\partial x_3} + \frac{\partial u_3}{\partial x_1},$$
$$A_3\underline{u} = \frac{\partial u_3}{\partial x_3}, \qquad A_6\underline{u} = \frac{\partial u_1}{\partial x_2} + \frac{\partial u_2}{\partial x_1}.$$

Dann gelten die Gleichungen

$$A_1(\underline{\xi})\underline{\lambda} = \lambda_1\xi_1 = 0, \qquad A_4(\underline{\xi})\underline{\lambda} = \lambda_2\xi_3 + \lambda_3\xi_2 = 0,$$
$$A_2(\underline{\xi})\underline{\lambda} = \lambda_2\xi_2 = 0, \qquad A_5(\underline{\xi})\underline{\lambda} = \lambda_1\xi_3 + \lambda_3\xi_1 = 0,$$
$$A_3(\underline{\xi})\underline{\lambda} = \lambda_3\xi_3 = 0, \qquad A_6(\underline{\xi})\underline{\lambda} = \lambda_1\xi_2 + \lambda_2\xi_1 = 0.$$

Damit folgen

$$\mathcal{V} = \{\underline{0}\} \times (\mathbb{R}^\mathsf{N} \setminus \{0\}), \quad \Lambda = \{\underline{0}\} \quad \text{und} \quad \mathcal{C} = \emptyset.$$

Das System $\underline{A}$ besteht aus dem Tensor der infinitesimalen Deformationen der Elastizitätstheorie.[5]

---

[5] Siehe Nečas [93, Abschnitt 3.7], Murat [88].

(j) Es sei $\Omega =]0, 2\pi[^2, \mathsf{M} = 3$ und

$$\underline{u}(x, y) = (\alpha(x, y), \beta(x, y), \gamma(x, y)).$$

Wir betrachten

$$
\begin{aligned}
\mathsf{A}_1 \underline{u} &= \frac{\partial \alpha}{\partial x}, \\
\mathsf{A}_2 \underline{u} &= \frac{\partial \beta}{\partial y}, \\
\mathsf{A}_3 \underline{u} &= \frac{\partial \gamma}{\partial x} + \frac{\partial \gamma}{\partial y}
\end{aligned}
$$

Daher gelten

$$
\begin{aligned}
\mathsf{A}_1(\underline{\xi})\underline{\lambda} &= \lambda_1 \xi_1 = 0, \\
\mathsf{A}_2(\underline{\xi})\underline{\lambda} &= \lambda_2 \xi_2 = 0, \\
\mathsf{A}_3(\underline{\xi})\underline{\lambda} &= \lambda_3(\xi_1 + \xi_2) = 0,
\end{aligned}
$$

womit

$$
\begin{aligned}
\mathcal{V} = \{ \, (\underline{\lambda}, \underline{\xi}) \in \mathbb{R}^3 \times (\mathbb{R}^2 \setminus \{0\}) \mid &\lambda_1 = \lambda_2 = 0 \text{ und } \xi_1 = -\xi_2 \\
&\text{oder } \lambda_1 = \lambda_3 = 0 \text{ und } \xi_2 = 0 \\
&) \text{ oder } \lambda_2 = \lambda_3 = 0 \text{ und } \xi_1 = 0 \, \},
\end{aligned}
$$

$$
\Lambda = \{ \, \underline{\lambda} \in \mathbb{R}^3 \mid \lambda_1 = \lambda_2 = 0 \text{ oder } \lambda_1 = \lambda_3 = 0 \text{ oder } \lambda_2 = \lambda_3 = 0 \, \},
$$

d. h. Λ besteht aus den Koordinatenachsen, und

$$
\mathcal{C} = \{ \, \underline{\xi} \in \mathbb{R}^2 \setminus \{0\} \mid \xi_1 = -\xi_2 \text{ oder } \xi_2 = 0 \text{ oder } \xi_1 = 0 \, \}.
$$

(k) Wir wollen kurz auf die Bemerkungen vor Beginn des Beispiels zurück-
kommen und betrachten aus Beispiel 2.11 das hyperbolische System
(2.50). Dann gilt für $\underline{\xi} = (\xi_0, \dots, \xi_{\mathsf{N}}) \in \mathbb{R}^{1+\mathsf{N}}$

$$
\underline{\underline{A}}(\underline{\xi}) =
\begin{pmatrix}
\xi_0 & -\sum\limits_{k=1}^{\mathsf{N}} a_{k1}\xi_k & \cdots & -\sum\limits_{k=1}^{\mathsf{N}} a_{k\mathsf{N}}\xi_k \\
-\xi_1 & \xi_0 & 0 & \cdots & 0 \\
-\xi_2 & 0 & \xi_0 & \ddots & \vdots \\
\vdots & \vdots & \vdots & \ddots & 0 \\
-\xi_n & 0 & 0 & 0 & \xi_0
\end{pmatrix}
$$

Alle weiteren Folgerungen wurden oben schon ausgeführt.

$\Diamond$

Es seien $\underline{\mathsf{A}}_1$, $\underline{\mathsf{A}}_2$ zwei Systeme (7.15) von partiellen Differentialgleichungen erster Ordnung mit konstanten Koeffizienten. Wir betrachten die anisotropen Sobolev-Räume $H^{\underline{\mathsf{A}}_1,p}(\Omega)$ und $H^{\underline{\mathsf{A}}_2,p}(\Omega)$ für $p \in [1,\infty]$. Es seien Λ_1 und Λ_2 die zugehörigen Mengen der Wellenamplituden. Die Beispiele 7.9 (a) und (c) zeigen, daß aus $\Lambda_1 = \Lambda_2$ nicht

$$H^{\underline{\mathsf{A}}_1,p}(\Omega) = H^{\underline{\mathsf{A}}_2,p}(\Omega)$$

folgt.

Wir knüpfen an Beispiel 7.9 (g)(i) an. Es seien $\mathsf{M} = \mathsf{N} = 2$ und $\underline{u} : \Omega \to \mathbb{R}^2$, d. h. $\underline{u}(x_1, x_2) = (v(x_1, x_2), w(x_1, x_2))$. Wir betrachten die zwei Systeme

$$\underline{\mathsf{A}}_1\underline{u} \;=\; \left(\frac{\partial v}{\partial x_1}, \frac{\partial w}{\partial x_2} \right),$$

$$\underline{\mathsf{A}}_2\underline{u} \;=\; \left(\frac{\partial v}{\partial x_2}, \frac{\partial w}{\partial x_1} \right).$$

gegeben. Dann haben wir

$$\Lambda_1 = \Lambda_2 = \{\, (\lambda_1, \lambda_2) \in \mathbb{R}^2 \mid \lambda_1 = 0 \ \text{oder} \ \lambda_2 = 0 \,\} \subset \mathbb{R}^2,$$

aber es gelten weder

$$H^{\underline{\mathsf{A}}_1,p}(\Omega) \subset H^{\underline{\mathsf{A}}_2,p}(\Omega) \qquad \text{noch} \qquad H^{\underline{\mathsf{A}}_2,p}(\Omega) \subset H^{\underline{\mathsf{A}}_1,p}(\Omega).$$

Auch gilt mit

$$\mathcal{V}_1 \;=\; \{\, (\underline{\lambda}, \underline{\xi}) \in \mathbb{R}^2 \times (\mathbb{R}^2 \setminus \{0\}) \mid \lambda_1\xi_1 = \lambda_2\xi_2 = 0 \,\},$$

$$\mathcal{V}_2 \;=\; \{\, (\underline{\lambda}, \underline{\xi}) \in \mathbb{R}^2 \times (\mathbb{R}^2 \setminus \{0\}) \mid \lambda_1\xi_2 = \lambda_2\xi_1 = 0 \,\},$$

daß $\mathcal{V}_1 \neq \mathcal{V}_2$ ist, da für $\lambda_1, \xi_2 \neq 0$ zum Beispiel $(\lambda_1, 0, 0, \xi_2) \in \mathcal{V}_1$, aber $(\lambda_1, 0, 0, \xi_2) \notin \mathcal{V}_2$. Aus den Mengen der Wellenamplituden können wir daher nicht auf stetige Einbettungen der anisotropen Sobolev-Räume schließen. Wir zeigen hierzu

Lemma 7.10: *Es sei $\Omega \subseteq \mathbb{R}^{\mathsf{N}}$ ein offenes Gebiet mit Lipschitz-Rand, siehe Nečas [93] sowie Anhang B.3, und $p \in]1,\infty[$. Es sei der anisotrope Sobolev-Raum $H^{\underline{\mathsf{A}},p}(\Omega)$ mit der zugehörigen Menge der Wellenamplituden Λ gegeben. Es ist genau dann $\Lambda = \{\underline{0}\}$, wenn*

$$H^{\underline{\mathsf{A}},p}(\Omega) = [W^{1,p}(\Omega)]^{\mathsf{M}}$$

gilt. Ist $\Lambda \neq \{\underline{0}\}$, so gilt

$$[W^{1,p}(\Omega)]^{\mathsf{M}} \subset H^{\underline{\mathsf{A}},p}(\Omega) \subseteq [L^p(\Omega)]^{\mathsf{M}}.$$

Beweis: Es sei $\Lambda = \{\underline{0}\}$. Dieses gilt genau dann, wenn $\underline{\underline{A}}(\underline{\xi})\underline{\lambda} \neq 0$ ist für alle $\underline{\xi} \neq 0$ und alle $\underline{\lambda} \neq 0$. Diese Aussage ist äquivalent dazu, daß für $\underline{\xi} \neq 0$ die $\mathsf{L} \times \mathsf{M}$-Matrizen

$$\underline{\underline{A}}(\underline{\xi}) = \left(\sum_{k=1}^{N} a_{jk}^{i} \xi_k \right)_{\substack{1 \leq i \leq \mathsf{L} \\ 1 \leq j \leq \mathsf{M}}}$$

den Rang M haben. Es gilt $\mathsf{L} \geq \mathsf{M}$. Nun folgt die Aussage aus Nečas [93, Théorème 3.7.8 und Remarque 3.7.2][6]. $\qquad\qquad\square$

7.3   Einschränkungen an Ableitungen

Wie wir z.B. in Abschnitt 6.2 gesehen haben, spielen Stetigkeitseigenschaften (Stetigkeit, Unterhalbstetigkeit) in der Lösungstheorie von Variationsaufgaben und Differentialgleichungen eine wichtige Rolle. Wir haben nun schon zwei Extreme kennengelernt. Zum einen zeigt der Hauptsatz über Superpositionsoperatoren, Satz 4.4, daß auf den L^p-Räumen eine sehr große Palette von bezüglich der Normtopologie stetigen nicht-linearen Operatoren und Funktionalen zur Verfügung steht. Zum anderen haben Satz 7.5 und Satz 7.6 gezeigt, daß die Stetigkeit, bzw. die Unterhalbstetigkeit, bezüglich der schwachen Konvergenz nur für sehr spezielle Funktionale und Operatoren gilt, was für die Behandlung nicht-linearer Probleme nicht sehr befriedigend ist.

In diesem Abschnitt wird der Frage nachgegangen, ob man durch die Einschränkung der betrachteten Folgen mittels zusätzlicher Voraussetzungen die schwache Stetigkeit bzw. Unterhalbstetigkeit bezüglich dieser speziellen Folgen für allgemeinere Superpositionsoperatoren $\widetilde{G} : [L^p(\Omega)]^{\mathsf{M}} \to L^q(\Omega)$ und Funktionale $\mathsf{F} : [L^p(\Omega)]^{\mathsf{M}} \to \mathbb{R}$ der Form (7.1) erhält. Es ist nämlich nicht so, daß bei Existenzbeweisen, vgl. Satz 6.8 oder später in Abschnitt 10.3, das Verhalten der nicht-linearen Funktionale auf *allgemeinen* schwach konvergenten Folgen interessiert, sondern eher auf *speziellen*, aus dem Problem gewonnenen Folgen.

Es sei $\Omega \subset \mathbb{R}^{\mathsf{N}}$ ein *beschränktes* Gebiet und $\mathsf{M} \in \mathbb{N}$. Wir werden den Fall betrachten, daß gewisse lineare Differentialoperatoren erster Ordnung auf die schwach konvergente Folge angewandt werden. Zur Vereinfachung führen wir die folgenden Voraussetzungen ein, die zu einem gegebenen Superpositionsoperator $\widetilde{G}$ auf $[L^p(\Omega)]^{\mathsf{M}}$ und einem System linearer Differentialgleichungen erster Ordnung als Bedingung an schwach konvergente Folgen $(\underline{u}_n)_{n \in \mathbb{N}} \subset [L^p(\Omega)]^{\mathsf{M}}$ gestellt werden:

Bedingung (H_0): *Es seien für ein $p \in [1, \infty]$ und für ein $q \in [1, \infty]$ der Operator $\widetilde{G} : [L^p(\Omega)]^{\mathsf{M}} \to L^q(\Omega)$ ein beschränkter Superpositionsope-*

---

[6]Der Autor dankt J. Nečas für den Hinweis auf den Beweis dieser Aussage.

rator, d.h., er bildet beschränkte Mengen auf beschränkte Mengen ab, vergleiche Satz 4.4.

Weiter seien $I \in \mathbb{N}$ und Zahlen $a^i_{jk} \in \mathbb{R}$ für $i = 1, \ldots, I$, $j = 1, \ldots, \mathsf{M}$ und $k = 1, \ldots, \mathsf{N}$ gegeben. Mit diesen definieren wir die linearen Differentialoperatoren erster Ordnung A_i, $i = 1, \ldots, I$, durch

$$(7.20) \qquad \mathsf{A}_i \, \underline{w} = \sum_{j=1}^{\mathsf{M}} \sum_{k=1}^{\mathsf{N}} a^i_{jk} \frac{\partial w^j}{\partial x_k}$$

für $\underline{w} = (w^1, \ldots, w^{\mathsf{M}}) \in [L^p(\Omega)]^{\mathsf{M}}$, wobei die Differentiation im Distributionensinn zu verstehen ist, siehe Anhang C.2.

Außerdem sei $(\underline{u}_n)_{n \in \mathbb{N}} \subset [L^p(\Omega)]^{\mathsf{M}}$ eine Folge. Dann fordern wir:

(1) Es gebe ein $\underline{u} \in [L^p(\Omega)]^{\mathsf{M}}$ mit

$$\underline{u}_n \rightharpoonup \underline{u} \quad \text{in} \quad [L^p(\Omega)]^{\mathsf{M}} \quad (\textit{bzw.} \; \overset{*}{\rightharpoonup} \; \textit{falls} \;\; p = \infty \,).$$

(2) Es gebe ein $\bar{g} \in L^q(\Omega)$ mit

$$\widetilde{G}(\underline{u}_n) \rightharpoonup \bar{g} \quad \text{in} \quad L^q(\Omega) \quad (\textit{bzw.} \; \overset{*}{\rightharpoonup} \; \textit{falls} \;\; q = \infty \,).$$

(3) Weiter gelte auf dem Gebiet Ω

$$\mathsf{A}_i(\underline{u}_n - \underline{u}) = \underline{0}$$

für $i = 1, \ldots, I$ und alle $n \in \mathbb{N}$.

$\diamond$

Satz 7.11: *Es sei für $p, q \in [1, \infty]$ ein Superpositionsoperator $\widetilde{G} : [L^p(\Omega)]^{\mathsf{M}} \to L^q(\Omega)$ gegeben.*

(a) *Die Carathéodory-Funktion G sei schwach unterhalbstetig bezüglich aller Folgen, die der Bedingung (H_0) genügen. Dann sind die stetigen Funktionen $G(x, \cdot)$ für fast alle $x \in \Omega$ in den Richtungen aus $\Lambda \subseteq \mathbb{R}^{\mathsf{M}}$ konvex, d.h., $G(x, \underline{P} + s\underline{\lambda})$ ist konvex in $s \in \mathbb{R}$ für alle $\underline{P} \in \mathbb{R}^{\mathsf{M}}$, alle $\underline{\lambda} \in \Lambda$ und fast alle $x \in \Omega$.*

(b) *Die Carathéodory-Funktion G sei schwach stetig bezüglich aller Folgen, die der Bedingung (H_0) genügen. Dann sind die stetigen Funktionen $G(x, \cdot)$ für fast alle $x \in \Omega$ in den Richtungen aus Λ affin linear.*

Beweis: Wiederum ist (b) eine einfache Folgerung aus (a).

Es seien ein Punkt $\underline{P} \in \mathbb{R}^M$ und eine Richtung $\underline{\lambda} \in \Lambda \subseteq \mathbb{R}^M$ beliebig aber fest gewählt. Weiter seien zwei Punkte $\underline{c} = \underline{P} + s_1\underline{\lambda}$ und $\underline{d} = \underline{P} + s_2\underline{\lambda}$, mit $s_1, s_2 \in \mathbb{R}$, beliebig auf der Geraden $s \to \underline{P} + s\underline{\lambda}$ in $\mathbb{R}^M$ bestimmt. Außerdem sei eine Zahl $\mu \in]0, 1[$ beliebig gegeben. Wir betrachten den Punkt

$$\underline{y} = \mu\underline{c} + (1 - \mu)\,\underline{d} \in \mathbb{R}^M.$$

Wegen

$$\underline{c} - \underline{y} = (1 - \mu)(\underline{c} - \underline{d}) \in \Lambda$$

können wir $\underline{c} - \underline{y} = \widetilde{\lambda}$ setzen, dann gelten

$$\underline{c} = \underline{y} + \widetilde{\lambda}$$

und

$$\begin{aligned}
\underline{d} &= \left(\frac{1}{1-\mu}\right)\underline{y} - \left(\frac{\mu}{1-\mu}\right)\underline{c} = \left(\frac{1}{1-\mu}\right)\underline{y} - \left(\frac{\mu}{1-\mu}\right)\underline{y} - \left(\frac{\mu}{1-\mu}\right)\widetilde{\lambda} \\
&= \underline{y} - \left(\frac{\mu}{1-\mu}\right)\widetilde{\lambda}
\end{aligned}$$

mit $\widetilde{\lambda} \in \Lambda$. Es seien $\widetilde{\lambda} \in \Lambda$ und $\underline{\xi} \in \mathbb{R}^N \setminus \{0\}$ derart gewählt, daß $\underline{A}(\underline{\xi})\widetilde{\lambda} = \underline{0}$ ist, d.h. $(\widetilde{\lambda}, \underline{\xi}) \in \mathcal{V}$.

Es seien $\underline{Z}_1, \ldots, \underline{Z}_N$ orthonormale Vektoren, d.h.

$$\langle \underline{Z}_i \,,\, \underline{Z}_j \rangle_{\mathbb{R}^N} = \delta_{ij} \qquad \text{für } 1 \leq i, j \leq N.$$

Dabei gelte

$$\underline{Z}_1 = \frac{1}{|\underline{\xi}|}\underline{\xi}.$$

Wir betrachten den offenen Einheitsquader Q, der bei $z \in \mathbb{R}^N$ von den orthonormalen Vektoren $\underline{Z}_1, \ldots, \underline{Z}_N$ aufgespannt wird, siehe (5.6). Wir nehmen an, es sei $\overline{Q} \subset \Omega$, sonst müssen wir den Quader Q verschieben und mit einer geeigneten Skalierung arbeiten.

Außerdem sei zu einem $\mu \in]0, 1[$ der Teilquader $Q(\underline{\xi}) \subset Q$ bei $z = 0$ von den Vektoren

$$\mu \cdot \underline{Z}_1, \underline{Z}_2, \ldots, \underline{Z}_N$$

aufgespannt. Dann gilt $\lambda^N(Q(\underline{\xi})) = \mu$.

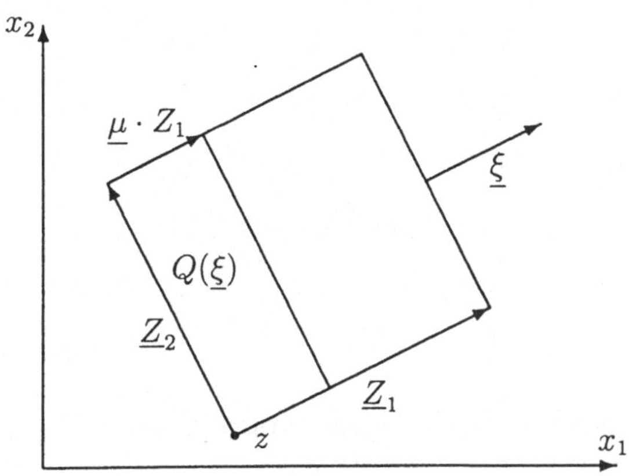

Abbildung 7.1: Die Quader Q und $Q(\underline{\xi})$ in $\mathbb{R}^2$.

Wir definieren $\phi \in L^\infty(\mathbb{R}^N)$ auf dem Quader Q durch

$$\phi(x) := \begin{cases} 1 & \text{für} \quad x \in Q(\underline{\xi}) \\ \dfrac{-\mu}{1-\mu} & \text{für} \quad x \in Q \setminus Q(\underline{\xi}) \end{cases}$$

und setzen dann ϕ auf $\mathbb{R}^N$ bezüglich Q periodisch fort. Nun führen wir

$$\underline{\zeta}(x) := \widetilde{\underline{\lambda}}\phi(x)$$

ein. Wir wollen zeigen, daß die über $\underline{\zeta}_n(x) = \underline{\zeta}(nx)$ definierte oszillatorische Folge $\underline{\zeta}_n \in L^p_\pi(Q)$ für $p \in [1, \infty]$ der Bedingung (H_0) mit $\underline{u} = \underline{0}$ genügt.
Es gilt

$$\int_Q \underline{\zeta}(x)\, dx = \widetilde{\underline{\lambda}} \int_Q \phi(x)\, dx = \widetilde{\underline{\lambda}} \int_{Q(\underline{\xi})} dx - \left(\frac{\mu}{1-\mu}\right) \widetilde{\underline{\lambda}} \int_{Q \setminus Q(\underline{\xi})} dx = \underline{0}.$$

Wegen $\underline{\zeta} \in [L^\infty(Q)]^M$ folgt $\underline{\zeta} \in [L^p(Q)]^M$ und nach Lemma 5.24 gilt $\underline{\zeta}_n \rightharpoonup \underline{0}$.

Wir müssen noch für die periodische Fortsetzung von $\underline{\zeta}$ zeigen, daß $\underline{A}\underline{\zeta} = \underline{0}$ auf $\mathbb{R}^N$ ist. Wir berechnen zuerst $\frac{\partial}{\partial x_k}\underline{\zeta}(x)$ als distributionelle Ableitung, siehe Anhang C.2. Es sei $\Psi \in C_0^\infty(Q) = \mathcal{D}(Q)$ und $\Gamma_{\underline{\xi}}$ die Hyperebene in Q, auf der $\underline{\zeta}$ die Sprungunstetigkeit hat. Die äußere Einheitsnormale an $Q(\underline{\xi})$ längs

$\Gamma_{\underline{\xi}}$ ist der Vektor $\underline{Z}_1 = \frac{1}{|\underline{\xi}|}\underline{\xi}$. Es folgt für $j = 1, \ldots, \mathsf{M}$ mit $\underline{\zeta} = (\zeta^1, \ldots, \zeta^{\mathsf{M}}) = \phi \cdot (\widetilde{\lambda}_1, \ldots, \widetilde{\lambda}_{\mathsf{M}})$

$$\left\langle \frac{\partial \zeta^j}{\partial x_k} , \Psi \right\rangle_{\mathcal{D}(Q)} = -\left\langle \zeta^j , \frac{\partial \Psi}{\partial x_k} \right\rangle_{\mathcal{D}(Q)}$$

$$= -\int_Q \zeta^j(x) \frac{\partial \Psi}{\partial x_k}(x)\, dx$$

$$= -\int_{Q(\underline{\xi})} \widetilde{\lambda}_j \frac{\partial \Psi}{\partial x_k}(x)\, dx + \int_{Q \backslash Q(\underline{\xi})} \left(\frac{\widetilde{\lambda}_j \mu}{1 - \mu}\right) \frac{\partial \Psi}{\partial x_k}(x)\, dx.$$

Durch partielle Integration folgt wegen $\operatorname{supp} \Psi \subset Q$

$$\left\langle \frac{\partial \zeta^j}{\partial x_k} , \Psi \right\rangle_{\mathcal{D}(Q)} = -\int_{\Gamma_{\underline{\xi}}} \widetilde{\lambda}_j \Psi \frac{\xi_k}{|\underline{\xi}|}\, dS - \int_{\Gamma_{\underline{\xi}}} \left(\frac{\widetilde{\lambda}_j \mu}{1 - \mu}\right) \Psi \frac{\xi_k}{|\underline{\xi}|}\, dS$$

$$= -\left(\frac{\widetilde{\lambda}_j}{1 - \mu}\right) \frac{\xi_k}{|\underline{\xi}|} \int_{\Gamma_{\underline{\xi}}} \Psi\, dS$$

$$= -\left(\frac{\widetilde{\lambda}_j}{1 - \mu}\right) \frac{\xi_k}{|\underline{\xi}|} \langle \nu , \Psi \rangle_{C^0(\overline{Q})}$$

mit dem bezüglich des Lebesgue-Maßes λ^{N} singulären Radon-Maß ν, definiert durch

$$\langle \nu , \varphi \rangle_{C^0(\overline{Q})} := \int_{\Gamma_{\underline{\xi}}} \varphi\, dS$$

für alle $\varphi \in C^0(\overline{Q})$. Nun folgt aus $\underline{A}(\underline{\xi})\widetilde{\underline{\lambda}} = \underline{0}$ die Distributionengleichung

$$\sum_{j=1}^{\mathsf{M}} \sum_{k=1}^{\mathsf{N}} a_{jk}^i \frac{\partial \zeta^j}{\partial x_k} = \left(\sum_{j=1}^{\mathsf{M}} \sum_{k=1}^{\mathsf{N}} a_{jk}^i \widetilde{\lambda}_j \xi_k\right) \cdot \frac{-1}{1 - \mu} \cdot \frac{1}{|\underline{\xi}|} \langle \nu , \cdot \rangle_{C^0(\overline{Q})} = 0.$$

Analog kann man für Testfunktionen, die ihren Träger über den Sprung am zu $\Gamma_{\underline{\xi}}$ parallelen Rand von Q haben, das gleiche Resultat zeigen. Somit liegen sowohl $\underline{\zeta}$ als auch die Folgenelemente $\underline{\zeta}_n$ im Kern von $\underline{A}$. Die Folge erfüllt die Bedingung (H_0). Das gleiche gilt für die Folge $\underline{\zeta}_n + \underline{y}$, die schwach gegen die konstante Funktion $\underline{y}$ konvergiert. Da die Carathéodory-Funktion G nach Voraussetzung für diese Folge schwach unterhalbstetig ist, gilt für fast alle $x_0 \in \Omega$ bei Anwendung von Lemma 5.24

$$\mu\, G(x_0, \underline{c}) + (1 - \mu)\, G(x_0, \underline{d}) = G(x_0, \underline{c}) \int_{Q(\underline{\xi})} dx + G(x_0, \underline{d}) \int_{Q \backslash Q(\underline{\xi})} dx$$

$$= \int_{Q(\underline{\xi})} G(x_0, \underline{y} + \widetilde{\underline{\lambda}}) \, dx + \int_{Q \setminus Q(\underline{\xi})} G\left(x_0, \underline{y} - \left(\frac{\mu}{1-\mu}\right) \widetilde{\underline{\lambda}}\right) dx$$

$$= \int_Q G(x_0, \underline{y} + \underline{\zeta}(x)) \, dx = \operatorname*{w\text{-}lim}_{n \to \infty} G(x_0, \underline{y} + \underline{\zeta}_n)$$

$$\geq \quad G(x_0, \underline{y}) = G(x_0, \mu \, \underline{c} + (1 - \mu) \, \underline{d}),$$

d.h. die zu zeigende Konvexität. $\square$

Wir wollen die Bezeichnung „oszillatorische Varietät" für $\mathcal{V}$ erläutern, siehe auch DiPerna [32] und Tartar [119].

Beispiel 7.12: Es sei $(\underline{\lambda}, \underline{\xi}) \in \mathcal{V}$, d. h. $\underline{A}(\underline{\xi})\underline{\lambda} = \underline{0}$. Weiter seien Q der offene Einheitsquader und $Q(\underline{\xi}) \subset Q$ der Teilquader mit $\lambda^N(Q(\underline{\xi})) = \mu$ wie im Beweis in Satz 7.11.

Weiterhin seien $\underline{a}, \underline{b} \in \mathbb{R}^M$ mit $\underline{a} - \underline{b} = \underline{\lambda} \in \Lambda$. Wir definieren $\underline{u} \in L^\infty(\mathbb{R}^N)$ auf dem Einheitsquader Q durch

$$\underline{u}(x) = \begin{cases} \underline{a} & \text{für} \quad x \in Q(\underline{\xi}) \\[2mm] \underline{b} & \text{für} \quad x \in Q \setminus Q(\underline{\xi}) \end{cases}$$

und setzen dann $\underline{u}$ auf $\mathbb{R}^N$ bezüglich Q periodisch fort. Wie im Beweis von Satz 7.11 zeigt man $\underline{A}\,\underline{u} = \underline{0}$.

Betrachten wir zu $\underline{u} \in L^\infty_\pi(Q)$ die oszillatorische Folge $(\underline{u}_n)_{n \in \mathbb{N}} \subset L^\infty_\pi(Q)$. Nach Satz 5.24 gilt

$$\underline{u}_n \quad \overset{*}{\rightharpoonup} \quad \overline{\underline{u}} = \int_Q \underline{u}(x) \, dx = \mu \, \underline{a} + (1 - \mu) \, \underline{b}.$$

Die oszillatorische Folge $(\underline{u}_n)_{n \in \mathbb{N}}$ erfüllt die Bedingungen (H_0) (1) und (3). $\Diamond$

Folgen, die in der eben gezeigten Weise in einer Richtung oszillieren, bezeichnet man auch als **oszillatorische Folgen der Kodimension 1** zu dem Gleichungssystem $\underline{A}\,\underline{u} = \underline{0}$. Die oszillatorische Varietät beschreibt die möglichen Sprungunstetigkeiten in solchen oszillatorischen Folgen der Kodimension 1, wobei jedes Tupel $(\underline{\lambda}, \underline{\xi}) \in \mathcal{V}$ eine zulässige Normalrichtung $\underline{\xi} \in C$ der Unstetigkeitsflächen und eine zulässige Sprunghöhe $\underline{\lambda} \in \Lambda$ derart darstellt, daß $\underline{A}\,\underline{u}_n = \underline{0}$ gilt.

Es sei $(\underline{\lambda}, \underline{\xi}) \in \mathcal{V}$, dann setzen wir

$$\underline{u}(x, \underline{\xi}) = \underline{\lambda}\, e^{2\pi i \langle x, \underline{\xi} \rangle}$$

und bezeichnen die Funktion $\underline{u} : \mathbb{R}^N \times \mathbb{R}^N \to \mathbb{C}^M$ als **oszillatorischen Kern** zu $\underline{A}$ mit **Wellenamplitude** $\underline{\lambda} \in \Lambda$. Für jedes $\underline{\xi} \in \mathcal{C}$ ist $\underline{u}(\cdot, \underline{\xi}) \in L_\pi^\infty(Q)$. Es ist $\underline{u} \in \ker A$, denn für $i = 1, \dots, \mathsf{L}$ gilt mit (7.18)

$$
\begin{aligned}
0 &= \underline{A}_i(\underline{\xi})\,\underline{\lambda}\,e^{2\pi i \langle x, \underline{\xi}\rangle} = \underline{A}_i(\underline{\xi})\,\underline{u}(x, \underline{\xi}) \\
&= A_i\,\underline{\lambda}\,e^{2\pi i \langle x, \underline{\xi}\rangle} = A_i\,\underline{u}(x, \underline{\xi}).
\end{aligned}
$$

Somit entsprechen alle Elemente $(\underline{\lambda}, \underline{\xi}) \in \mathcal{V}$ einem oszillatorischen Kern zu $\underline{A}$. Mit $\underline{u}^n(x, \underline{\xi}) = \underline{u}(nx, \underline{\xi})$ für $n \in \mathbb{N}$ erhalten wir eine oszillatorische Folge in $\mathrm{Ker}\underline{A}$ mit $\underline{u}^n(\cdot, \underline{\xi}) \xrightarrow{*} \underline{0}$ in $[L_\pi^\infty(Q(\underline{\xi}))]^M$. Es ist aber für $\mu \in {]0, 1[}$

$$
\lambda^N\left(\{x \in Q(\underline{\xi}) \mid |\underline{u}^n(x, \underline{\xi})| > \mu|\lambda| \}\right) = \lambda^N\left(\{x \in Q(\underline{\xi}) \mid |\underline{u}(x, \underline{\xi})| > \mu|\lambda| \}\right).
$$

Somit gilt nach Satz 5.26 nicht die starke Konvergenz.

Wir wollen Beispiel 7.9 erneut betrachten:

Beispiel 7.13: Die Beispiele 7.9 (a) und (c) sind wegen $\Lambda = \mathbb{R}^N$ nicht interessant.

(b) In diesem Fall war $\Lambda = \{\underline{0}\}$, d.h., es gibt keine Einschränkung an die Carathéodory-Funktion G. Falls die Bedingung (H_0) gilt, ist $\underline{u}_n - \underline{u} \in [W^{1,p}(\Omega)]^M$, da wir

$$
\frac{\partial(u_n^j - u^j)}{\partial x_k} = 0
$$

für alle $n \in \mathbb{N}$ und alle $j = 1, \dots, \mathsf{M}, k = 1, \dots, \mathsf{N}$, und damit

$$
\left\| \frac{\partial(\underline{u}_n - \underline{u})}{\partial x_k} \right\|_{[L^p(\Omega)]^M} = 0
$$

erhalten. Die Folge der Ableitungen von $\underline{u}_n - \underline{u}$ konvergiert in $[L^p(\Omega)]^M$. Mit dem Satz von Rellich 8.3 folgt die starke Konvergenz in $[L^p(\Omega)]^M$. Wegen der starken Konvergenz können wir dann mit Satz 4.4 die Stetigkeit des Superpositionsoperators $\widetilde{G}$ nutzen und haben daher keine Einschränkung an die Carathéodory-Funktion G. Alle diese Funktionen sind stetig bezüglich dieser Nullfolgen.

(d) Es war $\underline{u} = (\underline{v}, \underline{w}) \in \mathbb{R}^N \times \mathbb{R}^N$ und

$$
\nabla \cdot \underline{v} = 0, \quad \nabla \times \underline{w} = \underline{0}.
$$

Weiter hatten wir

$$
\Lambda = \{ (\underline{\lambda}, \underline{\mu}) \in \mathbb{R}^{2N} \mid \underline{\lambda} \perp \underline{\mu} \}.
$$

Es ist zum Beispiel das Skalarprodukt $\langle \underline{v} , \underline{w} \rangle_{\mathbb{R}^N}$ wegen

$$\langle (\underline{v} + s\underline{\lambda}) , (\underline{w} + s\underline{\mu}) \rangle_{\mathbb{R}^N} = \langle \underline{v} , \underline{w} \rangle_{\mathbb{R}^N} + s (\langle \underline{\lambda} , \underline{w} \rangle_{\mathbb{R}^N} + \langle \underline{v} , \underline{\mu} \rangle_{\mathbb{R}^N})$$

affin in $s \in \mathbb{R}$. Daß in diesem Fall das Skalarprodukt schwach stetig ist, ist die Aussage des Div-Rot-Lemmas 8.7. Dazu muß aber eine Umkehrung von Satz 7.11 gezeigt werden.

(e) Es war

$$\Lambda = \{ \underline{\lambda} \in \mathbb{R}^{NP} \mid \underline{\lambda}_k \| \underline{\lambda}_j \quad \text{für alle} \quad k, j = 1, \ldots, P \},$$

d.h. die Menge aller $N \times P$-Matrizen mit Rang maximal 1. Nach Satz 7.11 ist eine notwendige Bedingung für die schwache Stetigkeit der Folgen, die die Bedingung (H_0) erfüllen, daß $G(x, \underline{\underline{P}} + s\underline{\lambda})$ affin in $s \in \mathbb{R}$ für alle $\underline{\underline{P}} \in \mathbb{R}^{NP}, \underline{\lambda} \in \Lambda$ ist. Dies wäre zum Beispiel für alle Subdeterminanten der $N \times P$-Matrix $\underline{\underline{u}} = (\nabla v_1, \ldots, \nabla v_P)$ und geeigneten aus ihnen gebildeten Funktionen erfüllt.

(f) Für $P \geq N$ war

$$\Lambda \;=\; \{ \underline{\lambda} \in \mathbb{R}^{NP} \mid \det(\underline{\lambda}_{l(1)}, \ldots, \underline{\lambda}_{l(N)}) = 0 \;\text{für alle}$$
$$\text{Teilmengen} \;\{l(1), \ldots, l(N)\} \subset \{1, \ldots, P\} \;\} \subset \mathbb{R}^{NP},$$

d.h. alle $N \times P$-Matrizen mit Rang maximal $N - 1$. Nach Satz 7.11 ist eine notwendige Bedingung für die schwache Stetigkeit der Folgen, die (H_0) erfüllen, daß $G(x, \underline{\underline{P}} + s\underline{\lambda})$ affin in $s \in \mathbb{R}$ für alle $\underline{\underline{P}} \in \mathbb{R}^{NP}, \underline{\lambda} \in \Lambda$ ist. Dies wäre zum Beispiel im Fall $N = 2$ für alle 2×2-Determinanten der Fall.

(g) (i) Es war

$$\Lambda = \{ (\lambda_1, \lambda_2) \in \mathbb{R}^2 \mid \lambda_1 = 0 \;\text{oder}\; \lambda_2 = 0 \}.$$

In diesem Fall müssen die Funktionen $G(x, \cdot)$ für fast alle $x \in \Omega$ in jeder Komponente $\underline{u} = (v, w)$ affin sein. Dies wäre zum Beispiel bei $G(v, w) = v \cdot w$ der Fall. Eine analoge Aussage gilt für die Konvexität.

(ii) Es war

$$\Lambda = \{ (\lambda_1, \lambda_2) \in \mathbb{R}^2 \mid |\lambda_1| = |\lambda_2| \}.$$

In diesem Fall ist zum Beispiel die Funktion $G(v, w) = v^2 - w^2$ auf Λ affin.

(iii) Es war $\Lambda = \{ \underline{0} \}$ wie bei (b). Aus Lemma 7.10 folgt $H^{A,p}(\Omega) = W^{1,p}(\Omega)$. Damit gelten auch in diesem Fall die unter (b) gemachten Bemerkungen zur starken Konvergenz.

(h) Wie bei (b) und (g)(iii) ist $\Lambda = \{\ \underline{0}\ \}$.

(j) Siehe Beispiel 7.14.

$\diamond$

Die Frage nach Umkehrungen von Satz 7.11, d.h. nach hinreichenden Bedingungen für die schwache (Schwach-$*$-) Unterhalbstetigkeit von $\widetilde{G}$ bezüglich Folgen, die der Bedingung (H_0) genügen, wird in Abschnitt 8.2 betrachtet. Daß dieses nicht ohne Einschränkungen möglich ist, soll an folgendem Beispiel gezeigt werden:

Beispiel 7.14 (Murat/Tartar): Wir greifen Beispiel 7.9 (j) wieder auf. Es war

$$\Lambda = \{\ \underline{\lambda} \in \mathbb{R}^3 \mid \lambda_1 = \lambda_2 = 0 \ \text{ oder } \ \lambda_1 = \lambda_3 = 0 \ \text{ oder } \ \lambda_2 = \lambda_3 = 0\ \}$$

ist. Damit ist zum Beispiel die Funktion

$$G(s_1, s_2, s_3) = s_1 s_2 s_3$$

affin auf Λ, denn $G(\underline{\lambda}) = 0$ für $\underline{\lambda} \in \Lambda$. Wir betrachten in $[L^\infty(\Omega)]^3$ die Folge

$$\underline{u}_n = \begin{pmatrix} \alpha_n \\ \beta_n \\ \gamma_n \end{pmatrix} = \begin{pmatrix} \sin ny \\ \cos nx \\ \sin(n(x-y)) \end{pmatrix} \overset{*}{\rightharpoonup} \underline{0}.$$

Es gilt

$$\frac{\partial \alpha_n}{\partial x} = 0, \quad \frac{\partial \beta_n}{\partial y} = 0 \quad \text{und} \quad \frac{\partial \gamma_n}{\partial x} + \frac{\partial \gamma_n}{\partial y} = 0,$$

d.h., die Bedingung (H_0) ist erfüllt. Nun gilt

$$\begin{aligned}
G(\alpha_n, \beta_n, \gamma_n) &= \alpha_n \beta_n \gamma_n = \sin ny \cdot \cos nx \cdot \sin n(x-y) \\
&= \sin nx \cdot \cos nx \cdot \sin ny \cdot \cos ny - \sin^2 ny \cdot \cos^2 nx \\
&= \frac{1}{4} \sin 2nx \cdot \sin 2ny - \frac{1}{4}(1 - \cos 2ny)(1 + \cos 2nx) \\
&= \frac{1}{8} \cos(2n(x-y)) + \frac{1}{8} \cos(2n(x+y)) \\
&\quad - \frac{1}{4} + \frac{1}{4} \cos 2ny - \frac{1}{4} \cos 2nx + \frac{1}{4} \cos 2ny \cdot \cos 2nx.
\end{aligned}$$

Mit Lemma 5.24 gilt $\sin nx \overset{*}{\rightharpoonup} 0$, $\cos nx \overset{*}{\rightharpoonup} 0$ etc., und wegen der Identität $\frac{1}{4}\cos 2ny \cdot \cos 2nx = \frac{1}{8}[\cos 2n(y-x) + \cos 2n(y+x)]$ folgt weiter $G(\alpha_n, \beta_n, \gamma_n) \overset{*}{\rightharpoonup} -\frac{1}{4} \neq 0$. Es gilt daher keine schwache Stetigkeit und auch keine Unterhalbstetigkeit.

$\diamond$

Kapitel 8

Kompensierte Kompaktheit

Um die schwache Konvergenz von Bildfolgen und insbesondere die schwache
Stetigkeit gewisser Folgen bei nicht-linearen Superpositionsoperatoren zu erhalten, gibt es zwei Vorgehensweisen. Die eine besteht darin, über Kompaktheitssätze, Satz von Arzela-Ascoli 8.1 sowie Satz von Kolmogoroff 8.2 oder
kompakte Einbettungen von Funktionenräumen eine stark konvergente Teilfolge zu erhalten, deren Bildfolge wegen der starken Stetigkeit des Superpositionsoperators stark konvergiert. Wie wir im Abschnitt 7.3 gesehen hatten,
entspricht dieses dem Fall $\Lambda = \{\underline{0}\}$, d.h. einer sehr starken Einschränkung
an die verwendeten Folgen. Die damit verbundenen Voraussetzungen sind oft
nicht erfüllbar. Abschwächungen würden Umkehrungen der Aussagen des Satzes 7.11 darstellen, d.h. Resultate derart, daß man aus der Konvexität bzw. der
affinen Linearität von Carathéodory-Funktionen in Richtungen aus $\Lambda \subseteq \mathbb{R}^M$
auf schwache Unterhalbstetigkeit bzw. schwache Stetigkeit des Superpositionsoperators schließen könnte. Beispiel 7.14 hat gezeigt, daß wir dieses allein unter
den Voraussetzungen von Satz 7.11 nicht erwarten können.

In diesem Kapitel betrachten wir zuerst Kompaktheitssätze und kompakte
Einbettungen. Anschließend wird eine Umkehrung von Satz 7.11 für quadratische Funktionale gezeigt. Einen Spezialfall stellt das Div-Rot-Lemma 8.7[1]
von Murat dar, das bei dem Beweis des Existenzsatzes von Tartar in Kapitel
10 angewendet wird. Weiterhin zeigen wir noch ein Lemma von Murat über
Kompaktheit in Dualräumen von Sobolev-Räumen, das im Zusammenhang
mit Entropieungleichungen interessant ist und auch für den Existenzsatz in
Kapitel 10 benötigt wird. Schließlich wird in diesem Zusammenhang die Tatsache diskutiert, daß bei konvexen Funktionalen und monotonen Operatoren
die schwache Stetigkeit spezieller Folgen mittels struktureller Eigenschaften
erzielt wird.

---

[1]Bekannt als „Div-Curl Lemma" (engl.).

8.1 Kompaktheit in Funktionenräumen

Es sei $\Omega \subseteq \mathbb{R}^N$ ein Gebiet, d.h. offen und zusammenhängend. In den Räumen $L^p(\Omega; \mathbb{K})$ für $p \in]1, \infty[$ hat jede beschränkte Folge nach Lemma 5.14 eine schwach konvergente, bzw., falls $p = \infty$, eine schwach-$*$-konvergente Teilfolge. Da diese Räume bezüglich der Normtopologie metrische Räume sind, fällt die Frage nach den beschränkten Mengen, die kompakt sind, mit der Frage nach stark konvergenten Teilfolgen beschränkter bzw. schwach/schwach-$*$-konvergenter Folgen zusammen, d.h., es muß zwischen Kompaktheit und Folgenkompaktheit nicht unterschieden werden.[2] Eine wichtige Charakterisierung der kompakten Mengen ist durch den Satz von Kolmogoroff 8.2 gegeben.

Wegen seiner zentralen Bedeutung wollen wir zuerst den Satz von Arzela-Ascoli betrachten. Dazu sei $K \subset \mathbb{R}^N$ eine kompakte Teilmenge und $\mathbb{K} = \mathbb{R}$ oder $\mathbb{K} = \mathbb{C}$. Wir sagen, eine Teilmenge von Funktionen $\mathcal{K} \subset C^0(K; \mathbb{K})$ sei **gleichgradig stetig**, wenn für jedes $x \in K$ und jedes $\varepsilon > 0$ es ein von $f \in \mathcal{K}$ unabhängiges $\delta > 0$ derart gibt, daß $|f(x + h) - f(x)| < \varepsilon$ ist für alle $f \in \mathcal{K}$ und alle $h \in \mathbb{R}^N$ mit $x + h \in K$ und $|h| < \delta$.[3] Weiter sagen wir, eine Menge sei **relativ-kompakt**, wenn ihr topologischer Abschluß kompakt ist. In diesem Zusammenhang gilt nun der folgende Satz.

Satz 8.1 (Arzela-Ascoli): *Es sei $K \subset \mathbb{R}^N$ kompakt, dann ist eine Teilmenge $\mathcal{K} \subset C^0(K; \mathbb{K})$ relativ-kompakt bezüglich der Normtopologie des Banach-Raumes $(C^0(K; \mathbb{K}), \| \cdot \|_\infty)$ genau dann, wenn*

  (i) *$\mathcal{K}$ beschränkt ist*

und

  (ii) *$\mathcal{K}$ gleichgradig stetig ist.*

Beweis: „$\Rightarrow$"

(i) Folgt aus der Tatsache, daß kompakte Mengen normierter Räume beschränkt sind, weil sie von einer endlichen Anzahl beschränkter Kugeln überdeckt werden.

---

[2] Siehe Boto von Querenburg [102, Satz 8.34], Franz [43, Satz 23.2] oder Lang [74, Kapitel II].

[3] Bei der ε-δ-Stetigskeitsdefinition für eine Funktion f in einem Punkt $x \in K$ ist δ ein $\delta(x, f, \varepsilon)$. Bei der gleichmäßigen Stetigkeit hängt δ nicht von $x \in K$ ab, d.h. wir haben $\delta(f, \varepsilon)$. Bei der gleichgradigen Stetigkeit haben wir $\delta(x, \varepsilon)$ für alle $f \in \mathcal{K}$.

(ii) Es seien $x \in K$ und $\varepsilon > 0$ beliebig, aber fest gewählt. Da $\mathcal{K}$ relativ-kompakt ist, existieren endlich viele $f_1, \ldots, f_n \in \mathcal{K}$, $n \in \mathbb{N}$, derart, daß die offenen Kugeln

$$B\left(f_j, \frac{\varepsilon}{3}\right) = \left\{ f \in \mathcal{K} \mid \|f - f_j\|_\infty < \frac{\varepsilon}{3} \right\}$$

eine endliche offene Überdeckung von $\mathcal{K}$ bilden, d.h., zu jedem $f \in \mathcal{K}$ gibt es mindestens ein $j \in \{1, \ldots, n\}$, so daß $\|f - f_j\|_\infty < \frac{\varepsilon}{3}$ gilt. Die Menge

$$V(x) = \left\{ x + h \in K \mid |f_j(x) - f_j(x+h)| < \frac{\varepsilon}{3} \quad \text{für} \quad j = 1, \ldots, n \right\}$$

ist offen in K und enthält daher eine Umgebung

$$V_\delta(x) = \left\{ x + h \in V \mid |h| < \delta \right\}.$$

Dieses ist das gesuchte δ, denn nun gilt für beliebiges $f \in \mathcal{K}$ mit zugehörigem f_j und beliebiges $y \in V_\delta(x)$

$$\begin{aligned}
|f(x) - f(y)| &\leq |f(x) - f_j(x)| + |f_j(x) - f_j(y)| + |f_j(y) - f(y)| \\
&\leq \frac{\varepsilon}{3} + \frac{\varepsilon}{3} + \frac{\varepsilon}{3} = \varepsilon.
\end{aligned}$$

Somit ist $\mathcal{K}$ gleichgradig stetig.

„$\Leftarrow$" Wir müssen zeigen, daß jede Folge $(f_n)_{n \in \mathbb{N}} \subset \mathcal{K}$ eine Teilfolge besitzt, die eine Cauchy-Folge ist. Es seien daher eine solche Folge und ein $\varepsilon > 0$ beliebig, aber fest gewählt.

Da $\mathcal{K}$ gleichgradig stetig ist, gibt es zu diesem $\varepsilon > 0$ und zu jedem $x \in K$ ein $\delta > 0$ unabhängig von $f \in \mathcal{K}$ derart, daß

$$|f(x) - f(x+h)| < \frac{\varepsilon}{3}$$

ist für alle $x + h \in K$ mit $|h| < \delta$. Da K kompakt ist, finden wir ein $\delta > 0$ unabhängig von $x \in K$ und $f \in \mathcal{K}$ sowie endlich viele x_j, $j = 1, \ldots, \mathrm{M}$ derart, daß die Kugeln

$$B(x_j, \delta) = \left\{ y \in K \mid |y - x_j| < \delta \right\}$$

ganz K überdecken. Da $\mathcal{K}$ beschränkt ist, d.h. $\|f\|_\infty \leq C$ für ein $C > 0$ und alle $f \in \mathcal{K}$, ist die Zahlenfolge $(f_n(x_1))_{n \in \mathbb{N}}$ in $\mathbb{K}$ beschränkt. Nach dem Satz von Bolzano-Weierstraß finden wir eine Cauchy-Teilfolge

$(f_{n'}(x_1))_{n'\in\mathbb{N}}$. Für diese Teilfolge betrachten wir die Zahlenfolge $(f_{n'}(x_2))_{n'\in\mathbb{N}}$. Wieder können wir durch Übergang zu einer Teilfolge eine Cauchy-Folge bei x_2 erhalten. Nach endlich vielen Schritten erhalten wir eine Teilfolge $(f_{n'})_{n'\in\mathbb{N}}$, die für x_j, $j = 1, \ldots, \mathrm{M}$, punktweise eine Cauchy-Folge ist. Dies bedeutet, daß wir zu $\frac{\varepsilon}{3}$ ein $k_0 \in \mathbb{N}$ derart finden, daß für alle $k, k' \geq k_0$

$$|f_k(x_j) - f_{k'}(x_j)| < \frac{\varepsilon}{3}$$

für $j = 1, \ldots, \mathrm{M}$ gilt.

Nun sei $x \in K$ beliebig gewählt und es ist $x \in B(x_j, \delta)$ für ein $j \in \{1, \ldots, \mathrm{M}\}$. Dann gilt für alle $k, k' \geq k_0$

$$\begin{aligned}
|f_k(x) - f_{k'}(x)| &\leq |f_k(x) - f_k(x_j)| + |f_k(x_j) - f_{k'}(x_j)| \\
&\quad + |f_{k'}(x_j) - f_{k'}(x)| \\
&< \frac{\varepsilon}{3} + \frac{\varepsilon}{3} + \frac{\varepsilon}{3} = \varepsilon.
\end{aligned}$$

Da dieses für alle $x \in K$ gilt, folgt für $k, k' \geq k_0$

$$\|f_k - f_{k'}\|_\infty < \varepsilon.$$

Wir wählen zu einer Nullfolge der ε sukzessive Teilfolgen von Teilfolgen, abschließend nehmen wir eine Diagonalfolge und erhalten somit die gesuchte Cauchy-Folge.

$\square$

Wir sehen, daß kompakte Mengen in $C^0(K; \mathbb{K})$ beschränkt sind und eine Glattheitseigenschaft besitzen, die gleichgradige Stetigkeit. Seien die Funktionen in $\mathcal{K}$ zum Beispiel gleichgradig Hölder-stetig, d.h. es existieren für alle $f \in \mathcal{K}$ gemeinsam ein $\alpha \in\;]0, 1[$ und ein $L > 0$ derart, daß

$$(8.1) \qquad\qquad |f(x + h) - f(x)| \leq L|h|^\alpha$$

für alle $x, x + h \in K$ gilt. Dann ist die Teilmenge $\mathcal{K} \subset C^0(K; \mathbb{K})$ gleichgradig stetig. Das gleiche gilt im Fall der gleichgradigen Lipschitz-Stetigkeit, wenn (8.1) mit $\alpha = 1$ gilt. Hinreichend dafür wäre zum Beispiel eine gleichgradige Schranke an die Ableitungen von $f \in \mathcal{K} \subset C^1(K; \mathbb{K})$.

Eine Teilmenge $\mathcal{K} \subset L^p(\Omega; \mathbb{K})$ für $p \in [1, \infty[$ bezeichnen wir als **gleichgradig stetig im p-ten Mittel**, wenn für jedes $\varepsilon > 0$ ein von $u \in \mathcal{K}$ unabhängiges $\delta > 0$ derart existiert, daß

$$\int_\Omega |u(x + h) - u(x)|^p \, dx < \varepsilon$$

für alle $u \in \mathcal{K}$ und alle $h \in \mathbb{R}^N$ mit $|h| < \delta$ ist. Damit diese Definition wirklich sinnvoll ist, wird angenommen, daß die Funktionen u auf $\mathbb{R}^N \setminus \Omega$ zu Null fortgesetzt sind, d.h., wenn $(x + h) \notin \Omega$, dann gelte $u(x + h) = 0$.

Nun zeigen wir mit Hilfe des Satzes von Arzela-Ascoli 8.1 die entsprechende Aussage für L^p-Räume.

Satz 8.2 (Kolmogoroff): *Es sei $\Omega \subseteq \mathbb{R}^N$ und $p \in [1, \infty[$. Eine Teilmenge $\mathcal{K} \subset L^p(\Omega; \mathbb{K})$ ist genau dann relativ-kompakt, wenn gilt*

(i) *$\mathcal{K}$ ist beschränkt*

(ii) *$\mathcal{K}$ ist gleichgradig stetig im p-ten Mittel*

(iii) *Zu jedem $\varepsilon > 0$ gibt es ein $\rho > 0$ derart, daß für alle $u \in \mathcal{K}$ auf der Menge*

$$\Omega_\rho = \Omega \cap \{\, x \in \mathbb{R}^N \mid |x| > \rho \,\}$$

gilt

$$\|u\|_{p,\Omega_\rho} = \left(\int_{\Omega_\rho} |u(x)|^p \, dx \right)^{\frac{1}{p}} < \varepsilon.$$

Die Bedingung (iii) ist für beschränkte Mengen Ω überflüssig.

Beweis: „$\Rightarrow$"

(i) Folgt aus der Tatsache, daß relativ-kompakte Mengen in normierten Räumen beschränkt sind.

(iii) Da $\mathcal{K}$ relativ-kompakt ist, existieren endlich viele $u_1, \ldots, u_n, n \in \mathbb{N}$, derart, daß die Kugeln

$$B\left(u_j, \frac{\varepsilon}{2}\right) = \left\{\, u \in \mathcal{K} \mid \|u - u_j\|_p < \frac{\varepsilon}{2} \,\right\}$$

eine endliche offene Überdeckung von $\mathcal{K}$ bilden, d.h., zu jedem $u \in \mathcal{K}$ gibt es mindestens ein $j \in \{1, \ldots, n\}$, so daß $\|u - u_j\|_p < \frac{\varepsilon}{2}$ gilt. Weiter gilt, da $C_0^\infty(\Omega; \mathbb{K})$ in $L^p(\Omega; \mathbb{K})$ dicht liegt, siehe Lemma B.13, daß für $j = 1, \ldots, n$ Funktionen $\varphi_j \in C_0^\infty(\Omega; \mathbb{K})$ existieren mit $\|\varphi_j - u_j\|_p < \frac{\varepsilon}{2}$. Nun wählen wir $\rho > 0$ so groß, daß $\operatorname{supp} \varphi_j \cap \Omega_\rho = \emptyset$, und nehmen $u \in \mathcal{K}$ beliebig mit $u \in B(u_j, \frac{\varepsilon}{2})$, dann gilt

$$\|u\|_{p,\Omega_\rho} \leq \|u - u_j\|_{p,\Omega_\rho} + \|u_j - \varphi_j\|_{p,\Omega_\rho} + \|\varphi_j\|_{p,\Omega_\rho} < \frac{\varepsilon}{2} + \frac{\varepsilon}{2} + 0 = \varepsilon.$$

(ii) Für die oben gewählten Funktionen $\varphi_j \in C_0^\infty(\Omega; \mathbb{K})$ gibt es ein $\delta > 0$ derart, daß $x + h \in \Omega$ ist für alle $x \in \operatorname{supp} \varphi_j$ und alle $|h| < \delta$. Aus dem Mittelwertsatz folgt die Existenz eines $\theta = \lambda x + (1 - \lambda)(x + h)$ mit geeignetem $\lambda \in [0, 1]$ derart, daß

$$\int_\Omega |\varphi_j(x + h) - \varphi_j(x)|^p \, dx \;=\; \int_\Omega |\nabla \varphi_j(\theta)|^p |h|^p \, dx$$

$$\leq \; \mathsf{N} \max_{k=1,\ldots,\mathsf{N}} \|\partial_{x_k} \varphi_j\|_\infty^p \int_{\Omega \cap \operatorname{supp} \varphi_j} |h|^p \, dx \;<\; \varepsilon^p$$

für genügend kleines δ und $j = 1, \ldots, n$ gilt. Nun erhalten wir wie unter (iii)

$$\left(\int_\Omega |u(x + h) - u(x)|^p \, dx \right)^{\frac{1}{p}} \leq \left(\int_\Omega |u(x + h) - u_j(x + h)|^p \, dx \right)^{\frac{1}{p}}$$

$$+ \left(\int_\Omega |u_j(x + h) - \varphi_j(x + h)|^p \, dx \right)^{\frac{1}{p}}$$

$$+ \left(\int_\Omega |\varphi_j(x + h) - \varphi_j(x)|^p \, dx \right)^{\frac{1}{p}}$$

$$+ \|\varphi_j - u_j\|_{p,\Omega} + \|u_j - u\|_{p,\Omega}$$

$$\leq \; 2\|u - u_j\|_{p,\Omega} + 2\|u_j - \varphi_j\|_{p,\Omega}$$

$$+ \left(\int_\Omega |\varphi_j(x + h) - \varphi_j(x)|^p \, dx \right)^{\frac{1}{p}}$$

$$\leq \; \varepsilon + \varepsilon + \varepsilon = 3\varepsilon.$$

Somit folgt (ii).

„$\Leftarrow$" Wir wählen ein beliebiges $\varepsilon > 0$. Wegen (iii) können wir ein $\rho > 0$ derart finden, daß $\|u\|_{p,\Omega_\rho} < \varepsilon$ für alle $u \in \mathcal{K}$. Das gleiche gilt für $\|u\|_{p,\Omega_{\rho+\eta}}$ mit $\eta > 0$. Nun nehmen wir die $u \in \mathcal{K}$, betrachten die Einschränkungen $u|_{\Omega \setminus \Omega_\rho}$, setzen $u(x) = 0$ sonst und bilden die Friedrichs-Glättungen $\mathsf{J}_\eta(u|_{\Omega \setminus \Omega_\rho})$, siehe Satz B.12. Damit definieren wir

$$\mathcal{K}_\eta = \{\, v \mid v = \mathsf{J}_\eta(u|_{\Omega \setminus \Omega_\rho}) \quad \text{mit} \quad u \in \mathcal{K} \,\},$$

dann gilt $\mathcal{K}_\eta \subset C_0^\infty(\Omega \setminus \overline{\Omega}_{\rho+\eta}; \mathbb{K}) \subset C^0(\Omega \setminus \overline{\Omega}_{\rho+\eta}; \mathbb{K})$. Es folgt für $x \in \Omega$ mit der Hölderschen Ungleichung (B.8) unter Beachtung der Definition

$$J_\eta(x) = \eta^{-N} J\left(\tfrac{x}{\eta}\right) \text{ und mit } q = \tfrac{p}{p-1}$$

$$\begin{aligned}
|J_\eta u(x)| &= \left| \int_{\mathbb{R}^N} J_\eta(x-y)u(y)\,dy \right| \leq \|J_\eta(x-\cdot)\|_q \, \|u\|_p \\
&= \eta^{-\frac{N}{p}} \|J\|_q \, \|u\|_p
\end{aligned}$$

und damit

$$\|J_\eta u\|_\infty \leq \eta^{-\frac{N}{p}} \|J\|_q \, \|u\|_p.$$

Somit ist die Teilmenge $\mathcal{K}_\eta$ in $C^0(\Omega \setminus \overline{\Omega}_{\rho+\eta}; \mathbb{K})$ für jedes beliebige aber fest gewählte η beschränkt, da $\mathcal{K}$ beschränkt ist.

Weiterhin folgt für $x \in \Omega$ mit der Hölderschen Ungleichung (B.8) unter Beachtung der Normierung (B.14) des **Glättungskernes** J

$$\begin{aligned}
|J_\eta(u|_{\Omega \setminus \Omega_\rho})(x+h) &- J_\eta(u|_{\Omega \setminus \Omega_\rho})(x)| \\
&= \left| \int_{\mathbb{R}^N} \left[\left(u(x+h-y) - u(x-y) \right) J_\eta(y) \right] dy \right| \\
&\leq \left(\int_{\mathbb{R}^N} |u(x+h-y) - u(x-y)|^p J_\eta(y)\,dy \right)^{\frac{1}{p}} \\
&\quad \cdot \left(\int_{\mathbb{R}^N} J_\eta(y)\,dy \right)^{\frac{1}{q}} \\
&\leq \left(\max_{y \in \mathbb{R}^N} J_\eta(y) \right)^{\frac{1}{p}} \varepsilon \leq C \eta^{-N} \varepsilon
\end{aligned}$$

wegen (ii) für $|h| < \delta$. Damit ist die Menge $\mathcal{K}_\eta$ gleichgradig stetig.

Deshalb ist mit dem Satz von Arzela-Ascoli 8.1 die Teilmenge $\mathcal{K}_\eta$ relativkompakt in $C^0(\Omega \setminus \overline{\Omega}_{\rho+\eta}; \mathbb{K})$. Wir finden somit zu beliebigem $\varepsilon > 0$ eine endliche Überdeckung von $\mathcal{K}_\eta$ durch offene Kugeln

$$B(v_j, \varepsilon) = \{\, v \in \mathcal{K}_\eta \mid \|v - v_j\|_\infty < \varepsilon \,\},$$

mit $v_j \in \mathcal{K}_\eta$ für $j = 1, \ldots, n$.

Weiter gilt für $u \in \mathcal{K}$ mit der Hölderschen Ungleichung (B.8) und dem Satz von Fubini A.7

$$\begin{aligned}
\|u|_{\Omega \setminus \Omega_\rho} - J_\eta(u|_{\Omega \setminus \Omega_\rho})\|_{\Omega,p}^p &\leq \int_\Omega \left| u(x) - \int_{\mathbb{R}^N} J_\eta(h)u(x+h)\,dh \right|^p dx \\
&= \int_\Omega \left| \int_{\mathbb{R}^N} J_\eta(h)[u(x) - u(x+h)]\,dh \right|^p dx
\end{aligned}$$

$$\leq \left(\int_{\mathbb{R}^N} J_\eta(h)\, dh \right)^{\frac{p}{q}} \int_{\mathbb{R}^N} J_\eta(h) \int_\Omega |u(x) - u(x+h)|^p \, dx \, dh.$$

$$\leq \sup_{|h|<\eta} \int_\Omega |u(x) - u(x+h)|^p \, dx$$

Somit folgt

$$\|u|_{\Omega\setminus\Omega_\rho} - J_\eta(u|_{\Omega\setminus\Omega_\rho})\|_{\Omega,p} \leq \sup_{|h|<\eta} \left(\int_\Omega |u(x) - u(x+h)|^p \, dx \right)^{\frac{1}{p}}.$$

Wegen der gleichgradigen Stetigkeit im p-ten Mittel ist die Güte der Approximation durch die Friedrichs-Glättungen unabhängig von $u \in \mathcal{K}$.

Es sei nun $u \in \mathcal{K}$ beliebig und $v = J_\eta(u|_{\Omega\setminus\Omega_\rho})$. Es gibt zu diesem $v \in \mathcal{K}_\eta$ eine ε-Kugel mit zugehörigem $v_j = J_\eta(u_j|_{\Omega\setminus\Omega_\rho})$, $j = 1, \ldots, n$ mit $u_j \in \mathcal{K}$. Mit dem soeben Gezeigten folgt für η genügend klein

$$\begin{aligned}
\|u - u_j\|_{p,\Omega} \;\leq\;& \|u - u_j\|_{p,\Omega\setminus\Omega_{\rho+\eta}} + \|u - u_j\|_{p,\Omega_{\rho+\eta}} \\
\leq\;& \|u - v\|_{p,\Omega\setminus\Omega_{\rho+\eta}} + \|v - v_j\|_{p,\Omega\setminus\Omega_{\rho+\eta}} \\
& + \|v_j - u_j\|_{p,\Omega\setminus\Omega_{\rho+\eta}} + \|u\|_{p,\Omega_{\rho+\eta}} + \|u_j\|_{p,\Omega_{\rho+\eta}} \\
\leq\;& 2\varepsilon + \|v - v_j\|_{\infty,\Omega\setminus\Omega_{\rho+\eta}} \cdot \left(\lambda^N(\Omega \setminus \Omega_{\rho+\eta}) \right)^{\frac{1}{p}} + 2\varepsilon \\
\leq\;& C\varepsilon
\end{aligned}$$

mit einer von $u \in \mathcal{K}$ unabhängigen Konstanten $C > 0$. Somit können wir zu jedem $\varepsilon > 0$ eine endliche ε-Überdeckung von $\mathcal{K}$ erhalten.

$$\square$$

Als Anwendung des Satzes Kolmogoroff 8.2 beweisen wir kompakte Einbettungen von Sobolev-Räumen, zur Definition der Räume siehe Anhang B.3. Der Fall $m = 0$, $j = 1$ wird oft als Rellichscher Auswahlsatz bezeichnet. Es gilt

Satz 8.3 (Rellich): *Es seien $\Omega \subset \mathbb{R}^N$ ein beschränktes Gebiet, das einer Kegelbedingung, siehe Anhang B.3, genügt, $m \in \mathbb{N}_0$, $j \in \mathbb{N}$ und $p \in [1, \infty[$, sowie $j \cdot p < \mathsf{N}$, dann sind die Einbettungen*

$$W^{m+j,p}(\Omega; \mathbb{K}) \subset W^{m,q}(\Omega; \mathbb{K})$$

für alle q mit $1 \leq q < \dfrac{Np}{\mathsf{N} - jp}$ kompakt. Ist $j \cdot p \geq \mathsf{N}$, dann sind die Einbettungen

$$W^{m+j,p}(\Omega; \mathbb{K}) \subset W^{m,q}(\Omega; \mathbb{K})$$

für alle q mit $1 \leq q < \infty$ kompakt. Werden die Räume $W_0^{m,p}(\Omega; \mathbb{K})$ verwendet, so gelten obige Aussagen auch ohne die Kegelbedingung.

Beweis: Es sei $\mathcal{K} \subset W^{m+j,p}(\Omega; \mathbb{K})$ eine beschränkte Menge. Das Bild in $W^{m,q}(\Omega; \mathbb{K})$ bezeichnen wir auch mit $\mathcal{K}$. Die Einbettungen sind nach Satz B.22 bzw. Satz B.23 linear und stetig, deshalb ist die Menge $\mathcal{K}$ beschränkt in $W^{m,q}(\Omega; \mathbb{K})$. Da das Gebiet Ω beschränkt ist, entfällt (iii) in Satz 8.2. Weiter betrachten wir den Fall $m = 0$, der allgemeinere Fall ist nur in der Notation etwas aufwendiger. Außerdem sei zuerst $j = 1$ und $q = p$. Es bleibt daher (ii) in Satz 8.2 nachzuweisen.

Sei $\psi \in C_*^{1,p}(\Omega; \mathbb{K})$, siehe (B.15), dann liefert der Mittelwertsatz für diejenigen $x \in \Omega, h \in \mathbb{R}^N$ mit $x + \lambda h \in \Omega$ für alle $\lambda \in {]}0, 1[$, daß

$$\psi(x + h) - \psi(x) = \nabla \psi(\theta) \cdot h$$

für ein $\theta = x + \tilde{\lambda} h \in \Omega$ auf der Verbindungsstrecke zwischen x und $x + h$ ist. Es seien $h \in \mathbb{R}^N$ klein gewählt und $\Omega' \subset \Omega$ ein Gebiet derart, daß $x + \lambda h \in \Omega$ für alle $x \in \Omega'$ und alle $\lambda \in {]}0, 1[$ gilt. Dann folgt

$$(8.2) \quad \begin{aligned} \int_{\Omega'} |\psi(x + h) - \psi(x)|^p \, dx &= \int_{\Omega'} |\nabla \psi(\theta) \cdot h|^p \, dx \\ &\leq |h|^p \int_{\Omega'} |\nabla \psi(\theta)|^p \, dx \leq |h|^p \cdot \|\psi\|_{1,p,\Omega}^p. \end{aligned}$$

Da nach Satz B.19 der Unterraum $C_*^{1,p}(\Omega; \mathbb{K})$ in $W^{1,p}(\Omega; \mathbb{K})$ dicht liegt, gilt die Ungleichung

$$\int_{\Omega'} |u(x + h) - u(x)|^p \, dx \leq |h|^p \cdot \|u\|_{1,p,\Omega}^p$$

auch für alle $u \in W^{1,p}(\Omega; \mathbb{K})$. Für $u \in \mathcal{K}$ ist $\|u\|_{1,p}^p$ unabhängig von u beschränkt.

Wir setzen für $n \in \mathbb{N}$

$$\Omega_n := \left\{ x \in \Omega \mid \operatorname{dist}(\{x\}, \partial\Omega) > \frac{1}{n} \right\}.$$

Nach dem Sobolevschen Einbettungssatz, Satz B.22, bzw. Satz B.23, gibt es wegen $j = 1$ ein $q > p$ derart, daß $\mathcal{K}$ in $L^q(\Omega; \mathbb{K})$ beschränkt ist. Damit folgt aus (B.11) für $u \in \mathcal{K}$

$$\|u\|_{p,\Omega \setminus \Omega_n} \leq \left(\lambda^N (\Omega \setminus \Omega_n) \right)^{\frac{1}{p} - \frac{1}{q}} \|u\|_{q,\Omega \setminus \Omega_n},$$

d.h., für n genügend groß ist

$$\int_{\Omega \setminus \Omega_n} |u(x)|^p \, dx$$

beliebig klein und zwar unabhängig von $u \in \mathcal{K}$.

Wir setzen alle $u \in \mathcal{K}$ außerhalb von Ω zu Null fort. Dann gilt genauso, daß

$$\int_{\Omega \setminus \Omega_n} |u(x+h)|^p \, dx$$

für genügend großes n beliebig klein ist, unabhängig von $h \in \mathbb{R}$ und $u \in \mathcal{K}$. Indem wir ein genügend großes $n \in \mathbb{N}$ wählen, gilt

$$\int_{\Omega \setminus \Omega_n} |u(x) - u(x+h)|^p \, dx < \frac{\varepsilon}{2}.$$

Für $\delta < \frac{1}{n}$ und $|h| < \delta$ gilt nach (8.2)

$$\int_{\Omega_n} |u(x) - u(x+h)|^p \, dx < \delta^p \sup_{u \in \mathcal{K}} \|u\|_{1,p}^p,$$

wobei die rechte Seite für genügend kleines δ kleiner als $\frac{\varepsilon}{2}$ gemacht werden kann, was zu zeigen war.

Im Fall $j > 1$ und $q = p$ folgt die Aussage daraus, daß der Sobolev-Raum $W^{m+j,p}(\Omega; \mathbb{K})$ stetig in den Sobolev-Raum $W^{m+1,p}(\Omega; \mathbb{K})$ eingebettet ist und daß die Hintereinanderausführung von kompakten und stetigen linearen Operatoren wieder ein kompakter Operator ist.

Im Fall $q > p$ verwenden wir die Kompaktheit im Fall $q = p$, Lemma B.26 und nutzen die Tatsache, daß auf metrischen Räumen die Kompaktheit und die Folgenkompaktheit, jede beschränkte Folge besitzt eine konvergente Teilfolge, äquivalent sind. $\qquad\square$

Unmittelbar folgt

Korollar 8.4: *Es sei* $\Omega \subset \mathbb{R}^N$ *ein beschränktes Gebiet, das einer Kegelbedingung genügt, dann sind für* $m \in \mathbb{N}_0$, $j \in \mathbb{N}$ *und* $p, q \in]1, \infty[$, *wobei die jeweiligen zusätzlichen Einschränkungen in Satz 8.3 erfüllt sein müssen, dann sind die folgenden dualen Einbettungen kompakt*

$$(8.3) \qquad \left(W^{m,q}(\Omega; \mathbb{K}) \right)' \subset \left(W^{(m+j),p}(\Omega; \mathbb{K}) \right)',$$

und ohne Kegelbedingung hat man die kompakten Einbettungen

$$(8.4) \qquad W^{-m, \frac{q}{q-1}}(\Omega; \mathbb{K}) \subset W^{-(m+j), \frac{p}{p-1}}(\Omega; \mathbb{K}).$$

Beweis: Die Einbettungen sind die dualen Operatoren, siehe Lemma 5.5, zu den Einbettungen $W^{(m+j),p}(\Omega; \mathbb{K}) \subset W^{m,q}(\Omega; \mathbb{K})$ bzw. den Einbettungen $W_0^{m+j,p}(\Omega; \mathbb{K}) \subset W_0^{m,q}(\Omega; \mathbb{K})$ und somit nach Lemma 5.8 kompakt. $\qquad\square$

8.2 Kompaktheit durch Kompensation

In Beispiel 5.23 hatten wir gesehen, daß das Produkt schwach konvergenter Folgen im allgemeinen nicht schwach stetig ist. Auf $\Omega = (0, 2\pi)$ gilt nämlich zum Beispiel $\sin nx \rightharpoonup 0$ für $n \to \infty$ und $\sin^2 nx \rightharpoonup \frac{1}{2}$ sowohl im Sinne der schwachen Konvergenz in $L^p(\Omega)$ für $p \in [0, \infty[$ als auch der Schwach-$*$-Konvergenz in $L^\infty(\Omega)$. Am Ende dieses Abschnitts werden wir mit dem Div-Rot-Lemma 8.7 zeigen, daß für M-Vektoren schwach konvergenter Folgen unter zusätzlichen Voraussetzungen zum Beispiel das Skalarprodukt schwach konvergiert.

Der Begriff „kompensierte Kompaktheit" ist durch Verkürzung aus „Kompaktheit durch Kompensation", dem Titel der fundamentalen Arbeit von Murat [88], entstanden und kommt daher, daß die Summe

$$\sum_{j=1}^{M} u_n^j v_n^j$$

schwach stetig ist, während für die einzelnen Terme $u_n^j v_n^j$, $j = 1, \ldots, M$ dieses nicht gilt, d.h., in der Summe kompensieren sich Beiträge, die die Stetigkeit der einzelnen Summanden verhindern. Die Aussagen in diesem Abschnitt gehen auf die Arbeit von Murat [88] zurück und wurden in der vorliegenden Form von Murat und Tartar weiterentwickelt, siehe Murat [91], Tartar [118], [119] und auch Dacorogna [25].

Im folgenden schränken wir uns auf den Fall $p = 2$ ein, beachten aber, daß, wenn Ω beschränkt ist, $L^q(\Omega) \subseteq L^2(\Omega)$ für $q \geq 2$ gilt. Wir wollen spezielle quadratische Funktionale $Q : \mathbb{R}^M \to \mathbb{R}$ betrachten. Es sei $\underline{S} \in \mathbb{R}^{M^2}$ eine symmetrische M × M-Matrix. Dann sei $Q(\underline{s}) = \langle \underline{S}\,\underline{s}\,,\,\underline{s} \rangle_{\mathbb{R}^M}$ für $\underline{s} \in \mathbb{R}^M$ die zugehörige quadratische Form, wobei $\langle\,\cdot\,,\,\cdot\,\rangle_{\mathbb{R}^M}$ das Skalarprodukt auf $\mathbb{R}^M$ bezeichnet.

Wir wollen eine partielle Umkehrung von Satz 7.11 nach Murat/Tartar beweisen. Dazu wird die Bedingung (H_0) folgendermaßen abgeschwächt:

Bedingung (H_{-1}): *Es seien Ω ein Gebiet, $\widetilde{G} : [L^2(\Omega)]^M \to L^1(\Omega)$ ein Superpositionsoperator und $(\underline{u}_n)_{n\in\mathbb{N}} \subset [L^2(\Omega)]^M$ eine Folge und $\underline{u} \in [L^2(\Omega)]^M$. Es gelte:*

(1) $\underline{u}_n \rightharpoonup \underline{u}$ in $[L^2(\Omega)]^M$.

(2) Die Folgen

$$A_i\,\underline{u}_n = \sum_{j=1}^{M} \sum_{k=1}^{N} a_{jk}^i \frac{\partial u_n^j}{\partial x_k}$$

seien relativ-kompakt in $W_{loc}^{-1,2}(\Omega)$ für $i = 1, \ldots, L$, d.h., sie besitzen konvergente Teilfolgen. $\diamond$

Wir zeigen zuerst ein technisches Lemma.

Lemma 8.5: *Es sei $(\underline{u}_n)_{n\in\mathbb{N}} \subset [L^2(\Omega)]^M$ eine Folge. Wir nehmen an, es gelte:*

(i) *$\underline{u}_n \rightharpoonup \underline{0}$ für $n \to \infty$ in $[L^2(\Omega)]^M$,*

(ii) *$\mathrm{supp}\,\underline{u}_n \subseteq K \subset \overline{\Omega}$, K kompakt, zur Definition des Trägers siehe Lemma B.12 (2),*

(iii) *die Bedingung (H_{-1}).*

Weiter sei $(\widehat{\underline{u}}_n)_{n\in\mathbb{N}} \subset [L^2(\mathbb{R}^N;\mathbb{C})]^M$ die Folge der Fouriertransformierten, d.h.

$$\widehat{\underline{u}}_n(\xi) = (2\pi)^{-\frac{N}{2}} \int_K \underline{u}_n(x) e^{-ix\xi}\, dx,$$

siehe Anhang C.1. Dann gelten:

(a) *$\widehat{\underline{u}}_n(\xi) \to \underline{0}$ punktweise für alle $\xi \in \mathbb{R}^N$,*

(b) *$\displaystyle\int_{\widetilde{K}} |\widehat{\underline{u}}_n(\xi)|^2\, d\xi \to 0$ für jede kompakte Menge $\widetilde{K} \subset \mathbb{R}^N$.*

(c) *Für eine Teilfolge gilt, daß*

$$\frac{1}{1+|\xi|} A_i\, \widehat{\underline{u}}_n(\xi) = \frac{1}{1+|\xi|} \sum_{j=1}^{M} \sum_{k=1}^{N} a_{jk}^i\, \xi_k\, \widehat{u}_n^j(\xi)$$

in $[L^2(\mathbb{R}^N;\mathbb{C})]^M$ gegen die Nullfunktion konvergiert für $i = 1,\ldots,\mathsf{L}$.

(d) *Sei $f(\underline{z}) = \langle \underline{\underline{S}}\,\underline{z}\,,\,\underline{z}\rangle_{\mathbb{C}^M}$ für $\underline{z} \in \mathbb{C}^M$ die Fortsetzung der quadratischen Form Q auf $\mathbb{C}^M$. Es sei $Q(\underline{\lambda}) = \langle \underline{\underline{S}}\underline{\lambda}\,,\,\underline{\lambda}\rangle_{\mathbb{R}^M} \geq 0$ für alle $\underline{\lambda} \in \Lambda$. Dann gibt es zu jedem $\varepsilon > 0$ eine Konstante C_ε derart, daß*

$$f(\underline{z}) = \langle \underline{\underline{S}}\,\underline{z}\,,\,\underline{z}\rangle_{\mathbb{C}^M} \geq -\varepsilon|\underline{z}|^2 - C_\varepsilon \left(\sum_{i=1}^{L} \Big| \sum_{j=1}^{M} \sum_{k=1}^{N} a_{jk}^i\, \xi_k\, z^j \Big|^2 \right)$$

für alle $\underline{z} \in \mathbb{C}^M$ und alle $\xi \in \mathbb{R}^N$ mit $|\xi| = 1$ gilt.

Beweis:

(a) und (b):

Wir können für (a) und (b) ohne Einschränkung $M = 1$ annehmen. Wegen $\operatorname{supp} u_n \subseteq K$ gilt $u_n \in L^1(\mathbb{R}^N; \mathbb{C})$ d.h.

$$\widehat{u}_n(\xi) = (2\pi)^{-\frac{N}{2}} \int_K e^{-ix\xi} u_n(x) \, dx.$$

Damit ist nach Satz C.1 die Transformierte $\widehat{u}_n$ stetig auf $\mathbb{R}^N$. Außerdem gilt für beschränkte Mengen Ω, mit $K \subset \Omega$, daß $e^{-i(\cdot)\xi} \in L^2(\Omega; \mathbb{C})$ ist. Da $u_n \rightharpoonup 0$ in $L^2(\Omega)$ gilt, folgt unmittelbar $\widehat{u}_n(\xi) \to 0$ punktweise für jedes $\xi \in \mathbb{R}^N$. Weiter gilt mit der Cauchy-Schwarz-Ungleichung

$$|\widehat{u}_n(\xi)| \le (2\pi)^{-\frac{N}{2}} \int_K |u_n(x)| \, dx \le \left(\frac{\lambda^N(K)}{(2\pi)^N}\right)^{\frac{1}{2}} \|u_n\|_{L^2(\Omega)}.$$

Da schwach konvergente Folgen beschränkt sind, Lemma 5.3, gibt es eine Konstante $C > 0$, daß $|\widehat{u}_n(\xi)| \le C$ ist. Da die Folge $(\widehat{u}_n)_{n\in\mathbb{N}}$ punktweise gegen die Nullfunktion konvergiert und C auf kompakten Mengen eine integrierbare Majorante ist, folgt nach dem Satz von Lebesgue, Satz A.5,

$$\int_{\widetilde{K}} |\widehat{u}_n(\xi)|^2 \, d\xi \to 0$$

für jede kompakte Menge $\widetilde{K} \subset \mathbb{R}^N$. Somit sind (a) und (b) gezeigt.

(c): Wegen $\operatorname{supp} \underline{u}_n \subseteq K$ und $(H_{-1})(2)$ gibt es eine Teilfolge derart, daß $(A_i \underline{u}_n)_{n\in\mathbb{N}}$ für $i = 1, \dots, L$ in $W^{-1,2}(\Omega)$ stark konvergiert. Da $\underline{u}_n \rightharpoonup \underline{0}$ in $[L^2(\Omega)]^M$ konvergiert und die Operatoren A_i nach Lemma C.6 von $[L^2(\Omega)]^M$ in $W^{-1,2}(\Omega)$ stetig sind, folgt aus Lemma 5.5 $A_i\underline{u}_n \rightharpoonup 0$ in $W^{-1,2}(\Omega)$. Somit gilt für die stark konvergente Teilfolge $A_i\underline{u}_n \to 0$ in $W^{-1,2}(\Omega)$. Da die Fourier-Transformation von $L^2(\mathbb{R}^N; \mathbb{C})$ nach $L^2(\mathbb{R}^N; \mathbb{C})$ eine Isometrie ist, siehe Satz C.1 (c), gelten die gleichen Aussagen für die Folge der Fourier-Transformierten $(\widehat{\underline{u}}_n)_{n\in\mathbb{N}}$, d.h. insbesondere die starke Konvergenz $A_i\widehat{\underline{u}}_n \to 0$ in $W^{-1,2}(\mathbb{R}^N; \mathbb{C})$. Dieses bedeutet, siehe (B.19) und (B.22), daß

$$(1 + |\xi|)^{-1} A_i \,\widehat{\underline{u}}_n = (1 + |\xi|)^{-1} \sum_{j=1}^{M} \sum_{k=1}^{N} a^i_{jk} \, \xi_k \, \widehat{u}^j_n(\xi) \to 0$$

für $i = 1, \dots, L$ in $[L^2(\mathbb{R}^N; \mathbb{C})]^M$ gilt.

(d): Wir zeigen die Aussage durch Widerspruch, d.h., wir nehmen an, es gebe ein $\varepsilon_0 > 0$ derart, daß für jedes $n \in \mathbb{N}$ Elemente $\underline{z}_n \in \mathbb{C}^M$ und $\xi_n \in \mathbb{R}^N$ mit $|\xi_n| = 1$ derart existieren, daß

$$(8.5) \qquad f(\underline{z}_n) < -\varepsilon_0 |\underline{z}_n|^2 - n \left(\sum_{i=1}^{L} \left| \sum_{j=1}^{M} \sum_{k=1}^{N} a_{jk}^i \, (\xi_n)_k \, z_n^j \right|^2 \right)$$

gilt. Nach Division beider Seiten der Ungleichung durch $|\underline{z}_n|^2$ können wir $|\underline{z}_n| = 1$ annehmen. Mit dem Satz von Bolzano-Weierstraß gibt es konvergente Teilfolgen $\underline{z}_n \to \underline{z}_\infty \in \mathbb{C}^M$, $\xi_n \to \xi_\infty \in \mathbb{R}^N$. Weiter folgt aus (8.5) mit einer geeigneten, nur von $\underline{S}$ abhängigen Konstanten C

$$\sum_{i=1}^{L} \left| \sum_{j=1}^{M} \sum_{k=1}^{N} a_{jk}^i \, (\xi_n)_k \, z_n^j \right|^2 < -\frac{f(\underline{z}_n)}{n} = -\frac{\langle \underline{S}\,\underline{z}_n \,,\, \underline{z}_n \rangle_{\mathbb{C}^M}}{n} \le \frac{C}{n},$$

da $|\underline{z}_n| = 1$ ist. Daraus folgt

$$\sum_{j=1}^{M} \sum_{k=1}^{N} a_{jk}^i \, (\xi_\infty)_k \, z_\infty^j = 0$$

für $i = 1, \ldots, L$. Da $\xi_\infty \neq 0$ ist, folgt $\mathrm{Re}\,\underline{z}_\infty$, $\mathrm{Im}\,\underline{z}_\infty \in \Lambda$. Wir setzen $\underline{z}_\infty = \underline{z}_1 + i\underline{z}_2$ mit $\underline{z}_1, \underline{z}_2 \in \mathbb{R}^M$, dann gilt nach Voraussetzung

$$f(\underline{z}_\infty) = \langle \underline{S}\,\underline{z}_\infty \,,\, \underline{z}_\infty \rangle_{\mathbb{C}^M} = \langle \underline{S}\,\underline{z}_1 \,,\, \underline{z}_1 \rangle_{\mathbb{R}^M} + \langle \underline{S}\,\underline{z}_2 \,,\, \underline{z}_2 \rangle_{\mathbb{R}^M} \ge 0.$$

Aus (8.5) folgt aber $f(\underline{z}_n) < -\varepsilon_0$, d.h. $f(\underline{z}_\infty) \le -\varepsilon_0 < 0$ und somit ein Widerspruch.

$$\square$$

Nun wird gezeigt, daß für quadratische Funktionale Q die notwendigen Bedingungen in Satz 7.11 auch *hinreichend* sind.

Satz 8.6: *Es seien* $\Omega \subseteq \mathbb{R}^N$ *ein Gebiet,* $\underline{S} \in \mathbb{R}^{M^2}$ *eine symmetrische Matrix und*

$$Q(\underline{s}) = \langle \underline{S}\,\underline{s} \,,\, \underline{s} \rangle_{\mathbb{R}^M}$$

für $\underline{s} \in \mathbb{R}^M$ *die zugehörige quadratische Form. Es sei* $(\underline{u}_n)_{n \in \mathbb{N}} \subset [L^2(\Omega)]^M$ *eine Folge, die der Bedingung* (H_{-1}) *genügt.*

(a) *Ist $Q(\underline{\lambda}) \geq 0$ für alle $\underline{\lambda} \in \Lambda$, dann gilt*

$$\liminf_{n \to \infty} \int_\Omega \varphi(x) Q(\underline{u}_n(x))\, dx \geq \int_\Omega \varphi(x) Q(\underline{u}(x))\, dx$$

für alle $\varphi \in C_0^\infty(\overline{\Omega})$ mit $\varphi \geq 0$.

(b) *Ist $Q(\underline{\lambda}) = 0$ für alle $\underline{\lambda} \in \Lambda$, dann gilt*

$$\lim_{n \to \infty} \int_\Omega \varphi(x) Q(\underline{u}_n(x))\, dx = \int_\Omega \varphi(x) Q(\underline{u}(x))\, dx$$

für alle $\varphi \in C_0^\infty(\overline{\Omega})$. Insbesondere gilt mittels Lemma B.5, daß $\text{w-}\ast\text{-}\lim Q(\underline{u}_n) = Q(\underline{u})$ in $\mathcal{M}(\overline{\Omega})$ ist.

Beweis: Da $Q(\underline{s})$ quadratisch in $\underline{s} \in \mathbb{R}^M$ ist, bildet der Superpositionsoperator $\widetilde{Q}$ nach Satz 4.4 den Raum $[L^2(\Omega)]^M$ in $L^1(\Omega)$ ab. Nach Lemma 3.18 ist $L^1(\Omega)$ isometrisch in $\mathcal{M}(\overline{\Omega})$ eingebettet. Wie bisher folgt (b) aus (a). Wir zeigen daher (a). Es sei $(\underline{u}_n)_{n \in \mathbb{N}} \subset [L^2(\Omega)]^M$ eine Folge, die der Bedingung (H_{-1}) genügt. Wir wollen in $\mathcal{M}(\overline{\Omega})$

$$(8.6) \qquad \text{w-}\ast\text{-}\lim_{n \to \infty} Q(\underline{u}_n) = \text{w-}\ast\text{-}\lim_{n \to \infty} \langle \underline{\underline{S}}\,\underline{u}_n\,,\, \underline{u}_n \rangle_{\mathbb{R}^M} = \mu \geq \langle \underline{\underline{S}}\,\underline{u}\,,\, \underline{u} \rangle_{\mathbb{R}^M}$$

zeigen, d.h.

$$\langle \mu\,,\, \psi \rangle_{C^{0,0}(\overline{\Omega})} \geq \langle \langle \underline{\underline{S}}\,\underline{u}\,,\, \underline{u} \rangle_{\mathbb{R}^M}\,,\, \psi \rangle_{C^{0,0}(\overline{\Omega})} = \int_\Omega \langle \underline{\underline{S}}\,\underline{u}(x)\,,\, \underline{u}(x) \rangle_{\mathbb{R}^M} \psi(x)\, dx$$

für alle $\psi \in C^{0,0}(\overline{\Omega})$ mit $\psi \geq 0$.
  Es gilt

$$\langle \underline{\underline{S}}\,(\underline{u}_n - \underline{u})\,,\, (\underline{u}_n - \underline{u}) \rangle_{\mathbb{R}^M} = \langle \underline{\underline{S}}\,\underline{u}_n\,,\, \underline{u}_n \rangle_{\mathbb{R}^M} - \langle \underline{\underline{S}}\,\underline{u}\,,\, (\underline{u}_n - \underline{u}) \rangle_{\mathbb{R}^M}$$
$$-\langle \underline{\underline{S}}\,\underline{u}_n\,,\, \underline{u} \rangle_{\mathbb{R}^M}.$$

Wegen $\underline{u}_n \rightharpoonup \underline{u}$ in $[L^2(\Omega)]^M$ folgt über Lemma 5.18 für jede beliebige offene Teilmenge $\Omega' \subseteq \Omega$

$$\lim_{n \to \infty} \int_{\Omega'} \langle \underline{\underline{S}}\,\underline{u}\,,\, (\underline{u}_n - \underline{u}) \rangle_{\mathbb{R}^M}\, dx = 0$$

und

$$\lim_{n \to \infty} \int_{\Omega'} \langle \underline{u}_n\,,\, \underline{\underline{S}}\,\underline{u} \rangle_{\mathbb{R}^M}\, dx = \int_{\Omega'} \langle \underline{\underline{S}}\,\underline{u}\,,\, \underline{u} \rangle_{\mathbb{R}^M}\, dx.$$

Aus Lemma 5.18 folgt nun die schwache Konvergenz in $L^1(\Omega)$ der Integrandenfolgen. Damit folgt, daß (8.6) äquivalent zu

$$(8.7) \qquad \text{w-*-}\lim_{n\to\infty}\langle\, \underline{\underline{S}}\,(\underline{u}_n - \underline{u})\,,\,(\underline{u}_n - \underline{u})\,\rangle_{\mathbb{R}^M} \geq 0$$

in $\mathcal{M}(\overline{\Omega})$ ist. Wir wollen daher im folgenden die Folge $\underline{v}_n = \underline{u}_n - \underline{u}$ mit $\underline{v}_n \rightharpoonup \underline{0}$ in $[L^2(\Omega)]^M$ betrachten.

Nun sei $\varphi \in C_0^\infty(\overline{\Omega}) \subset C^{0,0}(\Omega)$, dann ist $(\varphi(x))^2 \geq 0$ für alle $x \in \Omega$, daher ist (8.7) mit Lemma B.18 äquivalent dazu, daß

$$\lim_{n\to\infty} \int_\Omega (\varphi(x))^2 \langle\, \underline{\underline{S}}\,\underline{v}_n(x)\,,\,\underline{v}_n(x)\,\rangle_{\mathbb{R}^M}\, dx \geq 0$$

für alle $\varphi \in C_0^\infty(\overline{\Omega})$ gilt. Wegen

$$(\varphi(x))^2 \langle\, \underline{\underline{S}}\,\underline{v}_n(x)\,,\,\underline{v}_n(x)\,\rangle_{\mathbb{R}^M} = \langle\, \underline{\underline{S}}\,(\varphi(x)\,\underline{v}_n(x))\,,\,\varphi(x)\,\underline{v}_n(x)\,\rangle_{\mathbb{R}^M}$$

reicht es daher, für $\underline{w}_n = \varphi\,\underline{v}_n$ nachzuweisen, daß

$$\lim_{n\to\infty} \int_\Omega \langle\, \underline{\underline{S}}\,\underline{w}_n\,,\,\underline{w}_n\,\rangle_{\mathbb{R}^M}\, dx \geq 0$$

ist. Es gilt $\underline{w}_n \rightharpoonup \underline{0}$ in $[L^2(\Omega)]^M$. Die Träger der Funktionen $\underline{w}_n$ sind in der kompakten Menge $\mathrm{supp}\,\varphi$ enthalten. Weiter gilt mit der Leibnizregel

$$\mathsf{A}_i\,\underline{w}_n = \varphi\mathsf{A}_i\,\underline{v}_n + \underline{v}_n\mathsf{A}_i\,\varphi, \quad i = 1,\dots,\mathsf{L}.$$

Der erste Summand liegt wegen $(H_{-1})(2)$ in einer kompakten Menge von $W_{loc}^{-1,2}(\Omega)$. Der zweite Summand ist in $L^2(\Omega)$ beschränkt und daher wegen der kompakten Einbettung in Korollar 8.4 in einer kompakten Menge von $W_{loc}^{-1,2}(\Omega)$. Somit erfüllt die Folge $\underline{w}_n$ die Voraussetzungen von Lemma 8.5. Es sei $|\xi| \leq 1$, dann gilt nach Lemma 8.5(b), daß $\widehat{\underline{w}}_n \to \underline{0}$ in $[L^2(K(0,1);\mathbb{C})]^M$ mit

$$K(0,1) = \{\, \xi \in \mathbb{R}^N \mid |\xi| \leq 1 \,\}.$$

Damit gilt $f(\widehat{\underline{w}}_n) \to 0$ in $L^1(K(0,1);\mathbb{C})$. Nun sei $|\xi| > 1$, dann folgt aus Lemma 8.5 (c), daß

$$\sum_{j=1}^{\mathsf{M}}\sum_{k=1}^{\mathsf{N}} a_{jk}^i\, \frac{\xi_k}{|\xi|}\, \widehat{w}_n^j(\xi),$$

für $i = 1,\dots,\mathsf{L}$ in $L^2(\mathbb{R}^N;\mathbb{C})$ gegen die Nullfunktion konvergiert. Aus Teil (d) des Lemmas folgt daher

$$f(\widehat{\underline{w}}_n(\xi)) \geq -\varepsilon|\widehat{\underline{w}}_n(\xi)|^2 - C_\varepsilon \left(\sum_{i=1}^{\mathsf{L}} \left| \sum_{j=1}^{\mathsf{M}}\sum_{k=1}^{\mathsf{N}} a_{jk}^i\, \frac{\xi_k}{|\xi|}\, \widehat{w}_n^j(\xi) \right|^2 \right),$$

wobei für jedes $\varepsilon > 0$ der letzte Term in $L^1(\mathbb{R}^N, \mathbb{C})$ gegen die Nullfunktion konvergiert. Da $|\widehat{\underline{w}}_n(\xi)|^2$ in $L^1(\mathbb{R}^N, \mathbb{C})$ beschränkt ist, gilt für fast alle $|\xi| > 1$

$$\liminf_{n \to \infty} f(\widehat{\underline{w}}_n(\xi)) \geq 0,$$

da ε beliebig gewählt werden kann. Wegen der $L^1(\mathbb{R}^N; \mathbb{C})$ Konvergenz folgt

$$\liminf_{n \to \infty} \int_{\mathbb{R}^N} f(\widehat{\underline{w}}_n(\xi)) \, d\xi$$
$$\geq \liminf_{n \to \infty} \int_{|\xi| \leq 1} f(\widehat{\underline{w}}_n(\xi)) \, d\xi + \liminf_{n \to \infty} \int_{|\xi| > 1} f(\widehat{\underline{w}}_n(\xi)) \, d\xi$$
$$\geq 0.$$

Der Satz von Plancherel liefert mit $\underline{\underline{S}} = (\alpha_{ij})_{1 \leq i,j \leq M}$

$$\int_{\mathbb{R}^N} f(\underline{w}_n(x)) \, dx = \sum_{i,j=1}^{M} \alpha_{ij} \int_{\mathbb{R}^N} w_{ni}(x) \overline{w_{nj}(x)} \, dx$$
$$= \sum_{i,j=1}^{M} \alpha_{ij} \int_{\mathbb{R}^N} \widehat{w}_{ni}(\xi) \overline{\widehat{w}_{nj}(\xi)} \, d\xi$$
$$= \int_{\mathbb{R}^N} f(\widehat{\underline{w}}_n(\xi)) \, d\xi.$$

Somit ist

$$\lim_{n \to \infty} \int_{\Omega} \langle \underline{\underline{S}} \, \underline{w}_n(x) \, , \, \underline{w}_n(x) \rangle_{\mathbb{R}^M} \, dx = \lim_{n \to \infty} \int_{\mathbb{R}^N} f(\underline{w}_n(x)) \, dx \geq 0$$

gezeigt, was zu zeigen war. $\qquad\square$

Wir wollen nun die Beispiele 7.9/7.13 (d) und (g) nochmals betrachten. Das folgende zentrale Lemma stammt von Murat [88], siehe auch Murat [91], Tartar [118]. Es gilt das

Lemma 8.7 (Div-Rot-Lemma): *Es sei* $(\underline{u}_n)_{n \in \mathbb{N}} \subset [L^2(\Omega)]^{2N}, \underline{u}_n = (\underline{v}_n, \underline{w}_n)$ *eine Folge mit* $\underline{u}_n \rightharpoonup \underline{u} = (\underline{v}, \underline{w})$ *in* $[L^2(\Omega)]^{2N}$ *und es gelte:*
Die Folge

$$\nabla \cdot \underline{v}_n = \sum_{j=1}^{N} \frac{\partial v_n^j}{\partial x_j}$$

ist eine kompakte Teilmenge in $W_{loc}^{-1,2}(\Omega)$, *und die Folge*

$$\nabla \times \underline{w}_n := (-1)^{i+j} \left(\frac{\partial w_n^i}{\partial x_j} - \frac{\partial w_n^j}{\partial x_i} \right)_{1 \leq i < j \leq N}$$

ist eine kompakte Teilmenge in $[W_{loc}^{-1,2}(\Omega)]^{\frac{N(N-1)}{2}}$.
Dann gilt $\langle \underline{v}_n , \underline{w}_n \rangle_{\mathbb{R}^N} \to \langle \underline{v} , \underline{w} \rangle_{\mathbb{R}^N}$, *d.h.*

$$\sum_{i=1}^N v_n^i w_n^i \to \sum_{i=1}^N v^i w^i$$

konvergiert im Distributionensinn.

Beweis: Es ist $\langle \underline{v} , \underline{w} \rangle_{\mathbb{R}^N} = \langle \underline{\underline{S}}\,\underline{u} , \underline{u} \rangle_{\mathbb{R}^{2N}}$ mit

$$\underline{\underline{S}} = \begin{pmatrix} 0 & \frac{1}{2}Id \\ \frac{1}{2}Id & 0 \end{pmatrix}.$$

Dann gilt gemäß Beispiel 7.9/7.13 (d) für $\underline{\lambda} = (\underline{\eta}, \underline{\mu}) \in \mathbb{R}^{2N}$ mit $\underline{\eta} \perp \underline{\mu}$

$$\langle \underline{\underline{S}}\,\underline{\lambda} , \underline{\lambda} \rangle_{\mathbb{R}^{2N}} = \langle \begin{pmatrix} \frac{1}{2}\underline{\mu} \\ \frac{1}{2}\underline{\eta} \end{pmatrix} , \begin{pmatrix} \underline{\eta} \\ \underline{\mu} \end{pmatrix} \rangle_{\mathbb{R}^{2N}} = 0.$$

Somit folgt die Aussage aus Satz 8.6. $\square$

Lemma 8.8: *Es seien* $M = N = 2$, *sowie die Folge* $(\underline{u}_n)_{n\in\mathbb{N}}$ *mit* $\underline{u}_n = (v_n, w_n)$, $v_n, w_n \in L^2(\Omega)$ *und* $v_n \rightharpoonup v \in L^2(\Omega), w_n \rightharpoonup w \in L^2(\Omega)$ *gegeben. Weiter seien die Folgen*

$$\left(\frac{\partial v_n}{\partial x_1}\right)_{n\in\mathbb{N}} \quad und \quad \left(\frac{\partial w_n}{\partial x_2}\right)_{n\in\mathbb{N}} \quad in \quad L^2(\Omega) \quad beschränkt.$$

Dann gilt

$$v_n w_n \to vw$$

im Distributionensinn.

Beweis: Es ist $v \cdot w = \langle \underline{\underline{S}}\,\underline{u} , \underline{u} \rangle_{\mathbb{R}^2}$ für $\underline{u} = (v, w)$ und $\underline{\underline{S}} = \begin{pmatrix} 0 & \frac{1}{2} \\ \frac{1}{2} & 0 \end{pmatrix}$. Mit $\underline{\lambda} \in \Lambda$ gemäß Beispiel 7.9/7.13 (g), d.h. $\lambda_1 = 0$ oder $\lambda_2 = 0$, folgt

$$Q(\underline{\lambda}) = \langle \begin{pmatrix} \frac{\lambda_2}{2} \\ \frac{\lambda_1}{2} \end{pmatrix} , \begin{pmatrix} \lambda_1 \\ \lambda_2 \end{pmatrix} \rangle_{\mathbb{R}^2} = \lambda_1 \cdot \lambda_2 = 0.$$

Somit folgt die Aussage aus Satz 8.6. $\square$

8.3 Das Lemma von Murat

Das folgende Lemma wurde zuerst von Murat in [90] bewiesen, wo weitere Aussagen dieser Art gezeigt wurden. Zusätzliche Resultate und Beweisvarianten findet man bei Brezis [90, Anhang], Feistauer/Nečas [41], Feistauer/Mandel/ Nečas [40], Mandel/Nečas [83] und Nečas [94]. In den Arbeiten von Feistauer, Mandel und Nečas wurden Anwendungen auf transsonische Potentialströmungen, siehe Abschnitt 2.4, unter Verwendung von Entropieungleichungen, siehe Abschnitt 10.2, untersucht. Einen ähnlichen Charakter haben Konvergenzaussagen von Vecchi [124], die im Fall der Gleichungen der Gasdynamik in einer Raumdimension in Lagrangeschen Koordinaten mit Hilfe einer Entropieungleichung gewonnen wurden.

Lemma 8.9 (Murat): *Es sei $\Omega \subseteq \mathbb{R}^N$ ein Gebiet und $q \in]1, \infty]$. Weiter sei*

$$(F_n)_{n \in \mathbb{N}} \subset W^{-m,q}(\Omega; \mathbb{K})$$

eine beschränkte Folge, d.h., es gilt $\|F_n\|_{-m,q} < C$ für eine Konstante $C > 0$ und alle $n \in \mathbb{N}$. Außerdem gebe es eine Konstante $L > 0$ derart, daß mit $p = \frac{q}{q-1}$ bzw. $p = 1$ die Ungleichung

$$(8.8) \qquad \langle F_n \, , \, \varphi \rangle_{W_0^{m,p}(\Omega; \mathbb{K})} \geq -L \|\varphi\|_{m,p}$$

für alle $\varphi \in C_0^\infty(\Omega; \mathbb{K})$ mit $\varphi \geq 0$ gilt, oder es gelte

$$(F_n)_{n \in \mathbb{N}} \subset \mathcal{M}(\overline{\Omega}; \mathbb{K})$$

beschränkt, d.h., es gilt $\|F_n\|_{\mathcal{M}(\overline{\Omega}; \mathbb{K})} < C$ für eine Konstante $C > 0$ und alle $n \in \mathbb{N}$. Dann hat die Folge eine Teilfolge, die in

$$W_{loc}^{-m,r}(\Omega; \mathbb{K})$$

für alle $r \in]1, q[$ stark konvergiert.

Beweis: Wir fangen zuerst mit dem Fall an, daß Ungleichung (8.8) gilt. Es sei $\Omega' \subset \Omega$ eine beliebige beschränkte offene Teilmenge mit $\overline{\Omega'} \subset \Omega$, dann ist zu $L > 0$ durch

$$\langle L \, , \, u \rangle_{W_0^{m,p}(\Omega'; \mathbb{K})} := \int_{\Omega'} L \cdot u \, dx$$

für $u \in W_0^{m,p}(\Omega')$ ein stetiges lineares Funktional $L \in W^{-m,q}(\Omega'; \mathbb{K})$ definiert. Es gilt

$$\langle F_n + L \, , \, \varphi \rangle_{W_0^{m,p}(\Omega'; \mathbb{K})} \geq 0.$$

Somit können wir auf Ω' ohne Einschränkung $L = 0$ in (8.8) annehmen.

Nach Lemma C.5 können wir die Folge $(F_n)_{n\in\mathbb{N}}$ als Folge in $\mathcal{D}'(\Omega;\mathbb{K})$ auffassen. Wie im Beweis von Lemma C.3 gilt mit einer Uryson-Funktion $\psi_{\overline{\Omega'}} \in C_0^\infty(\Omega;\mathbb{K})$, siehe Lemma B.14,

$$|\langle F_n\,,\,\varphi\rangle_{\mathcal{D}}| \leq \langle F_n\,,\,\psi_{\overline{\Omega'}}\rangle_{\mathcal{D}}\,\|\varphi\|_\infty$$

für alle $\varphi \in C_0^\infty(\Omega;\mathbb{K})$ mit $\operatorname{supp}\varphi \subseteq \overline{\Omega'}$. Wir setzen

$$D = \{\,\varphi \in C_0^\infty(\Omega;\mathbb{K}) \mid \operatorname{supp}\varphi \subseteq \overline{\Omega'}\,\}.$$

Da die Folge $(F_n)_{n\in\mathbb{N}}$ in $W^{-m,q}(\Omega;\mathbb{K})$ beschränkt ist, ist die Folge

$$\left(\langle F_n\,,\,\psi_{\overline{\Omega'}}\rangle_{\mathcal{D}}\right)_{n\in\mathbb{N}}$$

beschränkt, d.h., es gibt eine von $n \in \mathbb{N}$ unabhängige Konstante $C > 0$ derart, daß

$$|\langle F_n\,,\,\varphi\rangle_{C_0^0(\overline{\Omega'})}| = |\langle F_n\,,\,\varphi\rangle_{\mathcal{D}}| \leq C\,\|\varphi\|_\infty$$

für alle $\varphi \in D$ gilt. Die Menge D liegt nach Lemma B.5 dicht in dem Banach-Raum $(C_0^0(\overline{\Omega'};\mathbb{K}),\|\cdot\|_\infty)$. Wir können daher die Folge $(F_n)_{n\in\mathbb{N}}$ als beschränkte Folge in dem Dualraum $\left(C_0^0(\overline{\Omega'};\mathbb{K})\right)'$ auffassen.

Nun betrachten wir den Fall, daß die Folge $(F_n)_{n\in\mathbb{N}}$ in $\mathcal{M}(\overline{\Omega};\mathbb{K})$, und somit in $\mathcal{M}(\overline{\Omega'};\mathbb{K})$, beschränkt ist. Es gilt $C_0^0(\overline{\Omega'};\mathbb{K}) \subset C^0(\overline{\Omega'};\mathbb{K})$ und somit

$$\mathcal{M}(\overline{\Omega'};\mathbb{K}) \cong \left(C^0(\overline{\Omega'};\mathbb{K})\right)' \subset \left(C_0^0(\overline{\Omega'};\mathbb{K})\right)'.$$

Somit ist die Folge $(F_n)_{n\in\mathbb{N}}$ auch in diesem Fall in $\left(C_0^0(\overline{\Omega'};\mathbb{K})\right)'$ beschränkt.

Nach Lemma B.23 ist für jedes beschränkte offene Teilgebiet $\Omega' \subset \Omega$ und für $s > \frac{N}{m}$ die Einbettung

$$W_0^{m,s}(\Omega';\mathbb{K}) \subset C_0^0(\overline{\Omega'};\mathbb{K})$$

kompakt. Aus Lemma 5.8 folgt die Kompaktheit der dualen Einbettung

$$\left(C_0^0(\overline{\Omega'};\mathbb{K})\right)' \subset W_0^{-m,\frac{s}{s-1}}(\Omega';\mathbb{K}),$$

d.h., wir finden in $W^{-m,\frac{s}{s-1}}(\Omega';\mathbb{K})$ eine konvergente Teilfolge. Wir wählen nun $s > \frac{N}{m}$ genügend groß, dann ist $\frac{s}{s-1} \in\,]1,q[$.

Es sei $\Omega_j \uparrow \Omega$ eine monotone Ausschöpfung des Gebietes Ω, die die Metrik der lokalen Räume auf Ω definiert, siehe Anhang B.2. Wir wenden die Aussage sukzessive für jedes $j \in \mathbb{N}$ an und gehen immer wieder zu einer weiteren Teilfolge über. Schließlich betrachten wir die Diagonalfolge. Damit konvergiert eine Teilfolge der Folge $(F_n)_{n\in\mathbb{N}}$ in $W_{loc}^{-m,\frac{s}{s-1}}(\Omega';\mathbb{K})$ stark. Aus Lemma B.27 folgt die starke Konvergenz für alle $r \in\,]1,q[$. $\hfill\square$

8.4 Die Konvexität und der Monotonietrick

Das Thema der Stetigkeit von nicht-linearen Operatoren und Funktionalen bezüglich der schwachen Konvergenz ist nun bereits recht ausführlich erörtert worden. Dabei stand der Gesichtspunkt im Vordergrund, daß Kenntnisse über die Beschränktheit von Ableitungen der Folgenglieder entweder über kompakte Einbettungen und die starke Konvergenz oder über die subtilere Methode der Kompaktheit durch Kompensation zur benötigten Stetigkeit beim Beweis von Existenzsätzen für nichtlineare partielle Differentialgleichungen führen. Bevor nun in den nächsten beiden Kapiteln nicht-konvexe Funktionale und hyperbolische Erhaltungsgleichungen betrachtet werden, für letztere wird hier die subtilere Methode benötigt, soll nochmals darauf hingewiesen werden, daß man in der Theorie der elliptischen, sowie auch der parabolischen, partiellen Differentialgleichungen strukturelle Eigenschaften wie die **Konvexität** von Funktionalen oder die **Monotonie** von Operatoren nutzen kann, um die schwache Stetigkeit von Approximationsfolgen zu zeigen. Wir haben in Kapitel 6 gesehen, daß sich über Satz 6.8 sowie die Lemmata 6.9 und 6.10 die Existenz von Lösungen der Differentialgleichung (6.3) ergibt. In Abschnitt 6.3 ist der Zusammenhang zu elliptischen partiellen Differentialgleichungen skizziert, weiteres findet man in der am Ende von Kapitel 6 aufgeführten Literatur.

Wir wollen kurz den Beweisgang der Existenzaussage in Abschnitt 6.2 rekapitulieren. Wir hatten eine Minimalfolge betrachtet. Eine solche Folge kann zum Beispiel mittels des Galerkin-Verfahrens aus Approximationen über die Ausschöpfung eines separablen Banach-Raumes $(X, \|\cdot\|_X)$ durch endlichdimensionale Unterräume erzeugt werden, siehe hierzu Gajewski, Gröger, Zacharias [47] oder Zeidler [135, 136]. Die Koerzitivität des Funktionals liefert die Beschränktheit und damit die schwache Kompaktheit der Approximationsfolge. Die Gâteaux-Differenzierbarkeit und die Konvexität des Funktionals, die mit einer elliptischen **Euler-Lagrange-Gleichung** im Zusammenhang stehen, liefern die schwache Unterhalbstetigkeit des Funktionals, damit das Minimum und über Lemma 6.10, daß die Differentialgleichung im Sinne von (6.3) variationell gelöst ist. Die genannten Struktureigenschaften lösen sozusagen das schwache Stetigkeitsproblem.

Aus Lemma 6.9 ergibt sich eine weitere Vorgehensweise in der Existenztheorie, die auf das konvexe Funktional verzichtet und die Monotonie von Operatoren nutzt. In Anlehnung an Lemma 6.5 (c) nennt man einen Operator $A : X \to X'$ auf einem Banachraum $(X, \|\cdot\|_X)$ **monoton** genau dann, wenn für alle $u, v \in X$ gilt

$$\langle Au - Av,\, u - v \rangle_X \geq 0.$$

Falls die strikte Ungleichung „>" für alle $u \neq v$ gilt, so nennt man A einen

strikt monotonen Operator. Man verzichtet darauf, den Operator A als Ableitung $\partial_X \mathsf{F}$ eines Funktionals $\mathsf{F} : X \to \mathbb{R}$ zu identifizieren. In diesem Fall ist Satz 6.8 zum Beispiel durch den Satz über monotone Operatoren von Browder und Minty, siehe Gajewski et al. [47] oder Zeidler [135, 136] zu ersetzen. Bei dem Beweis dieses Satzes kommt für das schwache Stetigkeitsproblem das folgende Lemma zum Tragen.

Lemma 8.10 (Monotonietrick)[4] : *Es sei $(X, \|\cdot\|_X)$ ein Banach-Raum und $A : X \to X'$ ein monotoner, hemistetiger Operator. Weiterhin sei $(u_n)_{n \in \mathbb{N}} \subset X$ eine schwach konvergente Folge mit $u_n \rightharpoonup u \in X$ und $Au_n \overset{*}{\rightharpoonup} f \in X'$. Gilt zusätzlich*

$$(8.9) \qquad \limsup_{n \to \infty} \langle Au_n , u_n \rangle_X \le \langle f , u \rangle_X ,$$

dann folgt $Au = f$ in X'.

Beweis: Für beliebiges $v \in X$ gilt wegen (8.9), den schwachen Konvergenzen und der Monotonie

$$\begin{aligned}
\langle f - Av , u - v \rangle_X &= \langle f , u \rangle_X - \langle f , v \rangle_X - \langle Av , u - v \rangle_X \\
&\ge \limsup_{n \to \infty} \langle Au_n , u_n \rangle_X \\
&\qquad - \lim_{n \to \infty} (\langle Au_n , v \rangle_X - \langle Av , u_n - v \rangle_X) \\
&= \limsup_{n \to \infty} \langle Au_n - Av , u_n - v \rangle_X \\
&\ge 0.
\end{aligned}$$

Indem man v durch $u - tv$ für $t > 0$ ersetzt, erhalten wir

$$0 \le \langle f - A(u - tv) , tv \rangle_X = t \langle f - A(u - tv) , v \rangle_X .$$

Wir können durch t teilen und dann den Limes $t \to 0$ bilden, wodurch wir mit der Hemistetigkeit

$$0 \le \langle f - Au , v \rangle_X$$

erhalten. Da $v \in X$ beliebig war, können wir v durch $-v$ ersetzen, sodaß

$$0 = \langle f - Au , v \rangle_X$$

für alle $v \in X$ folgt, d. h. $Au = f$ in X'. $\qquad\qquad\square$

Die Monotonie des nichtlinearen Operators A und die Bedingung (8.9) stellen somit eine weitere Möglichkeit dar, die schwache Stetigkeit spezieller Folgen nachzuweisen. Näheres hierzu findet man in der oben zitierten Literatur.

---

[4]Der Autor dankt H. Gajewski für die Anregung, hier diese Aussage und ihren Beweis darzustellen.

Kapitel 9

Youngsche Maße

In diesem Kapitel werden Maße auf dem Bildbereich schwach bzw. schwach-$*$-konvergenter Funktionenfolgen in L^p-Räumen eingeführt. Diese Youngschen Maße charakterisieren das Konvergenzverhalten der jeweiligen Folge und erlauben eine Darstellung der Grenzelemente der zugehörigen schwach konvergenten Bildfolgen aller Superpositionsoperatoren, die von geeigneten stetigen Funktionen erzeugt werden. Youngsche Maße werden in Kapitel 10 der Ausgangspunkt für die Definition maßwertiger Lösungen von Differentialgleichungen sein.

Zuerst betrachten wir ein motivierendes Beispiel von Young [134] aus der Variationsrechnung. Anschließend werden die Youngschen Maße für die Schwach-$*$-Konvergenz auf $[L^\infty(\Omega)]^M$, die schwache Konvergenz auf $[L^p(\Omega)]^M$ für $p \in [1, \infty[$ und die schwache Konvergenz in Sobolev-Räumen eingeführt. Der für den Fall $p = \infty$ angegebene Beweis wurde in Hinblick darauf ausgearbeitet, nicht nur vollständig, sondern auch möglichst elementar zu sein. Anschließend werden der Fall $p \in [1, \infty[$ und der Spezialfall, daß die Folgen in Sobolev-Räumen liegen, betrachtet.

9.1 Verallgemeinerte Lösungen

Wir betrachten einleitend ein Beispiel auf dem Intervall $\Omega =]0, 1[$. Wir bezeichnen die Ableitung einer Funktion $u : \Omega \to \mathbb{R}$ nach der Variablen $x \in \Omega$ durch u'. Wir betrachten den Raum

$$W := \{\, u \in W_0^{1,2}(\Omega) \mid u' \in L^4(\Omega) \,\}.$$

Dann ist W mit der Norm

$$\|u\|_W := \|u\|_{2,\Omega} + \|u'\|_{L^4(\Omega)}$$

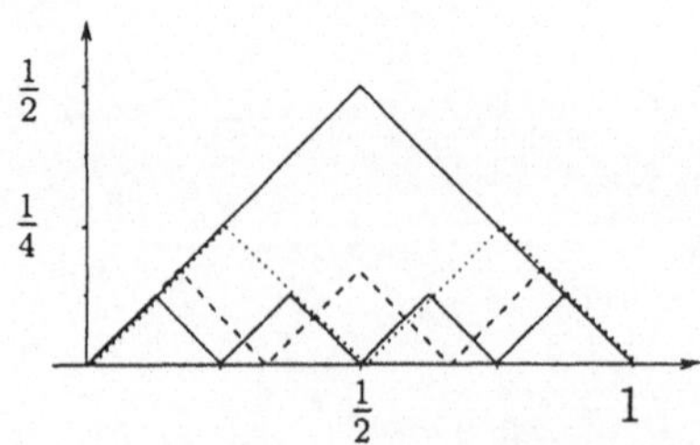 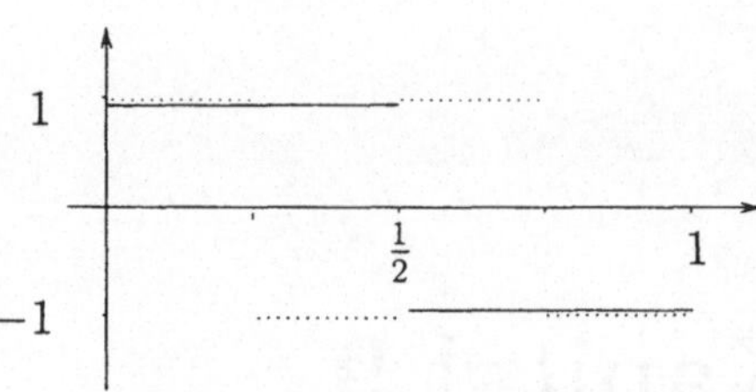

Abbildung 9.1: Die „Zickzack"-Funktionen (9.2) Z_1 (—), Z_2 ($\cdots$), Z_3 (- - -), Z_4 (—); die Ableitungen Z_1' (—), Z_2' ($\cdots$)

ein reflexiver Banach-Raum, da er zu einem abgeschlossenen Unterraum von $L^2(\Omega) \times L^4(\Omega)$ isomorph ist, siehe in Anhang B.3 die Einbettung $\mathcal{E}$. Aufgrund des Sobolev-Lemmas B.23 sind die Elemente von W Äquivalenzklassen mit stetigen Repräsentanten.

Weiter sei das Funktional $\mathsf{F} : W \to \mathbb{R}$ gegeben durch

$$(9.1) \qquad \mathsf{F}(u) = \int_0^1 [u(x)^2 + (u'(x)^2 - 1)^2]\, dx.$$

Es ist $\mathsf{F}(u) \geq 0$, und F ist auf W koerzitiv. Wir wollen versuchen, ein Minimum von F zu finden.

Wir betrachten eine spezielle Folge in W. Es sei für jedes $n \in \mathbb{N}$ folgende „Zickzack"-Funktion definiert:

$$(9.2) \qquad Z_n(x) = \begin{cases} x & \text{für} & x \in]0, \tfrac{1}{2n}[\\[2mm] \tfrac{1}{n} - x & \text{für} & x \in]\tfrac{1}{2n}, \tfrac{1}{n}[\\[2mm] \text{periodisch} & \text{fortgesetzt} & \text{auf }]0, 1[. \end{cases}$$

Weiter ist Z_1' die Treppenfunktion

$$Z_1'(x) = \begin{cases} 1 & \text{für} & x \in]0, \tfrac{1}{2}[\\[2mm] -1 & \text{für} & x \in]\tfrac{1}{2}, 1[. \end{cases}$$

Setzen wir Z_1' auf ganz $\mathbb{R}$ periodisch fort, dann gilt $Z_n'(x) = Z_1'(nx)$. Nach Lemma 5.24 gilt somit $Z_n' \rightharpoonup 0$ in $L^4(\Omega)$. Außerdem haben wir

$$\int_0^1 |Z_n(x)|^2\, dx = \frac{1}{12}\frac{1}{n^2} \to 0$$

für $n \to \infty$. Damit gilt wegen $\|Z_n\|_{L^2(\Omega)} \to 0$, daß $Z_n \to 0$ in $L^2(\Omega)$ stark konvergiert, und folglich $Z_n \rightharpoonup Z = 0$ schwach in W konvergiert.

Weiterhin haben wir

$$\int_0^1 \left((Z_n'(x))^2 - 1 \right)^2 \, dx = 0$$

für alle $n \in \mathbb{N}$. Somit ist die Folge eine Minimalfolge, d. h. $\lim\limits_{n\to\infty} \mathsf{F}(Z_n) = 0$. Aber es gilt

$$\mathsf{F}\left(\operatorname*{w\text{-}lim}_{n\to\infty} Z_n \right) = \mathsf{F}(0) = 1 > 0$$

Damit ist das Funktional F nicht schwach unterhalbstetig. Die Ursache liegt in der Nichtkonvexität des Integranden bezüglich u', vergleiche Beispiel 7.7 (b), daher können wir die Theorie von Abschnitt 6.2 nicht anwenden.

Da 0 das Infimum, größte untere Schranke, von F ist, muß für jede Minimalfolge $(u_n)_{n\in\mathbb{N}} \subset W$ in $L^2(\Omega)$ gelten $u_n \to 0$. Damit besitzt F auf W kein Minimum.

Es stellt sich nun die Frage, ob wir angesichts der Existenz einer Minimalfolge Z_n zu einer verallgemeinerten Lösung des Minimierungsproblems kommen. So wie in Abschnitt 6.3 das Dirichlet-Problem verallgemeinert wurde, indem die Gleichung für allgemeinere Objekte, Distributionen, erklärt wurde, soll hier das Funktional F verallgemeinert werden. Dabei wird wie in der Distributionentheorie die Dualität eine zentrale Rolle spielen. Der Preis für eine einfache Existenztheorie liegt dann auch wieder in der Komplexität der Objekte, die man als Lösungen erhält.

Hierzu zuerst eine etwas allgemeinere Betrachtung. Es sei $\Omega \subset \mathbb{R}^\mathsf{N}$ offen und beschränkt. Weiter sei $W^{1,\infty}(\Omega)$ der Sobolev-Raum der Distributionen, für die $u \in L^\infty(\Omega)$ und $\nabla u \in [L^\infty(\Omega)]^\mathsf{N}$ ist, der durch

$$\|u\|_{1,\infty} := \max\{\, \|u\|_\infty, \|u_{x_1}\|_\infty, \ldots, \|u_{x_\mathsf{N}}\|_\infty \,\}$$

normiert wird, siehe Anhang B.3. Es sei $K \subset \mathbb{R}^{\mathsf{N}+1}$ eine kompakte Menge und

$$B_K := \{\, u \in W^{1,\infty}(\Omega) \mid (u(x), \nabla u(x)) \in K \text{ für fast alle } x \in \Omega \,\}.$$

Nun sei $u \in B_K$ und $f \in C^0(K)$, dann ist

$$|f(u(x), \nabla u(x))| \le \|f\|_{C^0(K)} = \|f\|_{\infty, K},$$

d. h. $f(u, \nabla u) \in L^\infty(\Omega)$. Da Ω beschränkt ist, gilt $f(u, \nabla u) \in L^1(\Omega)$. Wir erhalten durch

$$(9.3) \qquad \langle\, \mathsf{F}(u)\,,\, f\,\rangle_{C^0(K)} := \frac{1}{\lambda^\mathsf{N}(\Omega)} \int_\Omega f(u(x), \nabla u(x)) \, dx$$

ein lineares Funktional $\mathsf{F}(u) : C^0(K) \to \mathbb{R}$. Wegen

$$(9.4) \qquad |\langle \mathsf{F}(u) , f \rangle_{C^0(K)}| \leq \|f\|_{\infty,K}$$

ist das Funktional stetig, d. h. $\mathsf{F}(u) \in [C^0(K)]'$. Es ist somit

$$(9.5) \qquad \|\mathsf{F}(u)\|_{[C^0(K)]'} = \sup_{\substack{f \in C^0(K) \\ \|f\|_{C^0(K)}=1}} |\langle \mathsf{F}(u) , f \rangle_{C^0(K)}| = 1,$$

da man $f \equiv 1$ nehmen kann.

Die Abbildung $\mathsf{F} : B_K \to [C^0(K)]'$ ist nicht injektiv. Man nehme zum Beispiel eine Funktion $w \in W^{1,\infty}(\Omega)$ mit kompaktem Träger in Ω. Dann gibt es Verschiebungen $w_y(x) := w(x-y)$ derart, daß $\operatorname{supp} w_y \subset \Omega$ bleibt, und es gilt $\mathsf{F}(w) = \mathsf{F}(w_y)$. Das Funktional F definiert eine Faserung (Äquivalenzklassen) auf B_K, die alle Funktionen $u \in B_K$ zusammenfaßt, die für alle $f \in C^0(K)$ den gleichen Wert

$$\mathsf{F}(u) = \int_\Omega f(u(x), \nabla u(x)) \, dx$$

besitzen. Wenn wir z. B. Minima suchen, ist es für die Existenzaussage nicht relevant, ob wir ein Minimum oder eine nicht-leere Klasse von Minima erhalten.

Wegen $\mathsf{F}(u) \in [C^0(K)]'$ können wir über den Satz von Riesz-Radon 3.17 dem Funktional bzw. der Funktion u das signierte Radon-Maß $\mu = \mathcal{I}(\mathsf{F}(u)) \in \mathcal{M}(K)$ zuordnen. Weiter unten zeigen wir $\mu \in \operatorname{Prob}(K)$.

Wir betrachten das einfachste Beispiel. Es sei $c \in \mathbb{R}, u \equiv c \in B_K$, d. h. $(c, 0, \ldots, 0) \in K$. Dann seien $\nu = \mathcal{I}(\mathsf{F}(u))$ und $f \in C^0(K)$ beliebig. Es gilt wegen (9.3)

$$\langle \mathsf{F}(u) , f \rangle_{C^0(K)} = \frac{1}{\lambda^{\mathsf{N}}(\Omega)} \int_\Omega f(u(x), \nabla u(x)) \, dx = f(c, 0, \ldots, 0).$$

Weiter gilt

$$f(c, 0, \ldots 0) = \langle \mathsf{F}(u) , f \rangle_{C^0(K)} = \int_K f(y) \, d\nu.$$

Da dieses für alle $f \in C^0(K)$ gilt, muß ν das Punktmaß (Dirac-Maß) $\delta_{(c,0,\ldots,0)}$ auf K sein.

Wir kehren wieder zu unserem Beispiel zurück. Es sei $\mathsf{N} = 1$, $\Omega =\,]0,1[$, $K = [-1,1]^2$ und

$$\tilde{f}(s_1, s_2) = s_1^2 + (s_2^2 - 1)^2$$

der Integrand des Funktionals (9.1). Weiter sei $(Z_n)_{n \in \mathbb{N}} \subset B_K$ die durch (9.2) definierte Minimalfolge. Durch $(\mathsf{F}(Z_n))_{n \in \mathbb{N}} \subset [C^0(K)]'$ erhalten wir eine zugehörige Folge in $[C^0(K)]'$. Es ist wegen (9.5) $\|\mathsf{F}(Z_n)\|_{[C^0(K)]'} = 1$ für alle

$n \in \mathbb{N}$, d. h., die Folge ist beschränkt. Da $C^0(K)$ separabel ist, Satz B.6, gibt es in $[C^0(K)]'$ nach Lemma 5.6 eine schwach-$*$-konvergente Teilfolge, d. h., es gibt ein $h \in [C^0(K)]'$ derart, daß

$$\langle \mathsf{F}(Z_n)\,,\, f \rangle_{C^0(K)} \to \langle h\,,\, f \rangle_{C^0(K)}$$

für alle $f \in C^0(K)$ gilt.

Es gilt nun insbesondere

$$\langle \mathsf{F}(Z_n)\,,\, \widetilde{f} \rangle_{C^0(K)} \to 0, \quad \text{d. h.} \quad \langle h\,,\, \widetilde{f} \rangle_{C^0(K)} = 0.$$

Wir sagen nun, daß h die verallgemeinerte Lösung unseres Minimierungsproblems sei. Die Existenz von h ist zwar kein Problem, aber wir wissen sehr wenig über h. Bisher wissen wir nur $h \in [C(K)]'$, und h liegt im Schwach-$*$-Abschluß der Menge $\mathsf{F}(B_K)$.

Aufgrund des Satzes von Riesz-Radon 3.17 können wir der Folge $(Z_n)_{n\in\mathbb{N}} \subset B_K$ mittels der Folge $(\mathsf{F}(Z_n))_{n\in\mathbb{N}} \subset [C^0(K)]'$ durch $\mu_n = \mathcal{I}(\mathsf{F}(Z_n))$ eine Folge in $\mathcal{M}(K)$ zuordnen. Es galt $\mathsf{F}(Z_n) \rightharpoonup h \in [C^0(K)]'$. Es sei $\mu = \mathcal{I}(h) \in \mathcal{M}(K)$, dann gilt

$$(9.6) \quad \int_K f(y)\, d\mu_n = \langle \mathsf{F}(Z_n)\,,\, f \rangle_{C^0(K)} \quad \to \quad \langle h\,,\, f \rangle_{C^0(K)} = \int_K f(y)\, d\mu$$

für alle $f \in C^0(K)$. Wir nennen die Konvergenz der Integrale für alle $f \in C^0(K)$ die **Schwach-$*$-Konvergenz** der signierten Radon-Maße, oft auch als schwache Konvergenz von Maßen bezeichnet, siehe z. B. Bauer [10], und schreiben $\mu_n \overset{*}{\rightharpoonup} \mu$. Wir erhalten als schwachen Grenzwert unserer Minimalfolge ein Maß μ, das auf der Bildmenge K der Minimalfolge $(Z_n)_{n\in\mathbb{N}}$ definiert ist.

Wir bezeichnen mit $\overline{\mathsf{F}(B_K)}^{*}$ den Schwach-$*$-Abschluß der Menge $\mathsf{F}(B_K) \subset [C^0(K)]'$. Im folgenden wollen wir $\mathcal{I}\left[\overline{\mathsf{F}(B_K)}^{*}\right]$ betrachten.

Lemma 9.1: *Die Maße* $\mu \in \mathcal{I}\left[\overline{\mathsf{F}(B_K)}^{*}\right]$ *sind Wahrscheinlichkeitsmaße, siehe Abschnitt 3.2, d. h.* $\mathcal{I}\left[\overline{\mathsf{F}(B_K)}^{*}\right] \subset \mathrm{Prob}(K)$, *wobei*

$$\mathrm{Prob}(K) = \{\, \mu \in \mathcal{M}(K) \mid \mu \geq 0 \text{ und } \|\mu\|_{\mathcal{M}(K)} = \mu(K) = 1 \,\}$$

ist. Dabei bedeutet $\mu(K) \geq 0$, *daß gilt*

$$(9.7) \qquad\qquad \int_K f(y)\, d\mu \geq 0$$

für alle $f \in C^0(K)$ *mit* $f \geq 0$.

Beweis: Es sei $u \in B_K$ beliebig, $f \in C^0(K)$ mit $f \geq 0$, dann gilt nach (9.3)

$$\langle \mathsf{F}(u) \,,\, f \rangle_{C^0(K)} = \frac{1}{\lambda^N(\Omega)} \int_\Omega f(u(x), \nabla u(x)) \, dx \geq 0$$

und somit

$$\langle \mathsf{F}(u) \,,\, f \rangle_{C^0(K)} = \int_K f(y) \, d\mu \geq 0.$$

Somit ist das signierte Radon-Maß $\mu \in \mathcal{I}\,[\mathsf{F}(B_K)]$ ein Radon-Maß.

Nun sei $h \in \overline{\mathsf{F}(B_K)}^*$ beliebig, dann gibt es eine Folge $(\mathsf{F}(u_n))_{n \in \mathbb{N}} \subset \mathsf{F}(B_K)$ derart, daß $\mathsf{F}(u_n) \overset{*}{\rightharpoonup} h$. Für $f \geq 0$ gilt $\langle \mathsf{F}(u_n) \,,\, f \rangle_{C^0(K)} \geq 0$ und somit $\langle h \,,\, f \rangle_{C^0(K)} \geq 0$. Es folgt daraus die Positivität des Maßes $\mathcal{I}(h)$.

Wir betrachten die Funktion $f \equiv 1$, dann gilt nach (9.3) und (9.6)

$$1 = \frac{1}{\lambda^N(\Omega)} \int_\Omega 1 \, dx = \langle \mathsf{F}(u_n) \,,\, 1 \rangle_{C^0(K)} = \langle h \,,\, 1 \rangle_{C^0(K)} = \int_K d\mu = \mu(K).$$

$$\square$$

Wir wollen nun zu unserem Beispiel zurückkehren und das Maß $\mu = \mathcal{I}(h)$ näher bestimmen. Es gilt

$$0 = \langle h \,,\, \widetilde{f} \rangle_{C^0(K)} = \int_K \widetilde{f}(s_1, s_2) \, d\mu.$$

Da das Maß μ positiv ist, der Integrand $\widetilde{f} \geq 0$ ist und nur bei den Punkten $(0, -1)$ und $(0, 1) \in K = [-1, 1]^2$ verschwindet, muß μ ein Punktmaß sein, das seinen Träger auf den Nullstellen der Funktion $\widetilde{f}$ hat, d. h., für geeignete Zahlen $\alpha, \beta \in \mathbb{R}$ gilt

$$\mu = \alpha \delta_{(0,1)} + \beta \delta_{(0,-1)}.$$

Um die Zahlen α, β zu bestimmen, betrachten wir den Integranden $f(s_1, s_2) = (1 - s_2)^2$, dann folgt

$$\begin{aligned}
4\beta &= \int_K f(s_1, s_2) \, d\mu = \langle h \,,\, f \rangle_{C^0(K)} \\[2mm]
&= \lim_{n \to \infty} \langle \mathsf{F}(Z_n) \,,\, f \rangle_{C^0(K)} \\[2mm]
&= \lim_{n \to \infty} \frac{1}{\lambda^N(\Omega)} \int_\Omega f(Z_n(x), Z_n'(x)) \, dx \\[2mm]
&= 2.
\end{aligned}$$

Es gilt $\beta = \frac{1}{2}$ und analog folgt $\alpha = \frac{1}{2}$, d. h.

$$(9.8) \qquad \mu = \frac{1}{2}\delta_{(0,1)} + \frac{1}{2}\delta_{(0,-1)}.$$

Weiter folgt mit dem Integranden $f \equiv 1$

$$(9.9) \qquad \mu(K) = \int_K d\mu = 1,$$

d. h., das Maß μ ist wie erwartet ein Wahrscheinlichkeitsmaß.

Betrachten wir speziell alle Integranden $f(t_1, t_2) = f(t_1)$, d. h., die Funktionen f hängen von t_2 nicht explizit ab, dann folgt

$$\langle\, h\,,\, f\,\rangle_{C^0(K)} = \int_K f(t_1)\, d\mu = \int_K f(t_1)\, d\left(\frac{1}{2}\delta_{(0,1)} + \frac{1}{2}\delta_{(0,-1)}\right)$$

$$= f(0) = \langle\, \delta_0\,,\, f\,\rangle_{C^0(K)}.$$

Somit entspricht das Funktional h für solche Funktionen f der Nullfunktion, da wir oben $\mathcal{I}(\mathsf{F}(0)) = \delta_0$ gefunden hatten. In Abschnitt 9.4 werden wir diesen Punkt wieder aufgreifen und zu einer Produktdarstellung des Maßes μ gelangen, nämlich

$$\mu = \delta_0 \otimes \left(\frac{1}{2}\delta_1 + \frac{1}{2}\delta_{-1}\right).$$

Wir können das Maß μ derart interpretieren, daß μ die Wahrscheinlichkeit angibt, mit der $u(x) = 0$ und mit der $u'(x) = 1$ oder $= -1$ ist. Ein solches Maß μ kann nicht von einer distributionellen Ableitung herrühren, d. h., es gilt nicht $\mu = \mathcal{I}(\mathsf{F}(u))$, da die distributionelle Ableitung der Nulldistribution wieder die Nulldistribution ergibt. Der Nulldistribution würde $\mu = \delta_0 \otimes \delta_0$ entsprechen.

Diese verallgemeinerte Minimierungstheorie wurde von Young für Kurven in $\mathbb{R}^N$ eingeführt. Die entsprechenden verallgemeinerten Lösungen bezeichnete er als verallgemeinerte Kurven[1].

Wir wollen nun ein verallgemeinertes Minimierungsproblem formulieren. Dazu betrachten wir in $[C^0(K)]'$ die Menge der positiven Funktionale, d. h.

$$P := \{\, F \in [C^0(K)]' \mid \langle\, F\,,\, f\,\rangle_{C^0(K)} \geq 0 \text{ für alle } f \geq 0\,\}.$$

Wie wir gesehen hatten, liegen $F(u)$, für $u \in B_K$, und alle Schwach-$*$-Grenzwerte solcher Funktionale in P. Dann erhalten wir

---

[1]Vgl. Young [134, Chapter VI].

Das verallgemeinerte Minimierungsproblem:
Es sei $f \in C^0(K)$ gegeben. Gesucht sei $h \in P$ derart, daß

$$(9.10) \qquad \langle h\,,\,f\rangle_{C^0(K)} \leq \langle g\,,\,f\rangle_{C^0(K)}$$

für alle $g \in P$. $\qquad\qquad\qquad\qquad\qquad\qquad\qquad\qquad\qquad\qquad\Diamond$

Für ein beliebiges $f \in C^0(K)$ wird dieses Problem nicht unbedingt eine Lösung haben. Für $\widetilde{f}$ hat dieses Problem eine Lösung, wie oben gezeigt.

9.2 L^∞-Young-Maße

Wir modifizieren die Bezeichnungsweisen des vorangegangenen Abschnitts. Es sei Ω weiterhin ein beschränktes Gebiet (offen, zusammenhängend). Wir wollen statt $W^{1,\infty}(\Omega)$ nun $[L^\infty(\Omega)]^M$ betrachten. Es sei daher $K \subset \mathbb{R}^M$ kompakt und

$$(9.11) \qquad B_K := \{\, \underline{u} \in [L^\infty(\Omega)]^M \mid \underline{u}(x) \in K \text{ für fast alle } x \in \Omega \,\}.$$

Wir erhalten eine Abbildung $\mathcal{G} : \Omega \times B_K \to [C^0(K)]'$, gegeben durch

$$(9.12) \qquad \langle \mathcal{G}(x,\underline{u})\,,\,f\rangle_{C^0(K)} := f(\underline{u}(x))$$

mit $\underline{u} \in B_K, f \in C^0(K)$ für fast alle $x \in \Omega$. Die Linearität ist offensichtlich. Für fast alle $x \in \Omega$ und alle $\underline{u} \in B_K$ gilt

$$(9.13) \qquad |f(\underline{u}(x))| \leq \|f\|_{\infty,K},$$

d. h. die Stetigkeit. Wir können den Darstellungssatz von Riesz-Radon 3.17 anwenden. Zu $\underline{u} \in B_K$ erhalten wir eine über $x \in \Omega$ parametrisierte Schar von Maßen

$$(9.14) \qquad \mathcal{I}(\mathcal{G}(x,\underline{u})) = \nu_x.$$

Es gilt für jedes $x \in \Omega$

$$(9.15) \qquad \langle \mathcal{G}(x,\underline{u})\,,\,f\rangle_{C^0(K)} = \int_K f(\underline{y})\,d\nu_x = f(\underline{u}(x)),$$

d. h. $\nu_x = \delta_{\underline{u}(x)}$. Eine Funktion $\underline{u} \in B_K$ induziert somit in jedem Punkt $x \in \Omega$ ein Dirac-Maß auf der Bildmenge K, das ein Wahrscheinlichkeitsmaß ist, siehe Abschnitt 3.3.

Es sei $\Omega \subseteq \mathbb{R}^N$ und $K \subseteq \mathbb{R}^M$. Dann bezeichnen wir eine Abbildung $\nu :$ $\Omega \to \mathrm{Prob}(K)$ als **Youngsches Maß**. Wir schreiben auch $\nu = (\nu_x)_{x\in\Omega}$ mit

$\nu_x = \nu(x)$ für fast alle $x \in \Omega$ und sprechen von einer Familie von Wahrscheinlichkeitsmaßen.

Wir hatten in Abschnitt 7.1 gesehen, daß im allgemeinen aus der Konvergenz $\underline{u}_n \overset{*}{\rightharpoonup} \underline{u}$ in $[L^\infty(\Omega)]^M$ nicht folgt, daß $f(\underline{u}_n) \overset{*}{\rightharpoonup} f(\underline{u})$ in $L^\infty(\Omega)$ gilt, wenn die Funktion $f \in C^0(\mathbb{R}^M)$ nicht affin linear ist. Wir wollen nun die Schwach-$*$-Grenzwerte der Folgen $(f(\underline{u}_n))_{n \in \mathbb{N}}$ mit Hilfe Youngscher Maße charakterisieren. In diesem Abschnitt wollen wir nur Folgen betrachten, die in $[L^\infty(\Omega)]^M$ beschränkt sind, d. h. ihre Werte fast überall in einer kompakten Menge $K \subset \mathbb{R}^M$ annehmen. Daher können wir statt $f \in C^0(\mathbb{R}^M)$ auch $f \in C^0(K)$ nehmen.

Satz 9.2 (Tartar[2]): *Es sei $\Omega \subset \mathbb{R}^N$ ein beschränktes Gebiet und $K \subset \mathbb{R}^M$ eine kompakte Teilmenge. Weiter sei B_K wie in (9.11) gegeben. Zu jeder schwach-$*$-konvergenten Folge $(\underline{u}_n)_{n \in \mathbb{N}} \subset B_K$ mit $\underline{u}_n \overset{*}{\rightharpoonup} \underline{u}$ in $[L^\infty(\Omega)]^M$ existiert eine Teilfolge $(\underline{u}_n)_{n \in \mathbb{N}}$ und eine der Teilfolge zugeordnete Familie von Wahrscheinlichkeitsmaßen, ein Youngsches Maß, $\nu = (\nu_x)_{x \in \Omega}$ derart, daß für alle $f \in C^0(K)$ gilt*

$$(9.16) \qquad\qquad f(\underline{u}_n) \overset{*}{\rightharpoonup} \bar{f} = \int_K f(\underline{y})\, d\nu$$

in $L^\infty(\Omega)$, mit $\bar{f}(x) = \int_K f(y) d\nu_x$ für fast alle $x \in \Omega$.

Beweis: Wir zeigen zuerst, daß eine Teilfolge $(\underline{u}_n)_{n \in \mathbb{N}}$ derart existiert, daß die Folgen $(f(\underline{u}_n))_{n \in \mathbb{N}}$ für alle $f \in C^0(K)$ in $L^\infty(\Omega)$ schwach-$*$-konvergieren. Anschließend definieren wir auf der abzählbaren und dichten Teilmenge der rationalen Polynome $\mathcal{P}_\mathbb{Q}(K) \subset C^0(K)$ das Youngsche Maß zu der Teilfolge $(\underline{u}_n)_{n \in \mathbb{N}}$ und setzen es auf $C^0(K)$ fort. Schließlich müssen wir noch die Darstellungsformel (9.16) für die Fortsetzung beweisen.

Für ein beliebiges $f \in C^0(K)$ ist die Folge $(f(\underline{u}_n))_{n \in \mathbb{N}}$ in $L^\infty(\Omega)$ beschränkt und besitzt daher nach Lemma 5.14 eine schwach-$*$-konvergente Teilfolge. Ist eine solche Folge bestimmt, so bezeichnen wir mit $\bar{f}$ den Grenzwert der Folge.

Nach Satz B.6 liegen die Polynome mit rationalen Koeffizienten $\mathcal{P}_\mathbb{Q}(K)$ dicht in $C^0(K)$. Es sei $(p_m)_{m \in \mathbb{N}} = \mathcal{P}_\mathbb{Q}(K)$ eine Abzählung dieser Polynome. Wir bilden eine Teilfolge $(u_{1n})_{n \in \mathbb{N}}$ der Folge $(\underline{u}_n)_{n \in \mathbb{N}} \subset B_K$ derart, daß $p_1(\underline{u}_{1n}) \overset{*}{\rightharpoonup} \bar{p}_1 \in B_K$ konvergiert für $n \to \infty$, und immer weiter Teilfolgen der Teilfolgen, daß jeweils für $m \in \mathbb{N}$ gilt $p_m(\underline{u}_{mn}) \overset{*}{\rightharpoonup} \bar{p}_m \in B_K$ für $n \to \infty$. Die Limites

---

[2]Satz 9.2 stammt von Tartar [118], [119], siehe auch Dacorogna [25], Evans [39], Lin [80] und Slemrod [114]. Eine allgemeinere Version wurde von Ball [8] bewiesen, siehe auch Hungerbühler [61]. Der hier gegebene Beweis ist den ursprünglichen Ideen von Young [134, Chapter VI] nachempfunden, der erste Teil wurde in Tartar [119] angedeutet. Es werden nur der Weierstraßsche Approximationssatz, siehe Satz B.6, und der Satz von Riesz-Radon 3.17 benötigt.

$\bar{p}_m$ sind in der Regel keine Polynome. Die Diagonalfolge $(\underline{u}_{nn})_{n\in\mathbb{N}}$ erfüllt dann $p_m(\underline{u}_{nn}) \xrightarrow{*} \bar{p}_m$ für $n \to \infty$ und alle $m \in \mathbb{N}$.

Nun sei $f \in C^0(K)$ beliebig und $(p_{m'})_{m'\in\mathbb{N}} \subset \mathcal{P}_{\mathbb{Q}}(K)$ eine Folge mit $p_{m'} \to f$ gleichmäßig in $C^0(K)$. Wir wollen zeigen, daß die Folge $(f(\underline{u}_{nn}))_{n\in\mathbb{N}}$ eine Schwach-$*$-Cauchy-Folge ist. Dazu verwenden wir Lemma 5.15(c). Es gilt für $\Omega' \subseteq \Omega$ und $n, k \in \mathbb{N}$

$$
\left| \int_{\Omega'} [f(\underline{u}_{nn}(x)) - f(\underline{u}_{kk}(x))] \, dx \right| \leq \left| \int_{\Omega'} [f(\underline{u}_{nn}(x)) - p_{m'}(\underline{u}_{nn}(x))] \, dx \right|
$$

$$
(9.17) \qquad\qquad\qquad\qquad + \left| \int_{\Omega'} [p_{m'}(\underline{u}_{nn}(x)) - p_{m'}(\underline{u}_{kk}(x))] \, dx \right|
$$

$$
+ \left| \int_{\Omega'} [p_{m'}(\underline{u}_{kk}(x)) - f(\underline{u}_{kk}(x))] \, dx \right|.
$$

Sei $\varepsilon > 0$ beliebig gewählt. Das mittlere Integral kann wegen der Schwach-$*$-Konvergenz von $(p_{m'}(\underline{u}_{nn}))_{n\in\mathbb{N}}$ für $n, k \geq n_0$ mit einem geeigneten $n_0 \in \mathbb{N}$ kleiner als $\frac{\varepsilon}{3}$ gemacht werden. Wegen der gleichmäßigen Konvergenz $p_{m'} \to f$ können das erste und dritte Integral unabhängig von n und k kleiner als $\frac{\varepsilon}{3}$ gemacht werden. Somit ist $(f(\underline{u}_{nn}))_{n\in\mathbb{N}}$ eine Schwach-$*$-Cauchy-Folge. Nach Lemma 5.9 gilt $f(\underline{u}_{nn}) \xrightarrow{*} \bar{f} \in L^\infty(\Omega)$, und mit Lemma 5.3 folgt

$$
\|\bar{f}\|_{\infty,\Omega} \leq \liminf_{n\to\infty} \|f(\underline{u}_n)\|_{\infty,K} \leq \|f\|_{\infty,K}.
$$

Folglich haben wir eine Teilfolge $(\underline{u}_{nn})_{n\in\mathbb{N}}$ gefunden, die für alle $f \in C^0(K)$ schwach-$*$-konvergiert.

Nun müssen wir das Youngsche Maß zu der Teilfolge $(u_{nn})_{n\in\mathbb{N}}$ finden. Für jedes $m \in \mathbb{N}$ können wir eine Lebesgue-Nullmenge N_m derart bestimmen, daß $|\bar{p}_m(x)| \leq \|\bar{p}_m\|_{\infty,\Omega}$ gilt für alle $x \in \Omega \setminus N_m$. Weiter sei $N = \bigcup_{m\in\mathbb{N}} N_m$, dann ist $\lambda^{\mathbb{N}}(N) = 0$. Für $x \in \Omega \setminus N$ gilt nach Lemma 5.3

$$
(9.18) \qquad |\bar{p}_m(x)| \leq \|\bar{p}_m\|_{\infty,\Omega} \leq \liminf_{n\to\infty} \|p_m(\underline{u}_{nn})\|_{\infty,\Omega} \leq \|p_m\|_{\infty,K}
$$

für alle $m \in \mathbb{N}$.

Damit ist die lineare Abbildung $i_x : \mathcal{P}_{\mathbb{Q}}(K) \to \mathbb{R}$, die durch

$$
i_x(p_m) = \bar{p}_m(x)
$$

gegeben ist, für fast alle $x \in \Omega$ ein stetiges lineares Funktional auf $\mathcal{P}_{\mathbb{Q}}(K)$, einer dichten Teilmenge von $C^0(K)$, definiert. Daher existiert eine eindeutige Fortsetzung des Funktionals i_x auf $C^0(K)$, siehe z.B. Heuser [54, Satz 12.3], mit $|i_x(f)| \leq \|f\|_{\infty,K}$.

Wir setzen nun aufgrund des Darstellungssatzes von Riesz-Radon 3.17

$$\nu_x := \mathcal{I}(i_x)$$

für $x \in \Omega \setminus N$. Nach (9.18) gilt $\|i_x\|_{[C^0(K)]'} \le 1$ und wegen $i_x(1) = 1$ folgt $\|i_x\|_{[C^0(K)]'} = 1$. Weiter gilt $i_x(f) \ge 0$ für $f \ge 0$, d. h. $\nu_x \in \mathrm{Prob}(K)$. Außerdem gilt nach (3.15) für $f \in C^0(K)$

$$(9.19) \qquad \langle\, i_x \,,\, f \,\rangle_{C^0(K)} = \int_K f(y)\, d\nu_x.$$

Es bleibt zu zeigen, daß $\langle\, i_x \,,\, f \,\rangle_{C^0(K)} = \bar{f}(x)$ für fast alle $x \in \Omega$ gilt, falls f kein Polynom mit rationalen Koeffizienten ist. Dazu betrachten wir zu $\underline{u} \in B_K$ und $f \in C^0(K)$ das lineare Funktional $H(\underline{u}, f) : C^0(\overline{\Omega}) \to \mathbb{R}$, gegeben durch

$$(9.20) \qquad \langle\, H(\underline{u}, f) \,,\, \psi \,\rangle_{C^0(\overline{\Omega})} := \frac{1}{\lambda^N(\Omega)} \int_\Omega \psi(x) f(\underline{u}(x))\, dx$$

für $\psi \in C^0(\overline{\Omega})$. Es gilt

$$(9.21) \qquad |\langle\, H(\underline{u}, f) \,,\, \psi \,\rangle_{C^0(\overline{\Omega})}| \le \|\psi\|_{\infty,\overline{\Omega}}\, \|f\|_{\infty,K},$$

d. h. $H(\underline{u}, f) \in [C^0(\overline{\Omega})]'$. Wegen $\psi \in C^0(\overline{\Omega}) \subset L^1(\Omega)$ folgt aus der Schwach-$*$-Konvergenz in L^∞

$$\begin{aligned}
\langle\, H(\underline{u}_{nn}, f) \,,\, \psi \,\rangle_{C^0(\overline{\Omega})} &= \frac{1}{\lambda^N(\Omega)} \int_\Omega \psi(x) f(\underline{u}_{nn}(x))\, dx \\
&\to \frac{1}{\lambda^N(\Omega)} \int_\Omega \psi(x) \bar{f}(x)\, dx =: \langle\, \bar{f} \,,\, \psi \,\rangle_{C^0(\overline{\Omega})}
\end{aligned}$$

für alle $f \in C^0(K)$. Daraus folgt $H(\underline{u}_{nn}, f) \stackrel{*}{\rightharpoonup} \bar{f}$ in $[C^0(\overline{\Omega})]'$, denn wir können wegen

$$|\langle\, \bar{f} \,,\, \psi \,\rangle_{C^0(\overline{\Omega})}| \le \|\bar{f}\|_{\infty,\Omega}\, \|\psi\|_{\infty,\overline{\Omega}} \le \|f\|_{\infty,K}\, \|\psi\|_{\infty,\overline{\Omega}}$$

das Element $\bar{f} \in L^\infty(\Omega)$ über $\langle\, \bar{f} \,,\, \cdot \,\rangle_{C^0(\overline{\Omega})}$ als Funktional in $[C^0(\overline{\Omega})]'$ auffassen.

Es sei $f \in C^0(K)$ und $(p_{m'})_{m' \in \mathbb{N}} \subset \mathcal{P}_\mathbb{Q}(K)$ eine Folge von Polynomen mit $p_{m'} \to f$ gleichmäßig auf K. Es gilt

$$\langle\, i_x \,,\, f \,\rangle_{C^0(K)} = \lim_{m' \to \infty} \langle\, i_x \,,\, p_{m'} \,\rangle_{C^0(K)} = \lim_{m' \to \infty} \bar{p}_{m'}(x),$$

und somit ist die Abbildung $x \to \langle\, i_x \,,\, f \,\rangle_{C^0(K)}$ als punktweise gegebener Grenzwert meßbarer Funktionen meßbar, siehe Satz 3.20. Weiter folgt über

(9.20), daß $H(\underline{u}, p_{m'}) \xrightarrow{*} H(\underline{u}, f)$ in $[C^0(\overline{\Omega})]'$ für alle $\underline{u} \in B_K$. Somit gilt für alle $\psi \in C^0(\overline{\Omega}) \subset L^1(\Omega)$ und fast alle $x \in \Omega$ mit $\overline{p}_{m'}(x) = \langle\, i_x \,,\, p_{m'} \,\rangle_{C^0(K)}$

$$\left| \langle\, [\bar{f} - \langle\, i_x \,,\, f \,\rangle_{C^0(K)}] \,,\, \psi \,\rangle_{C^0(\overline{\Omega})} \right| \;\leq\; \left| \langle\, [\bar{f} - H(\underline{u}_{nn}, f)] \,,\, \psi \,\rangle_{C^0(\overline{\Omega})} \right|$$

$$+ \left| \langle\, [H(\underline{u}_{nn}, f) - H(\underline{u}_{nn}, p_{m'})] \,,\, \psi \,\rangle_{C^0(\overline{\Omega})} \right|$$

$$(9.22) \qquad + \left| \langle\, [H(\underline{u}_{nn}, p_{m'}) - \overline{p}_{m'}] \,,\, \psi \,\rangle_{C^0(\overline{\Omega})} \right|$$

$$+ \left| \langle\, \langle\, i_x \,,\, (p_{m'} - f) \,\rangle_{C^0(K)} \,,\, \psi \,\rangle_{C^0(\overline{\Omega})} \right|.$$

Es sei $\varepsilon > 0$ beliebig gewählt. Für den zweiten Term auf der rechten Seite von (9.22) gilt

$$\left| \langle\, [H(\underline{u}_{nn}, f) - H(\underline{u}_{nn}, p_{m'})] \,,\, \psi \,\rangle_{C^0(\overline{\Omega})} \right|$$

$$\leq \frac{1}{\lambda^N(\Omega)} \int_\Omega |\psi(x)[f(\underline{u}_{nn}(x)) - p_{m'}(\underline{u}_{nn}(x))]|\, dx$$

$$\leq \|\psi\|_{\infty,\overline{\Omega}}\, \|f - p_{m'}\|_{\infty,K}.$$

Indem wir $m' \in \mathbb{N}$ genügend groß wählen, können wir die rechte Seite kleiner als $\frac{\varepsilon}{4}$ machen und zwar unabhängig von n. Für den vierten Term in (9.22) gilt

$$\left| \langle\, \langle\, i_x \,,\, (p_{m'} - f) \,\rangle_{C^0(K)} \,,\, \psi \,\rangle_{C^0(\overline{\Omega})} \right|$$

$$\leq \frac{1}{\lambda^N(\Omega)} \int_\Omega |\psi(x)|\, |\langle\, i_x \,,\, (p_{m'} - f) \,\rangle_{C^0(K)}|\, dx$$

$$\leq \|\psi\|_{\infty,\overline{\Omega}}\, \|p_{m'} - f\|_{\infty,K},$$

d. h., wir können diesen Term ebenfalls kleiner als $\frac{\varepsilon}{4}$ machen, indem wir m' genügend groß wählen. Mit diesem m' können wir nun ein $n_0 \in \mathbb{N}$ derart bestimmen, daß für alle $n \geq n_0$ der erste und der dritte Term auf der rechten Seite von (9.22) jeweils kleiner als $\frac{\varepsilon}{4}$ ist. Damit folgt

$$\int_\Omega [\bar{f}(x) - \langle\, i_x \,,\, f \,\rangle_{C^0(K)}]\, \psi(x)\, dx = 0$$

für alle $\psi \in C^0(\overline{\Omega})$. Nach Lemma B.18 folgt somit für fast alle $x \in \Omega$

$$\bar{f}(x) = \langle\, i_x \,,\, f \,\rangle_{C^0(K)} = \int_K f(\underline{y})\, d\nu_x$$

mit der Darstellungsformel (9.19). $\qquad\qquad\square$

Mit (9.16) haben wir eine Darstellungsformel für den Schwach-$*$-Grenzwert von $f(\underline{u}_n)$ gewonnen. Damit für alle $f \in C^0(K)$ und die Folge $(\underline{u}_n)_{n \in \mathbb{N}} \subset B_K$ gilt $f(\underline{u}_n) \overset{*}{\rightharpoonup} f(\underline{u})$, muß $\nu_x = \delta_{\underline{u}(x)}$ sein.

Ist $f(\underline{y}) = \langle \underline{a}, \underline{y} \rangle_{\mathbb{R}^M} + b$ mit $a \in \mathbb{R}^M, b \in \mathbb{R}$ d. h. f affin, dann gilt für alle Folgen mit $\underline{u}_n \overset{*}{\rightharpoonup} \underline{u}$, daß $f(\underline{u}_n) \overset{*}{\rightharpoonup} f(\underline{u})$. Es ist daher

$$\underline{a} \cdot \underline{u}(x) + b = \int_K \underline{a} \cdot \underline{y} + b \, d\nu_x = \underline{a} \cdot \int_K \underline{y} \, d\nu_x + b.$$

Insbesondere gilt

$$(9.23) \qquad\qquad \underline{u}(x) = \int_K \underline{y} \, d\nu_x.$$

Lemma 9.3: *Es sei $\Omega \subseteq \mathbb{R}^N$ ein unbeschränktes Gebiet. Dann gelten unter den weiteren Voraussetzungen von Satz 9.2 auch in diesem Fall die Aussagen von Satz 9.2.*

Beweis: Es sei $(\underline{u}_n)_{n \in \mathbb{N}} \subset B_K$ eine Folge mit $\underline{u}_n \overset{*}{\rightharpoonup} \underline{u}$ in $[L^\infty(\Omega)]^M$ und $u \in B_K$. Wie im Beweis von Satz 9.2 kann eine Teilfolge bestimmt werden derart, daß $f(\underline{u}_n) \overset{*}{\rightharpoonup} \bar{f} \in L^\infty(\Omega)$ gilt für alle $f \in C^0(K)$.

Weiter seien für $j \in \mathbb{N}$ beschränkte offene Teilmengen $\Omega_j \subset \Omega$ mit $\Omega_j \uparrow \Omega$ gegeben, d. h.

$$\Omega = \bigcup_{j \in \mathbb{N}} \Omega_j \quad \text{und} \quad \Omega_j \subseteq \Omega_k \quad \text{für} \quad j \le k.$$

Dann gilt nach Lemma 5.18 für alle $f \in C^0(K)$

$$f(\underline{u}_n) \overset{*}{\rightharpoonup} \bar{f} \quad \text{in} \quad L^\infty(\Omega_j)$$

für jedes $j \in \mathbb{N}$. Nach Satz 9.2 gibt es zu jedem $j \in \mathbb{N}$ ein Youngsches Maß $\nu^j = (\nu_x)_{x \in \Omega_j}$. Da $\|\nu_x^j\|_{\mathcal{M}(\overline{\Omega})} = 1$ für alle $j \in \mathbb{N}$ ist, gibt es eine Teilfolge $\nu_x^j \overset{*}{\rightharpoonup} \nu_x$ in $\mathcal{M}(\overline{\Omega})$, siehe Abschnitt 5.2. Sei $k > j$, dann gilt für alle $f \in C^0(K)$ und fast alle $x \in \Omega_j$

$$\int_K f(\underline{y}) d\nu_x^j = \bar{f}(x) = \int_K f(\underline{y}) d\nu_x^k,$$

d. h., $\nu_x^k = \nu_x^j$. Somit gilt für jede Teilfolge wegen $\Omega = \bigcup_{j \in \mathbb{N}} \Omega_j$ für das Young-sche Maß $\nu = (\nu_x)_{x \in \Omega}$

$$\nu_x = \nu_x^j \quad \text{für fast alle } x \in \Omega_j.$$

Das Maß ν ist eindeutig definiert und somit Limes aller Teilfolgen. Da $\nu_x = \nu_x^k = \nu_x^j$ für alle $k \ge j$ und fast alle $x \in \Omega_j$ ist, gilt auch die Darstellungsformel.

$$\square$$

Weiterhin gilt folgender Zusammenhang mit der starken Konvergenz:

Lemma 9.4: *Es sei $\Omega \subset \mathbb{R}^N$ ein beschränktes Gebiet. Das Youngsche Maß $\nu = (\nu_x)_{x\in\Omega}$ zu der Folge $(\underline{u}_n)_{n\in\mathbb{N}} \subset B_K$ mit $\underline{u}_n \overset{*}{\rightharpoonup} \underline{u} \in B_K$ ist genau dann fast überall das Dirac-Maß $\delta_{\underline{u}(x)}$, wenn die in $[L^\infty(\Omega)]^M$ schwach-*-konvergente Folge $(\underline{u}_n)_{n\in\mathbb{N}}$ in $[L^q(\Omega)]^M$ für alle $q \in [1,\infty[$ stark konvergiert.*

Beweis: Bei starker L^q-Konvergenz folgt aus Satz 4.4, daß $\bar{f} = f(\underline{u})$ für alle $f \in C^0(K)$ gilt; das in Satz 4.4 benötigte Wachstumsverhalten von f spielt auf kompakten Mengen keine Rolle. Aus (9.16) folgt daher $\nu_x = \delta_{\underline{u}(x)}$.

Nun sei $\nu_x = \delta_{\underline{u}(x)}$. Dann gilt für alle $q \in [1,\infty[$, daß $|\underline{u}_n|^q \overset{*}{\rightharpoonup} |\underline{u}|^q$ in $L^\infty(\Omega)$. Wegen $1 \in L^1(\Omega)$ gilt $\int_\Omega |\underline{u}_n|^q \, dx \to \int_\Omega |\underline{u}|^q \, dx$. Aus Lemma 5.15 folgt, da die Folge in $[L^\infty(\Omega)]^M$ beschränkt ist, $\underline{u}_n \rightharpoonup \underline{u}$ in $L^q(\Omega)$. Damit erhalten wir die starke Konvergenz der Folge über Satz 5.25. $\qquad\square$

Insbesondere gilt also: Ist eine Folge beschränkt in $L^\infty(\Omega)$, wobei Ω beschränkt ist, so folgt aus der Konvergenz in $L^p(\Omega)$ für ein $p \in [1,\infty[$ die Konvergenz für alle $p \in [1,\infty[$; man vergleiche mit Lemma 5.28.

Eine maßwertige Abbildung $\omega : \Omega \to \mathcal{M}(K)$ mit $\omega(x) = \omega_x \in \mathcal{M}(K)$ heißt **schwach-*-meßbar**, wenn für alle $f \in C^0(K)$ die Funktionen $\Phi_{\omega,f} : \Omega \to \mathbb{R}$ gegeben durch

$$\Phi_{\omega,f}(x) = \langle \omega_x \, , \, f \rangle_{C^0(K)} = \int_K f(\underline{y}) \, d\omega_x$$

meßbar sind.

Ist $\omega_x = \delta_{\underline{u}(x)}$ dann ist $\Phi_{\omega,f} = f \circ \underline{u}$ und somit meßbar. Ist $\omega_x = \nu_x$ ein Youngsches Maß, dann gilt nach Satz 9.2 $\Phi_{\nu,f} = \bar{f} \in L^\infty(\Omega)$ mit

$$\bar{f}(x) = \int_K f(\underline{y}) \, d\nu_x,$$

d. h., die Abbildung $\Phi_{\nu,f}$ ist meßbar.

Für $p \in [1,\infty]$ und eine abgeschlossene Menge $A \subseteq \mathbb{R}^M$ definieren wir die Räume

$$L_w^p(\Omega; \mathcal{M}(A)) := \{ \, \omega : \Omega \to \mathcal{M}(A) \mid \Phi_{\omega,f} \in L^p(\Omega) \text{ für alle } f \in C_0^0(A) \, \}.$$

Dann gilt für obige Youngsche Maße $\nu = (\nu_x)_{x\in\Omega}$, daß $\nu \in L_w^\infty(\Omega; \mathcal{M}(K))$.

9.3 L^p-Young-Maße

Ein wichtiger Unterschied zu den im letzten Abschnitt behandelten Folgen in $L^\infty(\Omega)$ besteht im Fall $p \in [1, \infty[$ darin, daß die Funktionen $u \in [L^p(\Omega)]^M$ nicht fast überall beschränkt sind, d.h., wir müssen $K = \mathbb{R}^M$ betrachten.

Wir wollen möglichst allgemeine Funktionen $f \in C^0(\mathbb{R}^M)$ betrachten. Sei $\underline{u} \in L^p(\Omega)$ mit $p \in]1, \infty[$. Nach Satz 4.4 gilt, daß $f(\underline{u}) \in L^q(\Omega)$ für ein $q \in [1, \infty[$ genau dann, wenn

$$(9.24) \qquad |f(\underline{y})| \leq a + b\,|\underline{y}|^{p/q}$$

für $a, b \geq 0$ gilt. Es sei nun $(\underline{u}_n)_{n\in\mathbb{N}} \subset [L^p(\Omega)]^M$ eine schwach konvergente Folge mit $\underline{u}_n \rightharpoonup \underline{u} \in [L^p(\Omega)]^M$. Erfüllt die Funktion $f \in C^0(\mathbb{R}^M)$ die Ungleichung (9.24) für ein $q \geq 1$, so ist der zugehörige Superpositionsoperator $\tilde{f} : [L^p(\Omega)]^M \to L^q(\Omega)$ stetig und beschränkt, aber nur im affin linearen Fall schwach stetig, siehe Satz 7.6. Somit ist insbesondere die Folge $(f(\underline{u}_n))_{n\in\mathbb{N}}$ in $L^q(\Omega)$ beschränkt. Nur im Fall $q > 1$ können wir eine schwach konvergente Teilfolge auswählen, siehe Lemma 5.14. Im Fall $q = 1$ können in der Folge $(f(\underline{u}_n))_{n\in\mathbb{N}}$ Konzentrationen auftreten, siehe Beispiel 5.13.

Wir wollen die Forderung (9.24) für $q > 1$ etwas abschwächen. Gilt (9.24) für ein $q > 1$, dann folgt für $|\underline{y}| \geq 1$ und

$$(9.25) \qquad |\underline{y}| \geq \left(\frac{a+b}{\varepsilon}\right)^{\frac{q}{p(q-1)}}$$

die Ungleichung

$$a + b\,|\underline{y}|^{\frac{p}{q}} \leq \varepsilon |\underline{y}|^p.$$

Das heißt, für jedes $\varepsilon > 0$ erhalten wir

$$(9.26) \qquad |f(\underline{y})| \leq \varepsilon |\underline{y}|^p,$$

wenn wir nur mit (9.25) $|\underline{y}|$ genügend groß wählen. Wir wollen daher solche $f \in C^0(\mathbb{R}^M)$ betrachten, die zu jedem $\varepsilon > 0$ ein $m \in \mathbb{N}$ derart besitzen, daß für $|\underline{y}| \geq m$ die Ungleichung (9.26) gilt.

Die folgende Erweiterung des Satzes 9.2 auf den Fall $p < \infty$ stammt von Schonbek [108] und wurde dort auch für unbeschränkte Gebiete gezeigt.

Satz 9.5 (Schonbek): *Es seien $p \in]1, \infty[$, $\Omega \subset \mathbb{R}^N$ ein beschränktes Gebiet und $(\underline{u}_n)_{n\in\mathbb{N}} \subset [L^p(\Omega)]^M$ eine bezüglich $\|\cdot\|_{p,\Omega}$ beschränkte Folge. Weiterhin betrachten wir alle diejenigen $f \in C^0(\mathbb{R}^M)$, die zu jedem $\varepsilon > 0$ ein $m \in \mathbb{N}$ derart besitzen, daß für $|\underline{y}| \geq m$ die Ungleichung (9.26) gilt. Dann gibt es eine Teilfolge*

$(\underline{u}_n)_{n\in\mathbb{N}}$ und eine Familie von Wahrscheinlichkeitsmaßen, ein Youngsches Maß, $\nu = (\nu_x)_{x\in\Omega}$ mit der Eigenschaft, daß

$$(9.27) \qquad f(\underline{u}_n) \;\rightharpoonup\; \bar{f} = \int_{\mathbb{R}^M} f(\underline{y})\, d\nu = \langle\, \nu\,,\, f\,\rangle_{C^0(\mathbb{R}^M)}$$

in $L^1(\Omega)$ mit $\bar{f}(x) = \int_{\mathbb{R}^n} f(\underline{y})\, d\nu_x$ für fast alle $x \in \Omega$ gilt.

Beweis: Für $\underline{u} \in [L^p(\Omega)]^M$ gilt wegen (9.26) nach Satz 4.4 $f(\underline{u}) \in L^1(\Omega)$. Wir definieren zu der Folge $(\underline{u}_n)_{n\in\mathbb{N}} \subset [L^p(\Omega)]^M$ für $m \in \mathbb{N}$ die beschränkten Folgen $(\underline{u}_n^m)_{n\in\mathbb{N}} \subset [L^\infty(\Omega)]^M$ durch

$$(9.28) \qquad \underline{u}_n^m(x) := \begin{cases} \underline{u}_n^m(x) & \text{falls} \quad |\underline{u}_n^m(x)| \le m \\[2mm] \dfrac{m}{|\underline{u}_n^m(x)|}\underline{u}_n^m(x) & \text{falls} \quad |\underline{u}_n^m(x)| > m. \end{cases}$$

Es gilt $\|\|\underline{u}_n^m\|\|_{\infty,\Omega} \le m$ für alle $n \in \mathbb{N}$, wenn wir mit $\underline{u}_n^m = (u_n^{m1}, \ldots, u_n^{mM})$

$$\|\|\underline{u}_n^m\|\|_{\infty,\Omega} := \max_{j=1,\ldots,M} \|u_n^{mj}\|_{\infty,\Omega}$$

setzen.

Wir betrachten in $\mathbb{R}^M$ zu jedem $m \in \mathbb{N}_0$ die abgeschlossenen Kugeln

$$K_m := \{\, \underline{y} \in \mathbb{R}^M \mid\ |\underline{y}| \le m \,\}.$$

Dann gilt $\underline{u}_n^m(x) \in K_m$ für fast alle $x \in \Omega$. Über Satz 9.2 gibt es eine Teilfolge der in $[L^p(\Omega)]^M$ beschränkten Folge $(\underline{u}_n)_{n\in\mathbb{N}}$ derart, daß es zu jedem $m \in \mathbb{N}$ auf K_m ein Youngsches Maß $\nu^m = (\nu_x^m)_{x\in\Omega}$ mit

$$\nu_x^m \in \mathrm{Prob}(K_m) \subset \mathcal{M}(K_m) \cong [C^0(K_m)]'$$

gibt, und daß jeweils für die zugehörige in $[L^\infty(\Omega)]^M$ beschränkte Folge $(\underline{u}_n^m)_{n\in\mathbb{N}}$ für alle $f \in C^0(K_m)$ gilt

$$(9.29) \qquad f(\underline{u}_n^m) \;\overset{*}{\rightharpoonup}\; \bar{f}_m = \int_{K_m} f(\underline{y})\, d\nu_x^m = \langle\, \nu_x^m\,,\, f\,\rangle_{C^0(K_m)}$$

in $[L^\infty(\Omega)]^M$. Die obige Teilfolge erhalten wir wie folgt. Wir fangen mit $m = 1$ an, bestimmen eine Teilfolge der Folge $(\underline{u}_n^1)_{n\in\mathbb{N}}$ und gehen sukzessive zu weiteren Teilfolgen dieser Teilfolge über. Schließlich nehmen wir die Teilfolge $(\underline{u}_n)_{n\in\mathbb{N}}$, die der Diagonalfolge $(\underline{u}_n^n)_{n\in\mathbb{N}}$ entspricht.

Durch $\nu_x^m(B) := \nu_x^m(B \cap K_m)$ für beliebige Borel-Mengen $B \in \mathcal{B}(\mathbb{R}^M)$ werden die Youngschen Maße $\nu^m = (\nu_x^m)_{x \in \Omega}$ auf $\mathbb{R}^M$ fortgesetzt, d.h.

$$\nu_x^m \in \mathrm{Prob}(\mathbb{R}^M) \subset \mathcal{M}(\mathbb{R}^M) \cong [C^{0,0}(\mathbb{R}^M)]'.$$

Wir betrachten die Folge $(f(\underline{u}_n))_{n \in \mathbb{N}} \subset L^1(\Omega)$ und wollen zeigen, daß sie eine schwache Cauchy-Folge ist. Dazu seien $g \in L^\infty(\Omega)$, $m, n \in \mathbb{N}$ und

$$\Omega_n^m := \{\, x \in \Omega \mid |\underline{u}_n(x)| > m \,\} = \{\, x \in \Omega \mid \underline{u}_n(x) \notin K_m \,\}.$$

Für $k, l, m \in \mathbb{N}$ gilt

$$\left| \int_\Omega [\, f(\underline{u}_l(x)) - f(\underline{u}_k(x)) \,] \, g(x) \, dx \right|$$

$$\leq \left| \int_{\Omega_l^m} [\, f(\underline{u}_l(x)) - f(\underline{u}_l^m(x)) \,] \, g(x) \, dx \right|$$

$$(9.30) \qquad + \left| \int_\Omega [\, f(\underline{u}_l^m(x)) - f(\underline{u}_k^m(x)) \,] \, g(x) \, dx \right|$$

$$+ \left| \int_{\Omega_k^m} [\, f(\underline{u}_k^m(x)) - f(\underline{u}_k(x)) \,] \, g(x) \, dx \right|.$$

Zu jedem $\varepsilon > 0$ gibt es nach Voraussetzung an die Funktionen $f \in C^0(\mathbb{R}^M)$ ein $m \in \mathbb{N}$ derart, daß für $|\underline{y}| \geq m$ die Ungleichung (9.26) gilt. Dann folgt für $n := k \geq m$ oder $n := l \geq m$

$$\left| \int_{\Omega_n^m} [\, f(\underline{u}_n(x)) - f(\underline{u}_n^m(x)) \,] \, g(x) dx \right|$$

$$\leq \|g\|_{\infty,\Omega} \int_{\Omega_n^m} [\, |f(\underline{u}_n(x))| + |f(\underline{u}_n^m(x))| \,] \, dx$$

$$(9.31) \qquad \leq \|g\|_{\infty,\Omega} \int_{\Omega_n^m} [\, \varepsilon \, |\underline{u}_n(x)|^p + \varepsilon \, |\underline{u}_n^m(x)|^p \,] \, dx$$

$$\leq 2\varepsilon \|g\|_{\infty,\Omega} \, \|\underline{u}_n\|_{p,\Omega}^p.$$

Es sei $\delta > 0$ beliebig gegeben. Da die Folge $(\underline{u}_n)_{n \in \mathbb{N}}$ in $[L^p(\Omega)]^M$ beschränkt ist, können wir $\varepsilon > 0$ so klein wählen, daß unabhängig von $n \in \mathbb{N}$ ($k, l \in \mathbb{N}$)

$$2\varepsilon \, \|g\|_{\infty,\Omega} \, \|\underline{u}_n\|_{p,\Omega}^p < \frac{\delta}{3}$$

gilt, wenn $m \in \mathbb{N}$ genügend groß gewählt wird. Damit können wir das erste und das dritte Integral auf der rechten Seite in (9.30) abschätzen.

Da $g \in L^\infty(\Omega) \subset L^1(\Omega)$ ist und die Folge $(f(\underline{u}_n^m))_{n \in \mathbb{N}}$ für das soeben bestimmte $m \in \mathbb{N}$ schwach-$*$ in $L^\infty(\Omega)$ gegen $\bar{f}_m$ konvergiert, kann auch das zweite Integral auf der rechten Seite von (9.30) kleiner als $\frac{\delta}{3}$ gemacht werden, wenn zu diesem $m \in \mathbb{N}$ die Zahlen $k, l \in \mathbb{N}$ genügend groß gewählt werden. Damit ist die Folge $(f(\underline{u}_n))_{n \in \mathbb{N}} \subset L^1(\Omega)$ eine schwache Cauchy-Folge. Nach Satz 5.12 gibt es ein $\bar{f} \in L^1(\Omega)$ mit $f(\underline{u}_n) \rightharpoonup \bar{f}$.

Weiterhin gilt für $g \in L^\infty(\Omega)$

$$\left| \int_\Omega [\, \bar{f}_m(x) - \bar{f}(x) \,] \, g(x) \, dx \right| \leq \left| \int_\Omega [\, \bar{f}_m(x) - f(\underline{u}_n^m(x)) \,] \, g(x) \, dx \right|$$

$$+ \left| \int_{\Omega_n^m} [\, f(\underline{u}_n^m(x)) - f(\underline{u}_n(x)) \,] \, g(x) \, dx \right|$$

$$+ \left| \int_\Omega [\, f(\underline{u}_n(x)) - \bar{f}(x) \,] \, g(x) \, dx \right|.$$

Mit (9.31) und wegen $g \in L^\infty(\Omega) \subset L^1(\Omega)$ folgt aus $f(\underline{u}_n^m) \xrightarrow{*} \bar{f}_m$ und $f(\underline{u}_n) \rightharpoonup \bar{f}$, daß auch $\bar{f}_m \rightharpoonup \bar{f}$ in $L^1(\Omega)$ konvergiert.

Es sei $f \in C_0^0(\mathbb{R}^M)$, dann gibt es ein $m_0 \in \mathbb{N}$ derart, daß $\operatorname{supp} f \subset B_{m_0}$ gilt. Damit folgt für alle $m \geq m_0$

$$f(\underline{u}_n^m) = f(\underline{u}_n) \xrightarrow{*} \bar{f}_m = \langle \nu_x^m \,, f \rangle_{C^0(K_{m_0})} = \bar{f}_{m_0} = \langle \nu_x^{m_0} \,, f \rangle_{C^0(K_{m_0})}.$$

Somit existiert für jedes $f \in C_0^0(\mathbb{R}^M)$ und fast alle $x \in \Omega$ das Maß ν_x, das durch

$$(9.32) \qquad \int_{\mathbb{R}^M} f(\underline{y}) \, d\nu_x = \langle \nu_x \,, f \rangle_{C^0(\mathbb{R}^M)} := \lim_{m \to \infty} \langle \nu_x^m \,, f \rangle_{C^0(K_m)}$$

$$= \langle \nu_x^{m_0} \,, f \rangle_{C^0(K_{m_0})}$$

definiert wird.

Es seien zu $m \in \mathbb{N}$ die offenen Kugeln

$$B_m := \{\, \underline{y} \in \mathbb{R}^M \mid \; |\underline{y}| < m \,\}$$

definiert. Nach Lemma B.14 gibt es zu jedem $m \in \mathbb{N}$ eine Uryson-Funktion $\varphi_m \in C_0^\infty(\mathbb{R}^M)$ mit $\operatorname{supp} \varphi_m \subset B_{m+1}$, $0 \leq \varphi(x) \leq 1$ und $\varphi(x) = 1$ für $x \in K_m$. Wir setzen für $f \in C^0(\mathbb{R}^M)$

$$(9.33) \qquad\qquad f^m := \varphi_m \cdot f \; \in C_0^0(\mathbb{R}^M).$$

Wir wollen nun zeigen, daß für die Funktionen $f \in C^0(\mathbb{R}^M)$, die zusätzlich die Voraussetzungen des Satzes erfüllen, die Folge

$$\left(\langle \nu_x \,, f^m \rangle_{C^0(\mathbb{R}^M)} \right)_{m \in \mathbb{N}}$$

für fast alle $x \in \Omega$ eine Cauchy-Folge ist. Es gilt für $k, l, m \in \mathbb{N}$ und fast alle $x \in \Omega$

$$
\begin{aligned}
\langle \nu_x , f^k \rangle_{C^0(\mathbb{R}^M)} - \langle \nu_x , f^l \rangle_{C^0(\mathbb{R}^M)} &= \langle \nu_x , f^k \rangle_{C^0(\mathbb{R}^M)} - \langle \nu_x^m , f^k \rangle_{C^0(K_m)} \\
&\quad + \langle \nu_x^m , f^k \rangle_{C^0(K_m)} - \langle \nu_x^m , f^l \rangle_{C^0(K_m)} \\
&\quad + \langle \nu_x^m , f^l \rangle_{C^0(K_m)} - \langle \nu_x , f^l \rangle_{C^0(\mathbb{R}^M)}.
\end{aligned}
$$

Da f^k und f^l in $C_0^0(\mathbb{R}^M)$ liegen, verschwinden die erste und die dritte Differenz auf der rechten Seite wegen (9.32) für $m \geq k + 1, l + 1$. Wir betrachten die zweite Differenz. Sei $k \leq l < m$, dann gilt für $\varphi \in C_0^\infty(\Omega)$ mit $\|\varphi\|_\infty \leq 1$ und Ω_m^k wie oben definiert, daß

$$
\begin{aligned}
\left| \int_\Omega [\langle \nu_x^m , f^k \rangle_{C^0(K_m)} - \langle \nu_x^m , f^l \rangle_{C^0(K_m)}] \, \varphi(x) \, dx \right| \\
= \lim_{n \to \infty} \left| \int_\Omega [f^k(\underline{u}_n^m(x)) - f^l(\underline{u}_n^m(x))] \, \varphi(x) \, dx \right| \\
= \lim_{n \to \infty} \left| \int_{\Omega_n^k} [f^k(\underline{u}_n(x)) - f^l(\underline{u}_n(x))] \, \varphi(x) \, dx \right| \\
\leq \limsup_{n \to \infty} \int_{\Omega_n^k} \left(|f^k(\underline{u}_n(x))| + |f^l(\underline{u}_n(x))| \right) |\varphi(x)| \, dx \\
\leq 2 \limsup_{n \to \infty} \int_{\Omega_n^k} |f(\underline{u}_n(x))| \, dx.
\end{aligned}
$$

Zu jedem $\delta > 0$ und jedem φ wie oben finden wir ein $\varepsilon > 0$ und dazu dann ein genügend großes $k_0 \in \mathbb{N}$ derart, daß wie in (9.31) folgt

$$
2 \int_{\Omega_n^k} |f(\underline{u}_n(x))| \, dx \leq 2\varepsilon \, \|\underline{u}_n\|_{p,\Omega}^p < \delta \, \lambda^N(\operatorname{supp} \varphi)
$$

für alle $k \geq k_0$. Da $\varphi \in C_0^\infty(\Omega)$ mit $\|\varphi\|_\infty \leq 1$ beliebig gewählt war, folgt über Lemma B.18

$$
\left| \langle \nu_x , f^k \rangle_{C^0(\mathbb{R}^M)} - \langle \nu_x , f^l \rangle_{C^0(\mathbb{R}^M)} \right| < \delta
$$

für alle $k, l \geq k_0$ und fast alle $x \in \Omega$. Somit ist die Folge

$$
\left(\langle \nu_x , f^m \rangle_{C^0(\mathbb{R}^M)} \right)_{m \in \mathbb{N}}
$$

punktweise für fast alle $x \in \Omega$ eine Cauchy-Folge. Wir setzen für fast alle $x \in \Omega$

$$
\langle \nu_x , f \rangle_{C^0(\mathbb{R}^M)} := \lim_{m \to \infty} \langle \nu_x , f^m \rangle_{C^0(\mathbb{R}^M)} = \lim_{m \to \infty} \int_{\mathbb{R}^M} f^m(\underline{y}) \, d\nu_x.
$$

Mit $\varphi \in L^\infty(\Omega)$ folgt aber auch wie oben für $m \geq k+1,\, l+1$

$$\left| \int_\Omega [\langle \nu_x \,,\, f^k \rangle_{C^0(\mathbb{R}^M)} - \langle \nu_x \,,\, f^l \rangle_{C^0(\mathbb{R}^M)}] \, \varphi(x) \, dx \right|$$

$$= \left| \int_\Omega [\langle \nu_x^m \,,\, f^k \rangle_{C^0(K_m)} - \langle \nu_x^m \,,\, f^l \rangle_{C^0(K_m)}] \, \varphi(x) \, dx \right|$$

$$\leq 2\varepsilon \, \|\varphi\|_{\infty,\Omega} \, \|\underline{u}_n\|_{p,\Omega}^p,$$

d. h., die Folge $(\langle \nu_x \,,\, f^m \rangle_{C^0(\mathbb{R}^M)})_{m \in \mathbb{N}}$ ist in $L^1(\Omega)$ eine schwache Cauchy-Folge. Es gibt daher nach Satz 5.12 ein $h \in L^1(\Omega)$ mit

$$\langle \nu_x \,,\, f^m \rangle_{C^0(\mathbb{R}^M)} \rightharpoonup h \quad \text{in } L^1(\Omega).$$

Nach Lemma 5.21 gilt $h(x) = \langle \nu_x \,,\, f \rangle_{C^0(\mathbb{R}^M)}$ für fast alle $x \in \Omega$.

Für $f \in C^{0,0}(\mathbb{R}^M)$ mit $f \geq 0$ folgt

$$\langle \nu_x \,,\, f \rangle_{C^{0,0}(\mathbb{R}^M)} = \lim_{m \to \infty} \langle \nu_x^m \,,\, f \rangle_{C^0(K_m)} \geq 0,$$

d. h., ν_x ist ein Maß. Insbesondere ist die Folge $(\nu_x^m)_{m \in \mathbb{N}}$ in $\mathcal{M}(\mathbb{R}^M)$ eine schwach-$*$-konvergente Folge. Mit der Ungleichung (5.4) folgt $\nu_x(\mathbb{R}^M) \leq 1$.

Zu der Funktion $f \in C^0(\mathbb{R}^M)$, die Ungleichung (9.26) erfülle, betrachten wir die Funktion $|f| \in C^0(\mathbb{R}^M)$, die ebenso der Ungleichung (9.26) genügt. Dann gilt für alle $m \in \mathbb{N}$ mit (9.33)

$$\int_{\mathbb{R}^M} |f^m|(\underline{y}) \, d\nu_x = \int_{\mathbb{R}^M} |f|^m(\underline{y}) \, d\nu_x = \langle \nu_x \,,\, |f|^m \rangle_{C^0(\mathbb{R}^M)} < C,$$

da wir oben gezeigt hatten, daß die Folge eine Cauchy-Folge ist. Die Folge der Integrale ist beschränkt, und es gilt $\varphi_m(\underline{y})|f(\underline{y})| \to |f(\underline{y})|$ punktweise für alle $\underline{y} \in \mathbb{R}^M$. Nach dem Lemma von Fatou A.4 folgt $|f| \in L^1(\mathbb{R}^M, \nu_x)$ und damit $f \in L^1(\mathbb{R}^M, \nu_x)$. Der Satz von Lebesgue A.5 liefert wegen $|f^m| \leq |f|$

$$\int_{\mathbb{R}^M} f(\underline{y}) \, d\nu_x = \lim_{m \to \infty} \int_{\mathbb{R}^M} f^m(\underline{y}) \, d\nu_x = \lim_{m \to \infty} \langle \nu_x \,,\, f^m \rangle_{C^0(\mathbb{R}^M)} = \langle \nu_x \,,\, f \rangle_{C^0(\mathbb{R}^M)},$$

womit wir die Darstellungsformel für die Funktion $f \in C^0(\mathbb{R}^M)$, die Ungleichung (9.26) erfüllen, gezeigt haben.

Die Funktion $f \equiv 1$ erfüllt (9.26). Somit gilt

$$\nu_x(\mathbb{R}^M) = \int_{\mathbb{R}^M} 1 \, d\nu_x = \langle \nu_x \,,\, 1 \rangle_{C^0(\mathbb{R}^M)} = \lim_{m \to \infty} \langle \nu_x^m \,,\, 1 \rangle_{C^0(K_m)} = 1.$$

Damit ist gezeigt, daß ν_x ein Wahrscheinlichkeitsmaß ist, siehe Abschnitt 3.3.

Wir müssen noch $\langle \nu_x \,,\, f \rangle_{C^0(\mathbb{R}^M)} = \bar{f}(x)$ für fast alle $x \in \Omega$ nachweisen. Dazu sei $g \in L^\infty(\Omega)$. Es gilt für $k, m \in \mathbb{N}$

$$\left| \int_\Omega [h(x) - \bar{f}_m(x)] \, g(x) \, dx \right|$$

$$\leq \left| \int_\Omega [h(x) - \langle \nu_x \,,\, f^k \rangle_{C^0(\mathbb{R}^M)}] \, g(x) \, dx \right|$$

$$+ \left| \int_\Omega [\langle \nu_x \,,\, f^k \rangle_{C^0(\mathbb{R}^M)} - \langle \nu_x^m \,,\, f^k \rangle_{C^0(K_m)}] \, g(x) \, dx \right|$$

$$+ \left| \int_\Omega \langle \nu_x^m \,,\, (f^k - f) \rangle_{C^0(K_m)} \, g(x) \, dx \right|$$

$$+ \left| \int_\Omega [\langle \nu_x^m \,,\, f \rangle_{C^0(K_m)} - \bar{f}_m(x)] \, g(x) \, dx \right|.$$

Das erste Integral auf der rechten Seite kann kleiner als $\frac{\delta}{3}$ gemacht werden, da $\langle \nu_x \,,\, f^k \rangle_{C^0(\mathbb{R}^M)} \rightharpoonup h$ in $L^1(\Omega)$ gilt. Das letzte Integral verschwindet wegen (9.29). Für $m \geq k + 1$ verschwindet auch das zweite Integral auf der rechten Seite. Für das dritte Integral gilt

$$\left| \int_\Omega [\langle \nu_x^m \,,\, (f^k - f) \rangle_{C^0(K_m)}] g(x) dx \right|$$

$$\leq \left| \int_\Omega [\langle \nu_x^m \,,\, f^k \rangle_{C^0(K_m)} - f^k(\underline{u}_n^m(x))] \, g(x) \, dx \right|$$

$$+ \left| \int_{\Omega_n^k} [f^k(\underline{u}_n^m(x)) - f(\underline{u}_n^m(x))] \, g(x) \, dx \right|$$

$$+ \left| \int_\Omega [f(\underline{u}_n^m(x)) - \langle \nu_x^m \,,\, f \rangle_{C^0(K_m)}] \, g(x) \, dx \right|.$$

Wegen $g \in L^\infty(\Omega) \subset L^1(\Omega)$ und (9.29) können das erste und das dritte Integral für genügend großes $n \in \mathbb{N}$ kleiner als $\frac{\delta}{3}$ gemacht werden. Das zweite Integral kann auf Ω_n^k wie (9.31) abgeschätzt werden, indem k genügend groß gewählt wird. Damit folgt $h = \bar{f}$. $\hspace{6cm}\square$

Korollar 9.6: *Es sei $\Omega \subset \mathbb{R}^N$ ein beschränktes Gebiet und $(\underline{u}_n)_{n \in \mathbb{N}} \subset [L^p(\Omega)]^M$ für $p \in [1, \infty[$ eine bezüglich $\|\cdot\|_{p,\Omega}$ beschränkte Folge. Dann gibt es eine Teilfolge $(\underline{u}_n)_{n \in \mathbb{N}}$ und für fast alle $x \in \Omega$ eine Familie von Wahrscheinlichkeitsmaßen, ein Youngsches Maß, $\nu = (\nu_x)_{x \in \Omega}$ derart, daß für alle $f \in C^0(\mathbb{R}^M)$, die für ein $q \in]1, \infty[$ die Ungleichung (9.24)*

$$|f(\underline{y})| \leq a + b \, |\underline{y}|^{p/q}$$

erfüllen, gilt

$$(9.34) \qquad f(\underline{u}_n) \rightharpoonup \bar{f} = \int_{\mathbb{R}^M} f(\underline{y}) \, d\nu_x$$

in $L^q(\Omega)$ mit $\bar{f} \in L^q(\Omega)$.

Beweis: Aus dem vorausgegangenen Satz folgt $f(\underline{u}_n) \rightharpoonup \bar{f}$ in $L^1(\Omega)$. Aufgrund der Voraussetzung und Satz 4.4 ist $\|f(\underline{u}_n)\|_{q,\Omega} < C$ für ein $C > 0$. Wie im Beweis von Satz 9.5 folgt $\bar{f} = h \in L^q(\Omega)$, dann folgt die Aussage aus dem Lemma 5.16. $\qquad\qquad\square$

Analog zu Lemma 9.4 erhalten wir

Lemma 9.7: *Es sei $\Omega \subset \mathbb{R}^N$ ein beschränktes Gebiet und $(\underline{u}_n)_{n \in \mathbb{N}} \subset [L^p(\Omega)]^M$ für $p \in [1, \infty[$ eine schwach konvergente Folge mit $\underline{u}_n \rightharpoonup \underline{u} \in [L^p(\Omega)]^M$. Dann ist das in Satz 9.5 bestimmte Youngsche Maß $\nu = (\nu_x)_{x \in \Omega}$ zu der Folge genau dann fast überall das Dirac-Maß $\delta_{\underline{u}(x)}$, wenn die Folge $(\underline{u}_n)_{n \in \mathbb{N}}$ in $[L^q(\Omega)]^M$ für alle $q \in [1, p]$ stark konvergiert.*

Beweis: Bei starker $[L^q(\Omega)]^M$ Konvergenz von $(\underline{u}_n)_{n \in \mathbb{N}} \subset [L^q(\Omega)]^M$ folgt aus Satz 4.4 $f(\underline{u}_n) \to f(\underline{u})$ in $L^1(\Omega)$ für alle $f \in C^0(\mathbb{R}^M)$, die der Ungleichung

$$|f(\underline{y})| \le a + b \, |\underline{y}|^q$$

genügen. Damit folgt insbesondere für alle $f \in C^{0,0}(\mathbb{R}^M)$

$$f(\underline{u}(x)) = \bar{f}(x) = \langle \nu_x \,, f \rangle_{C^0(\mathbb{R}^M)} = \int_{\mathbb{R}^M} f(\underline{y}) \, d\nu_x,$$

d.h. $\nu_x = \delta_{\underline{u}(x)}$.

Nun sei $\nu_x = \delta_{\underline{u}(x)}$. Dann gilt $|\underline{u}_n|^q \rightharpoonup |\underline{u}|^q$ für jedes $q \in [1, p]$ in $L^1(\Omega)$. Wegen $1 \in L^\infty(\Omega)$ folgt

$$\int_\Omega |\underline{u}_n|^q \, dx \to \int_\Omega |\underline{u}|^q \, dx.$$

Damit folgt, da die Folge in $[L^p(\Omega)]^M$ beschränkt ist, aus Lemma 5.16 die schwache Konvergenz $\underline{u}_n \rightharpoonup \underline{u}$ in $[L^q(\Omega)]^M$ und aus Satz 5.25 die starke Konvergenz $\underline{u}_n \to \underline{u}$ in $[L^q(\Omega)]^M$ für alle $q \in [1, p]$. $\qquad\qquad\square$

9.4 $W^{m,p}$-Young-Maße

Wir wollen nun die Resultate der letzten Abschnitte in Bezug auf die schwache Konvergenz in den Sobolev-Räumen $W^{m,p}(\Omega)$ betrachten und damit auch an die motivierenden Betrachtungen im ersten Abschnitt dieses Kapitels anknüpfen.

Lemma 9.8: *Es sei $\Omega \subset \mathbb{R}^N$ ein beschränktes Gebiet, das einer Kegelbedingung genügt, siehe Anhang B.3. Es sei $m \geq 1$, $p \in [1, \infty[$ und $(u_n)_{n \in \mathbb{N}} \subset W^{m,p}(\Omega)$ eine Folge, die schwach in $W^{m,p}(\Omega)$ gegen ein $u \in W^{m,p}(\Omega)$ konvergiert. Dann gilt $\partial^\alpha u_n \rightharpoonup \partial^\alpha u$ in $L^p(\Omega)$ für alle $\alpha \in \mathbb{N}_0^N$ mit $|\alpha| \leq m$. Weiter gilt die starke Konvergenz $\partial^\alpha u_n \to \partial^\alpha u$ in $L^p(\Omega)$ für alle $\alpha \in \mathbb{N}_0^N$ derart, daß $|\alpha| < m$ gilt.*

Wird $W^{m,p}(\Omega)$ durch $W_0^{m,p}(\Omega)$ ersetzt, so gilt die Aussage ohne die Kegelbedingung an Ω.

Beweis: Wir setzen $\sum_{|\alpha| \leq m} 1 = \mathsf{M}(m, \mathsf{N}) =: \mathsf{M}$. Da die Abbildung $\mathcal{I} : W^{m,p}(\Omega) \to [L^p(\Omega)]^{\mathsf{M}}$, gegeben durch $\mathcal{I}(u) = (\partial^{\alpha_i} u)_{1 \leq i \leq \mathsf{M}}$, siehe Anhang B.3, eine lineare Isometrie ist, folgt die Aussage aus der kompakten Einbettung, Satz 8.3, von $W^{m,p}(\Omega)$ in $W^{m-1,p}(\Omega)$ bzw. $W_0^{m,p}(\Omega)$ in $W_0^{m-1,p}(\Omega)$ und Lemma 5.11. $\qquad\square$

Damit können wir die Resultate des vorigen Abschnitts unmittelbar auf $W^{m,p}(\Omega)$ übertragen. Wir wollen aber die starke Konvergenz in $L^p(\Omega)$ von $\partial^\alpha u_n$, falls $|\alpha| < m$ ist, nutzen, um das Youngsche Maß zu der Folge näher zu charakterisieren. Die schwache Konvergenz in $[L^p(\Omega)]^{\mathsf{M}}$ der Folge $(\mathcal{I}(u_n))_{n \in \mathbb{N}} \subset [L^p(\Omega)]^{\mathsf{M}}$ liegt genau dann vor, wenn für $i = 1, \ldots, \mathsf{M}$ die Komponenten $(\partial^{\alpha_i} u)_{n \in \mathbb{N}}$ in $L^p(\Omega)$ schwach konvergieren. Wir erhalten daher zu einer Teilfolge von $(u_n)_{n \in \mathbb{N}}$ unter den Voraussetzungen von Satz 9.5 Youngsche Maße $\nu^i = (\nu_x^i)_{x \in \Omega}$ auf $\mathbb{R}$ für die einzelnen Komponenten und das Maß $\nu = (\nu_x)_{x \in \Omega}$ auf $\mathbb{R}^{\mathsf{M}}$.

Seien $(u_n)_{n \in \mathbb{N}} \subset W^{m,p}(\Omega)$ eine solche schwach konvergente Folge und

$$I = I(m, \mathsf{N}) = \sum_{|\alpha| \leq m-1} 1$$

die Anzahl der Multiindizes mit $|\alpha| < m$. Dann gilt nach Lemma 9.7 für $i = 1, \ldots, I$

$$\nu_x^i = \delta_{(\partial^{\alpha_i} u(x))}.$$

Wir zerlegen daher $\mathbb{R}^{\mathsf{M}} = \mathbb{R}^I \times \mathbb{R}^{\mathsf{M}-I}$ und erhalten durch nochmalige Anwendung von Satz 9.5 für beide Komponenten die Youngschen Maße $\nu^I = (\nu_x^I)_{x \in \Omega}$ auf $\mathbb{R}^I$ und $\nu^{\mathsf{M}-I} = (\nu_x^{\mathsf{M}-I})_{x \in \Omega}$ auf $\mathbb{R}^{\mathsf{M}-I}$ zur Folge $(u_n)_{n \in \mathbb{N}}$. Dann gilt

$$(9.35) \qquad \nu_x^I = \bigotimes_{i=1}^{I} \delta_{(\partial^{\alpha_i} u(x))}.$$

und

(9.36)
$$\nu_x = \nu_x^I \otimes \nu_x^{M-I}.$$

Für allgemeine Youngsche Maße gilt eine solche Produktzerlegung nicht, siehe Hungerbühler [61, Proposition 2].

Eine solche Situation hatten wir in dem einführenden Beispiel in Abschnitt 9.1. Das Youngsche Maß mit der speziellen Struktur (9.36) und (9.35) bezeichnen wir als $\boldsymbol{W^{m,p}}$**-Youngsches Maß** zu der Folge $(u_n)_{n\in\mathbb{N}} \subset W^{m,p}(\Omega)$.

Korollar 9.9: *Es sei $\Omega \subset \mathbb{R}^N$ ein beschränktes Gebiet und $(u_n)_{n\in\mathbb{N}} \subset W^{m,p}(\Omega)$ für $m \geq 0$, $p \in [1,\infty[$ eine Folge, die schwach in $W^{m,p}(\Omega)$ gegen ein $u \in W^{m,p}(\Omega)$ konvergiert. Es gilt die starke Konvergenz $u_n \to u$ in $W^{m,q}(\Omega)$ für alle $q \in [1,p]$ genau dann, wenn das zu der Folge gehörige Youngsche Maß $\nu = (\nu_x)_{x\in\Omega}$ für fast alle $x \in \Omega$ ein Dirac-Maß*

$$\nu_x = \delta_{(\partial^{\alpha_1} u(x),\,\dots,\,\partial^{\alpha_M} u(x))}$$

auf $\mathbb{R}^M$ ist.

Beweis: Folgt unmittelbar aus Lemma 9.8 und Lemma 9.7. $\qquad\qquad\square$

Kapitel 10

Erhaltungsgleichungen

In diesem Kapitel kehren wir zu den Systemen von Differentialgleichungen erster Ordnung, die in Kapitel 2 betrachtet wurden, zurück. Für spezielle Gleichungen, die hyperbolischen Gleichungen in Erhaltungsform, führen wir verallgemeinerte Lösungsbegriffe ein, die unter anderem *unstetige* Lösungen zulassen. Es werden schwache und maßwertige Lösungen dieser Gleichungen eingeführt und diskutiert. Diese Ausweitung des Lösungsbegriffs führt zu Nicht-Eindeutigkeits-Problemen, zu deren Überwindung sogenannte „Entropiebedingungen" betrachtet werden müssen. Zur Auswahl zulässiger Lösungen werden das Lax-Kriterium, Entropieungleichungen und die Viskositätsmethode diskutiert. Schließlich wird als zentrale Anwendung der erarbeiteten Methoden ein ausführlicher Beweis des Existenzsatzes von Tartar [118] für schwache Lösungen des Cauchy-Problems gegeben.

10.1 Schwache und maßwertige Lösungen

Läßt sich das System (2.16) in der Gestalt

$$(10.1) \qquad \underline{g}(\underline{v})_t + \underline{f}_1(\underline{v})x_1 + \cdots + \underline{f}_N(\underline{v})x_N = \underline{a}_{N+1}(\underline{v}),$$

mit stetig differenzierbaren Funktionen $\underline{g}, \underline{f}_1, \ldots, \underline{f}_N : \mathbb{R}^M \to \mathbb{R}^M$ schreiben, so bezeichnen wir das System, in Anlehnung an die für (1.5) eingeführte Bezeichnungsweise, als **System von Bilanzgleichungen**. Gilt dabei speziell $\underline{a}_{N+1} \equiv 0$, so bezeichnen wir das System als ein **System von Erhaltungsgleichungen**[1]. In den Abschnitten 2.3 und 2.4 haben wir schon Beispiele für Systeme dieser Gestalt betrachtet. Die Koeffizientenmatrizen $\underline{\underline{a}}_0, \ldots, \underline{\underline{a}}_N$ der

---

[1]Gebräuchlich sind auch die Bezeichnungen *System in Erhaltungsform* bzw. *System in Divergenzform*.

quasilinearen Form (2.16) des Systems (10.1) ergeben sich als Jacobi-Matrizen der Funktionen $\underline{g}, \underline{f}_1, \ldots, \underline{f}_N$, d.h., es gilt

$$\underline{\underline{a}}_0 = \nabla_{\underline{v}}\, \underline{g}\,, \quad \underline{\underline{a}}_1 = \nabla_{\underline{v}}\, \underline{f}_1\,, \quad \cdots \quad, \quad \underline{\underline{a}}_N = \nabla_{\underline{v}}\, \underline{f}_N.$$

Aus (10.1) die quasilineare Form (2.16) zu erhalten, ist somit kein Problem. Umgekehrt gilt dieses nicht allgemein. Den Vektor $\underline{g}(\underline{v})$ bezeichnen wir als **Vektor der Erhaltungsgrößen** und die Vektoren $\underline{f}_1, \ldots, \underline{f}_N$ als die zugehörigen **Flußfunktionen**. Zur Vereinfachung nehmen wir an, daß die Vektoren $\underline{g}, \underline{f}_1, \ldots, \underline{f}_N$ nicht explizit von den unabhängigen Variablen $(t, x) \in \mathbb{R} \times \mathbb{R}^N$ abhängen. Im folgenden wollen wir nur den Fall $\underline{\underline{a}}_{N+1} \equiv 0$ betrachten.

Im Fall M = 1, d.h. nur einer Gleichung, wird zur besonderen Betonung die Gleichung (10.1) als **skalare Erhaltungsgleichung** bezeichnet. In diesem Fall läßt sich eine Gleichung in der quasilinearen Form (2.2) über die Bestimmung von Stammfunktionen in die Erhaltungsform (10.1) bringen.

Es sei

$$\mathbb{R}_+^{N+1} = \{\, (t, x) \in \mathbb{R} \times \mathbb{R}^N \mid t > 0 \,\}.$$

Weiter sei $\underline{\varphi} \in [C_0^\infty(\mathbb{R}^{N+1})]^M$, siehe Anhang B.1, ein Vektor von Testfunktionen, mit

$$\operatorname{supp} \underline{\varphi} \cap \mathbb{R}_+^{N+1} \neq \emptyset.$$

Wir multiplizieren (10.1) mit $\underline{\varphi}$ und integrieren über $\mathbb{R}^{N+1}$. Anschließend integrieren wir partiell, siehe Anhang A, und erhalten

$$-\int_{\mathbb{R}_+^{N+1}} \left[\underline{g}(\underline{v}) \cdot \underline{\varphi}_t + \underline{f}_1(\underline{v}) \cdot \underline{\varphi}_{x_1} + \cdots + \underline{f}_N(\underline{v}) \cdot \underline{\varphi}_{x_N} \right] dx\, dt$$

$$+ \int_{\mathbb{R}^N} \underline{g}(\underline{v}(0, x))\underline{\varphi}(0, x)\, dx \;=\; 0.$$

Man bezeichnet das zweite Integral als schwache Form der Gleichung (10.1), weil es für $\underline{g}(\underline{v}), \underline{f}_1(\underline{v}), \ldots, \underline{f}_N(\underline{v}) \in [L_{loc}^1(\mathbb{R}_+^N)]^M$ den schwachen Ableitungen, siehe Anhang C.2, entspricht. Da in das erste Integral die Anfangswerte $\underline{g}(\underline{v}(0, x)) = \underline{g}(\underline{v}_0(x))$ eingehen, formuliert man das folgende Problem.

Schwaches Cauchy-Problem zu dem System (10.1) :
Es sei $\underline{v}_0 : \mathbb{R}^N \to \mathbb{R}^M$ derart gegeben, daß $\underline{g}(\underline{v}_0) \in [L_{loc}^1(\mathbb{R}^N)]^M$ gilt. Gesucht sei eine Funktion $\underline{v} : \mathbb{R}_+^{N+1} \to \mathbb{R}^M$ derart, daß die zusammengesetzten Funktionen $\underline{g}(\underline{v}), \underline{f}_1(\underline{v}), \ldots, \underline{f}_N(\underline{v}) \in [L_{loc}^1(\mathbb{R}_+^{N+1})]^M$ sind und für alle $\underline{\varphi} \in [C_0^\infty(\mathbb{R}^{N+1})]^M$ die Gleichung

$$(10.2) \quad -\int_{\mathbb{R}_+^{N+1}} \left[\underline{g}(\underline{v}) \cdot \underline{\varphi}_t + \underline{f}_1(\underline{v}) \cdot \underline{\varphi}_{x_1} + \cdots + \underline{f}_N(\underline{v}) \cdot \underline{\varphi}_{x_N} \right] dx\, dt$$

$$+ \int_{\mathbb{R}^N} \underline{g}(\underline{v}_0(x)) \cdot \underline{\varphi}(0, x)\, dx = 0$$

erfüllt ist. $\diamond$

Eine Lösung des schwachen Cauchy-Problems wollen wir als **schwache Lösung** bezeichnen. Siehe auch Abschnitt 6.3. Dieses ist eine Verallgemeinerung des Cauchy-Problems von Abschnitt 2.2, da (10.2) keine an die Funktion $\underline{v}$ geknüpften expliziten Differenzierbarkeitsbedingungen verlangt. Ist dagegen die Funktion $\underline{v}$ stetig differenzierbar und wählen wir eine Testfunktion $\underline{\varphi} \in [C_0^\infty(\mathbb{R}_+^{N+1})]^M$, dann verschwindet das zweite Integral in (10.2). Wir können partiell integrieren und Lemma B.18 anwenden, um (10.1) zu erhalten. Anschließend nimmt man $\underline{\varphi} \in [C_0^\infty(\mathbb{R}^{N+1})]^M$ mit

$$\operatorname{supp} \varphi \cap \{ (t,x) \in \mathbb{R} \times \mathbb{R}^N \mid t = 0 \} \neq \emptyset$$

in (10.2) und integriert partiell. Da nun bekannt ist, daß die vektorwertige Funktion $\underline{v}$ die Gleichungen (10.1) erfüllt, folgt

$$\int_{\mathbb{R}} \left[\underline{g}(\underline{v}_0(x)) - \underline{g}(\underline{v}(0,x)) \right] \cdot \underline{\varphi}(0,x)\, dx = 0.$$

Somit ergibt Lemma B.17, daß

$$\underline{g}(\underline{v}_0(x)) = \underline{g}(\underline{v}(0,x))$$

für fast alle $x \in \mathbb{R}$ gilt. Ist die Funktion $\underline{g} : \mathbb{R}^M \to \mathbb{R}^M$ invertierbar, häufig ist $\underline{g}(\underline{v}) = \underline{v}$, so folgt

$$\underline{v}_0(x) = \underline{v}(0,x)$$

für fast alle $x \in \mathbb{R}$, d.h., die Anfangsbedingung ist auch erfüllt.

Wie wir in Abschnitt 2.1 für $M = 1$ gesehen hatten, kann es für beliebig glatte Anfangswerte v_0 zu einem Überschneiden der charakteristischen Grundkurven kommen, d.h., eine differenzierbare Lösung hört auf zu existieren. Wir wollen uns nun mit der Möglichkeit befassen, in dem schwachen Cauchy-Problem (10.2) auch Lösungen zuzulassen, die unstetig sind.

Wir hatten in Kapitel 2 gesehen, daß Unstetigkeiten in den ersten Ableitungen $\underline{v}_t$, $\underline{v}_{x_1}$, $\dots$, $\underline{v}_{x_N}$ nur längs der charakteristischen Flächen möglich sind. Wir wollen nun eine ähnliche Bedingung für Unstetigkeiten in $\underline{v}$ selbst herleiten. Dazu sei $D \subset \mathbb{R}_+^{N+1}$ ein Gebiet, das durch eine N-dimensionale stetig differenzierbare Fläche $\mathcal{S}$ in zwei disjunkte nichtleere offene Teilmengen D_L, D_R geteilt wird. Weiter sei $\underline{w} : D \to \mathbb{R}^M$ aus $C^1(\overline{D}_L)$ und $C^1(\overline{D}_R)$, aber es gelte für $(t,x) \in \mathcal{S}$ mit den Grenzwerten

$$\lim_{\substack{(t_n^L, x_n^L) \to (t,x) \\ (t_n^L, x_n^L) \in D_L}} \underline{w}(t_n^L, x_n^L) =: \underline{w}_L(t,x), \qquad \lim_{\substack{(t_n^R, x_n^R) \to (t,x) \\ (t_n^R, x_n^R) \in D_R}} \underline{w}(t_n^R, x_n^R) =: \underline{w}_R(t,x),$$

daß $\underline{w}_L(t,x) \neq \underline{w}_R(t,x)$ für alle $(t,x) \in \mathcal{S}$ ist. Es sei $\underline{w}$ eine Lösung des schwachen Cauchy-Problems. Insbesondere gilt dann (10.2) für alle Testfunktionen $\underline{\varphi} \in [C_0^\infty(D)]^M$. Für die Testfunktionen verschwindet das erste Integral in (10.2) wegen $D \subset \mathbb{R}_+^{N+1}$. Wir erhalten mit getrennter partieller Integration auf jeweils D_L und D_R unter Beachtung von $\underline{\varphi}|_{\partial D} = \underline{0}$ aus (10.2)

$$
\begin{aligned}
0 = & -\int_D \left[\underline{g}(\underline{w}) \cdot \underline{\varphi}_t + \underline{f}_1(\underline{w}) \cdot \underline{\varphi}_{x_1} + \cdots + \underline{f}_N(\underline{w}) \cdot \underline{\varphi}_{x_N} \right] dx\, dt \\
= & -\int_{D_L} - \int_{D_R} \left[\underline{g}(\underline{w}) \cdot \underline{\varphi}_t + \underline{f}_1(\underline{w}) \cdot \underline{\varphi}_{x_1} + \cdots + \underline{f}_N(\underline{w}) \cdot \underline{\varphi}_{x_N} \right] dx\, dt \\
= & \int_D \left[\underline{g}(\underline{w})_t + \underline{f}_1(\underline{w})_{x_1} + \cdots + \underline{f}_N(\underline{w})_{x_N} \right] \cdot \underline{\varphi}\, dx\, dt \\
& + \int_{\mathcal{S}} \Big([\, \underline{g}(\underline{w}_L) - \underline{g}(w_R)\,]\, \widehat{n}_0 + [\, \underline{f}_1(\underline{w}_L) - \underline{f}_1(\underline{w}_R)\,]\, \widehat{n}_1 \\
& \qquad\qquad + \cdots + [\, \underline{f}_N(\underline{w}_L) - \underline{f}_N(\underline{w}_R)\,]\, \widehat{n}_N \Big) \cdot \underline{\varphi}\, dS,
\end{aligned}
$$

wobei $\widehat{\underline{n}} = (\widehat{n}_0, \ldots, \widehat{n}_N)$ das Feld äußerer Normalvektoren an D_R auf $\mathcal{S}$ bezeichnet, d.h., die Vektoren $-\widehat{\underline{n}}$ sind dann das Feld äußerer Normalvektoren an D_L auf $\mathcal{S}$. Aus Lemma B.18 folgt, daß mit der Notation

$$
[\underline{f}(\underline{w})] := [\underline{f}(\underline{w}_L) - \underline{f}(\underline{w}_R)]
$$

die Gleichung

$$
(10.3) \qquad\qquad [\underline{g}(\underline{w})]\, \widehat{n}_0 + [\underline{f}_1(\underline{w})]\, \widehat{n}_1 + \cdots + [\underline{f}_N(\underline{w})]\, \widehat{n}_N = \underline{0}
$$

auf der Fläche $\mathcal{S}$ erfüllt sein muß. Man bezeichnet das Gleichungssystem (10.3) als **Sprungbedingungen** oder, meist im Rahmen der Gasdynamik, als **Rankine-Hugoniot-Bedingungen** zu dem System (10.1) bzw. zu der schwachen Formulierung (10.2). Diese Gleichungen stellen zusätzliche Bedingungen an die abhängigen Variablen $\underline{w}$ und die Flächennormalen der Fläche $\mathcal{S}$ dar, die von jeder schwachen Lösung erfüllt seien müssen.

In dem Fall $N = 1$ ist

$$
\mathcal{S} = \{\, (t(\eta), x(\eta)) \in \mathbb{R}^2 \mid \eta \in \mathbf{I} \,\}
$$

mit einem geeigneten Intervall $\mathbf{I} \subseteq \mathbb{R}$ eine Kurve. Wir nehmen $\dot{t}(\eta) \neq 0$ an, d.h., es kann $\eta = t$ gewählt werden, und wählen D_L so, daß für $(t, \tilde{x}) \in D_L$ folgt $\tilde{x} < x(t)$, d.h. D_L liegt „links" von der Kurve $\mathcal{S}$. Weiter sei $\underline{\tau} = (1, \dot{x})$ die Tangente an die Kurve $\mathcal{S}$. Dann gibt es zu jedem $t \in \mathbf{I}$ eine Zahl $\alpha(t) \in \mathbb{R}$ mit

$\underline{\tau}(t) = \alpha(t)(-\widehat{n}_1, \widehat{n}_0)$, d.h., mit $s = \dot{x}$ und $\underline{f} = \underline{f}_1$ erhalten wir (10.3) in der Form

$$(10.4) \qquad s\,[\underline{g}(\underline{w})] - [\underline{f}(\underline{w})] = 0.$$

Der Parameter s bezeichnet die **Geschwindigkeit** der Kurve $\mathcal{S}$, d.h. der Unstetigkeit in der Lösung.

Beispiel 10.1: Wir wollen wieder die Burgers-Gleichung (2.14)

$$v_t + \left(\frac{v^2}{2}\right)_x = 0$$

mit den Anfangsdaten (2.15) betrachten. Eine stückweise stetig differenzierbare Lösung existiert nur für $t < 1$. Die charakteristische Geschwindigkeit ist $f'(v) = v$. Im Punkt $(t, x) = (1, 1)$ schneiden sich alle charakteristischen Grundkurven, die von dem Intervall $[0, 1]$ auf der x-Achse ausgehen. Dorthin werden durch die charakteristischen Kurven alle Werte $v \in [0, 1]$ transportiert. Wir betrachten die Möglichkeit, die Lösung v für $t \geq 1$ unstetig fortzusetzen, und zwar durch einen Sprung des Wertes $v_L = 1$ auf $v_R = 0$. Aus (10.4) folgt mit $g(v) = v$ und $f(v) = \frac{v^2}{2}$

$$s\,[v_L - v_R] - \left[\frac{v_L^2 - v_R^2}{2}\right] = 0$$

oder

$$(10.5) \qquad s = \frac{v_L + v_R}{2},$$

d.h., die Geschwindigkeit einer Unstetigkeit in v ist für die Burgers-Gleichung immer der Mittelwert aus linksseitigem und rechtsseitigem Grenzwert.

Wir können nun für $t \geq 1$ die Lösung v unstetig fortsetzen, indem wir mit $s = \frac{1}{2}$

$$v(t, x) = \begin{cases} 1 & \text{für} \quad x < \frac{t+1}{2}, \quad t \geq 1 \\ 0 & \text{für} \quad x > \frac{t+1}{2}, \quad t \geq 1 \end{cases}$$

setzen. Für $t < 1$ gilt

$$v(t, x) = \begin{cases} 1 & \text{für} \quad x < t \\ \dfrac{1 - x}{1 - t} & \text{für} \quad t \leq x \leq 1 \;, \\ 0 & \text{für} \quad x > 1, \end{cases}$$

siehe Abb. 10.1.

Damit erhalten wir zu v_0, gegeben durch (2.15), eine schwache Lösung auf $\mathbb{R}_+^2$. Wir sehen, daß der Begriff der schwachen Lösung eine echte Verallgemeinerung des klassischen Lösungsbegriffs ist. $\qquad\qquad\qquad\qquad\diamond$

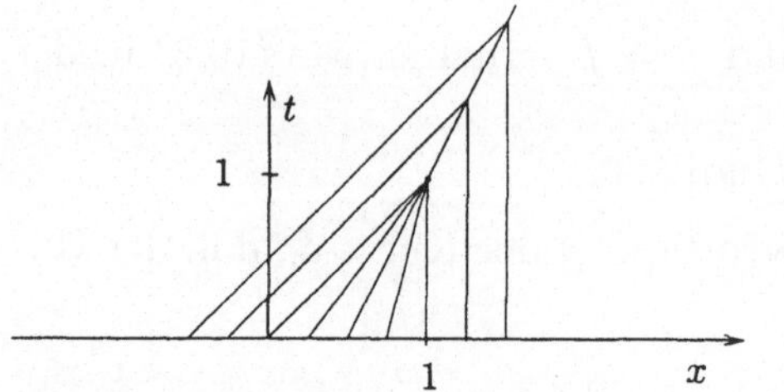
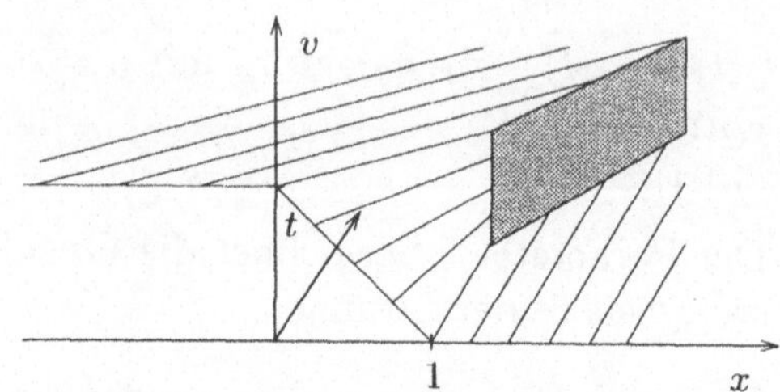

Abbildung 10.1: Charakteristiken und Lösung für Stoß, ■ senkrechte Sprungfläche

Wir wollen nun den Lösungsbegriff für (10.1) noch weiter verallgemeinern, motiviert durch die Betrachtungen in Abschnitt 9.1 und die Begriffe, die in Kapitel 9 eingeführt wurden.

Maßwertige Lösung des Systems (10.1):
Es seien $K \subseteq \mathbb{R}^M$ abgeschlossen und $\nu : \mathbb{R}_+^{N+1} \to \mathrm{Prob}(K)$ ein L^∞-Youngsches Maß. Weiter gelte

$$\langle \nu_{(t,x)}, \underline{y} \rangle_{[C^{0,0}(K)]^M}, \langle \nu_{(t,x)}, \underline{g}(\underline{y}) \rangle_{[C^{0,0}(K)]^M}, \langle \nu_{(t,x)}, \underline{f}_1(\underline{y}) \rangle_{[C^{0,0}(K)]^M},$$

$$\dots, \langle \nu_{(t,x)}, \underline{f}_N(\underline{y}) \rangle_{[C^{0,0}(K)]^M} \in [L^1_{loc}(\mathbb{R}_+^{N+1})]^M.$$

*Wir nennen ν eine **maßwertige Lösung** von (10.1), wenn für alle $\underline{\varphi} \in [C_0^\infty(\mathbb{R}_+^{N+1})]^M$ gilt*

$$-\int_{\mathbb{R}_+^{N+1}} \Big[\langle \nu_{(t,x)}, \underline{g}(\underline{y}) \rangle_{[C^{0,0}(K)]^M} \cdot \underline{\varphi}_t + \langle \nu_{(t,x)}, \underline{f}_1(\underline{y}) \rangle_{[C^{0,0}(K)]^M} \cdot \underline{\varphi}_{x_1} +$$

$$\dots + \langle \nu_{(t,x)}, \underline{f}_N(\underline{y}) \rangle_{[C^{0,0}(K)]^M} \cdot \underline{\varphi}_{x_N} \Big] \, dx \, dt = 0.$$

◇

Der Begriff der maßwertigen Lösung einer Differentialgleichung wurde von DiPerna [33] eingeführt. Eine maßwertige Lösung ist genau dann eine schwache Lösung, wenn $\nu_{(t,x)} = \delta_{\underline{v}(t,x)}$ gilt, d.h., das Youngsche Maß ist ein Punktmaß für fast alle $(t,x) \in \mathbb{R}_+^{N+1}$. Dann gelten nach Voraussetzung $\underline{v} \in [L^1_{loc}(\mathbb{R}_+^{N+1})]^M$, sowie $\underline{g}(\underline{v}), \underline{f}_1(\underline{v}), \dots, \underline{f}_N(\underline{v}) \in [L^1_{loc}(\mathbb{R}_+^{N+1})]^M$.

10.2   Eindeutigkeit, Entropiebedingungen, Viskositätsmethode

Wir wollen in diesem Abschnitt Zulässigkeitsbedingungen für unstetige Lösungen von hyperbolischen System von Erhaltungsgleichungen betrachten. Dazu soll zuerst gezeigt werden, daß die damit verbundene Erweiterung des Lösungsbegriffs aus dem letzten Abschnitt zu mehrfachen Lösungen führt.

Mehrfachheit unstetiger Lösungen

Wir hatten in Kapitel 2 gesehen, daß Lösungen des Cauchy-Problems für skalare Erhaltungsgleichungen, die mit der Charakteristikenmethode konstruiert werden, eindeutig sind, solange sie existieren. Wir wollen nun ein Beispiel mit einer unstetigen Anfangsvorgabe betrachten, das auf Oleĭnik [97] zurückgeht. Es zeigt, daß in der Klasse der unstetigen schwachen Lösungen keine Eindeutigkeit erwartet werden kann.

Beispiel 10.2: Es sei $N, M = 1$ und

$$v_0(x) = \begin{cases} -1 & \text{für} \quad x < 0 \\ 1 & \text{für} \quad x > 0. \end{cases}$$

Wir betrachten wieder wie in Beispiel 10.1 die Burgers-Gleichung (2.14). Es sei $\alpha \geq 1$, dann überzeugt man sich leicht, daß durch

$$(10.6) \qquad v_\alpha(t, x) = \begin{cases} -1 & \text{für} \quad 2x < -(\alpha + 1)t \\ -\alpha & \text{für} \quad -(\alpha + 1)t < 2x < 0 \\ \alpha & \text{für} \quad 0 < 2x < (\alpha + 1)t \\ 1 & \text{für} \quad (\alpha + 1)t < 2x \end{cases}$$

eine schwache Lösung des Cauchy-Problems gegeben ist. Man muß an den Unstetigkeiten nur die Sprungbedingung (10.5) überprüfen. Somit erhalten wir eine ganze Schar von Lösungen. $\qquad \diamond$

Es gibt eine ganze Reihe von Kriterien zur Auswahl von geeigneten schwachen Lösungen. Dabei spielen zwei Gesichtspunkte eine Rolle. Mathematisch möchte man Mehrdeutigkeiten wie (10.6) ausschließen, d.h., für das Cauchy-Problem möchte man zu gegebenem v_0 eine eindeutige Lösung haben. Der zweite Gesichtspunkt ergibt sich aus den konkreten physikalischen Anwendungen, die durch die Erhaltungsgleichungen modelliert werden sollen: Man möchte nur die physikalisch relevanten Lösungen bestimmen.

Wir wollen uns hier mit den drei bekanntesten Kriterien zur Auswahl zulässiger unstetiger Lösungen beschäftigen:

1) Das Lax-Kriterium $(N = 1)$

2) Die Viskositätsmethode

3) Entropieungleichungen

Nach diesen Kriterien wird unter den möglichen Zuständen, Funktionswerten, zwischen denen eine schwache Lösung der Gleichungen bei Unstetigkeiten springen darf, die grundsätzlich immer die Sprungbedingungen (10.3) erfüllen müssen, eine zusätzliche Auswahl getroffen. Derartige Unstetigkeiten werden als **zulässige Unstetigkeiten** oder als **Stöße** bezeichnet. Oft werden auch allgemein die Unstetigkeiten, die die Sprungbedingungen (10.3) erfüllen, als Stöße bezeichnet. Dann würde man von zulässigen Stößen sprechen.

Das Lax-Kriterium (N = 1)

Wir hatten in Kapitel 2 gesehen, daß längs charakteristischer Kurven Information über die Anfangsdaten transportiert wird. Das Besondere an den durch (10.6) gegebenen Lösungen v_α ist, daß bei $x = 0$ keine solche Information ankommt, sondern die Charakteristiken aus der Unstetigkeit herauslaufen. Bei der Unstetigkeit in der Lösung von Beispiel 10.1 werden dagegen die Werte 0 und 1 von den Anfangsdaten in die Unstetigkeit hinein transportiert. Durch die Sprungbedingung, Rankine-Hugoniot-Bedingung, ist dann die Geschwindigkeit der Unstetigkeit eindeutig aus den Anfangsdaten bestimmt. Das Lax-Kriterium besagt nun im skalaren Fall M = 1, daß Unstetigkeiten nur dann zulässig sind, wenn die charakteristischen Grundkurven von $t = 0$ aus in die Unstetigkeitskurve S hineinlaufen. Daher muß für die charakteristischen Geschwindigkeiten $\lambda(v) = \frac{f'(v)}{g'(v)}$ am Stoß die Beziehung

$$\lambda(v_L) > s > \lambda(v_R)$$

gelten.

Ist M > 1, so wäre s durch (10.4) überbestimmt, wenn alle charakteristischen Kurven in den Stoß laufen würden. Die charakteristischen Kurven sind den jeweiligen Eigenwerten $\lambda_1(\underline{v}), \ldots, \lambda_M(\underline{v})$ zugeordnet. Nehmen wir an, das System (10.1) sei strikt hyperbolisch, d.h. die Eigenwerte seien alle reell und verschieden. Das **Lax-Kriterium** verlangt nun, daß für genau ein $k \in \{1, \ldots, M\}$ die zugehörigen k-ten charakteristischen Kurven in die Unstetigkeitskurve von beiden Seiten hineinlaufen. Die anderen charakteristischen Kurven sollen die Unstetigkeitskurve kreuzen, d.h. von einer Seite hineinlaufen und auf der anderen Seite heraus. Da wir immer $\lambda_1(\underline{v}) < \cdots < \lambda_M(\underline{v})$ annehmen wollen, folgt für ein $k \in \{1, \ldots, M\}$

$$(10.7) \qquad \begin{aligned} \lambda_k(\underline{v}_L) &> s > \lambda_{k-1}(\underline{v}_L) \\ \lambda_{k+1}(\underline{v}_R) &> s > \lambda_k(\underline{v}_R), \end{aligned}$$

d.h. insbesondere $\lambda_k(\underline{v}_L) > s > \lambda_k(\underline{v}_R)$, dabei sollen für $k = 1$ oder M die nicht existierenden Terme λ_0 bzw. λ_{M+1} in (10.7) einfach entfallen. Man bezeichnet einen Stoß, der (10.7) erfüllt, als **k-Stoß**. Das Lax-Kriterium ist für das prinzipielle Verständnis von zuläßigen Stößen von Bedeutung. Für Beweise der Analysis ist es weniger geeignet.

Die Viskositätsmethode

Bei der Aufstellung von Erhaltungsgleichungen wie etwa den Euler-Gleichungen (2.52)–(2.54) wurden dissipative physikalische Prozesse, insbesondere innere Reibungskräfte, Viskosität, und Wärmeleitungsprozesse, nicht berücksichtigt.

Würde man diese berücksichtigen, dann wären die Gleichungen (2.53) und (2.54) zu modifizieren. Man würde Terme mit Ableitungen zweiter Ordnung erhalten. Das entsprechende System nennt man die **kompressiblen Navier-Stokes-Gleichungen**[2]. Da die Terme zweiter Ordnung **dissipative Prozesse**, Reibung, Zähigkeit (Viskosität), Wärmeleitung, beschreiben, wollen wir diese als **dissipative Terme** bezeichnen. Als Beipiel schreiben wir die kompressiblen Navier-Stokes-Gleichungen für den Fall $N = 1$ auf:

Massenerhaltung

$$(10.8) \qquad \frac{\partial \rho}{\partial t} + \frac{\partial(\rho u)}{\partial x} = 0$$

Impulsbilanz

$$(10.9) \qquad \frac{\partial(\rho u)}{\partial t} + \frac{\partial(\rho u^2)}{\partial x} + \frac{\partial p}{\partial x} = \epsilon\, u_{xx}$$

Energiebilanz

$$(10.10) \qquad \frac{\partial(\rho e + \rho \frac{u^2}{2})}{\partial t} + \frac{\partial(\rho e u + \rho \frac{u^3}{2} + pu)}{\partial x} = \epsilon\,(u u_x)_x + \kappa\, T_{xx}.$$

Dabei ist T die Temperatur, die für ideale Gase mit ρ, e und p über die Zustandsgleichungen

$$e = C_V\, T \qquad \text{und} \qquad T = \frac{p}{\rho R}, \qquad (R - \text{Gaskonstante})$$

verknüpft ist, vgl. Abschnitt 2.3, Becker [11] oder Zierep [137]. Die Größen $\epsilon, \kappa > 0$ sind der Viskositätskoeffizient bzw. der Wärmeleitungskoeffizient, die aus den Eigenschaften und dem Zustand des Gases physikalisch zu bestimmen sind. Für unsere Betrachtungen nehmen wir sie als Konstanten an.

---

[2]Siehe Anderson [6] oder Landau/Lifschitz [72].

Es seien jeweils zu gegebenen Parameterwerten $\epsilon, \kappa > 0$ die Lösungen $(\rho^{\epsilon,\kappa}, u^{\epsilon,\kappa}, p^{\epsilon,\kappa})$ bestimmt. Da die Euler-Gleichungen (2.52)–(2.54) dem Fall $\epsilon = \kappa = 0$ entsprechen, erwartet man, daß die Lösungen $(\rho^{\epsilon,\kappa}, u^{\epsilon,\kappa}, p^{\epsilon,\kappa})$ für Folgen der Parameterwerte mit $\kappa, \epsilon \to 0$ in einem geeigneten Sinn gegen Lösungen der Euler-Gleichungen konvergieren. Man stellt sich das Modell der Euler-Gleichungen als den Grenzfall verschwindender Dissipation vor. Die Viskositätsmethode besagt nun, daß nur solche Lösungen eines Systems von Erhaltungsgleichungen zulässig sind, die aus einem solchen Grenzübergang mit Lösungen eines zugehörigen dissipativen Systems hervorgehen.

Die zusätzlichen dissipativen Terme können auch als Störungen des Systems von Erhaltungsgleichungen aufgefaßt werden. Man hat allerdings, physikalisch oder mathematisch motiviert, vielfältige Möglichkeiten, solche Störungen bei Systemen von Erhaltungsgleichungen anzubringen.[3] Man muß sich auch nicht auf die Hinzunahme von Differentialoperatoren zweiter Ordnung einschränken. Weiter ist es wichtig, wenn wie oben mehrere Parameter im Grenzübergang eine Rolle spielen, wie der Grenzübergang ausgeführt wird[4], d.h., mit welcher Ordnung die Parameter verschwinden.

Ein weiterer Gesichtspunkt ist, daß man erwartet, daß die Lösungen des dissipativen Systems differenzierbar sind, d.h. insbesondere keine Unstetigkeiten enthalten. Damit werden die Stöße in dem Grenzübergang durch glattere Funktionen approximiert. Man sagt in diesem Fall, der Stoß besitzt ein **viskoses Profil**. Die Methode geht unter anderem auf Arbeiten von Weyl [131], Gel'fand [48] und Gilbarg [49] zurück. Die Existenz viskoser Profile wird auch bei Smoller [115] eingehend behandelt.

Die obige Rechtfertigung der Viskositätsmethode mit verschwindendem Viskositätsparameter ist allerdings physikalisch nicht ganz korrekt. Die Tatsache, daß in bestimmten Strömungen oder Strömungsgebieten die Euler-Gleichungen statt der Navier-Stokes-Gleichungen verwendet werden können, kommt nicht daher, daß die Koeffizienten ϵ und κ, die ja zumeist annähernd konstante Materialeigenschaften wiedergeben, verschwinden, sondern daher, daß die zweiten Ableitungen in (10.9) und (10.10) in diesen Fällen sehr klein sind. Gerade an den Stößen selbst aber sind eben diese Terme nicht klein und vernachlässigbar, siehe Becker [12].

---

[3]Ein Beispiel für ein System, bei dem für unterschiedliche Anwendungen verschiedene Störungen benötigt werden, ist in [130] angegeben.

[4]Siehe zum Beispiel Weyl [131], Gilbarg [49] oder Freistühler und Szmolyan [44].

Entropieungleichungen

Wie wir in Abschnitt 2.3 gesehen hatten, gab es zu dem System der Euler-Gleichungen eine weitere Gleichung (2.65) für die Entropieerhaltung, die für glatte Lösungen automatisch erfüllt ist. Wir schreiben sie in der Form

$$(10.11) \qquad \eta(\underline{v})_t + q_1(\underline{v})_{x_1} + \cdots + q_{\mathsf{N}}(\underline{v})_{x_{\mathsf{N}}} = 0.$$

Solche weiteren Gleichungen sind auch in anderen Fällen bekannt. Soll eine solche zusätzliche Gleichung auch für unstetige Lösungen erfüllt sein, so erhalten wir bei den Sprungbedingungen, Rankine-Hugoniot-Bedingungen, eine Gleichung mehr, nämlich

$$[\eta(\underline{w})]\,\widehat{n}_0 + [q_1(\underline{w})]\,\widehat{n}_1 + \cdots + [q_{\mathsf{N}}(\underline{w})]\,\widehat{n}_{\mathsf{N}} = 0.$$

Zunächst betrachten wir die Situation ohne diese Gleichung.

Es sei $\underline{v}_L \in \mathbb{R}^{\mathsf{M}}$ ein beliebig vorgegebener Vektor der linken Zustände an einer Unstetigkeit. Das System der Sprungbedingungen (10.3) besteht aus M Gleichungen. Da $|\widehat{n}| = 1$ ist, werden $\mathsf{N} + \mathsf{M}$ unbekannte Größen gesucht. Da mit $\widehat{n}$ auch $\alpha\widehat{n}$ mit $\alpha \in \mathbb{R}$ eine Lösung von (10.3) ist, können wir umnormieren und $|(\widehat{n}_1, \ldots, \widehat{n}_{\mathsf{N}})|_{\mathbb{R}^{\mathsf{N}}} = 1$ verlangen. Wir setzen $s = \widehat{n}_0, \nu_1 = \widehat{n}_1, \ldots, \nu_{\mathsf{N}} = \widehat{n}_{\mathsf{N}}$ und $\underline{v} = \underline{v}_R$, dann hat (10.3) die Gestalt

$$(10.12) \quad [\underline{g}(\underline{v}_L) - \underline{g}(\underline{v})]\,s + [\underline{f}_1(\underline{v}_L) - \underline{f}_1(\underline{v})]\,\nu_1 + \cdots + [\underline{f}_{\mathsf{N}}(\underline{v}_L) - \underline{f}_{\mathsf{N}}(\underline{v})]\,\nu_{\mathsf{N}} = 0.$$

Es sei im folgenden $\widehat{\underline{\nu}} = (\nu_1, \ldots, \nu_{\mathsf{N}})$ mit $|\widehat{\underline{\nu}}| = 1$ beliebig, aber fest gegeben. Wir betrachten das System (10.12) von M Gleichungen in den $\mathsf{M}+1$ Variablen $(s, \underline{v})$. Wir suchen zu $\widehat{\underline{\nu}}$ und dem „linken" Zustand $\underline{v}_L$ alle $(s, \underline{v})$, die als Lösung von (10.12) möglich sind. Das Gleichungsystem hat die $\mathsf{M} \times (1 + \mathsf{M})$ Jacobi-Matrix

$$\underline{\underline{\mathcal{J}}}_{(s,\underline{v})} = \left([\underline{g}(\underline{v}_L) - \underline{g}(\underline{v})], -\left(s\nabla_{\underline{v}}\underline{g}(\underline{v}) + \nu_1\nabla_{\underline{v}}\underline{f}_1(\underline{v}) + \cdots + \nu_{\mathsf{N}}\nabla_{\underline{v}}\underline{f}_{\mathsf{N}}(\underline{v})\right) \right).$$
$$(10.13)$$

Bei $\underline{v} = \underline{v}_L$ verschwindet die erste Spalte. Wenn, siehe Abschnitt 2.2,

$$s \neq \lambda_1(\underline{v}, \widehat{\underline{\nu}}), \ldots, \lambda_{\mathsf{M}}(\underline{v}, \widehat{\underline{\nu}})$$

ist, hat $\underline{\underline{\mathcal{J}}}_{(s,\underline{v})}$ den maximalen Rang M. Somit gibt es in einer Umgebung von $\underline{v} = \underline{v}_L$ in diesem Fall keine Lösungen außer den trivialen Lösungen $\underline{v}_L = \underline{v}_R$, die man über s parametrisieren kann. Die trivialen Lösungen bilden in $\mathbb{R}^{\mathsf{M}+1}$ eine Gerade

$$\{\,(s, \underline{v}_L) \in \mathbb{R} \times \mathbb{R}^{\mathsf{M}} \mid s \in \mathbb{R}\,\}.$$

Bei $s = \lambda_k(\underline{v}, \widehat{\underline{\nu}})$ für ein $k \in \{1, \ldots, M\}$ ist nach Definition der Eigenwerte der Rang der Matrix (10.13) echt kleiner als M. Ist das System (10.1) strikt hyperbolisch, d.h., die Eigenwerte $\lambda_1(\underline{v}, \widehat{\underline{\nu}}), \ldots, \lambda_M(\underline{v}, \widehat{\underline{\nu}})$ sind für alle $\underline{v} \in \mathbb{R}^M, \widehat{\underline{\nu}} \in \mathbb{R}^N, |\widehat{\underline{\nu}}| = 1$, reell und verschieden, dann sind die Werte $s = \lambda_1(\underline{v}, \widehat{\underline{\nu}}), \ldots, \lambda_M(\underline{v}, \widehat{\underline{\nu}})$ Verzweigungspunkte in dem Parameter s, bei denen Kurven nichttrivialer Lösungen, d.h. mit $\underline{v} \neq \underline{v}_L$, von der Geraden der trivialen Lösungen abzweigen[5]. Die Menge der $\underline{v} \in \mathbb{R}^M$ mit $\underline{v} \neq \underline{v}_L$, die zusammen mit geeignetem s, bei vorgegebenem $\widehat{\underline{\nu}}$, die Gleichungen (10.12) erfüllen, nennt man **Hugoniot-Locus** zu $\underline{v}_L$ und $\widehat{\underline{\nu}}$. Der Hugoniot-Locus enthält die Zustände, die mit $\underline{v}_L$ durch eine Unstetigkeit verbunden werden können. Er setzt sich aus Kurvenstücken, den **Hugoniot-Kurven**, zusammen und kann auch Teile enthalten, die nicht über eine Verzweigung mit den trivialen Lösungen verbunden sind.

Würde jetzt noch die weitere unabhängige Sprungbedingung hinzugenommen werden, so würden obige Verzweigungen i.allg. entfallen, da der Rang der Jacobi-Matrix des erweiterten Systems (10.12), bei Hyperbolizität, gleich M wäre, ohne daß die Anzahl der Variablen erhöht wird. Schwache Stöße wären dann nicht möglich.

Tatsächlich ist es in der Gasdynamik physikalisch so, daß bei Stößen die Entropie nicht mehr erhalten ist, sondern zunimmt.[6] Die physikalische Entropie ist eine konkave Funktion. In der Mathematik zieht man es vor, konvexe Funktionen zu betrachten. Daher sind mathematische Entropien konvex und nehmen bei Stößen ab. Dieses ist nur eine Vorzeichenkonvention. Man verlangt daher, daß für unstetige Lösungen statt der Gleichung (10.11) die Ungleichung

$$(10.14) \qquad \eta(\underline{v})_t + q_1(\underline{v})_{x_1} + \cdots + q_N(\underline{v})_{x_N} \leq 0$$

gelte, wobei η eine konvexe Funktion sein soll, siehe Abschnitt 6.1. Die konvexe Funktion η bezeichnet man als **Entropiefunktion** auch in Fällen, in denen es sich nicht um die physikalische Entropie handelt, den Vektor $q = (q_1, \ldots, q_N)$ bezeichnet man als den zugehörigen **Entropiefluß** und die Ungleichung (10.14) als **Entropieungleichung**. Man fordert die Gültigkeit der Ungleichung (10.14) im gesamten Lösungsgebiet $\mathbb{R}_+^{N+1}$, und zwar im schwachen Sinn, d.h., es gelte für alle $\varphi \in C_0^\infty(\mathbb{R}_+^{N+1})$ mit $\varphi \geq 0$ die Ungleichung

$$(10.15) \qquad -\int_{\mathbb{R}_+^{N+1}} \left[\eta(\underline{v})\,\varphi_t + q_1(\underline{v})\,\varphi_{x_1} + \cdots + q_N(\underline{v})\,\varphi_{x_N} \right] dx\, dt \leq 0.$$

In Teilgebieten von $\mathbb{R}_+^{N+1}$, in denen die Lösung $\underline{v}$ stetig differenzierbar ist, ist

---

[5]Siehe Smoller [115, Theorem 13.4] oder Chow/Hale [17, Theorem 5.1].
[6]Siehe Courant/Friedrichs [22], Landau/Lifschitz [72], Zierep [137].

die Ungleichung trivial, da dort (10.11) gilt. An Stößen gilt

$$[\eta(\underline{w})]\,\widehat{n}_0 + [q_1(\underline{w})]\,\widehat{n}_1 + \cdots + [q_\mathsf{N}(\underline{w})]\,\widehat{n}_\mathsf{N} \leq 0.$$

Mit dieser Ungleichung wird ein Teil des Hugoniot-Locus ausgeschlossen, was die mathematische Funktion von Zulässigkeits- oder Entropiebedingungen für Stöße ist. Gibt es mehrere Paare $(\eta, \underline{q})$, dann kann auch die Gültigkeit von (10.15) für mehrere Entropiefunktionen gefordert werden.

Der Fall N = 1, das Riemann-Problem

Wir wollen die drei bisher behandelten Zulässigkeitsbedingungen im Fall $\mathsf{N} = 1$ näher betrachten. Dazu wollen wir annehmen, daß $\underline{g}(\underline{v}) = \underline{v}$ ist, d.h., wir wollen das System

$$(10.16) \qquad \underline{v}_t + \underline{f}(\underline{v})_x = 0$$

betrachten. Damit eine weitere Erhaltungsgleichung (10.11)

$$\eta(\underline{v})_t + q(\underline{v})_x = 0$$

für glatte Lösungen existiert, muß wegen

$$0 = \nabla_{\underline{v}}\,\eta(\underline{v}) \cdot (\underline{v}_t + \nabla_{\underline{v}}\,\underline{f}(\underline{v})\,\underline{v}_x) = \eta(\underline{v})_t + \nabla_{\underline{v}}\,\eta(\underline{v}) \cdot \nabla_{\underline{v}}\,\underline{f}(\underline{v})\,\underline{v}_x$$

die Bedingung

$$(10.17) \qquad \nabla_{\underline{v}}\,q(\underline{v}) = \nabla_{\underline{v}}\,\eta(\underline{v}) \cdot \nabla_{\underline{v}}\,\underline{f}(\underline{v})$$

erfüllt sein. Analoge Bedingungen erhält man unter der Annahme $\underline{g}(\underline{v}) = \underline{v}$ in dem allgemeinen Fall $\mathsf{N} > 1$. Das System (10.17) ist ein System von M linearen partiellen Differentialgleichungen in den zwei gesuchten Funktionen η, q. Im Fall $\mathsf{M} \geq 3$ ist das System überbestimmt, d.h., man kann im allgemeinen keine Lösungen erwarten. Ist $\mathsf{M} = 1$, so läßt sich durch

$$q(v) = \int_0^v \eta'(s)f'(s)\,ds$$

zu jeder stetig differenzierbaren Funktion η ein zugehöriger Entropiefluß q bestimmen.

Wir wollen nun einfach annehmen, ein Paar η, q sei bekannt. Weiter sei $\underline{A} \in \mathbb{R}^{\mathsf{M}^2}$ eine Matrix. Wir wollen zu (10.16) die dissipativ „gestörte" Gleichung

$$(10.18) \qquad \underline{v}_t + \underline{f}(\underline{v})_x = \varepsilon\underline{\underline{A}}\,\underline{v}_{xx}$$

betrachten und annehmen, zu jedem $\varepsilon > 0$ gebe es eine Lösung $\underline{v}^\varepsilon$ von (10.18), die zweifach stetig differenzierbar sei.[7] Weiter wollen wir annehmen, es gelte $\underline{v}^\varepsilon \to \underline{v}$ in $L^1_{loc}(\mathbb{R}^2_+)$, d.h. $\underline{v}^\varepsilon \to \underline{v}$ in L^1 auf jeder kompakten Menge $K \subset \mathbb{R}^2_+$.[8] Außerdem verlangen wir

$$\|\underline{v}^\varepsilon\|_\infty \leq C.$$

Weiter sei

$$\sqrt{\varepsilon}\, \nabla_{\underline{v}}\, \eta(\underline{v}_\varepsilon) \cdot \underline{\underline{A}}\, \underline{v}^\varepsilon_x$$

in $L^1_{loc}(\mathbb{R}^2_+)$ beschränkt und $\underline{v},\, \underline{f}(\underline{v}) \in [L^1_{loc}(\mathbb{R}^2_+)]^M$. Wir multiplizieren (10.18) mit $\nabla_{\underline{v}}\, \eta(\underline{v}^\varepsilon)$ und erhalten mit der Hesse-Matrix $\nabla^2_{\underline{v}\,\underline{v}}\, \eta$

$$(10.19) \qquad \begin{aligned} \eta(\underline{v}^\varepsilon)_t + q(\underline{v}^\varepsilon)_x &= \varepsilon \nabla_{\underline{v}}\, \eta(\underline{v}^\varepsilon) \cdot \underline{\underline{A}}\, \underline{v}^\varepsilon_{xx} \\ &= \varepsilon(\nabla_{\underline{v}}\, \eta(\underline{v}^\varepsilon) \cdot \underline{\underline{A}}\, \underline{v}^\varepsilon_x)_x - \varepsilon(\underline{v}^\varepsilon_x)^\tau \nabla^2_{\underline{v}\,\underline{v}}\, \eta(\underline{v}^\varepsilon) \cdot \underline{\underline{A}}\, \underline{v}^\varepsilon_x. \end{aligned}$$

Falls nun die Matrix $\nabla_{\underline{v}\,\underline{v}}\eta \cdot \underline{\underline{A}}$ symmetrisch und positiv semi-definit ist, d.h.

$$(10.20) \qquad\qquad\qquad \nabla_{\underline{v}\,\underline{v}}\, \eta \cdot \underline{\underline{A}} \geq 0,$$

so folgt

$$\eta(\underline{v}^\varepsilon)_t + q(\underline{v}^\varepsilon)_x \leq \varepsilon(\nabla_{\underline{v}}\, \eta(\underline{v}^\varepsilon) \cdot \underline{\underline{A}}\, \underline{v}^\varepsilon_x)_x.$$

Nun sei $\varphi \in C^\infty_0(\mathbb{R}^2_+),\, \varphi \geq 0$, dann folgt durch partielles Integrieren

$$-\int_{\mathbb{R}^2_+} \left[\eta(\underline{v}^\varepsilon)\, \varphi_t + q(\underline{v}^\varepsilon)\, \varphi_x\right]\, dx\, dt \leq -\sqrt{\varepsilon} \int_{\mathbb{R}^2_+} \sqrt{\varepsilon}\, \nabla_{\underline{v}}\, \eta(\underline{v}^\varepsilon) \cdot \underline{\underline{A}}\, \underline{v}^\varepsilon_x\, \varphi_x\, dx\, dt.$$

Unter obigen Annahmen folgt für $\varepsilon \to 0$ die Entropieungleichung (10.15), d.h.

$$(10.21) \qquad\qquad -\int_{\mathbb{R}^2_+} \left[\eta(\underline{v})\, \varphi_t + q(\underline{v})\, \varphi_x\right]\, dx\, dt \leq 0.$$

Die Beziehung (10.20) stellt einen notwendigen Zusammenhang zwischen der Matrix $\underline{\underline{A}}$ und der Entropie η dar, damit die dissipative Störung in (10.18) mit der Entropieungleichung (10.21) zusammenpaßt. Dieser Zusammenhang wurde erstmals von Kružkov [70] hergestellt.

Das Cauchy-Problem zu speziellen Anfangswerten der Form

$$(10.22) \qquad\qquad \underline{v}_0 = \begin{cases} \underline{v}_L & \text{für } x < 0 \\ \underline{v}_R & \text{für } x > 0 \end{cases}$$

mit $\underline{v}_L, \underline{v}_R \in \mathbb{R}^M$ heißt **Riemann-Problem**.

---

[7]Aussagen zur Lösungstheorie im skalaren Fall werden wir im Satz 10.4 angeben.
[8]Siehe Anhang B.2.

Aus der bisherigen Diskussion über zulässige Lösungen geht hervor, daß bei Burgers-Gleichung für $v_L > v_R$ wie in Beispiel 10.1 eine zulässige Stoßlösung des Riemann-Problems gefunden werden kann. Dagegen sind die in Beispiel 10.2 für $v_L < v_R$ gefundenen Lösungen nicht zulässig. Wir wollen daher für letzteren Fall eine zulässige Lösung bestimmen.

Es sei $\underline{v} = \underline{v}(t, x)$ eine stückweise differenzierbare Lösung des Riemann-Problems zu der Gleichung

$$(10.23) \qquad \underline{g}(\underline{v})_t + \underline{f}(\underline{v})_x = 0,$$

dann ist mit $c \in \mathbb{R}$ auch $\underline{v} = \underline{v}(ct, cx)$ eine Lösung des Riemann-Problems. Wir setzen daher eine Lösung mit

$$\underline{v}(t, x) = \underline{v}(ct, cx)$$

für alle $c > 0$, alle $t > 0$ und alle $x \in \mathbb{R}$ an. Dann gibt es eine Funktion $h : \mathbb{R} \to \mathbb{R}$ mit

$$\underline{v}(t, x) = \underline{h}\left(\frac{x}{t}\right).$$

Aus (10.23) folgt durch einsetzen

$$(10.24) \qquad \left(\nabla_{\underline{v}}\underline{f}(\underline{h}) - \frac{x}{t}\nabla_{\underline{v}}\underline{g}(\underline{h})\right) \underline{h}'\left(\frac{x}{t}\right) = 0$$

wobei $(')$ die Ableitung nach $\xi = \frac{x}{t}$ bezeichnet. Ist $\underline{h}' \neq 0$, so muß $\frac{x}{t} = \lambda_k(\underline{h}(\xi))$ für ein $k \in \{1, \dots M\}$ gelten, d.h., ein Eigenwert des Systems sein. Weiter muß jeweils für eine Zahl $C(\xi) \in \mathbb{R}$

$$\underline{h}'(\xi) = C(\xi)\,\underline{r}_k(\underline{h}(\xi)),$$

mit dem normierten rechten Eigenvektor $\underline{r}_k$, gelten. Wir betrachten die Gleichung

$$\begin{aligned} 0 &= \left[\xi - \lambda_k(\underline{h}(\xi))\right]' = 1 - \nabla_{\underline{v}}\lambda_k(\underline{h}(\xi)) \cdot \underline{h}'(\xi) \\ &= 1 - C(\xi)\,\nabla_{\underline{v}}\lambda_k(\underline{h}(\xi)) \cdot \underline{r}_k(\underline{h}(\xi)), \end{aligned}$$

woraus

$$C(\xi)^{-1} = \nabla_{\underline{v}}\lambda_k(\underline{h}(\xi)) \cdot \underline{r}_k(\underline{h}(\xi))$$

folgt. Ein $\underline{h}'(\xi) \neq 0$ existiert daher nur, wenn $C(\xi) \neq 0$ gilt, d.h., wenn mit der Definition (2.42) *das k-te charakteristische Feld genuin nichtlinear ist*. Die vektorwertige Funktion läßt sich dann aus dem System gewöhnlicher Differentialgleichungen

$$(10.25) \qquad \underline{h}'(\xi) = \left[\nabla_{\underline{v}}\lambda_k(\underline{h}(\xi)) \cdot \underline{r}_k(\underline{h}(\xi))\right]^{-1}\underline{r}_k(\underline{h}(\xi))$$

gewinnen.

Es sei $I \subseteq \mathbb{R}$ ein Intervall. Einen solchen Lösungsteil $\underline{h}$, der für gewisse $\frac{x}{t} \in I$ definiert ist und zu einem $\mathsf{k} \in \{1, \ldots, M\}$ sowohl $\lambda_\mathsf{k}(\underline{h}(\frac{x}{t})) = \frac{x}{t} \in I$ als auch $\underline{h}' = C\,\underline{r}_\mathsf{k}$ erfüllt, nennen wir eine **k-Verdünnungswelle** bzw. einen **k-Verdünnungsfächer**. Es ist auch die Bezeichnung „simple wave", einfache Welle, gebräuchlich. Wir verlangen ausdrücklich nicht, daß die Welle den ganzen Bereich $\frac{x}{t} \in \mathbb{R}$ abdeckt.

Wie oben bei der Definition des Hugoniot-Locus kann man auch für Verdünnungswellen die Frage stellen, welche Zustände $\underline{v} = \underline{v}_R$ sich mit einem festen Zustand v_L durch eine k-Verdünnungswelle verbinden lassen. Mit $\underline{v}_R = \underline{v}_L$ erhalten wir wieder eine triviale Welle. Ist

$$\nabla_{\underline{v}}\, \lambda_\mathsf{k}(\underline{v}_L) \cdot \underline{r}_\mathsf{k}(\underline{v}_L) \neq 0,$$

so ist in einer Umgebung von $\underline{v}_L$ das k-te charakteristische Feld genuin nichtlinear. Wir setzen

$$\xi_0 = \lambda_\mathsf{k}(\underline{v}_L) \quad \text{und} \quad \underline{h}(\xi_0) = \underline{v}_L$$

und lösen mit diesen Anfangsdaten das System gewöhnlicher Differentialgleichungen (10.25) für $\xi \geq \xi_0$. Im Zustandsraum $\mathbb{R}^M$ erhalten wir zu jedem genuin nichtlinearen k-ten charakteristischen Feld die über $\xi \in \mathbb{R}$ parametrisierte **k-te Verdünnungswellenkurve** σ_k.

Um mit Hilfe einer k-ten Verdünnungswelle ein Riemann-Problem (10.22) zu lösen, muß $\lambda_\mathsf{k}(\underline{v}_L) < \lambda_\mathsf{k}(\underline{v}_R)$ gelten, da $\frac{x}{t} = \lambda_\mathsf{k}(\underline{v})$ ist. Dann setzen wir

$$(10.26) \qquad \underline{v}(t,x) = \begin{cases} \underline{v}_L & \text{für} & \dfrac{x}{t} < \lambda_\mathsf{k}(\underline{v}_L) \\[2mm] h\left(\dfrac{x}{t}\right) & \text{für} \quad \lambda_\mathsf{k}(\underline{v}_L) \leq \dfrac{x}{t} \leq \lambda_\mathsf{k}(\underline{v}_R) \\[2mm] \underline{v}_R & \text{für} & \dfrac{x}{t} > \lambda_\mathsf{k}(\underline{v}_R) \end{cases}$$

und erhalten eine stetige Lösung.

Man beachte, daß bei dem Lax-Kriterium für den k-Stoß die Bedingung $\lambda_\mathsf{k}(\underline{v}_L) > \lambda_\mathsf{k}(\underline{v}_R)$ erfüllt sein muß, d.h., es werden tatsächlich komplementäre Fälle betrachtet. Der Vollständigkeit halber betrachten wir daher noch die unstetigen Lösungen des Riemann-Problems. Wir wollen die Bedingung $\underline{v}(t,x) = \underline{v}(ct, cx)$ für $c > 0$ erfüllen. Außerdem muß es ein $s \in \mathbb{R}$ derart geben, daß die Sprungbedingungen, Rankine-Hugoniot-Bedingungen,

$$(10.27) \qquad s[\underline{v}_L - \underline{v}_R] - [\underline{f}(\underline{v}_L) - \underline{f}(\underline{v}_R)] = 0$$

gelten. Dann kann man nämlich

$$(10.28) \qquad \underline{v}(t,x) = \begin{cases} \underline{v}_L & \text{für} \quad \dfrac{x}{t} \leq s \\[3mm] \underline{v}_R & \text{für} \quad \dfrac{x}{t} > s \end{cases}$$

setzen. Der Wert von $\underline{v}$ für $\frac{x}{t} = s$ ist unerheblich. Dieses ist eine Diskontinuität zwischen $\underline{v}_L, \underline{v}_R \in \mathbb{R}^M$, die sich mit der Geschwindigkeit s bewegt.

Legt man das Laxsche Kriterium zugrunde, so kann man die k-Stöße bestimmen, indem man die zulässigen Zustände $\underline{v}_R$ aus dem Hugoniot-Locus zu $\underline{v}_L$ auswählt. Zusätzlich kann man diejenigen Zustände $\underline{v}_L, \underline{v}_R \in \mathbb{R}^M$ betrachten, die durch k-Verdünnungswellen verbunden werden können. Dieses kann man für $k \in \{1, \dots, M\}$ ausführen. Möchte man aber das Riemann-Problem für beliebige Paare $\underline{v}_L, \underline{v}_R \in \mathbb{R}^M$ mit zulässigen Lösungen lösen, so reichen die k-Stöße und k-Verdünnungsfächer allein nicht aus.

Zusätzliche Lösungen erhält man, indem man weitere konstante Sektoren in der Halbebene $t > 0$ hinzunimmt und mehrere k-Stöße und k-Verdünnungsfächer verwendet, insbesondere auch unter Verwendung unterschiedlicher $k \in \{1, \dots, M\}$. Eine solche Lösung besteht aus endlich vielen konstanten Zuständen

$$\underline{v}_L = \underline{v}_0, \underline{v}_1, \ \dots \ , \underline{v}_n = \underline{v}_R \qquad \text{mit } n \in \mathbb{N},$$

wobei jeweils $\underline{v}_{j-1}$ mit $\underline{v}_j$ durch einen Stoß oder einen Verdünnungsfächer verbunden ist für $j = 1, \dots, n$, siehe Abbildung 10.2. Diese Vorgehensweise ist bei Smoller [115, Chap. 17] ausführlich beschrieben. Dabei muß aber auch dann nicht für jedes beliebige Paar $\underline{v}_L, \underline{v}_R \in \mathbb{R}^M$ eine solche Lösung aus **elementaren Wellen** (Verdünnungswellen, Stößen) existieren.

Ist das System linear degeneriert, so kann und muß man noch eine weitere Form der Unstetigkeiten berücksichtigen, bei denen die k-ten Charakteristiken nur von einer Seite in die Unstetigkeit hineinlaufen, auf der anderen Seite aber parallel verlaufen oder auf beiden Seiten parallel verlaufen. Diese nennt man **Kontaktunstetigkeiten**.

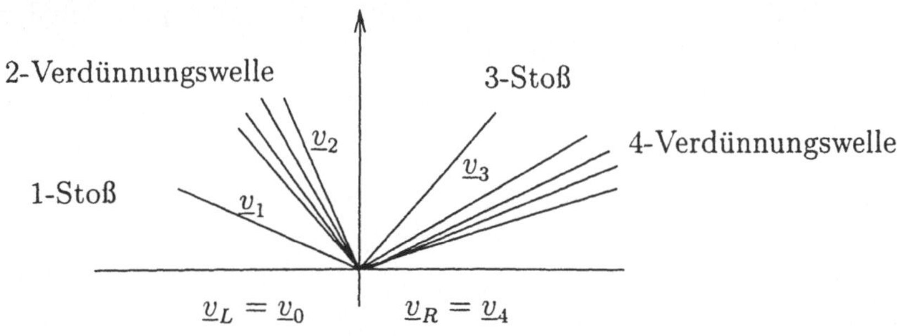

Abbildung 10.2: Lösung aus vier elementaren Wellen und den konstanten Zwischenzuständen $\underline{v}_1, \underline{v}_2, \underline{v}_3$

Beispiel 10.3: Wir wollen wieder zu Beispiel 10.2 und der Burgers-Gleichung zurückkehren.

(1) Die Gleichung (10.24) hat im Fall der Burgers-Gleichung wegen $f'(v) = v$ die Form

$$\left(f'\left(h\left(\tfrac{x}{t}\right)\right) - \tfrac{x}{t}\right)h'\left(\tfrac{x}{t}\right) = \left(h\left(\tfrac{x}{t}\right) - \tfrac{x}{t}\right)h'\left(\tfrac{x}{t}\right) = 0,$$

d.h., für $h'(\tfrac{x}{t}) \neq 0$ folgt $h(\tfrac{x}{t}) = \tfrac{x}{t}$. Wir setzen daher für $t > 0$

$$v(t,x) = \begin{cases} -1 & \text{für} \quad x < t \\ \dfrac{x}{t} & \text{für} \quad -t \leq x \leq t \\ 1 & \text{für} \quad x > t \end{cases}$$

Dann ist v stetig und für $x \neq \pm t$ auch stetig differenzierbar. Die Lösung ist somit aus dem Verdünnungsfächer und konstanten Teilen zusammengesetzt. Diese Lösung ist folglich eine Alternative zu den nicht-zulässigen Lösungen (10.6).

(2) Betrachten wir noch den allgemeineren Fall, daß die Flußfunktion f eine konvexe stetig differenzierbare Funktion ist und die skalare Erhaltungsgleichung

$$v_t + f(v)_x = 0$$

gilt. Dann ergibt (10.24) $f'(h) = \tfrac{x}{t}$. Wegen $f'' > 0$ ist f' streng monoton steigend. Daher ist die Funktion f' invertierbar. Es gilt

$$h\left(\tfrac{x}{t}\right) = [f']^{-1}\left(\tfrac{x}{t}\right).$$

In der Lösung des Riemann-Problems muß $\tfrac{x}{t}$ von v_L nach v_R monoton ansteigen, d.h., wegen $f'(h) = \tfrac{x}{t}$ folgt, daß $v_L < v_R$ sein muß, damit ein Verdünnungsfächer existiert.

Ist in diesem Fall das Riemann-Problem (10.22) gestellt, so gibt es zwei Lösungsfälle

$$\begin{aligned}
&(1) \quad v_L < v_R \quad \text{Verdünnungswelle} \quad (10.26) \\
&(2) \quad v_L > v_R \quad \text{Stoß} \quad (10.28).
\end{aligned}$$

$\diamondsuit$

Wir wollen die Lösung (10.28) aus der Sicht der Viskositätsmethode betrachten. Wir ziehen wieder die Gleichung (10.18) heran und fragen, ob es zweifach stetig differenzierbare Lösungen der speziellen Gestalt

$$(10.29) \qquad \underline{v}^\varepsilon(t,x) = \underline{v}\left(\frac{x - st}{\varepsilon}\right)$$

mit $\tau = \frac{x-st}{\varepsilon}$ und dem asymptotischen Verhalten

$$(10.30) \qquad \lim_{\tau \to -\infty} \underline{v}^{\varepsilon}(\tau) = \underline{v}_L, \qquad \lim_{\tau \to \infty} \underline{v}^{\varepsilon}(\tau) = \underline{v}_R$$

gibt. Dabei erwarten wir, daß die Lösung (10.28) durch $\underline{v}^{\varepsilon}$ approximiert wird, d.h., die Lösung (10.28) ist eine nach der Viskositätsmethode zulässige Lösung.

Man nennt $\underline{v}^{\varepsilon}$ als Funktion von τ ein **viskoses Profil** zu der Stoßlösung (10.28). Wir setzen (10.29) in die Gleichung (10.18) ein, bezeichnen mit ($\dot{}$) die Ableitung nach $\tau = \frac{x-st}{\varepsilon}$, multiplizieren mit ε und erhalten

$$-s\dot{\underline{v}} + \dot{\underline{f}}(\underline{v}) = \underline{\underline{A}}\,\ddot{\underline{v}}\,.$$

Dieses System kann einmal integriert werden, d.h., es gilt

$$-s\underline{v} + \underline{f}(\underline{v}) + \underline{c} = \underline{\underline{A}}\,\dot{\underline{v}}$$

mit $\underline{c} \in \mathbb{R}^M$. Aus (10.30) folgt $\lim_{\tau \to \pm\infty} \dot{\underline{v}} = 0$ und somit

$$\underline{c} = s\underline{v}_L - \underline{f}(\underline{v}_L) = s\underline{v}_R - \underline{f}(\underline{v}_R),$$

d.h., wir erhalten die Sprungbedingungen (10.27).

Ist die Matrix $\underline{\underline{A}}$ invertierbar, so ist die Frage nach der Existenz einer Lösung der Gestalt (10.29), (10.30) gleichbedeutend mit der Frage, ob das System gewöhnlicher Differentialgleichungen

$$(10.31) \qquad \dot{\underline{v}} = \underline{\underline{A}}^{-1}(-s\underline{v} + \underline{f}(\underline{v}) + \underline{c}) =: \underline{Y}(\underline{v})$$

eine Lösung besitzt, die den Fixpunkt $\underline{v}_L$ des Vektorfeldes $\underline{Y}$ mit dem Fixpunkt $\underline{v}_R$ verbindet, wobei die Orientierung von $\underline{v}_L$ nach $\underline{v}_R$ wichtig ist.

Die **Fixpunkte** eines Vektorfeldes $\underline{Y}(\underline{v}) \in \mathbb{R}^M$ sind die Punkte $\underline{v}^*$ mit $\underline{Y}(\underline{v}^*) = 0$. Ein solches Vektorfeld heißt **hyperbolisch**[9], wenn alle Eigenwerte der Jacobi-Matrix $\nabla_{\underline{v}}\underline{Y}$ einen nicht-verschwindenden Realteil besitzen. Ist das Vektorfeld $\underline{Y}$ hyperbolisch, so verhält sich das nicht-lineare Feld $\underline{Y}$ bei Fixpunkten wie das linearisierte Feld $\nabla_{\underline{v}}\underline{Y}(\underline{v}^*) \cdot \underline{v}$.[10]

Es ist im Fall $\underline{\underline{A}} = Id$

$$(10.32) \qquad \nabla_{\underline{v}}\underline{Y} = -s\,Id + \nabla_{\underline{v}}\underline{f}.$$

---

[9]Hier existiert leider ein völlig anderer Gebrauch des Begriffes, der nichts mit der Hyperbolizität von Differentialgleichungen zu tun hat. Es besteht eher ein Zusammenhang zur genuinen Nichtlinearität.

[10]Siehe den Satz von Hartman-Grobman in Guckenheimer/Holmes [53, Theorem 1.4.1] oder Chow/Hale [17, Sect. 3.7].

Ist das System (10.16) strikt hyperbolisch, so sind die Eigenwerte von $\underline{Y}_{(\underline{v})}$ reell und durch

$$-s + \lambda_1(\underline{v}), \ \dots \ , -s + \lambda_M(\underline{v})$$

gegeben, d.h., das Vektorfeld $\underline{Y}$ ist hyperbolisch in $\underline{v}_L$ und $\underline{v}_R$, wenn

$$s \neq \lambda_1(\underline{v}_L), \ \dots \ , \lambda_M(\underline{v}_L), \lambda_1(\underline{v}_R), \ \dots \ , \lambda_M(\underline{v}_R)$$

gilt. Wir nehmen an, die Zustände $\underline{v}_L$ und $\underline{v}_R$ seien durch eine Hugoniot-Kurve verbunden und es gebe eine Lösungskurve des Systems gewöhnlicher Differentialgleichungen (10.31), die von $\underline{v}_L$ nach $\underline{v}_R$ geht, d.h. $\underline{v} = \underline{v}(\tau)$ mit (10.30). Wenn das System (10.16) strikt hyperbolisch ist, können wir $\lambda_1(\underline{v}) < \lambda_2(\underline{v}) < \cdots < \lambda_M(\underline{v})$ annehmen. Es muß ein $\mathsf{k} \in \{1, \dots, M\}$ geben, mit

$$-s + \lambda_{\mathsf{k}}(\underline{v}_L) > 0,$$

damit von $\underline{v}_L$ eine Lösungskurve des Systems gewöhnlicher Differentialgleichungen (10.31) ausgeht. Weiter ist dann die Kurve $\underline{v}(\tau)$ bei $\underline{v}_L$ tangential an $\underline{r}_{\mathsf{k}}(\underline{v}_L)$.[11] Genauso muß für ein $\mathsf{j} \in \{1, \dots, M\}$ sowohl

$$-s + \lambda_{\mathsf{j}}(\underline{v}_R) < 0$$

gelten, als auch die Kurve $\underline{v}(\tau)$ bei $\underline{v}_R$ den Eigenvektor $\underline{r}_{\mathsf{j}}(\underline{v}_R)$ als Tangentialvektor haben. Daher gilt

$$(10.33) \qquad\qquad \lambda_{\mathsf{j}}(\underline{v}_R) < s < \lambda_{\mathsf{k}}(\underline{v}_L).$$

Betrachten wir wieder wie im letzten Abschnitt $\underline{v}_L$ als fest und lassen $\underline{v}_R$ variieren. Dann folgt aus dem dort Dargestellten für $\underline{v}_R \to \underline{v}_L$ längs der gemeinsamen Hugoniot-Kurve, daß $s \to \lambda_{\mathsf{k}}(\underline{v}_L)$, $\lambda_{\mathsf{k}}(\underline{v}_R) \to \lambda_{\mathsf{k}}(\underline{v}_L)$ und $\lambda_{\mathsf{j}}(\underline{v}_R) \to \lambda_{\mathsf{j}}(\underline{v}_L)$ gelten. Damit folgt aus Stetigkeitsgründen, daß $\mathsf{j} \leq \mathsf{k}$ gelten muß, denn sonst würde $\lambda_{\mathsf{j}}(\underline{v}_L) > \lambda_{\mathsf{k}}(\underline{v}_L)$ folgen, was wegen (10.33) ausgeschlossen ist. Halten wir dagegen $\underline{v}_R$ fest, so folgt analog für $\underline{v}_L \to \underline{v}_R$ längs der gemeinsamen Hugoniot-Kurve $s \to \lambda_{\mathsf{j}}(\underline{v}_R)$. Daher muß $\mathsf{j} = \mathsf{k}$ gelten. Aus Stetigkeit und strikter Hyperbolizität kann man mit solchen Überlegungen das Lax-Kriterium (10.7) folgern.

Der Fall N = 1, M = 1.

Wir wollen nun die vorangegangenen Betrachtungen für den Fall $M = 1$ nochmals gesondert zusammenfassen. Die Viskositätsmethode beruht auf der Gleichung

$$v_t + f(v)_x = \varepsilon v_{xx}.$$

---

[11]Siehe Guckenheimer/Holmes [53, Theorem 1.3.2].

Ist $\eta : \mathbb{R} \to \mathbb{R}$ eine beliebige zweifach stetig differenzierbare konvexe Funktion, so gilt

$$q(v) := \int_0^v \eta'(s) f'(s)\, ds$$

und (10.20) ist erfüllt, da $\eta'' \geq 0$ gilt, d.h., der beschriebene Grenzübergang der Viskositätslösungen v^ε für $\varepsilon \to 0$ liefert zu jeder konvexen Funktion η die Entropieungleichung (10.21). Weiter hat (10.33) die Gestalt

$$f'(v_R) < s < f'(v_L),$$

d.h. der Ansatz (10.29), (10.30) liefert auch das Laxsche Kriterium.

Weitere Entropiebedingungen

Es gibt eine ganze Reihe weiterer Entropiebedingungen, die in unterschiedlichen Fällen gültig sind. Wir wollen noch einige gebräuchliche Kriterien erwähnen. So gibt es für skalare Erhaltungsgleichungen und das p-System[12] die Oleĭniksche E-Bedingung, Oleĭnik [98], Dafermos [27], Shearer [112]. Sehr vielfältige Anwendungsmöglichkeiten hat die Liusche Entropiebedingung, siehe Liu [81], [82], Dafermos [28], Hsiao [59], Hsiao/de Mottoni [60]. Außerdem sei noch das Entropiezuwachskriterium von Dafermos [27],[28] erwähnt.

10.3   Der Existenzbeweis von Tartar

Die Existenz von Lösungen skalarer Erhaltungsgleichungen wurde erstmals von Oleĭnik [97] mit Hilfe des Lax-Friedrichs-Differenzenschemas gezeigt.[13] In Oleĭnik [97] und [96] wurde auch die Viskositätsmethode betrachtet. Aussagen über Entropiebedingungen und Eindeutigkeit findet man bei Oleĭnik [98] und Kružkov [70]. Der Existenzbeweis von Tartar in diesem Abschnitt liefert in seiner Aussage kein neues Resultat, ist aber wegen der verwendeten Methode besonders interessant.

Satz 10.4: *Es sei $f \in C^\infty(\mathbb{R})$. Wir betrachten auf $\mathbb{R}_+^2$ das Cauchy-Problem für $\varepsilon > 0$*

$$(10.34) \qquad \begin{aligned} v_t^\varepsilon + f(v^\varepsilon)_x &= \varepsilon v_{xx}^\varepsilon \ \text{auf } \mathbb{R}_+^2, \\ v(0,x) &= v_0(x), \end{aligned}$$

---

[12]Siehe Smoller [115, Abschnitt 17.A].
[13]Siehe auch Smoller [115, Chapter 16.A].

dabei sei $v_0 \in L^1(\mathbb{R}) \cap L^\infty(\mathbb{R})$ mit $\|v_0\|_\infty \leq C$ für eine Konstante $C > 0$. Dann existiert eine eindeutig bestimmte Lösung $v^\varepsilon \in C^\infty(\mathbb{R}_+^2)$ der Gleichung. Es gilt für alle $\varphi \in C_0^\infty(\mathbb{R}^2)$

$$(10.35) \qquad \int_\mathbb{R} v^\varepsilon(t,x)\, \varphi(t,x)\, dx \;\rightarrow\; \int_\mathbb{R} v_0(x)\, \varphi(0,x)\, dx$$

für $t \to 0$. Weiter gelten

$$\|v^\varepsilon\|_{\infty,\mathbb{R}_+^2} \leq C, \qquad und \qquad \|\varepsilon v_x^\varepsilon\|_{\infty,\mathbb{R}_+^2} \leq \widetilde{C} < \infty$$

für eine Konstante $\widetilde{C} > 0$. Es ist $v(t,\cdot) \in L^1(\mathbb{R})$ für alle $t > 0$.

Beweis: Siehe Kotlow [67], Oleĭnik [96], [97] oder Kružkov [70]. Die Beschränktheit $\|\varepsilon v_x^\varepsilon\|_{\infty,\mathbb{R}_+^2} \leq \widetilde{C}$ findet man bei Oleĭnik [96]. $\qquad\square$

Es sei nun $(v^{\varepsilon_n})_{n\in\mathbb{N}}$ mit $\varepsilon_n \to 0$ für $n \to \infty$ eine Folge von Lösungen jeweils des Cauchy-Problems (10.34) mit ε_n. Es gilt $\|v^{\varepsilon_n}\|_\infty \leq C$, dann definieren wir das kompakte Bildintervall $K = [-C, C]$. In der Notation von Abschnitt 9.2 gilt $v^{\varepsilon_n} \in B_K$. Nach Lemma 9.3 gibt es eine schwach-∗-konvergente Teilfolge (wir nehmen an, dieses sei die Folge selbst) mit den dort angegebenen Eigenschaften, insbesondere $v^{\varepsilon_n} \overset{*}{\rightharpoonup} v \in B_K$, und das zugehörige Youngsche Maß $\nu = (\nu_{(t,x)})_{(t,x)\in\mathbb{R}_+^2}$ auf K. Es ist

$$v(t,x) = \int_K y\, d\nu_{(t,x)} = \langle \nu_{(t,x)}\, ,\, y \rangle_{C^0(K)}$$

und für jedes $f \in C^0(K)$ gilt $f(v^{\varepsilon_n}) \overset{*}{\rightharpoonup} \bar{f}$ mit

$$\bar{f}(t,x) = \int_K f(y)\, d\nu_{(t,x)} = \langle \nu_{(t,x)}\, ,\, f(y) \rangle_{C^0(K)}.$$

Sei $\varphi \in C_0^\infty(\mathbb{R}_+^2)$ beliebig, dann folgt mit partieller Integration, siehe Anhang A, aus (10.34) und mit Lemma 5.15(e)

$$0 = \int_{\mathbb{R}_+^2} [\varepsilon_n v^{\varepsilon_n}\varphi_{xx} + v^{\varepsilon_n}\,\varphi_t + f(v^{\varepsilon_n})\varphi_x]\, dx\, dt \;\rightarrow\; \int_{\mathbb{R}_+^2} [v\varphi_t + \bar{f}\varphi_x]\, dx\, dt = 0,$$

für $\varepsilon_n \to 0$. Es gilt daher

$$(10.36) \quad \int_{\mathbb{R}_+^2} \Big[\langle \nu_{(t,x)}\, ,\, y \rangle_{C^0(K)}\, \varphi_t + \langle \nu_{(t,x)}\, ,\, f(y) \rangle_{C^0(K)}\, \varphi_x \Big]\, dx\, dt = 0.$$

Das Youngsche Maß $\nu = (\nu_{(t,x)})_{(t,x)\in\mathbb{R}^2_+}$ ist somit eine maßwertige Lösung der Gleichung

$$v_t + f(v)_x = 0.$$

Es sei $\eta : \mathbb{R} \to \mathbb{R}$ eine zweifach stetig differenzierbare konvexe Funktion und $q(v) = \int_0^v \eta'(s)\, f'(s)\, ds$ die zugehörige Flußfunktion. Aus (10.19) folgt

$$\eta(v^{\varepsilon_n})_t + q(v^{\varepsilon_n})_x = \varepsilon_n \eta(v^{\varepsilon_n})_{xx} - \varepsilon_n \eta''(v^{\varepsilon_n})(v^{\varepsilon_n}_x)^2 \leq \varepsilon_n \eta(v^{\varepsilon_n})_{xx}.$$

Für $\varphi \in C_0^\infty(\mathbb{R}^2_+)$, $\varphi \geq 0$, folgt daher mit partieller Integration

$$-\int_{\mathbb{R}^2_+} [\eta(v^{\varepsilon_n})\, \varphi_t + q(v^{\varepsilon_n})\, \varphi_x]\, dx\, dt \leq \varepsilon_n \int_{\mathbb{R}^2_+} \eta(v^{\varepsilon_n})\, \varphi_{xx}\, dx\, dt.$$

Das Intergral auf der rechten Seite ist wegen $v^{\varepsilon_n} \in B_K$ unabhängig von ε_n beschränkt. Daher folgt für $\varepsilon_n \to 0$

$$(10.37)\quad \int_{\mathbb{R}^2_+} \left[\langle \nu_{(t,x)}, \eta(y) \rangle_{C^0(K)} \varphi_t + \langle \nu_{(t,x)}, q(y) \rangle_{C^0(K)} \varphi_x \right] dx\, dt \leq 0,$$

d.h., die maßwertige Lösung $\nu = (\nu_{(t,x)})_{(t,x)\in\mathbb{R}^2_+}$ erfüllt eine Entropieungleichung. Wir zeigen nun

Lemma 10.5: *Es seien $g : \mathbb{R} \to \mathbb{R}$ eine zweifach stetig differenzierbare Funktion und*

$$h(v) := \int_0^v g'(s) f'(s)\, ds$$

die zugehörige Flußfunktion. Weiter sei $(v^{\varepsilon_n})_{n\in\mathbb{N}}$ eine Folge von Lösungen von (10.34) mit $\varepsilon_n \to 0$ für $n \to \infty$, wie in Satz 10.4 gegeben. Dann liegt die Folge

$$g(v^{\varepsilon_n})_t + h(v^{\varepsilon_n})_x$$

in einer kompakten Menge in $W_{loc}^{-1,2}(\mathbb{R}^2_+)$, siehe Anhang B.3.

Beweis: Es seien $m \in \mathbb{N}$ und $T > 0$, dann definieren wir die Gebiete

$$Q_{m,T} := [-m, m] \times\,]0, T[.$$

Weiter sei $\Omega \subset \mathbb{R}^2_+$ ein beliebiges beschränktes Gebiet. Dann existieren ein $m \in \mathbb{N}$ und ein $T > 0$ derart, daß $\Omega \subset Q_{m,T}$ gilt.

Wir nehmen vorerst $g''(x) \geq 0$ für alle $x \in \mathbb{R}$ an. Es folgt über Satz 10.4 wegen $v^{\varepsilon_n} \in B_K$ mit $K = [-C, C]$, $v_0 \in L^1(\mathbb{R}) \cap B_K$ und $v(T, \cdot) \in L^1(\mathbb{R})$ aus (10.19) mit $\eta = g$, $q = h$ und $\underline{A} = 1$

$$\varepsilon_n \int_{Q_{m,T}} |g''(v^{\varepsilon_n})(v_x^{\varepsilon_n})^2| \; dx \; dt$$

$$= \left| \int_{Q_{m,T}} \varepsilon_n g(v^{\varepsilon_n})_{xx} - g(v^{\varepsilon_n})_t - h(v^{\varepsilon_n})_x \; dx \; dt \right|$$

$$\leq \left| \varepsilon_n \int_0^T [g(v^{\varepsilon_n}(t, m))_x - g(v^{\varepsilon_n}(t, -m))_x] \; dt \right|$$

$$+ \left| \int_{-m}^m [g(v^{\varepsilon_n}(T, x)) - g(v_0(x))] \; dx \right|$$

$$+ \left| \int_0^T [h(v^{\varepsilon_n}(t, m)) - h(v^{\varepsilon_n}(t, -m))] \; dt \right|$$

$$\leq 2T \|g'\|_{\infty, [-C, C]} \|\varepsilon_n v_x^{\varepsilon_n}\|_{\infty, \mathbb{R}_+^2} + \|g(v_0)\|_{L^1([-m, m])}$$

$$+ \|g(v^{\varepsilon_n}(T, \cdot))\|_{L^1([-m, m])} + 2T \|h\|_{\infty, K}.$$

Aus Satz 10.4 folgt, daß die Folge $(\varepsilon_n g''(v^{\varepsilon_n})(v_x^{\varepsilon_n})^2)_{n \in \mathbb{N}}$ in $L^1(\Omega)$ unabhängig von n beschränkt ist.

Wenn wir speziell $g(v) = \frac{v^2}{2}$ betrachten, dann folgt, daß die Folge $(\varepsilon_n (v_x^{\varepsilon_n})^2)_{n \in \mathbb{N}}$ in $L^1(\Omega)$ bzw. die Folge $(\sqrt{\varepsilon_n} v_x^{\varepsilon_n})_{n \in \mathbb{N}}$ in $L^2(\Omega)$ unabhängig von ε_n beschränkt ist. Nun sei g'' beliebig. Wir erhalten mit

$$\varepsilon_n \int_\Omega |g''(v^{\varepsilon_n})(v_x^{\varepsilon_n})^2| \; dx \; dt \leq \max_{s \in [-C, C]} |g''(s)| \cdot \|\varepsilon_n (v_x^{\varepsilon_n})^2\|_{1, \Omega},$$

daß auch in diesem Fall die Folge $(\varepsilon_n g''(v^{\varepsilon_n})(v_x^{\varepsilon_n})^2)_{n \in \mathbb{N}}$ in $L^1(\Omega)$ unabhängig von n beschränkt ist.

Weiter folgt wegen

$$\int_\Omega |\varepsilon_n g(v^{\varepsilon_n})_x|^2 \; dx \; dt = \varepsilon_n^2 \int_\Omega |g'(v^{\varepsilon_n})|^2 \cdot |v_x^{\varepsilon_n}|^2 \; dx \; dt$$

$$\leq \varepsilon_n \|g'\|_{\infty, K}^2 \int_\Omega \varepsilon_n |v_x^{\varepsilon_n}|^2 \; dx \; dt,$$

daß

$$\varepsilon_n g(v^{\varepsilon_n})_x \to 0 \quad \text{in} \quad L^2(\Omega)$$

konvergiert für $n \to \infty$. Der Ableitungsoperator $\partial_x : L^2(\Omega) \to W^{-1,2}(\Omega)$ ist stetig, siehe Lemma C.6. Somit konvergiert die Folge

$$\varepsilon_n g(v^{\varepsilon_n})_{xx} \to 0 \quad \text{in} \quad W^{-1,2}(\Omega).$$

Wir setzen unter Verwendung von (10.19) mit $\eta = g$, $q = h$ und $\underline{\underline{A}} = 1$

$$g(v^{\varepsilon_n})_t + h(v^{\varepsilon_n})_x = \varepsilon_n g(v^{\varepsilon_n})_{xx} - \varepsilon_n g''(v^{\varepsilon_n})(v_x^{\varepsilon_n})^2 =: a_n + b_n.$$

Nach Satz 10.4 gilt $\|v^{\varepsilon_n}\|_\infty < C$ und somit

$$|g(v^{\varepsilon_n})| \leq \max_{s \in [-C,C]} |g(s)| \quad \text{und} \quad |h(v^{\varepsilon_n})| \leq \max_{s \in [-C,C]} |h(s)|.$$

Damit sind die Folgen $(g(v^{\varepsilon_n}))_{n \in \mathbb{N}}$ und $(h(v^{\varepsilon_n}))_{n \in \mathbb{N}}$ in $L^\infty(\Omega)$ beschränkt. Nach Lemma C.6 ist deshalb die Folge

$$\Big(g(v^{\varepsilon_n})_t + h(v^{\varepsilon_n})_x \Big)_{n \in \mathbb{N}}$$

in $W^{-1,\infty}(\Omega)$ beschränkt.

Es folgt daher $c_n := a_n + b_n \in W^{-1,\infty}(\Omega) \subset W^{-1,2}(\Omega)$, da Ω beschränkt ist. Da wir $a_n \in W^{-1,2}(\Omega)$ gezeigt hatten, gilt $b_n = c_n - a_n \in W^{-1,2}(\Omega)$. Weiterhin hatten wir gezeigt, daß $(b_n)_{n \in \mathbb{N}} \subset L^1(\Omega)$ gilt und die Folge in $L^1(\Omega)$ beschränkt ist. Aufgrund der Einbettung in Lemma 3.18 ist die Folge $(b_n)_{n \in \mathbb{N}}$ auch in $\mathcal{M}(\overline{\Omega})$ beschränkt. Eine Teilfolge konvergiert aufgrund des Murat-Lemmas 8.9 in $W_{loc}^{-1,q}(\Omega)$ für alle $q \in]1, 2[$. Das gleiche gilt, da die Folge $(a_n)_{n \in \mathbb{N}}$ in $W^{-1,2}(\Omega)$ konvergiert, auch für diese Folge und $q \in]1, 2[$, da $W^{-1,2}(\Omega) \subset W^{-1,q}(\Omega)$ stetig eingebettet ist.

Somit ist eine Teilfolge der Folge $(c_n)_{n \in \mathbb{N}}$ in $W^{-1,\infty}(\Omega)$ beschränkt und in $W^{-1,q}(\Omega)$ für alle $q \in]1, 2[$ konvergent. Über Lemma B.26 (b) folgt die Konvergenz in $W^{-1,q}(\Omega)$ für alle $q \in]1, \infty[$, insbesondere für $q = 2$.

Da die beschränkte Menge Ω beliebig gewählt war, folgt die Aussage des Lemmas indem wir das eben Gezeigte auf eine monotone Ausschöpfung $\Omega_j \uparrow \mathbb{R}_+^2$, wie bei der Einführung der lokalen Räume in Anhang B.2 definiert, anwenden. Man muß für jedes $j \in \mathbb{N}$ sukzessive zu Teilfolgen übergehen und die Diagonalfolge nehmen. $\square$

In Lemma 10.5 können wir g, h sowie ein weiteres Paar $\widetilde{g}, \widetilde{h}$ betrachten, dann gilt, die Folgen

$$g(v^{\varepsilon_n})_t + h(v^{\varepsilon_n})_x \quad \text{und} \quad \widetilde{g}(v^{\varepsilon_n})_t + \widetilde{h}(v^{\varepsilon_n})_x$$

liegen in einer kompakten Menge in $W_{loc}^{-1,2}(\mathbb{R}_+^2)$. Wir setzen

$$\underline{v}_n = \begin{pmatrix} g(v^{\varepsilon_n}) \\ h(v^{\varepsilon_n}) \end{pmatrix} \quad \text{und} \quad \underline{w}_n = \begin{pmatrix} -\widetilde{h}(v^{\varepsilon_n}) \\ \widetilde{g}(v^{\varepsilon_n}) \end{pmatrix},$$

dann liegen mit $x_1 = t$, $x_2 = x$ die Folgen $(\operatorname{div} \underline{v}_n)_{n \in \mathbb{N}}$ und $(\operatorname{rot} \underline{w}_n)_{n \in \mathbb{N}}$ in einer kompakten Menge in $W_{loc}^{-1,2}(\mathbb{R}_+^2)$. Daher können wir das Div-Rot-Lemma 8.7 anwenden. Dazu sei $v^{\varepsilon_n} \overset{*}{\rightharpoonup} v$ in $L^\infty(\mathbb{R}_+^2)$ eine Teilfolge mit

$$g(v^{\varepsilon_n}) \overset{*}{\rightharpoonup} \bar{g}, \qquad h(v^{\varepsilon_n}) \overset{*}{\rightharpoonup} \bar{h}, \qquad \widetilde{g}(v^{\varepsilon_n}) \overset{*}{\rightharpoonup} \bar{\widetilde{g}} \qquad \text{und} \qquad \widetilde{h}(v^{\varepsilon_n}) \overset{*}{\rightharpoonup} \bar{\widetilde{h}}$$

in $L^\infty(\mathbb{R}_+^2)$. Dann gilt nach Lemma 8.7

$$(10.38) \qquad h(v^{\varepsilon_n})\widetilde{g}(v^{\varepsilon_n}) - g(v^{\varepsilon_n})\widetilde{h}(v^{\varepsilon_n}) \qquad \rightarrow \qquad \bar{h}\bar{\widetilde{g}} - \bar{g}\bar{\widetilde{h}}$$

im Distributionensinn. Dies bedeutet, daß das zu der Folge $(v^{\varepsilon_n})_{n \in \mathbb{N}}$ nach Lemma 9.3 gehörige Youngsche Maß $\nu = (\nu_{(t,x)})_{(t,x) \in \mathbb{R}_+^2}$ die Gleichung

$$(10.39) \begin{aligned} \langle \nu, [h(y)\widetilde{g}(y) - g(y)\widetilde{h}(y)] \rangle_{C^0(K)} &= \langle \nu, h(y) \rangle_{C^0(K)} \cdot \langle \nu, \widetilde{g}(y) \rangle_{C^0(K)} \\ &\quad - \langle \nu, g(y) \rangle_{C^0(K)} \cdot \langle \nu, \widetilde{h}(y) \rangle_{C^0(K)} \end{aligned}$$

erfüllt.

Satz 10.6 (Tartar): *Das zur schwach-$*$-konvergenten Folge $(v^{\varepsilon_n})_{n \in \mathbb{N}} \subset L^\infty(\mathbb{R}_+^2)$ von Lösungen der Gleichung (10.34) nach Lemma 9.3 gehörige Youngsche Maß $\nu = (\nu_{(t,x)})_{(t,x) \in \mathbb{R}_+^2}$ erfüllt*

$$\langle \nu_{(t,x)} , f(y) \rangle_{C^0(K)} = f(v(t,x))$$

für fast alle $(t,x) \in \mathbb{R}_+^2$. Damit ist $v(t,x) = \langle \nu_{(t,x)} , y \rangle_{C^0(K)}$ eine schwache Lösung der Gleichung $v_t + f(v)_x = 0$, d.h., es gilt

$$\int_{\mathbb{R}_+^2} [v\, \varphi_t + f(v)\, \varphi_x]\, dx\, dt = 0$$

für alle $\varphi \in C_0^\infty(\mathbb{R}_+^2)$.

Beweis: In (10.38) wählen wir mit $a \in \mathbb{R}$ die Funktionen

$$g(v) = v - a, \quad h(v) = \widetilde{g}(v) = f(v) - f(a), \quad \widetilde{h}(v) = \int_a^v [f'(s)]^2\, ds$$

und erhalten

$$(10.40) \quad [f(v^{\varepsilon_n}) - f(a)]^2 - (v^{\varepsilon_n} - a)\widetilde{h}(v^{\varepsilon_n}) \quad \overset{*}{\rightharpoonup} \quad [\bar{f} - f(a)]^2 - (v - a)\bar{\widetilde{h}}.$$

Mit der Cauchy-Schwarz-Ungleichung (B.9) gilt für $a \in \mathbb{R}$, $y \in K$

$$\int_a^y f'(s)\, ds \leq \left(\int_a^y ds \right)^{\frac{1}{2}} \left(\int_a^y [f'(s)]^2\, ds \right)^{\frac{1}{2}}$$

oder nach Quadrieren

$$(10.41) \qquad [f(y) - f(a)]^2 \leq (y - a) \int_a^y (f'(s))^2 \, ds = (y - a)\widetilde{h}(y).$$

Damit folgt für $(t, x) \in \mathbb{R}_+^2$ aus (10.39)

$$(10.42) \qquad \langle \nu_{(t,x)} \, , \, [f(y) - f(a)] \rangle^2_{C^0(K)} \; \leq \; \langle \nu_{(t,x)} \, , \, (y - a) \rangle_{C^0(K)} \\ \cdot \langle \nu_{(t,x)} \, , \, \int_a^y [f'(s)]^2 \, ds \rangle_{C^0(K)}.$$

Da $a \in \mathbb{R}$ beliebig gewählt war, können wir $a = v(t, x)$ setzen. Es gilt aber

$$\begin{aligned} \langle \nu_{(t,x)} \, , \, [y - v(t,x)] \rangle_{C^0(K)} \; &= \; \langle \nu_{(t,x)} \, , \, y \rangle_{C^0(K)} - \langle \nu_{(t,x)} \, , \, v(t,x) \rangle_{C^0(K)} \\ &= \; v(t,x) - v(t,x) = 0, \end{aligned}$$

denn $\langle \nu_{(t,x)} \, , \, a \rangle_{C^0(K)} = a$. Aus (10.42) folgt nun

$$\langle \nu_{(t,x)} \, , \, [f(y) - f(v(t,x))] \rangle_{C^0(K)} = 0$$

d.h.,

$$\langle \nu_{(t,x)} \, , \, f(y) \rangle_{C^0(K)} = f(v(t,x)) = \bar{f}$$

fast überall in $\mathbb{R}_+^2$. Dies besagt, daß v eine schwache Lösung der Gleichung $v_t + f(v)_x = 0$ ist, da aus (10.36) folgt

$$\int_{\mathbb{R}_+^2} [v \, \varphi_t + f(v) \, \varphi_x] \, dx \, dt = 0$$

für alle $\varphi \in C_0^\infty(\mathbb{R}_+^2)$. $\qquad\qquad\qquad\qquad\qquad\qquad\qquad\square$

Wir wollen nun noch etwas näher die Struktur dieses Youngschen Maßes untersuchen. Wir wissen zum Beispiel insbesondere nicht, ob die Entropieungleichung (10.37) auch im schwachen Sinne erfüllt ist, d.h., ob

$$\langle \nu_{(t,x)} \, , \, \eta(y) \rangle_{C^0(K)} = \bar{\eta} = \eta(v), \quad \langle \nu_{(t,x)} \, , \, q(y) \rangle_{C^0(K)} = \bar{q} = q(v)$$

gilt. Dieses wäre z.B. der Fall, wenn wir $\nu_{(t,x)} = \delta_{v(t,x)}$ hätten. Eine interessante Beweisvariante des vorangegangenen Satzes und der Aussage des folgenden Satzes, falls $f''(y) = 0$ nur an isolierten Punkten $y \in K$ gilt, findet man bei Vecchi [124].

Satz 10.7 (Tartar): *Das zur schwach-$*$-konvergenten Folge $(v^{\varepsilon_n})_{n \in \mathbb{N}} \subset L^\infty(\mathbb{R}_+^2)$ von Lösungen der Gleichung (10.34) nach Lemma 9.3 gehörige Youngsche Maß $\nu = (\nu_{(t,x)})_{(t,x) \in \mathbb{R}_+^2}$ hat seinen Träger auf dem maximalen Intervall*

$\mathbf{I} \subseteq K = [-C, C]$ mit $v(t, x) \in \mathbf{I}$ und $f''(y) = 0$ für alle $y \in \mathbf{I}$, d.h., f ist auf $\mathbf{I}$ affin linear. Mit maximal meinen wir, es gebe kein größeres Intervall mit diesen Eigenschaften. Ist insbesondere $f''(y) \neq 0$ auf K, außer an isolierten Punkten, so gilt $\nu_{(t,x)} = \delta_{v(t,x)}$. Nach Lemma 9.4 konvergiert die Folge $(v^{\varepsilon_n})_{n \in \mathbb{N}}$ stark in $L^p_{loc}(\mathbb{R}^2_+)$ für alle $p \in [1, \infty[$.

Beweis: Wir schreiben für $v = v(t, x) \in K$, $y \in K$ die Ungleichung (10.41) in der Form

$$[f(y) - f(v)]^2 \leq (y - v) \int_v^y [f'(s)]^2 \, ds.$$

Bei der Cauchy-Schwarzschen Ungleichung (B.9) gilt genau dann die Gleichheit, wenn die beiden Faktoren linear abhängig sind. Um bei (10.41) die Gleichheit zu erhalten, muß $f'(s) = konst.$ auf dem abgeschlossenen Intervall $[v, y]$, bzw. $[y, v]$, gelten, d.h., die Funktion f wäre dort affin linear.

Wir betrachten

$$G(y) := (y - v) \int_v^y [f'(s)]^2 \, ds - [f(y) - f(v)]^2 \geq 0.$$

Es folgt aus (10.39) mit $\tilde{g}(y) = y - v$, $\tilde{h}(y) = g(y) = f(y) - f(v)$ und

$$h(y) = \int_v^y [f'(s)]^2 \, ds$$

die Gleichung

$$
\begin{aligned}
\langle \nu_{(t,x)} &, \; G(y) \rangle_{C^0(K)} \\
&= \langle \nu_{(t,x)}, \left[(y - v(t, x)) \int_v^y [f'(s)]^2 \, ds - [f(y) - f(v)]^2\right] \rangle_{C^0(K)} \\
&= \langle \nu_{(t,x)}, [y - v(t, x)] \rangle_{C^0(K)} \cdot \langle \nu_{(t,x)}, \int_v^y [f'(s)]^2 \, ds \rangle_{C^0(K)} \\
&\qquad\qquad - \left(\langle \nu_{(t,x)} , [f(y) - f(v)] \rangle_{C^0(K)} \right)^2 \;=\; 0
\end{aligned}
$$

da $\langle \nu_{(t,x)} , [y - v(t, x)] \rangle_{C^0(K)} = 0$ ist und in Satz 10.6

$$\langle \nu_{(t,x)} , [f(y) - f(v)] \rangle_{C^0(K)} = 0$$

gezeigt worden war. Somit folgt, da $G(y) \geq 0$ ist,

$$\operatorname{supp} \nu_{(t,x)} \subseteq \{\, y \in K \mid G(y) = 0 \,\}.$$

Ist nun $f''(y) \neq 0$ in einer Umgebung von $v = v(t, x)$, außer eventuell bei v selbst, dann folgt $\operatorname{supp} \nu_{(t,x)} = \{v(t, x)\}$, da dann $G(y) > 0$ für $y \neq v$ gilt.

Ist dagegen $f''(y) = 0$ in einer Umgebung von $v = v(t, x)$, so sei $[\alpha, \beta] = I \subseteq K$ das maximale Intervall mit $v \in [\alpha, \beta]$ und $f''(y) = 0$ für alle $y \in [\alpha, \beta]$. Dann folgt $G(y) > 0$ für $y \notin [\alpha, \beta]$ und somit $\operatorname{supp} \nu_{(t,x)} \subseteq [\alpha, \beta]$. □

Wir wollen noch sehen, inwieweit die gefundene schwache Lösung der Gleichung $v_t + f(v)_x = 0$ auch die Anfangsbedingung erfüllt. Dazu sei

$$\mathbb{R}^2_{+,\delta} = \{ (t,x) \in \mathbb{R}^2_+ \mid t > \delta \}$$

$\varphi \in C_0^\infty(\mathbb{R}^2)$. Dann gilt für die Folge $(v^{\varepsilon_n})_{n \in \mathbb{N}}$, die die Gleichung (10.34) erfüllt, mit partieller Integration

$$
\begin{aligned}
0 &= \int_{\mathbb{R}^2_{+,\delta}} \Big[[v^{\varepsilon_n}(t,x)]_t \, \varphi(t,x) + [f(v^{\varepsilon_n}(t,x))]_x \, \varphi(t,x) \\
&\qquad\qquad\qquad - \varepsilon_n [v^{\varepsilon_n}(t,x)]_{xx} \, \varphi(t,x) \Big] \, dx \, dt \\
&= \int_{\mathbb{R}^2_{+,\delta}} \Big[v^{\varepsilon_n}(t,x) \, \varphi_t(t,x) + f(v^{\varepsilon_n}(t,x)) \, \varphi_x(t,x) \\
&\qquad\qquad\qquad - \varepsilon_n v^{\varepsilon_n}(t,x) \, \varphi_{xx}(t,x) \Big] \, dx \, dt \\
&\quad - \int_{\mathbb{R}} v^{\varepsilon_n}(\delta,x) \, \varphi(\delta,x) \, dx.
\end{aligned}
$$

Für jedes $n \in \mathbb{N}$ erhalten wir mit $\delta \to 0$ wegen (10.35)

$$
\begin{aligned}
0 &= \int_{\mathbb{R}^2_+} \Big[v^{\varepsilon_n}(t,x) \, \varphi_t(t,x) + f(v^{\varepsilon_n}(t,x)) \, \varphi_x(t,x) \\
&\qquad\qquad\qquad - \varepsilon_n(v^{\varepsilon_n}(t,x)) \, \varphi_{xx}(t,x) \Big] \, dx \, dt \\
&\quad - \int_{\mathbb{R}} v_0(x) \, \varphi(0,x) \, dx.
\end{aligned}
$$

Nun folgt mit $\varepsilon_n \to 0$

$$0 = \int_{\mathbb{R}^2_+} \Big[v(t,x) \, \varphi_t(t,x) + f(v(t,x)) \, \varphi_x(t,x) \Big] \, dx \, dt - \int_{\mathbb{R}} v_0(x) \, \varphi(0,x) \, dx.$$

Wir haben somit eine Lösung des schwachen Cauchy-Problems (10.2) erhalten.

Diese Lösung erfüllt (10.37) für jede konvexe Entropiefunktion η. Da das Youngsche Maß im Fall konvexer Flußfunktionen f das Punktmaß $\nu_{(t,x)} = \delta_{v(t,x)}$ ist, folgt aus (10.37) in diesem Fall die Entropieungleichung (10.15), d.h., wir haben eine zulässige Lösung gefunden.

Abschließende Anmerkungen und Literaturhinweise

Eine Darstellung der Existenzresultate von DiPerna [29], [30], bei denen die hier vorgestellten Methoden auf den Fall von 2×2-Systemen erweitert wurden, auf dem hier angestrebten elementaren Niveau, würde weitere umfangreiche Ausführungen erfordern. Die von DiPerna erzielten Resultate zur Existenz von Lösungen ohne die Annahme kleiner Totalvariation in den Anfangsdaten waren neu und stellen bislang die wichtigste Anwendung der kompensierten Kompaktheit und der maßwertigen Lösungen auf dem Gebiet der hyperbolischen Erhaltungsgleichungen dar. Ein bedeutendes Problem in der Existenztheorie für Systeme ist der Mangel an a priori L^∞-Schranken für approximierende Lösungen. Das Maximumprinzip war hierfür im skalaren Fall das wichtigste Hilfsmittel, wenn die Viskositätsmethode verwendet wird. Für Systeme gilt es nicht. Die oben erwähnten Beweise von DiPerna [29], [30] nutzen Invarianzeigenschaften spezieller Systeme und scheinen daher auch nicht beliebig verallgemeinerbar. Diejenigen Beweise, die numerische Approximationen verwenden, stoßen auf dieselbe Schwierigkeit, nämlich daß die L^∞-Stabilität der numerischen Methode für hyperbolische Erhaltungsgleichungen und Systeme, insbesondere bei dem Auftreten von Stößen, keine triviale Angelegenheit ist, siehe z.B. Johnson/Szepessy [65], Coquel/LeFloch [18], oder Kröner/Rokyta [69].

Der Begriff der maßwertigen Lösung einer Differentialgleichung ist eine Verallgemeinerung der schwachen Lösung, die ihre eigene Existenzberechtigung hat. Man erhält Lösungen in dem Sinne, daß in jedem Raum-Zeitpunkt nicht eindeutig ein Zustand angegeben werden kann, sondern nur eine statistische Verteilung der Zustände. Im Zusammenhang mit der Variationsrechnung hat sich gezeigt, daß es Probleme der Mechanik und der Kontrolltheorie gibt, in denen solche Lösungen sinnvoll die beobachtbare Wirklichkeit beschreiben. Die Anwendungen in der Differentialgeometrie und der Kontrolltheorie gehen auf L.C. Young [134] zurück. Derartige Lösungen bei der Modellierung von Phasenmischungen in Legierungen und Kristallbildung findet man bei Ball/James [9] und James/Kinderlehrer [62]. Weitere Hinweise auf Beispiele dieser Art gibt Ball [8].

Zum Abschluß seien noch einige Artikel und Bücher zur Ergänzung und Vertiefung empfohlen. Den wohl am leichtesten zu lesenden Einstieg in das Gebiet der Erhaltungsgleichungen stellt das Buch von LeVeque [79] dar, das auch eine sehr gute Einführung in die numerischen Methoden zu diesen Gleichungen enthält. Ein Klassiker ist das mehrfach erwähnte Buch von Smoller [115]. Dazu gibt es auch eine interessante Buchbesprechung von DiPerna [31]. Ergänzende Darstellungen zu diversen theoretischen Aspekten findet man in den Artikeln von Dafermos [28] und Lax [75, 76, 77, 78]. Weiterhin seien die sehr aktuellen Bücher von Godlewski/Raviart [50, 51] und Serre [109, 110] genannt. Als weiterführende Lektüre zu den maßwertigen Lösungen ist besonders das Buch von Nečas et. al. [95] zu empfehlen.

Anhang A

Das Lebesguesche Integral

In diesem Abschnitt soll keine Einführung in die Theorie des Lebesgue-Integrals gegeben werden. Hierzu sei auf die entsprechenden Abschnitte bei Alt [5], Bauer [10], Behrends [13], Dunford/Schwartz [35], Grauert/Lieb [52], Hewitt/Stromberg [55], Hirzebruch/Scharlau [57] oder Riesz/Sz.-Nagy [106] verwiesen. Wir wollen hier nur einige wichtige Aussagen zitieren.

Es sei $(M, \mathcal{A}, \mu)$ ein Maßraum, siehe Abschnitt 3.1. Mit $\mathcal{L}^1(M, \mathcal{A}, \mu)$ bezeichnen wir den Raum der bezüglich des Maßes μ integrierbaren (summierbaren) $\mathcal{A}$-meßbaren reellwertigen Funktionen.[1] Es besteht keine Schwierigkeit darin, auch komplexwertige Funktionen zu betrachten, wie es zum Beispiel bei Hewitt/Stromberg [55] der Fall ist. Man muß die Funktionen nur in Realteil und Imaginärteil zerlegen und jeweils die Theorie für reellwertige Funktionen anwenden.

Bekanntlich ist eine Funktion u genau dann Lebesgue-integrierbar, wenn die Funktion $|u|$ Lebesgue-integrierbar ist.[2] Weiter gilt:

Satz A.1 (Majorantenkriterium): *Es seien $u : M \to \mathbb{R}$ eine $\mathcal{A}$-meßbare Funktion, $v \in \mathcal{L}^1(M, \mathcal{A}, \mu)$, und es gelte*

$$|u(x)| \leq v(x)$$

für μ-fast alle $x \in M$, d.h. für alle $x \in M \setminus N$, wobei $N \in \mathcal{A}$ eine Menge mit $\mu(N) = 0$ ist. Dann gilt $u \in \mathcal{L}^1(M, \mathcal{A}, \mu)$.

Beweis: Siehe Alt [5, Lemma A 1.22], Bauer [10, Satz 12.2], Dunford/Schwartz [35, Theorem III.2.22], Grauert/Lieb [52, Satz I.10.4] oder Riesz/Sz.-Nagy [106, Abschnitt 20]. $\qquad\square$

---

[1]Siehe Bauer [10, Definition 14.3], Dunford/Schwartz [35, III.2.17] oder Hewitt/Stromberg [55, Definition (12.18)].

[2]Siehe Bauer [10, Satz 12.2], Grauert/Lieb [52, Satz I.5.4], Hewitt/Stromberg [55, Theorem 12.28] oder Dunford/Schwartz [35, Theorem III.2.22].

Lemma A.2: *Es sei $u \in \mathcal{L}^1(M, \mathcal{A}, \mu)$. Dann gibt es zu jedem $\varepsilon > 0$ ein $\delta > 0$ derart, daß*

$$\left| \int_A u(x)\, d\mu \right| < \varepsilon$$

ist für alle Mengen $A \in \mathcal{A}$ mit $\mu(A) < \delta$. Diese Eigenschaft heißt **absolute Stetigkeit** *des Lebesgue-Integrals.*

Beweis: Siehe Hewitt/Stromberg [55, Theorem (12.34)] oder Riesz/Sz.-Nagy [106, Abschnitt 27]. $\qquad\qquad\square$

Konvergenzsätze

Wir geben nun die wichtigsten Konvergenzsätze für Lebesgue-Integrale an. Ihre Gültigkeit ist der Grund dafür, daß das Lebesgue-Integral für die Zwecke der Analysis dem Riemann-Integral vorzuziehen ist.

Satz A.3 (Beppo Levi/Monotone Konvergenz): *Es sei $(u_n)_{n \in \mathbb{N}} \subset \mathcal{L}^1(M, \mathcal{A}, \mu)$ eine Funktionenfolge mit*

$$u_n(x) \leq u_{n+1}(x)$$

für μ-fast alle $x \in M$ und alle $n \in \mathbb{N}$. Weiter gelte für eine Konstante $C \in \mathbb{R}$ und alle $n \in \mathbb{N}$

$$\int_M u_n(x)\, d\mu \leq C.$$

Dann gibt es eine Funktion $u \in \mathcal{L}^1(M, \mathcal{A}, \mu)$ mit $u(x) = \lim\limits_{n \to \infty} u_n(x)$ für μ-fast alle $x \in M$ und

$$\int_M u(x)\, d\mu = \lim_{n \to \infty} \int_M u_n(x)\, d\mu.$$

Beweis: Siehe Alt [5, Anhang 1], Bauer[10, Satz 11.4], Dunford/Schwartz [35, Corollary III.6.17], Grauert/Lieb [52, Satz I.6.2], Hewitt/Stromberg [55, Theorem (12.22)] oder Riesz/Sz.-Nagy [106, Abschnitt 18]. $\qquad\qquad\square$

Satz A.4 (Lemma von Fatou): *Es sei $(u_n)_{n \in \mathbb{N}} \subset \mathcal{L}^1(M, \mathcal{A}, \mu)$ eine Funktionenfolge mit $u_n(x) \geq 0$ für μ-fast alle $x \in M$ und alle $n \in \mathbb{N}$. Weiter sei $u : M \to \mathbb{R}$ eine Funktion mit*

$$u(x) = \lim_{n \to \infty} u_n(x)$$

für μ-fast alle $x \in M$, d. h. Konvergenz punktweise μ-fast überall. Außerdem gelte für eine Konstante $C > 0$ und alle $n \in \mathbb{N}$

$$\int_M u_n(x)\, d\mu \le C.$$

Dann ist die Funktion $u \in \mathcal{L}^1(M, \mathcal{A}, \mu)$, und es gilt

$$\int_M u(x)\, d\mu \le C.$$

Beweis: Siehe Alt [5, Satz A 1.23], der eine etwas allgemeinere Fassung angibt, Bauer [10, Satz 15.1], Dunford/Schwartz [35, Corollary III.6.19], Grauert/Lieb [52, Satz I.7.2], Hewitt/Stromberg [55, Theorem (12.23)] oder Riesz/Sz.-Nagy [106, Abschnitt 20]. $\qquad\qquad\square$

Satz A.5 (Lebesgue/Majorisierte Konvergenz): *Es sei $(u_n)_{n \in \mathbb{N}} \subset \mathcal{L}^1(M, \mathcal{A}, \mu)$ eine Funktionenfolge. Weiter sei $u : M \to \mathbb{R}$ die Grenzfunktion mit $u(x) = \lim\limits_{n \to \infty} u_n(x)$ für μ-fast alle $x \in M$, d. h. Konvergenz punktweise μ-fast überall. Außerdem gebe es eine Funktion $v \in \mathcal{L}^1(M, \mathcal{A}, \mu)$ mit*

$$|u_n(x)| \le v(x)$$

für μ-fast alle $x \in M$ und alle $n \in \mathbb{N}$. Dann gelten $u \in \mathcal{L}^1(M, \mathcal{A}, \mu)$ und

$$\lim_{n \to \infty} \int_M u_n(x)\, d\mu = \int_M u(x)\, d\mu.$$

Beweis: Siehe Alt [5, Satz A 1.24], Bauer [10, Satz 15.4], Dunford/Schwartz [35, Corollary III.6.16], Grauert/Lieb [52, Satz I.7.3], Hewitt/Stromberg [55, Theorem (12.24)] oder Riesz/Sz.-Nagy [106, Abschnitt 19]. $\qquad\qquad\square$

Es sei $\mathcal{G} \subset \mathcal{L}^1(M, \mathcal{A}, \mu)$. Man sagt, die Menge integrierbarer Funktionen $\mathcal{G}$ besitzt **gleichgradig absolut stetige Integrale**, wenn es zu jedem $\varepsilon > 0$ ein $\delta > 0$ derart gibt, daß für alle Mengen $A \in \mathcal{A}$ mit $\mu(A) < \delta$ und für alle Funktionen $u \in \mathcal{G}$

$$\left| \int_A u(x)\, d\mu \right| < \varepsilon$$

gilt. Man vergleiche mit der absoluten Stetigkeit des Lebesgue-Integrals in Lemma A.2. Dann gilt der folgende Satz:

Satz A.6 (Vitali): *Es sei $(u_n)_{n\in\mathbb{N}} \subset \mathcal{L}^1(M,\mathcal{A},\mu)$ eine Funktionenfolge. Weiter sei $u : M \to \mathbb{R}$ eine Funktion mit $u(x) = \lim\limits_{n\to\infty} u_n(x)$ für μ-fast alle $x \in M$, d.h. Konvergenz punktweise μ-fast überall. Wenn die Folge $(u_n)_{n\in\mathbb{N}}$ gleichgradig absolut stetige Integrale besitzt, dann gilt*

$$\left| \int_M u(x)\, d\mu \right| < \infty$$

und

$$\lim_{n\to\infty} \int_M u_n(x)\, d\mu = \int_M u(x)\, d\mu\,.$$

Beweis: Siehe Dunford/Schwartz [35, Theorem IV.10.9] oder für $\mu = \lambda^N$, das Lebesgue-Maß, Natanson [92, Satz VI.3.2]. $\qquad\qquad\qquad\qquad\square$

Produktintegration

Für die Integration bezüglich Produktmaßen gilt:

Satz A.7 (Fubini/Tonelli): *Es seien $(M_1,\mathcal{A}_1,\mu_1)$, $(M_2,\mathcal{A}_2,\mu_2)$ zwei Maß-räume. Weiter sei $(M,\mathcal{A},\mu)$ der Produktraum mit $M = M_1 \times M_2$, der Produkt-σ-Algebra $\mathcal{A} = \mathcal{A}_1 \otimes \mathcal{A}_2$ und dem Produktmaß $\mu = \mu_1 \otimes \mu_2$, siehe Abschnitt 3.2. Es sei $u \in \mathcal{L}^1(M,\mathcal{A},\mu)$, dann gilt:*

(a) *Für μ_1-fast alle $x_1 \in M_1$ existiert das Integral*

$$\int_{M_2} u(x_1,x_2)\, d\mu_2,$$

und für μ_2-fast alle $x_2 \in M_2$ existiert das Integral

$$\int_{M_1} u(x_1,x_2)\, d\mu_1.$$

(b) *Die Funktionen $I_1(u) : M_1 \to \mathbb{R}$ gegeben durch*

$$I_1(u)(x_1) = \int_{M_2} u(x_1,x_2)\, d\mu_2$$

für $x_1 \in M_1$ und $I_2(u) : M_2 \to \mathbb{R}$ gegeben durch

$$I_2(u)(x_2) = \int_{M_1} u(x_1,x_2)\, d\mu_1$$

für $x_2 \in M_2$ sind $\mathcal{A}_1$- bzw. $\mathcal{A}_2$-meßbar und integrierbar.

(c) Es gilt

$$\int_M u(x_1, x_2)\, d\mu \;=\; \int_{M_1} \left(\int_{M_2} u(x_1, x_2)\, d\mu_2 \right) d\mu_1$$

$$= \int_{M_2} \left(\int_{M_1} u(x_1, x_2)\, d\mu_1 \right) d\mu_2.$$

Umgekehrt sei die Funktion $u : M \to \mathbb{R}$ $\mathcal{A}$-meßbar, für μ_1-fast alle $x_1 \in M_1$ existiere das Integral

$$\int_{M_2} u(x_1, x_2)\, d\mu_2$$

und die oben definierte Funktion $I_1(u)$ sei auf M_1 integrierbar. Dann ist die Funktion u integrierbar, d.h. $u \in \mathcal{L}^1(M, \mathcal{A}, \mu)$.

Beweis: Siehe Bauer [10, Kapitel 22], Dunford/Schwartz [35, Abschnitt III.11], Grauert/Lieb [52, Satz I.12.2 und Satz I.12.3] oder Hewitt/Stromberg [55, Theorem (21.12) und Theorem (21.13)]. $\qquad\qquad\qquad\qquad\qquad$ $\square$

Integration bezüglich des Lebesgue-Maßes λ^N

Es sei $M = \Omega \subseteq \mathbb{R}^N$ ein Gebiet (offen, zusammenhängend) mit der von der Euklidischen Metrik induzierten natürlichen Topologie, $\mathcal{A} = \mathcal{B}(\Omega)$ die σ-Algebra der Borel-Mengen und $\mu = \lambda^N$ das N-dimensionale Lebesgue-Maß.[3] Wir benutzen den Begriff „meßbar", statt Borel-meßbar. Eine Aussage gilt „fast überall" auf Ω oder für „fast alle" $x \in \Omega$, wenn es eine λ^N-Nullmenge derart gibt, daß die Aussage nur auf der Nullmenge nicht gilt.

Für das Berechnen konkreter Integrale ist es wichtig zu wissen, daß auf kompakten Intervallen in $\mathbb{R}$ jede Riemann-integrierbare Borel-meßbare Funktion auch bezüglich des Lebesgue-Maßes λ^1 Lebesgue-integrierbar ist und daß die Integrale übereinstimmen.[4] Existiert auf einem beliebigen Intervall in $\mathbb{R}$ das uneigentliche Riemann-Integral der nicht-negativen Borel-meßbaren Funktion u, dann ist die Funktion auch bezüglich des Lebesgue-Maßes λ^1 Lebesgueintegrierbar und die Integrale stimmen überein.[5]

Wenn wir eine Borel-meßbare Funktion $u : \mathbb{R}^N \to \mathbb{R}$ bezüglich des Lebesgue-Maßes integrieren, schreiben wir häufig auch dx statt $d\lambda^N$, d.h., für

---

[3]Siehe Alt [5, Abschnitt 1.8], Dunford/Schwartz [35, Seite 188] oder Bauer [10, Kapitel 7 und 8].

[4]Siehe Bauer [10, Satz 16.2], Grauert/Lieb [52, Satz I.11.3] oder Hewitt/Stromberg [55, Exercise 12.51].

[5]Siehe Bauer [10, Korollar 16.3] oder Grauert/Lieb [52, Satz I.11.4].

meßbare Mengen $B \in \mathcal{B}(\Omega)$ gilt

$$\int_B u \, d\lambda^{\mathsf{N}} = \int_B u \, dx.$$

Es ist $\mathcal{L}^1(\Omega, \mathcal{B}(\Omega), \lambda^{\mathsf{N}}) = \mathcal{L}^1(\Omega; \mathbb{R})$, siehe Abschnitt B.2.

Es sei $\Omega \subset \mathbb{R}^{\mathsf{N}}$ ein beschränktes Gebiet. Wir sagen, daß Ω ein $\boldsymbol{C^1}$-**Gebiet** ist, wenn es endlich viele offene Kugeln $B_1, \ldots B_n$ gibt mit $n \in \mathbb{N}$, d.h., für geeignete Punkte $y_j \in \mathbb{R}^{\mathsf{N}}$ und Radien $R_j > 0$ gilt

$$B_j = B(y_j, R_j) = \{\, x \in \mathbb{R}^{\mathsf{N}} \mid |x - y_j| < R_j \,\}$$

für jedes $j = 1, \ldots, n$, mit folgenden Eigenschaften:

(i) Die Kugeln $B_1, \ldots, B_n$ überdecken den Rand $\partial\Omega$, d.h., es gelten $\partial\Omega \subset \bigcup_{j=1}^{n} B_j$ und $B_j \cap \partial\Omega \neq \emptyset$ für $j = 1, \ldots, n$.

(ii) Auf jeder Kugel B_j für $j = 1, \ldots, n$ gibt es eine injektive Funktion $\phi_j \in [C^1(\overline{B_j})]^{\mathsf{N}}$, $\phi_j : \overline{B_j} \to \mathbb{R}^{\mathsf{N}}$ derart, daß $B_j \cap \partial\Omega$ in die Ebene

$$\{\, x \in \mathbb{R}^{\mathsf{N}} \mid x_{\mathsf{N}} = 0 \,\}$$

und $B_j \cap \Omega$ in ein einfach zusammenhängendes Gebiet in dem Halbraum

$$\{\, x \in \mathbb{R}^{\mathsf{N}} \mid x_{\mathsf{N}} > 0 \,\}$$

abgebildet wird. Die Funktionaldeterminanten der Funktionen ϕ_j für $j = 1, \ldots, n$ sollen jeweils auf $\overline{B_j}$ nirgends verschwinden.

Mit Hilfe von ϕ_j für $j = 1, \ldots, n$ kann man auf dem Rand $\partial\Omega$ eindeutig ein Vektorfeld von Normalvektoren $\widehat{n}$ mit $|\widehat{n}|_{\mathbb{R}^{\mathsf{N}}} = 1$ bestimmen. Mit $\int_{\partial\Omega} dS$ bezeichnen wir die Integration bezüglich des zugehörigen $\mathsf{N} - 1$-dimensionalen Oberflächenmaßes.[6]

Es gilt der

Satz A.8 (Gaußscher Satz): *Es sei $\Omega \subset \mathbb{R}^{\mathsf{N}}$ ein beschränktes C^1-Gebiet und $\underline{u} \in [C^1(\overline{\Omega})]^{\mathsf{N}}$ ein Vektorfeld auf $\overline{\Omega}$. Es gilt*

$$(A.1) \qquad \int_{\Omega} \nabla_x \cdot \underline{u} \, dx = \int_{\partial\Omega} \widehat{n} \cdot \underline{u} \, dS.$$

Beweis: Siehe Grauert/Lieb [52, Satz III.4.2, auch Satz IV.3.3] oder Triebel [122, Anhang 3].   □

---

[6]Siehe Grauert/Lieb [52, Abschnitt IV.2.2].

Der Gaußsche Satz gilt für allgemeinere Vektorfelder $\underline{u}$, wenn $\nabla \cdot \underline{u}$ als schwache Ableitung, siehe Anhang C.2, und $\underline{u} \cdot \widehat{\underline{n}}$ geeignet interpretiert werden. Eine recht allgemeine Aussage findet man bei König [66]. Siehe hierzu auch Bruhn [16]. Um technische Komplikationen zu vermeiden, bezeichnet man ein Gebiet als **Normalgebiet**, für das der Gaußsche Satz A.8 gilt, ohne diesen Begriff näher zu spezifizieren.

Eine wichtige Anwendung des Gaußschen Satzes ist die Verallgemeinerung der **partiellen Integration** auf beschränkten Normalgebieten $\Omega \subset \mathbb{R}^N$. Dazu sei ein $j \in \{1,\ldots,N\}$ gegeben und sei $\underline{u} = (u^1,\ldots,u^N)$ mit $u^j = vw$ für zwei Funktionen $v, w \in C^1(\overline{\Omega})$ sowie $u^k = 0$ für $k \neq j$. Weiterhin sei $\widehat{\underline{n}} = (\widehat{n}_1,\ldots,\widehat{n}_N)$, dann gilt

$$\int_\Omega \frac{\partial(vw)}{\partial x_j}\,dx = \int_{\partial\Omega} vw\,\widehat{n}_j\,dS.$$

bzw.

(A.2)
$$\int_\Omega \frac{\partial v}{\partial x_j} w\,dx = \int_{\partial\Omega} vw\,\widehat{n}_j\,dS - \int_\Omega v\frac{\partial w}{\partial x_j}\,dx.$$

Diese Formel läßt sich zum Beispiel auch für $v, w \in W^{1,2}(\Omega)$ verallgemeinern, dabei wird das Integral auf $\partial\Omega$ über den Spuroperator definiert, siehe Abschnitt 6.3 bzw. Adams [1] oder Nečas [93], und die Tatsache benutzt, daß $C^1(\overline{\Omega})$ in $W^{1,2}(\Omega)$ dicht liegt.

Es sei $Q \subset \mathbb{R}^N$ ein offener Quader, siehe Abschnitt 5.2, der bei $z \in \mathbb{R}^N$ von den paarweise orthogonalen Vektoren $\underline{Z}_1,\ldots,\underline{Z}_N$ aufgespannt wird. Zu dem gegebenen Quader Q definieren wir die Quader Q_n, $n \in \mathbb{N}$, durch

$$Q_n := \left\{ x \in Q \;\Big|\; x = z + \sum_{k=1}^N \alpha_k \underline{Z}_k \text{ mit } \alpha_k \in \left]0, \tfrac{1}{n}\right[\text{ für } k = 1,\ldots,N \right\}.$$

Wir setzen für $\underline{\gamma} \in \mathbb{Z}^N$ und $n \in \mathbb{N}$

$$Q_n^\gamma := \left\{ x \in \mathbb{R}^N \;\Big|\; x = z + \sum_{k=1}^N \frac{\gamma_k + \alpha_k}{n}\underline{Z}_k \text{ mit } \alpha_k \in]0,1[\text{ für } k = 1,\ldots,N \right\}.$$

Es gilt

$$\mathbb{R}^N \subseteq \bigcup_{\underline{\gamma} \in \mathbb{Z}^N} \overline{Q_n^\gamma},$$

d.h., die Quader $\overline{Q_n^\gamma}$ bilden für jedes $n \in \mathbb{N}$ eine Überdeckung von $\mathbb{R}^N$ durch kompakte Quader, deren Kantenlänge kleiner als

$$n^{-1} \cdot \left(\max_{j=1,\ldots,N} |\underline{Z}_j| \right)$$

ist. Wir wollen für festes $n \in \mathbb{N}$ auch von einer **Zerlegung des $\mathbb{R}^N$** sprechen, wobei es egal ist, ob wir die offenen oder die abgeschlossenen Quader nehmen, da die Menge der Randpunkte

$$\bigcup_{\underline{\gamma} \in \mathbb{Z}^N} \partial Q_n^{\gamma}$$

eine λ^N-Nullmenge ist.

Es sei $\Omega \subseteq \mathbb{R}^N$ ein Gebiet und Q ein beliebiger offener Quader. Das Mengensystem abgeschlossener Quader

$$\mathsf{V}(\Omega; Q) := \{\, \overline{Q_n^{\gamma}} \mid \overline{Q_n^{\gamma}} \subset \Omega, \ n \in \mathbb{N}, \ \underline{\gamma} \in \mathbb{Z}^N \,\}$$

bezeichnen wir als die zu dem Quader Q gehörige **Vitali-Überdeckung** des Gebietes Ω.[7]

Es gilt $\lambda^N(\overline{Q_n^{\gamma}}) > 0$ für alle $n \in \mathbb{N}$ und alle $\gamma \in \mathbb{Z}^N$. Da Ω offen ist, gibt es zu jedem Punkt $x \in \Omega$ ein $R > 0$ derart, daß die offene Kugel

$$B(x, R) = \{\, y \in \mathbb{R}^N \mid \ |x - y| < R \,\}$$

in Ω liegt. Damit folgt, daß für $n \in \mathbb{N}$ genügend groß die Quader $\overline{Q_n^{\gamma}}$ mit $x \in \overline{Q_n^{\gamma}}$ ganz in Ω liegen. Insbesondere gibt es zu jedem $\varepsilon > 0$ einen Quader $\overline{Q_n^{\gamma}} \in \mathsf{V}(\Omega; Q)$ mit $x \in \overline{Q_n^{\gamma}}$ und $\lambda^N(\overline{Q_n^{\gamma}}) < \varepsilon$, d.h., die Vitali-Überdeckung ist **fein** bei $x \in \Omega$.

Zu einem beliebigen $x \in \Omega$ definieren wir eine Folge von Quadern $(Q_n^x)_{n \in \mathbb{N}}$, wobei $Q_n^x = Q_n^{\gamma}$ mit $x \in \overline{Q_n^{\gamma}}$ für alle $n \in \mathbb{N}$ sei. Die Quader in der Folge sind, außer im Fall $x \in \partial \overline{Q_n^{\gamma}}$, eindeutig bestimmt.

Es sei $u \in \mathcal{L}^1(\Omega; \mathbb{R})$. Einen Punkt $x \in \Omega$, für den

$$\lim_{n \to \infty} \frac{1}{\lambda^N(Q_n^x)} \int_{Q_n^x \cap \Omega} u(y)\, dy = u(x)$$

gilt, bezeichnet man als einen **Lebesgue-Punkt** der Funktion u. Es gilt

Satz A.9: *Es sei $\Omega \subseteq \mathbb{R}^N$ ein Gebiet und $u \in \mathcal{L}^1(\Omega; \mathbb{R})$. Dann sind fast alle $x \in \Omega$ Lebesgue-Punkte der Funktion u.*

Beweis: Für den Fall $\mathsf{N} = 1$ siehe Alt [5, Übung 1.4], Hewitt/Stromberg [55, Theorem (18.5)] oder Grauert/Lieb [52, Satz III.5.2]. Siehe auch Dunford/ Schwartz [35, Theorem III.12.8]. $\square$

---

[7]Vergleiche Dunford/Schwartz [35, Definition III.12.2].

Anhang B

Funktionenräume

In diesem Anhang wollen wir einige Definitionen von Funktionenräumen sowie einige benötigte Aussagen über diese zusammenstellen.

Eine offene zusammenhängende Teilmenge $\Omega \subseteq \mathbb{R}^N$ bezeichnen wir als **Gebiet**. Mit $\partial\Omega$ bezeichnen wir den **Rand**, mit $\overline{\Omega}$ den topologischen **Abschluß** von Ω. Weiter sei $f : \mathbb{R}^N \to \mathbb{R}$ eine Funktion. Mit $f(x)$ sei zumeist der Wert der Funktion f an der Stelle $x \in \mathbb{R}^N$ bezeichnet. Wollen wir das Argument oder die Abbildungsvorschrift betonen, so schreiben wir auch $f = f(x)$. Weiter bezeichne $f|_\Omega$ die **Einschränkung** von f auf das Gebiet Ω. Den **Träger** der Funktion f definieren wir als die abgeschlossene Menge

$$\operatorname{supp} f := \overline{\{\, x \in \Omega \mid f(x) \neq 0 \,\}}.$$

Für zwei Teilmengen $A, B \subseteq \mathbb{R}^N$ definieren wir den **Abstand**

$$\operatorname{dist}(A, B) := \inf_{x \in A, y \in B} |x - y|,$$

wobei $|x - y|^2 = |x_1 - y_1|^2 + \ldots + |x_N - y_N|^2$ den Euklidischen Abstand auf $\mathbb{R}^N$ bezeichne. Es gilt $\operatorname{dist}(A, B) = 0$ genau dann, wenn $\overline{A} \cap \overline{B} \neq \emptyset$ ist. Ist allerdings $A = \emptyset$ oder $B = \emptyset$, so sei $\operatorname{dist}(A, B) = \infty$, d.h. beliebig groß.

Zur Vereinfachung von Schreibarbeit dienen die Multiindizes. Wir bezeichnen die Menge $\mathbb{N}_0^N$ ($\mathbb{N}_0 = \mathbb{N} \cup \{0\}$) als die Menge der **Multiindizes** $\alpha = (\alpha_1, \ldots, \alpha_N)$ mit $\alpha_j \in \mathbb{N}_0$ für $j = 1, \ldots, N$. Wir führen die **Ordnung von** α

$$|\alpha| := \alpha_1 + \cdots + \alpha_N$$

ein und setzen

(B.1)
$$\partial^\alpha := \partial_1^{\alpha_1} \cdots \partial_N^{\alpha_N},$$

wobei $\partial_k = \frac{\partial}{\partial x_k}$ die partielle Ableitung bezüglich x_k für $k = 1, \ldots, N$ sei. Desweiteren definieren wir für $x \in \mathbb{R}^N$ die **Potenzen**

$$x^\alpha = x_1^{\alpha_1} \cdots x_N^{\alpha_N}.$$

Ferner führen wir die **Ordnungsrelation**

$$\alpha \geq \beta \ :\Leftrightarrow\ \alpha_1 \geq \beta_1, \ldots, \alpha_N \geq \beta_N$$

und die **Fakultät**

$$\alpha! := \alpha_1! \cdots \alpha_N!$$

ein. Ist $\alpha \geq \beta$, so folgt $\alpha - \beta \in \mathbb{N}_0^N$. Daher führen wir für $\alpha \geq \beta$ den **Binomialkoeffizienten**

$$\binom{\alpha}{\beta} := \frac{\alpha!}{(\alpha - \beta)! \beta!}$$

ein.

Bemerkung B.1: Wir verwenden überwiegend reellwertige Funktionen. In der Theorie linearer elliptischer Differentialgleichungen werden auch komplexwertige Funktionen betrachtet. Dort können die bei der partiellen Integration auftretenden Minuszeichen in komplexwertigen Skalarprodukten elegant eliminiert werden, indem statt (B.1) $\partial^\alpha := (-i)^{|\alpha|} \partial_1^{\alpha_1} \cdots \partial_N^{\alpha_N}$ gesetzt wird. $\diamond$

Um die Nützlichkeit der Multiindizes zu demonstrieren, geben wir noch einige Formeln an. So gilt der **Binomische Lehrsatz**[1] für $x, y \in \mathbb{R}^N$

$$(x + y)^\alpha = \sum_{\beta \leq \alpha} \binom{\alpha}{\beta} x^\beta y^{\alpha - \beta},$$

die **Leibnizsche Produktregel** für zwei Funktionen f, g, deren Ableitungen bis zur Ordnung $|\alpha|$ existieren,

$$\partial^\alpha (f \cdot g) = \sum_{\beta \leq \alpha} \binom{\alpha}{\beta} \partial^\beta f \, \partial^{\alpha - \beta} g$$

und die **Taylorsche Darstellung** für $(k+1)$-fach differenzierbare Funktionen, $k \in \mathbb{N}$,

$$f(y) = \sum_{|\alpha| \leq k} \frac{(y - x)^\alpha}{\alpha!} \partial^\alpha f(x) + \text{Restglied}.$$

Einige wichtige Ungleichungen sind in den folgenden Lemmata zusammengestellt.

---

[1]Siehe Forster [42, S. 204].

Lemma B.2: *Auf $\mathbb{R}^N$ sind alle Normen zueinander* **äquivalent**, *damit ist gemeint, daß es zu zwei beliebigen Normen $|\cdot|$ und $\|\cdot\|$ Konstanten C_1, C_2 derart gibt, daß für alle $x \in \mathbb{R}^N$ gilt*

$$C_1 \, |x| \;\leq\; \|x\| \;\leq\; C_2 \, |x|.$$

Insbesondere gilt dieses für die speziellen Normen

$$|x|_p \;=\; \left(\sum_{j=1}^{N} |x_j|^p \right)^{\frac{1}{p}}, \quad 1 \leq p < \infty,$$

$$|x|_\infty \;=\; \max_{j=1,\ldots,N} |x_j|$$

für $x \in \mathbb{R}^N$. Dabei gilt für $x > 0$, daß für irrationale p der Exponent $x^p := e^{p \ln x}$ sowie $0^p = 0$ für $x = 0$ definiert sind. Mit $|x| = |x|_2$ bezeichnen wir die **Euklidische Norm** *auf $\mathbb{R}^N$.*

Beweis: Die Äquivalenz aller Normen wird zum Beispiel in Brosowski/Kreß [15, Abschnitt 1.3] gezeigt. Es gilt für $j = 1, \ldots, N$

$$|x_j|^p \;\leq\; \sum_{k=1}^{N} |x_k|^p \;\leq\; N \, |x|_\infty^p,$$

womit die Äquivalenz der speziellen Normen $|\cdot|_p$ für $p \in [1, \infty[$ mit der Norm $|\cdot|_\infty$ folgt. $\qquad\square$

Lemma B.3: *Es sei $p \in]1, \infty[$ und $q = \frac{p}{p-1}$, d.h. $1 = \frac{1}{p} + \frac{1}{q}$. Es gilt die* **Höldersche Ungleichung**

$$(B.2) \qquad \sum_{j=1}^{N} |x_j| \, |y_j| \leq |x|_p \cdot |y|_q$$

für $x, y \in \mathbb{R}^N$. In (B.2) gilt die Gleichheit genau dann, wenn $y_j = x_j^{p-1}$ für $j = 1, \ldots, N$ ist. Außerdem gilt für $a, b \geq 0$ die **Youngsche Ungleichung**

$$(B.3) \qquad ab \leq \frac{a^p}{p} + \frac{b^q}{q}.$$

Die Gleichheit gilt für $b = a^{p-1}$. Weiterhin gilt für $p \geq 1$ und $a, b \geq 0$ die Ungleichung

$$(B.4) \qquad (a + b)^p \leq 2^{p-1} \left(a^p + b^p \right).$$

Beweis: Für (B.2) zeigt man zuerst die Youngsche Ungleichung (B.3). Man betrachtet für festes $a \geq 0$ die konvexe Funktion $f : [0, \infty[\to \mathbb{R}$

$$f(b) = \frac{a^p}{p} + \frac{b^q}{q} - ab$$

und zeigt, daß sie bei $b = a^{p-1}$ ihr globales Minimum $f(a^{p-1}) = 0$ annimmt.

Die Youngsche Ungleichung wende man dann mit $a = |x_j| \, |x|_p^{-1}$ und $b = |y_j| \, |y|_q^{-1}$ an und summiere. Dann folgt

$$\sum_{j=1}^{N} \frac{|x_j| \, |y_j|}{|x|_p \, |y|_q} \;\leq\; \sum_{j=1}^{N} \frac{|x_j|^p}{p|x|_p^p} + \sum_{j=1}^{N} \frac{|y_j|^q}{q|y|_q^q} \;=\; \frac{1}{p} + \frac{1}{q} \;=\; 1$$

und somit (B.2).

Für die Ungleichung (B.4) ist der Fall $p = 1$ trivial. Im Fall $p > 1$ betrachtet man für festes $a \geq 0$ die Funktion

$$g(b) = 2^{p-1} \left(a^p + b^p\right) - (a + b)^p$$

und zeigt, daß sie für $b = a$ ihr globales Minimum $f(a) = 0$ annimmt. $\qquad\square$

Es gilt für $x \in \mathbb{R}^N$ und $\alpha \in \mathbb{N}_0^N$

$$|x^\alpha| = \prod_{j=1}^{N} |x_j|^{\alpha_j} \leq \prod_{j=1}^{N} |x|_\infty^{\alpha_j} = |x|_\infty^{|\alpha|} \leq |x|_2^{|\alpha|} = |x|^{|\alpha|}.$$

B.1 Räume stetiger Funktionen

Es sei $\Omega \subseteq \mathbb{R}^N$ ein Gebiet. Wir führen für $k \in \mathbb{N}_0$ folgende Räume $\mathbb{K}$-wertiger Funktionen ein; dabei sei $\mathbb{K}$ entweder $\mathbb{R}$ oder $\mathbb{C}$:

$$C^k(\Omega; \mathbb{K}) := \{ f : \Omega \to \mathbb{K} \mid \text{ alle Ableitungen von } f \text{ bis zur Ordnung } k \\ \text{existieren und sind stetig } \}$$

sowie

$$C^k(\overline{\Omega}; \mathbb{K}) := \{ f \in C^k(\Omega; \mathbb{K}) \mid \text{ alle Ableitungen von } f \text{ bis zur Ordnung } k \\ \text{sind beschränkt und lassen sich eindeutig} \\ \text{stetig auf den Rand } \partial\Omega \text{ fortsetzen } \}.$$

Weiter erhalten wir die Räume beliebig oft stetig differenzierbarer Funktionen

$$C^\infty(\Omega; \mathbb{K}) := \bigcap_{k \in \mathbb{N}_0} C^k(\Omega; \mathbb{K}), \quad C^\infty(\overline{\Omega}; \mathbb{K}) := \bigcap_{k \in \mathbb{N}_0} C^k(\overline{\Omega}; \mathbb{K}).$$

Insbesondere können die Funktionen in $C^k(\overline{\Omega};\mathbb{K})$ auf $\partial\Omega$ keine Polstellen besitzen. Zum Beispiel liegt die Funktion $f = f(x) = \frac{1}{x}$ in $C^\infty(]0,\infty[)$, aber nicht in $C^\infty([0,\infty[)$.

Für $k \in \mathbb{N}_0$ und $k = \infty$ definieren wir die Räume von Funktionen mit kompaktem Träger

$$C_0^k(\Omega;\mathbb{K}) := \{\, f \in C^k(\Omega;\mathbb{K}) \mid \operatorname{supp} f \subset \Omega,\ \operatorname{supp} f \text{ ist beschränkt} \,\}$$

und die Räume von Funktionen, die auf dem Rand verschwinden,

$$C_0^k(\overline{\Omega};\mathbb{K}) := \{\, f \in C^k(\overline{\Omega};\mathbb{K}) \mid \partial^\alpha f(x) = 0 \text{ für alle } \alpha \in \mathbb{N}_0^N \text{ mit } |\alpha| \le k \\ \text{und alle } x \in \partial\Omega,\ \operatorname{supp} f \text{ ist beschränkt} \,\}.$$

Da Ω offen ist und $\operatorname{supp} f$ für Funktionen in den Räumen $C_0^k(\Omega;\mathbb{K})$ eine kompakte Teilmenge von Ω ist, gilt insbesondere

$$\operatorname{dist}(\partial\Omega,\operatorname{supp} f) \ge \delta > 0$$

für jedes $f \in C_0^k(\Omega;\mathbb{K})$, wobei δ von f abhängig ist.

Die Funktionen in $C_0^\infty(\Omega;\mathbb{K})$ bezeichnen wir als **Testfunktionen**.

Beispiel B.4: Die Funktionen

$$(\text{B.5}) \qquad\qquad J(x) = \begin{cases} c\,e^{\frac{-1}{1-|x|^2}} & \text{für } |x| < 1 \\[2mm] 0 & \text{für } |x| \ge 1 \end{cases}$$

mit $c > 0$ liegen in $C_0^\infty(\Omega;\mathbb{K})$ für alle $\Omega \subseteq \mathbb{R}^N$ mit

$$\operatorname{supp} J = K(0,1) := \{\, x \in \mathbb{R}^N \mid |x| \le 1 \,\} \subset \Omega.$$

$\Diamond$

Für die C^k-Räume gelten folgende Inklusionen:

$$
\begin{array}{ccccccccc}
C^\infty(\Omega;\mathbb{K}) & \subset \cdots \subset & C^{k+1}(\Omega;\mathbb{K}) & \subset & C^k(\Omega;\mathbb{K}) & \subset \cdots \subset & C^0(\Omega;\mathbb{K}) \\
\cup & & \cup & & \cup & & \cup \\
C^\infty(\overline{\Omega};\mathbb{K}) & \subset \cdots \subset & C^{k+1}(\overline{\Omega};\mathbb{K}) & \subset & C^k(\overline{\Omega};\mathbb{K}) & \subset \cdots \subset & C^0(\overline{\Omega};\mathbb{K}) \\
\cup & & \cup & & \cup & & \cup \\
C_0^\infty(\overline{\Omega};\mathbb{K}) & \subset \cdots \subset & C_0^{k+1}(\overline{\Omega};\mathbb{K}) & \subset & C_0^k(\overline{\Omega};\mathbb{K}) & \subset \cdots \subset & C_0^0(\overline{\Omega};\mathbb{K}) \\
\cup & & \cup & & \cup & & \cup \\
C_0^\infty(\Omega;\mathbb{K}) & \subset \cdots \subset & C_0^{k+1}(\Omega;\mathbb{K}) & \subset & C_0^k(\Omega;\mathbb{K}) & \subset \cdots \subset & C_0^0(\Omega;\mathbb{K})
\end{array}
$$

Die Räume $C^k(\overline{\Omega}; \mathbb{K})$ für $k \in \mathbb{N}_0$ sind Banach-Räume mit den jeweiligen Normen

$$\text{(B.6)} \qquad \|u\|_{C^k(\overline{\Omega}; \mathbb{K})} = \max_{0 \le |\alpha| \le k} \sup_{x \in \Omega} |\partial^\alpha u(x)|.$$

Die Vollständigkeit folgt aus der Tatsache, daß gleichmäßig konvergente Folgen stetiger Funktionen gegen stetige Funktionen konvergieren. Da aus der gleichmäßigen Konvergenz auch die punktweise Konvergenz einer Funktionenfolge folgt, sind für beschränkte Gebiete Ω die Räume $C_0^k(\overline{\Omega}; \mathbb{K})$ abgeschlossene Unterräume von $C^k(\overline{\Omega}; \mathbb{K})$.

Wegen Lemma B.2 sind auch andere äquivalente Normen zu (B.6) vorhanden. Im Fall $k = 0$ verwenden wir auch die Bezeichnung $\| \cdot \|_{\infty, \overline{\Omega}} = \| \cdot \|_{C^0(\overline{\Omega}; \mathbb{K})}$.

Wir wollen noch für $k \in \mathbb{N}_0$ und $k = \infty$ die Räume

$$C^{k,0}(\overline{\Omega}; \mathbb{K}) := \{\, f \in C^k(\overline{\Omega}; \mathbb{K}) \mid \text{Zu jedem } \varepsilon > 0 \text{ gibt es ein } \rho > 0 \text{ derart,}$$
$$\text{daß } |\partial^\alpha f(x)| < \varepsilon \text{ für alle } |\alpha| \le k$$
$$\text{und alle } x \in \overline{\Omega} \text{ mit } |x| > \rho \,\}$$

einführen. Ist Ω beschränkt, so gilt

$$C^{k,0}(\overline{\Omega}; \mathbb{K}) = C^k(\overline{\Omega}; \mathbb{K}).$$

Man beachte auch

$$C_0^k(\Omega; \mathbb{K}) \subset C_0^k(\overline{\Omega}; \mathbb{K}) \subset C^{k,0}(\overline{\Omega}; \mathbb{K}).$$

Ist das Gebiet Ω unbeschränkt, dann sind die Räume $C^{k,0}(\overline{\Omega}; \mathbb{K})$ abgeschlossene Unterräume der Banach-Räume $C^k(\overline{\Omega}; \mathbb{K})$. Für die Dualräume

$$\left[C^{0,0}(\overline{\Omega}; \mathbb{K}) \right]'$$

ist mit dem Satz von Riesz/Radon 3.17 ein Darstellungssatz gegeben.

Lemma B.5: *Es sei $\Omega \subseteq \mathbb{R}^N$ ein Gebiet. Der Raum*

$$C_c^\infty(\overline{\Omega}; \mathbb{K}) := \{\, f : \overline{\Omega} \to \mathbb{K} \mid \text{Es gibt ein } \varphi \in C_0^\infty(\mathbb{R}^N) \text{ mit}$$
$$f(x) = \varphi(x) \text{ für alle } x \in \overline{\Omega} \,\}$$

liegt bezüglich der Norm $\| \cdot \|_{C^k(\overline{\Omega}; \mathbb{K})}$ dicht in dem Banach-Raum $C^{k,0}(\overline{\Omega}; \mathbb{K})$.
Weiterhin liegt der Unterraum

$$D(\overline{\Omega}) := \{\, \varphi \in C_0^\infty(\mathbb{R}^N) \mid \operatorname{supp} \varphi \subseteq \overline{\Omega} \,\}$$

bezüglich der Norm $\| \cdot \|_{C^k(\overline{\Omega}; \mathbb{K})}$ dicht in dem Banach-Raum $C_0^k(\overline{\Omega}; \mathbb{K})$.

Beweis: Wir betrachten die erste Aussage und zeigen nur den Fall $k = 0$. Es seien $f \in C^{0,0}(\overline{\Omega}; \mathbb{K})$ und zu einem beliebigen $\varepsilon > 0$ die Kugel

$$K(0, R) = \{\, x \in \mathbb{R}^N \mid |x| \le R \,\}$$

mit $R > 0$ derart bestimmt, daß $|f(x)| < \frac{\varepsilon}{3}$ ist für alle $x \in \overline{\Omega}$ mit $|x| > R$. Auf $\mathbb{R}^N \setminus \overline{\Omega}$ setzen wir die Funktion f unstetig zu Null fort. Weiter seien $\chi_{K(0,R+2)}$ die charakteristische Funktion der Kugel $K(0, R + 2)$, $1 > \theta > 0$ eine Zahl und J_θ der in Abschnitt B.2 definierte Friedrichssche Glättungsoperator. Wir betrachten die Funktion

$$g_\theta = \mathsf{J}_\theta \left(\chi_{K(0,R+2)} \cdot f \right).$$

Nach Satz B.12 folgt $g_\theta \in C_0^\infty(\mathbb{R}^N; \mathbb{K})$,

$$\|g_\theta\|_{\infty, \overline{\Omega} \setminus K(0,R+2)} \le \|f\|_{\infty, \overline{\Omega} \setminus K(0,R)} < \frac{\varepsilon}{3}$$

und für genügend kleines $\theta > 0$

$$\|f - g_\theta\|_{\infty, \overline{\Omega} \cap K(0,R+2)} < \frac{\varepsilon}{3}.$$

Somit folgt nun

$$\|f - g_\theta\|_{\infty, \overline{\Omega}} \le \|f - g_\theta\|_{\infty, \overline{\Omega} \cap K(0,R+2)} + \|f - g_\theta\|_{\infty, \overline{\Omega} \setminus K(0,R+2)}$$

$$< \frac{\varepsilon}{3} + \|f\|_{\infty, \overline{\Omega} \setminus K(0,R+2)} + \|g_\theta\|_{\infty, \overline{\Omega} \setminus K(0,R+2)} < \frac{\varepsilon}{3} + \frac{\varepsilon}{3} + \frac{\varepsilon}{3} = \varepsilon.$$

Wir betrachten nun die zweite Aussage des Lemmas und zeigen wieder den Fall $k = 0$. Es sei $f \in C_0^0(\overline{\Omega}; \mathbb{K})$ und

$$B = \operatorname{supp} f \subseteq \overline{\Omega}.$$

Die Menge B ist nach Voraussetzung beschränkt. Für beliebiges $\delta > 0$ sei

$$B_\delta = \{\, x \in B \mid \operatorname{dist}(\{x\}, \partial B) > \delta \,\}.$$

Weiter sei $\varepsilon > 0$ beliebig gewählt. Wegen $f(x) = 0$ für $x \in \partial B$ gilt

$$\|f\|_{\infty, B \setminus B_\delta} < \frac{\varepsilon}{3}$$

für genügend kleines $\delta > 0$. Sonst gäbe es ein $\varepsilon > 0$ und zu jedem $\delta > 0$ ein $x \in B \setminus B_\delta$ mit $f(x) \ge \frac{\varepsilon}{3}$. Wir fänden eine konvergente Folge $(x_n)_{n \in \mathbb{N}} \subset B$ mit $x_n \to x \in \partial B$ und $0 = f(x) \ge \frac{\varepsilon}{3}$.

Wir bestimmen $\delta > 0$ und setzen für $\theta \in (0, \frac{\delta}{2})$

$$g_\theta := \mathsf{J}_\theta \left(\chi_{B_\delta} \cdot f \right).$$

Der restliche Beweis folgt nun analog zu dem ersten Teil. $\qquad\square$

Im Fall $\mathbb{K} = \mathbb{R}$ schreiben wir $C^k(\Omega), C^k(\overline{\Omega})$ und analog für alle weiteren Räume. Im Fall $\mathbb{K} = \mathbb{C}$ schreiben wir $C^k(\Omega; \mathbb{C}), C^k(\overline{\Omega}; \mathbb{C})$ usw. Die Bezeichnung $\mathbb{K}$ verwenden wir immer in der Bedeutung „$\mathbb{R}$ oder $\mathbb{C}$" .

Satz B.6: *Es sei $\Omega \subseteq \mathbb{R}^N$ ein Gebiet. Ist Ω beschränkt, dann liegt die Menge $\mathcal{P}_{\mathbb{Q}}(\overline{\Omega})$ der Polynome mit rationalen Koeffizienten dicht in $C^0(\overline{\Omega})$, insbesondere ist der Banach-Raum $C^0(\overline{\Omega})$ separabel. Für ein beliebiges Gebiet Ω ist der Raum $C^{0,0}(\overline{\Omega})$ separabel.*

Beweis: Es sei zuerst Ω ein beschränktes Gebiet. Der Weierstraßsche Approximationssatz[2] bzw. der Satz von Stone-Weierstraß[3] liefern die Aussage, daß die reellen Polynome in $C^0(\overline{\Omega})$, falls Ω beschränkt ist, dicht liegen.

Nun sei

$$P(x) = \sum_{|\alpha| \leq m} a_\alpha x^\alpha$$

mit $a_\alpha \in \mathbb{R}$ ein reelles Polynom. Weiter sei $L = \sum_{|\alpha| \leq m} 1$ die Anzahl der Multiindizes der Ordnung kleiner oder gleich m. Zu jedem a_α wählen wir eine Folge $(a_\alpha^n)_{n \in \mathbb{N}} \subset \mathbb{Q}$ mit $|a_\alpha^n - a_\alpha| \leq \frac{1}{n \cdot L}$. Dann gilt für das Polynom

$$P_n(x) = \sum_{|\alpha| \leq m} a_\alpha^n x^\alpha$$

die Ungleichung

$$\|P(x) - P_n(x)\|_{\infty, \overline{\Omega}} \leq \sum_{|\alpha| \leq m} |a_\alpha - a_\alpha^n| \, |x^\alpha|$$

$$\leq \left(\max_{|\alpha| \leq m} \{ \|x^\alpha\|_{\infty, \overline{\Omega}} \} \right) \cdot \frac{1}{n},$$

d.h., $P_n \to P$ gleichmäßig für $n \to \infty$. Da $\mathcal{P}_{\mathbb{Q}}(\overline{\Omega})$ abzählbar ist, ist $C^0(\overline{\Omega})$ separabel.

Nun sei Ω unbeschränkt. Für $m \in \mathbb{N}$ seien die abgeschlossenen Kugeln

$$K(0, m) = \{ x \in \mathbb{R}^N \mid |x| \leq m \}$$

und die offenen Kugeln

$$B(0, m) = \{ x \in \mathbb{R}^N \mid |x| < m \}$$

---

[2]Siehe Alt [5], Hirzebruch/Scharlau [57] oder Triebel [122].
[3]Siehe Dunford/Schwartz [35], Hirzebruch/Scharlau [57] oder Lang [74].

dcfiniert. Weiter sei für $m \in \mathbb{N}$ und ein Polynom $p \in \mathcal{P}_{\mathbb{Q}}(\mathbb{R}^N)$ die stetige Funktion $g_m : \mathbb{R}^N \setminus \{0\} \to \mathbb{K}$ durch

$$g_m(x) := p\left(\frac{mx}{|x|}\right)\left((m+1) - |x|\right)$$

definiert. Es gilt für $|x| = m$, daß $g_m(x) = p(x)$ ist und für $|x| = m+1$, daß $g_m(x) = 0$ ist. Hiermit definieren wir die Funktionen $p_m \in C_0^0(\mathbb{R}^N)$ durch

$$p_m(x) := \begin{cases} p(x) & \text{für} \quad x \in K(0, m) \\[2mm] g_m(x) & \text{für} \quad x \in B(0, m+1) \setminus K(0, m) \\[2mm] 0 & \text{für} \quad x \in \mathbb{R}^N \setminus B(0, m+1). \end{cases}$$

Weiter sei

$$D := \{\, f \in C_0^0(\mathbb{R}^N) \mid f = p_m \text{ für ein } m \in \mathbb{N} \text{ und ein } p \in \mathcal{P}_{\mathbb{Q}}(\mathbb{R}^N) \,\}.$$

Die Menge D ist abzählbar.

Es seien $f \in C^{0,0}(\overline{\Omega}; \mathbb{K})$ und $\varepsilon > 0$ beliebig gewählt. Dann gibt es ein $m > 0$ derart, daß $|f(x)| < \frac{\varepsilon}{5}$ ist für alle $x \in \overline{\Omega} \setminus K(0, m-1)$. Aufgrund des bisher Gezeigten gibt es ein Polynom $p \in \mathcal{P}_{\mathbb{Q}}(\mathbb{R}^N)$ derart, daß

$$\|f - p\|_{\infty, K(0,m) \cap \overline{\Omega}} < \frac{\varepsilon}{5}$$

ist. Wir betrachten zu diesem Polynom p die oben definierte Funktion p_m, dann gilt

$$\begin{aligned} \|p_m\|_{\infty, (B(0,m+1) \setminus K(0,m)) \cap \overline{\Omega}} &\leq \|p_m\|_{\infty, \partial K(0,m) \cap \overline{\Omega}} \\ &\leq \|p_m - f\|_{\infty, \partial K(0,m) \cap \overline{\Omega}} + \|f\|_{\infty, \partial K(0,m) \cap \overline{\Omega}} \\ &< \frac{\varepsilon}{5} + \frac{\varepsilon}{5} = \frac{2\varepsilon}{5}. \end{aligned}$$

Somit folgt

$$\begin{aligned} \|f - p_m\|_{\infty, \overline{\Omega}} &\leq \|f - p_m\|_{\infty, \overline{\Omega} \setminus B(0,m+1)} + \|f - p_m\|_{\infty, (B(0,m+1) \setminus K(0,m)) \cap \overline{\Omega}} \\ &\quad + \|f - p\|_{\infty, K(0,m) \cap \overline{\Omega}} \\[2mm] &< \|f\|_{\infty, \overline{\Omega} \setminus B(0,m+1)} + \|f\|_{\infty, (B(0,m+1) \setminus K(0,m)) \cap \overline{\Omega}} \\ &\quad + \|p_m\|_{\infty, (B(0,m+1) \setminus K(0,m)) \cap \overline{\Omega}} + \frac{\varepsilon}{5} \\[2mm] &< \varepsilon. \end{aligned}$$

$\square$

Ein wichtiger Teilraum von $C^{\infty,0}(\mathbb{R}^N;\mathbb{C})$ ist der Raum der **schnell fallenden** oder **Schwartzschen Funktionen**

$$(B.7) \quad \mathsf{S} := \{\, f \in C^\infty(\mathbb{R}^N;\mathbb{C}) \mid \ |x^\alpha \partial^\beta f(x)| \le C_{\alpha,\beta,f} \text{ für alle } \alpha, \beta \in \mathbb{N}_0^N \,\}.$$

Es ist $C_0^\infty(\mathbb{R}^N;\mathbb{C}) \subset \mathsf{S} \subset C^{\infty,0}(\mathbb{R}^N;\mathbb{C})$. Die Bedeutung dieser Funktionen im Zusammenhang mit der Fourier-Transformation wird in Anhang C ersichtlich.

B.2 L^p-Räume

Es sei wieder $\mathbb{K} = \mathbb{R}$ oder $\mathbb{C}$. Wir betrachten ein Gebiet $\Omega \subseteq \mathbb{R}^N$, das mit dem Lebesgue-Maß λ^N versehen ist. Wir benutzen den Begriff „meßbar", statt Borel-meßbar für Mengen $B \in \mathcal{B}(\Omega)$. Eine Aussage gilt **„fast überall"** auf Ω oder für **„fast alle"** $x \in \Omega$, wenn es eine λ^N-Nullmenge derart gibt, daß die Aussage nur auf der Nullmenge nicht gilt. Für $p \in [1,\infty[$ definieren wir die Funktionenräume

$$\mathcal{L}^p(\Omega;\mathbb{K}) := \{\, u \mid u : \Omega \to \mathbb{K} \text{ ist meßbar und } \int_\Omega |u|^p \, dx < \infty \,\}$$

und für $p = \infty$ den Funktionenraum

$$\mathcal{L}^\infty(\Omega;\mathbb{K}) := \{\, u \mid u : \Omega \to \mathbb{K} \text{ ist meßbar, und es existiert eine Konstante}$$
$$K > 0 \text{ derart, daß } |u(x)| \le K \text{ fast überall in } \Omega \,\}.$$

Es sei $u \in \mathcal{L}^\infty(\Omega;\mathbb{K})$, dann setzen wir

$$\operatorname*{ess\,sup}_{x\in\Omega} |u(x)| := \inf\{\, K > 0 \mid \text{ es ist } |u(x)| \le K \text{ fast überall in } \Omega \,\}.$$

Für $p \in [1,\infty]$ sind die Funktionenräume $\mathcal{L}^p(\Omega;\mathbb{K})$ lineare Räume mit einer Halbnorm, gegeben durch

$$\|u\|_{p,\Omega} := \left(\int_\Omega |u(x)|^p \, dx \right)^{\frac{1}{p}}$$

für $p \in [1,\infty[$ bzw.

$$\|u\|_{\infty,\Omega} := \operatorname*{ess\,sup}_{x\in\Omega} |u(x)|.$$

Weiter definieren wir den Unterraum

$$\mathcal{N}(\Omega;\mathbb{K}) := \{\, u \mid u : \Omega \to \mathbb{K} \text{ meßbar und } u(x) = 0 \text{ für fast alle } x \in \Omega \,\}.$$

Die Faserung der Räume $\mathcal{L}^p(\Omega; \mathbb{K})$ bezüglich des Unterraumes $\mathcal{N}(\Omega; \mathbb{K})$ ergibt für $p \in [1, \infty]$ die Banach-Räume $(L^p(\Omega; \mathbb{K}), \| \cdot \|_p)$, d.h.

$$L^p(\Omega; \mathbb{K}) := \mathcal{L}^p(\Omega; \mathbb{K})_{/\mathcal{N}(\Omega;\mathbb{K})}.$$

Im Fall $\mathbb{K} = \mathbb{R}$ schreiben wir auch $\mathcal{L}^p(\Omega)$ und $L^p(\Omega)$.

Die Elemente der Räume $L^p(\Omega; \mathbb{K})$ sind Äquivalenzklassen von Funktionen. Es ist üblich, trotzdem von Funktionen in $L^p(\Omega; \mathbb{K})$ zu sprechen, und man meint damit, daß die Funktion ein Repräsentant ihrer Äquivalenzklasse ist. Dieser nicht ganz korrekte, aber sehr praktische Sprach- und Notationsgebrauch wird auch hier verwendet.

Die Vollständigkeit dieser Räume liefert der Satz von Riesz-Fischer. Die Dreiecksungleichung für die Normen $\| \cdot \|_p$, d.h.

$$\|u + v\|_p \leq \|u\|_p + \|v\|_p$$

für $u, v \in L^p(\Omega; \mathbb{K})$, wird als **Minkowski-Ungleichung** bezeichnet.

Ein Banach-Raum $(X, \| \cdot \|_X)$ heißt **gleichmäßig konvex**, wenn zu jedem $\varepsilon > 0$ ein $\delta > 0$ derart existiert, daß für alle $x, y \in X$ mit $\|x\|_X = \|y\|_X = 1$ gilt, daß aus $\|x - y\|_X \geq \varepsilon$ folgt $\|\frac{1}{2}(x + y)\|_X \leq 1 - \delta$. Bei Hirzebruch/Scharlau [57, Definition 16.1] findet man weitere äquivalente Bedingungen, sowie wichtige Sätze, die mit diesem Begriff zusammenhängen.

Lemma B.7: *Die Räume $L^p(\Omega; \mathbb{K})$, für $p \in [1, \infty]$, sind Banach-Räume. Im Fall $p = 2$ sind es Hilbert-Räume mit den Skalarprodukten*

$$\langle u , v \rangle_{0,\Omega} := \int_\Omega u(x)v(x) \, dx$$

für $u, v \in L^2(\Omega)$, bzw.

$$\langle u , v \rangle_{0,\Omega} := \int_\Omega u(x)\overline{v(x)} \, dx$$

für $u, v \in L^2(\Omega; \mathbb{C})$, wobei $\overline{v(x)}$ die komplex Konjugierte der komplexen Zahl $v(x)$ bezeichnet. Die Bezeichnung $\langle \cdot , \cdot \rangle_0$ ist wegen (B.16) gewählt. Für $p \in [1, \infty[$ sind die Räume separabel und für $p \in]1, \infty[$ gleichmäßig konvex.

Beweis: Zur Vollständigkeit siehe Adams [1, Theorem 2.10], Alt [5, Satz 1.13 und Lemma 1.10], Hewitt/Stromberg [55, Theorem (13.11) und Theorem (20.14)], Hirzebruch/Scharlau [57, Satz 12.1], Triebel [122, Satz 3.3] oder Yosida [133, Proposition I.9.2 und Remark].

Zur Separabilität siehe Adams [1, Theorem 2.15], Dunford/Schwartz [35, Lemma III.8.5] oder Triebel [122, Satz 3.5].

Beweise der gleichmäßigen Konvexität der Räume findet man bei Adams [1, Corollary 2.29], Hewitt/Stromberg [55, Abschnitt 15] oder Hirzebruch/Scharlau [57, Satz 17.1]. □

Aus der Youngschen Ungleichung (B.3) folgt für $p, q \in]1, \infty[$ mit $a = \frac{|u|}{\|u\|_p}$ und $b = \frac{|v|}{\|v\|_q}$ für $1 = \frac{1}{p} + \frac{1}{q}$ $(q = \frac{p}{p-1})$ die **Höldersche Ungleichung**

$$(B.8) \qquad \|u \cdot v\|_1 \leq \|u\|_p \|v\|_q$$

für $u \in L^p(\Omega; \mathbb{K})$, $v \in L^q(\Omega; \mathbb{K})$. Ist

$$v(x) = \begin{cases} \overline{u(x)} |u(x)|^{p-2} & \text{falls} \quad u(x) \neq 0 \\ 0 & \text{falls} \quad u(x) = 0, \end{cases}$$

dann gilt in (B.8) die Gleichheit, da in diesem Fall $b = a^{p-1}$ ist. Der Spezialfall $p = q = 2$ liefert die **Cauchy-Schwarzsche Ungleichung**

$$(B.9) \qquad |\langle u, v \rangle_0| \leq \|u\|_2 \|v\|_2$$

für $u, v \in L^2(\Omega)$. Dabei gilt die Gleichheit in dieser Ungleichung genau dann, wenn $u = \lambda v$ für ein $\lambda \in \mathbb{K}$ erfüllt ist; man zeige, daß aus der Gleichheit in (B.9) folgt $\|\frac{\|v\|_2}{\|u\|_2} u - v\|_2 = 0$.

Betrachten wir $p, q, r \in [1, \infty[$ mit $\frac{1}{r} = \frac{1}{p} + \frac{1}{q}$, dann folgt aus (B.8) unmittelbar

$$(B.10) \qquad \|u \cdot v\|_r \leq \|u\|_p \|v\|_q$$

für $u \in L^p(\Omega)$, $v \in L^q(\Omega)$.

Ist $1 \leq r < q < \infty$, so folgt, daß ein $p > 1$ existiert mit $\frac{1}{r} = \frac{1}{p} + \frac{1}{q}$. Ist Ω beschränkt, so gilt für $u \in L^q(\Omega; \mathbb{K})$

$$(B.11) \qquad \|u\|_r \leq \left(\int_\Omega 1 \, dx \right)^{\frac{1}{p}} \cdot \|u\|_q = \left(\lambda^N(\Omega) \right)^{\frac{1}{r} - \frac{1}{q}} \cdot \|u\|_q.$$

Weiter gilt für $u \in L^\infty(\Omega; \mathbb{K})$ und $r \in [1, \infty[$

$$\|u\|_r \leq \left(\int_\Omega 1 \, dx \right)^{\frac{1}{r}} \cdot \|u\|_\infty = \left(\lambda^N(\Omega) \right)^{\frac{1}{r}} \cdot \|u\|_\infty.$$

Daher gilt für beschränkte Ω und $1 < r < q < \infty$

$$L^\infty(\Omega; \mathbb{K}) \subset L^q(\Omega; \mathbb{K}) \subset L^r(\Omega; \mathbb{K}) \subset L^1(\Omega; \mathbb{K}).$$

Es gilt sogar

Lemma B.8: *Es sei Ω beschränkt und $u \in L^\infty(\Omega; \mathbb{K})$, dann gilt*

$$\lim_{p \to \infty} \|u\|_p = \|u\|_\infty.$$

Sei $u \in L^p(\Omega; \mathbb{K})$ für alle $p \in [1, \infty[$ und gilt

$$\|u\|_p \leq C$$

für eine von p unabhängige Konstante $C > 0$, so gilt $u \in L^\infty(\Omega; \mathbb{K})$ und $\|u\|_\infty \leq C$.

Beweis: Siehe Adams [1, Theorem 2.8] oder Fučik/John/Kufner [46, Theorem 2.11.4 und 2.11.5]. Den ersten Teil der Aussage findet man auch bei Alt [1, Lemma 4.15]. $\qquad\square$

Für die Dualräume gilt der

Satz B.9 (Riesz/Darstellungssatz): *Es sei $p \in]1, \infty[$ und $q = \frac{p}{p-1}$, dann gelten die isometrischen Isomorphismen*

$$\left(L^p(\Omega; \mathbb{K}) \right)' \cong L^q(\Omega; \mathbb{K}),$$

und

$$\left(L^1(\Omega; \mathbb{K}) \right)' \cong L^\infty(\Omega; \mathbb{K}).$$

Wir unterscheiden daher die Funktionale und ihre Repräsentanten nicht in der Notation. Insbesondere gilt für $p \in [1, \infty[$ und jedes Funktional $v \in \left(L^p(\Omega; \mathbb{K}) \right)'$, daß eine Funktion $v \in L^q(\Omega; \mathbb{K})$, bzw. im Fall $p = 1$ ein $v \in L^\infty(\Omega; \mathbb{K})$, derart existiert, daß für alle $u \in L^p(\Omega; \mathbb{K})$ gilt

$$\langle v , u \rangle_{L^p(\Omega; \mathbb{K})} = \int_\Omega v(x)\, u(x)\, dx.$$

Die Räume $(L^p(\Omega; \mathbb{K}), \| \cdot \|_p)$ sind für $p \in]1, \infty[$ reflexiv.

Beweis: Siehe Adams [1, Theorem 2.33 und Theorem 2.34], Alt [5, Satz 4.14], Dunford/Schwartz [35, Theorem IV.8.1 und Theorem IV.8.5], Hewitt/Stromberg [55, Theorem (15.12) und Theorem (20.20)], Hirzebruch/Scharlau [57, Satz 19.1 und Satz 19.2], Riesz/Sz-Nagy [106, Abschnitt 36] oder Yosida [133, Example IV.9.3] $\qquad\square$

Wir betrachten für $p \in [1, \infty]$ die Produkträume

$$[L^p(\Omega; \mathbb{K})]^M = L^p(\Omega; \mathbb{K}) \times \overset{M\text{-fach}}{\cdots} \times L^p(\Omega; \mathbb{K}).$$

Es seien $p \in [1, \infty]$ und $\underline{u} \in [L^p(\Omega; \mathbb{K})]^M$ mit $\underline{u} = (u^1, \ldots, u^M)$. Dann sind für $p \in [1, \infty[$ durch

$$\||\underline{u}\||_p := \left(\sum_{j=1}^M \|u^j\|_p^p \right)^{\frac{1}{p}}$$

und für $p = \infty$ durch

$$\||\underline{u}\||_\infty := \max_{j=1,\ldots,M} \|u^j\|_\infty$$

Normen auf $[L^p(\Omega; \mathbb{K})]^M$ definiert. Im Fall $p = 2$ ist für $\underline{u}, \underline{v} \in [L^2(\Omega; \mathbb{K})]^M$ durch

$$\langle \underline{u}, \underline{v} \rangle_{0,M} = \sum_{j=1}^M \langle u^j, v^j \rangle_0$$

das zur Norm $\||\cdot\||_2$ gehörige Skalarprodukt definiert.

Für die Dualräume gilt:

Lemma B.10: *Es sei* $p \in [1, \infty[$, $q = \frac{p}{p-1}$ *und* $v \in \left([L^p(\Omega; \mathbb{K})]^M\right)'$ *mit* $v = (v^1, \ldots, v^M)$ *und* $v^j \in (L^p(\Omega; \mathbb{K}))'$. *Dann sind die folgenden Banach-Räume isometrisch isomorph:*

$$\left([L^p(\Omega; \mathbb{K})]^M\right)' \cong [L^q(\Omega; \mathbb{K})]^M$$

und

$$\left([L^1(\Omega; \mathbb{K})]^M\right)' \cong [L^\infty(\Omega; \mathbb{K})]^M.$$

Wir unterscheiden daher die Funktionale und ihre Repräsentanten nicht in der Notation. Insbesondere gilt für $p \in [1, \infty[$ *und jedes Funktional* $\underline{v} \in \left([L^p(\Omega; \mathbb{K})]^M\right)'$, *daß ein Vektor* $\underline{v} \in [L^q(\Omega; \mathbb{K})]^M$, *bzw. im Fall* $p = 1$ *ein Vektor* $\underline{v} \in [L^\infty(\Omega; \mathbb{K})]^M$, *derart existiert, daß für alle* $\underline{u} \in [L^p(\Omega; \mathbb{K})]^M$ *gilt*

$$\langle \underline{v}, \underline{u} \rangle_{[L^p(\Omega;\mathbb{K})]^M} = \sum_{j=1}^M \langle v^j, u^j \rangle_{L^p(\Omega;\mathbb{K})} = \sum_{j=1}^M \int_\Omega v^j(x) \, u^j(x) \, dx.$$

Der Vektor $\underline{v}$ *ist eindeutig bestimmt.*

Beweis: Der Fall $M = 1$ wurde im vorangegangenen Satz behandelt. Die Dualräume von Produkträumen werden Abschnitt 5.1 allgemein betrachtet. Dort wird die Isometrie im Fall $p = 1$ und im Fall $p \in]1, \infty[$ die Äquivalenz der Normen gezeigt. Aufgrund der dortigen Resultate muß nur noch

$$\|\|\underline{v}\|\|_q \leq \|\underline{v}\|_{\left([L^p(\Omega;\mathbb{K})]^M\right)'}$$

bewiesen werden. Dafür definieren wir

$$u^j(x) := \begin{cases} \overline{v^j(x)}|v^j(x)|^{q-2} & \text{falls} \quad v^j(x) \neq 0 \\ 0 & \text{falls} \quad v^j(x) = 0. \end{cases}$$

Dann gilt

$$\|u^j\|_p^p = \| v^j |v^j|^{q-2} \|_p^p = \int_\Omega |v^j|^{\frac{p^2}{p-1}-p} \, dx = \|v^j\|_{\frac{p}{p-1}}^{\frac{p}{p-1}},$$

d.h. $\|v^j\|_q = \|u^j\|_p^{p-1}$. In der Hölderschen Ungleichung (B.8) gilt in diesem Fall die Gleichheit, d.h.

$$|\langle v^j , u^j \rangle_{L^p(\Omega;\mathbb{K})}| = \|v^j\|_q \, \|u^j\|_p.$$

Es folgt, man vergleiche Abschnitt 5.1, mit (B.2)

$$\begin{aligned}
|\langle \underline{v} , \underline{u} \rangle_{[L^p(\Omega;\mathbb{K})]^M}| &= \left| \sum_{j=1}^M \langle v^j , u^j \rangle_{L^p(\Omega;\mathbb{K})} \right| = \sum_{j=1}^M \|v^j\|_q \, \|u^j\|_p \\
&= \|\|\underline{v}\|\|_q \, \|\|\underline{u}\|\|_p.
\end{aligned}$$

Mit $\underline{\varphi} = \|\|\underline{u}\|\|_p^{-1} \underline{u}$ folgt

$$\begin{aligned}
\|\underline{v}\|_{\left([L^p(\Omega;\mathbb{K})]^M\right)'} &= \sup_{\|\|\underline{u}\|\|_p \leq 1} |\langle \underline{v} , \underline{u} \rangle_{[L^p(\Omega;\mathbb{K})]^M}| \\
&\geq |\langle \underline{v} , \underline{\varphi} \rangle_{[L^p(\Omega;\mathbb{K})]^M}| \\
&= \|\|\underline{u}\|\|_p^{-1} |\langle \underline{v} , \underline{u} \rangle_{[L^p(\Omega;\mathbb{K})]^M}| \\
&= \|\|\underline{v}\|\|_q,
\end{aligned}$$

was zu zeigen war.

Die Darstellungsformel folgt komponentenweise mit der Zerlegung der Funktionale, die in Abschnitt 5.1 benutzt wird, aus der Darstellungsformel im vorangegangenen Satz. $\qquad\square$

Lokale Räume

Es sei $(X(\Omega; \mathbb{K}), \|\cdot\|_{X(\Omega;\mathbb{K})})$ ein Banach-Raum von Äquivalenzklassen meßbarer Funktionen auf einem Gebiet $\Omega \subseteq \mathbb{R}^N$, wobei für jede offene Teilmenge $\Omega' \subseteq \Omega$ die Banach-Räume $(X(\Omega'; \mathbb{K}), \|\cdot\|_{X(\Omega';\mathbb{K})})$ auch definiert seien und für $u \in X(\Omega; \mathbb{K})$ gelte $u|_{\Omega'} \in X(\Omega'; \mathbb{K})$. Es sei $[u]$ eine solche Klasse, die aus der Faserung nach $\mathcal{N}(\Omega; \mathbb{K})$ entstanden ist. Dann definieren wir durch

$$X_{loc}(\Omega; \mathbb{K}) := \{\, [u] \mid u \text{ meßbar}, [\varphi u] \in X(\Omega; \mathbb{K}) \text{ für alle } \varphi \in C_0^\infty(\Omega) \,\},$$

den zugehörigen **lokalen $X(\Omega; \mathbb{K})$-Raum**. Wir schreiben aber $u \in X_{loc}(\Omega; \mathbb{K})$ und nicht $[u] \in X_{loc}(\Omega; \mathbb{K})$, d.h., wir identifizieren wieder die Repräsentanten einer Äquivalenzklasse mit der Klasse selbst. Es gilt

$$X(\Omega; \mathbb{K}) \subset X_{loc}(\Omega; \mathbb{K}).$$

Man macht $X_{loc}(\Omega; \mathbb{K})$ auf folgende Weise zu einem **Fréchet-Raum**[4]. Es seien beschränkte offene, einfach zusammenhängende Teilmengen Ω_j für $j \in \mathbb{N}$ mit $\Omega_j \uparrow \Omega$ und $\overline{\Omega}_j \subset \Omega$, gegeben, d.h., es gilt $\Omega = \bigcup_{j=1}^\infty \Omega_j$ und $\Omega_j \subseteq \Omega_k$ für $j < k$, siehe Kapitel 3. Wir nennen eine solche Folge von Teilmengen $(\Omega_j)_{j\in\mathbb{N}}$ eine **monotone Ausschöpfung** von Ω. Zu jedem $j \in \mathbb{N}$ sei $\varphi_j \in C_0^\infty(\Omega)$ eine Uryson-Funktion, siehe Lemma B.14, mit $\varphi_j(x) = 1$ für $x \in \overline{\Omega}_j$. Weiterhin sei $(a_j)_{j\in\mathbb{N}} \subset \mathbb{R}, a_j > 0$, eine beliebig, aber fest gewählte Zahlenfolge mit $\sum_{j=1}^\infty a_j < \infty$, dann wird für $u, v \in X_{loc}(\Omega; \mathbb{K})$ durch

$$d(u, v) := \sum_{j=1}^\infty \frac{a_j \|\varphi_j(u - v)\|_{X(\Omega;\mathbb{K})}}{1 + \|\varphi_j(u - v)\|_{X(\Omega;\mathbb{K})}}$$

eine Metrik auf $X_{loc}(\Omega; \mathbb{K})$ definiert, siehe Heuser [54, Beispiel 1.5].

Wir wollen folgende spezielle Vereinbarungen treffen. Wir setzen für alles weitere $a_j = 2^{-j}$ für $j \in \mathbb{N}$. Dann gilt $0 \le d(u, v) \le 1$ für alle $u, v \in X_{loc}(\Omega; \mathbb{K})$. Außerdem seien

$$B_j := \{\, x \in \mathbb{R}^N \mid |x| < j \,\},$$

und damit

$$\Omega_j := \{\, x \in \Omega \mid x \in B_j \text{ und } \mathrm{dist}(\{x\}, \partial\Omega) > j^{-1} \,\}$$

eine spezielle monotone Ausschöpfung von Ω, wobei wir ohne Einschränkung $\Omega_1 \ne \emptyset$ annehmen wollen, was immer durch Weglassen leerer Mengen und

---

[4]Lokalkonvexer, vollständiger, metrisierbarer topologischer Vektorraum, siehe Heuser [54] bzw. Treves [121].

Umnumerieren erreichbar ist. Außerdem gelte zusätzlich zu obigen Annahmen $\varphi_j \in C_0^\infty(\Omega_{j+1})$.

Von praktischem Nutzen ist die folgende Eigenschaft. Es gebe für alle $u \in X_{loc}(\Omega; \mathbb{K})$ und alle $j \in \mathbb{N}$ Konstanten C_{j_1}, C_{j_2} mit

$$(B.12) \qquad C_{j_1} \|\varphi_j\, u\|_{X(\Omega;\mathbb{K})} \leq \|u\|_{X(\Omega_{j+1};\mathbb{K})} \leq C_{j_2} \|\varphi_{j+1}\, u\|_{X(\Omega;\mathbb{K})}.$$

Für die L^p-Räume und die Sobolev-Räume, siehe Abschnitt B.3, ist dieses erfüllt. Im Fall der L^p-Räume gelten die Ungleichungen (B.12) mit $C_{j_1} = C_{j_2} = 1$ für alle $j \in \mathbb{N}$. Gilt (B.12), dann ist die Einbettung $\mathsf{E} : X(\Omega; \mathbb{K}) \to X_{loc}(\Omega; \mathbb{K})$ mit $\mathsf{E}\,u = u$ stetig.

Mit

$$B(0, \delta) := \{\, u \in X_{loc}(\Omega; \mathbb{K}) \mid d(0, u) < \delta \,\}$$

für $\delta > 0$ bezeichnen wir die offenen Kugeln um $0 \in X_{loc}(\Omega; \mathbb{K})$. Eine Menge $A \subset X_{loc}(\Omega; \mathbb{K})$ heißt **beschränkt** genau dann, wenn für jedes $\delta > 0$ eine Zahl $\rho > 0$ derart existiert, daß

$$A \subseteq \rho\, B(0, \delta) := \{\, u \in X_{loc}(\Omega; \mathbb{K}) \mid u = \rho\, v \text{ mit } v \in B(0, \delta) \,\}$$

gilt.

Lemma B.11: *Es seien die Ungleichungen (B.12) erfüllt. Eine Folge $(u_n)_{n\in\mathbb{N}} \subset X_{loc}(\Omega; \mathbb{K})$ **konvergiert** genau dann **stark** gegen $u \in X_{loc}(\Omega; \mathbb{K})$, d.h., es gilt $d(u_n, u) \to 0$ für $n \to \infty$, wenn sie in $X(\Omega_j; \mathbb{K})$ für jedes $j \in \mathbb{N}$ stark konvergiert. Da die Räume $X(\Omega_j; \mathbb{K})$ für jedes $j \in \mathbb{N}$ vollständig sind, ist auch $X_{loc}(\Omega; \mathbb{K})$ vollständig.*

*Eine Teilmenge $A \subset X_{loc}(\Omega; \mathbb{K})$ ist genau dann beschränkt, wenn sie **lokal beschränkt** ist, d.h., wenn es zu jedem $j \in \mathbb{N}$ eine Konstante C_j gibt derart, daß*

$$\|u\|_{X(\Omega_j;\mathbb{K})} < C_j$$

ist für alle $u \in A$.

Da ein metrischer Raum vorliegt, ist eine beschränkte Menge A genau dann relativ kompakt, wenn jede Folge $(u_n)_{n\in\mathbb{N}} \subset A$ eine in $X_{loc}(\Omega; \mathbb{K})$ konvergente Teilfolge besitzt (Folgenkompaktheit).

Beweis: Wir betrachten zuerst die Konvergenz.

„$\Leftarrow$" Es sei $(u_n)_{n\in\mathbb{N}} \subset X_{loc}(\Omega; \mathbb{K})$ eine Folge, die stark gegen $u \in X_{loc}(\Omega; \mathbb{K})$ konvergiert, d.h., es gilt $d(u_n, u) \to 0$ für $n \to \infty$. Dann folgt

$$\|u_n - u\|_{X(\Omega_j;\mathbb{K})} \leq C_{j_2} \|\varphi_j(u_n - u)\|_{X(\Omega;\mathbb{K})} \to 0$$

für alle $j \in \mathbb{N}$, d.h., die Folge konvergiert stark in allen Banach-Räumen $X(\Omega_j; \mathbb{K})$.

„$\Rightarrow$" Umgekehrt konvergiere

$$\|\varphi_j(u_n - u)\|_{X(\Omega;\mathbb{K})} \le C_{j_1}^{-1}\|u_n - u\|_{X(\Omega_{j+1};\mathbb{K})} \to 0$$

für alle $j \in \mathbb{N}$. Es sei ein $\varepsilon > 0$ beliebig gewählt und $j_0 \in \mathbb{N}$ so bestimmt, daß $\sum_{j=j_0+1}^{\infty} 2^{-j} < \frac{\varepsilon}{2}$ gilt. Weiterhin können wir für $j = 1, \dots, j_0$ ein gemeinsames $n_0 \in \mathbb{N}$ so bestimmen, daß für alle $n \ge n_0$

$$2^{-j}\frac{\|\varphi_j(u_n - u)\|_{X(\Omega;\mathbb{K})}}{1 + \|\varphi_j(u_n - u)\|_{X(\Omega;\mathbb{K})}} < \frac{\varepsilon}{2\,j_0}$$

ist. Damit folgt $d(u_n, u) < \varepsilon$ für alle $n \ge n_0$.

Jede Cauchy-Folge $(u_n)_{n\in\mathbb{N}} \subset X_{loc}(\Omega;\mathbb{K})$ ist eine Cauchy-Folge in $X(\Omega_j;\mathbb{K})$ für alle $j \in \mathbb{N}$. Zu jedem $j \in \mathbb{N}$ gibt es ein $u_j \in X(\Omega_j;\mathbb{K})$ mit $u_n \to u_j$. Wegen (B.12) gilt

$$\|u_n - u_{j+1}\|_{X(\Omega_j;\mathbb{K})} \le C_{(j-1)\,2}\, C_{j\,1}^{-1}\, \|u_n - u_{j+1}\|_{X(\Omega_{j+1};\mathbb{K})},$$

d.h., es folgt $u_{j+1}(x) = u_j(x)$ für fast alle $x \in \Omega_j$. Somit gibt es wegen $\Omega = \bigcup_{j\in\mathbb{N}} \Omega_j$ ein $u \in X_{loc}(\Omega;\mathbb{K})$ mit $u|_{\Omega_j} = u_j$ und $u_n \to u$ in $X_{loc}(\Omega;\mathbb{K})$.
Nun betrachten wir die Beschränktheit.

„$\Leftarrow$" Zur Vereinfachung nehmen wir an, es gelte $C_{j_1} = C_{j_2} = 1$ für alle $j \in \mathbb{N}$. Weiter nehmen wir an, es gebe die Konstanten C_j. Es sei $\delta > 0$ beliebig. Dann gibt es ein $j_0 \in \mathbb{N}$ derart, daß $\sum_{j=j_0}^{\infty} 2^{-j} < \frac{\delta}{2}$ ist. Weiter sei $\rho > 0$, dann gilt für alle $u \in A$

$$d(0, \rho\,u) = \sum_{j=1}^{\infty} 2^{-j}\frac{\|\rho\,u\|_{X(\Omega_j;\mathbb{K})}}{1 + \|\rho\,u\|_{X(\Omega_j;\mathbb{K})}} \le \sum_{j=1}^{j_0-1} 2^{-j}\frac{\rho\,C_j}{1 + \rho\,C_j} + \frac{\delta}{2}.$$

Wählen wir ein genügend kleines $\rho > 0$, dann ist auch die verbleibende Summe kleiner als $\frac{\delta}{2}$. Dann folgt $\rho\,u \in B(0,\delta)$ für alle $u \in A$. Somit ist A beschränkt.

„$\Rightarrow$" Nehmen wir an, es gebe für $j = 1$ eine Folge $(u_n)_{n\in\mathbb{N}} \subset A$ mit der Eigenschaft, daß $\|u_n\|_{X(\Omega_1;\mathbb{K})} > n$ ist. Dann folgt

$$\frac{\|\rho\,u_n\|_{X(\Omega_1;\mathbb{K})}}{1 + \|\rho\,u_n\|_{X(\Omega_1;\mathbb{K})}} \to 1$$

für jedes $\rho > 0$. Damit gibt es für $0 < \delta < \frac{1}{2}$ kein $\rho > 0$ derart, daß $d(0, \rho\,u) < \delta$ ist. Die Menge A wäre im Gegensatz zu unserer Annahme nicht beschränkt. Somit muß es eine Konstante C_1 geben.

Nun gehen wir per Induktion weiter und nehmen an, es gebe für $k \in \mathbb{N}$ und $j = 1, \ldots, k$ die Konstanten C_j, aber nicht für $j = k + 1$. Dann können wir wie oben zeigen, daß für $0 < \delta < 2^{-(k+1)}$ kein $\rho > 0$ derart existiert, daß $d(0, \rho\, u) < \delta$ ist.

Zur Kompaktheit siehe Boto von Querenburg [102, Satz 8.34], Franz [43, Satz 23.2] oder Lang [74, Kapitel II]. $\qquad\square$

Speziell erhalten wir die lokalen L^p-Räume für $p \in [1, \infty]$

$$L^p_{loc}(\Omega; \mathbb{K}) \;:=\; \{\, [u] \mid u : \Omega \to \mathbb{K} \text{ meßbar und } \|\varphi u\|_p < \infty$$
$$\text{für alle } \varphi \in C_0^\infty(\Omega) \,\}$$

$$\text{(B.13)}$$

$$= \{\, [u] \mid u : \Omega \to \mathbb{K} \text{ meßbar und } \int_K |u|^p \, dx < \infty$$
$$\text{für alle } K \subset \Omega \text{ kompakt} \,\}.$$

Die Äquivalenz dieser Definitionen wird in Lemma B.15 gezeigt. Aus (B.11) folgt für $1 < r < q < \infty$

$$L^\infty(\Omega; \mathbb{K}) \subset L^\infty_{loc}(\Omega; \mathbb{K}) \subset L^q_{loc}(\Omega; \mathbb{K}) \subset L^r_{loc}(\Omega; \mathbb{K}) \subset L^1_{loc}(\Omega; \mathbb{K}).$$

Analytische Hilfsmittel für L^p-Räume

Ein wichtiges Hilfsmittel bei der Arbeit mit L^p-Räumen ist die sogenannte **Friedrichs-Glättung**. Dazu betrachten wir die durch (B.5) definierten Funktionen $J \in C_0^\infty(\mathbb{R}^N)$ und wählen die Konstante c so, daß

$$\text{(B.14)} \qquad \int_{\mathbb{R}^N} J(x) \, dx = 1$$

gilt. Es sei $\varepsilon > 0$. Setzen wir $J_\varepsilon(x) = \varepsilon^{-N} J(\tfrac{x}{\varepsilon})$, dann gilt weiterhin

$$\int_{\mathbb{R}^N} J_\varepsilon(x) \, dx = 1.$$

Für eine Funktion $u \in L^1_{loc}(\mathbb{R}^N; \mathbb{C})$ wird der **Friedrichssche Glättungsoperator** J_ε durch Faltung definiert

$$(J_\varepsilon u)(x) = (J_\varepsilon * u)(x) \;:=\; \int_{\mathbb{R}^N} J_\varepsilon(x - y) u(y) \, dy$$
$$= \int_{\mathbb{R}^N} J_\varepsilon(y) u(x - y) \, dy$$
$$= \int_{\{z \,\mid\, |z| \le 1\}} J(z) u(x - \varepsilon z) \, dz.$$

Die Funktionen J_ε bezeichnen wir als **Glättungskerne**. Die Eigenschaften der Glättungsoperatoren J_ε werden in folgendem Satz zusammengefaßt:

Satz B.12: *Es sei $\Omega \subseteq \mathbb{R}^N$ ein Gebiet und alle auf Ω definierten Funktionen seien im folgenden auf $\mathbb{R}^N \setminus \Omega$ zu Null fortgesetzt.*

(1) Sei $u \in L^1_{loc}(\Omega; \mathbb{K})$, dann ist $J_\varepsilon u \in C^\infty(\mathbb{R}^N; \mathbb{K})$. Ist weiter $\partial^\alpha u \in L^1_{loc}(\Omega; \mathbb{K})$ für ein $\alpha \in \mathbb{N}_0^N$, siehe Anhang C für die Definition der distributionellen Ableitung, so gilt

$$J_\varepsilon(\partial^\alpha u) = \partial^\alpha(J_\varepsilon u) \to \partial^\alpha u \quad in \quad L^1_{loc}(\Omega; \mathbb{K})$$

für $\varepsilon \to 0$.

(2) Sei $u \in L^1_{loc}(\Omega; \mathbb{K})$. Wir setzen

$$\operatorname{supp} u := \bigcap_{\{v \in [u]\}} \operatorname{supp} v,$$

*d.h., der **Träger** einer Äquivalenzklasse ist die kleinste abgeschlossene Menge, außerhalb der alle Funktionen der Klasse fast überall den Wert 0 annehmen. Es sei $\operatorname{supp} u \subset \Omega$, dann ist $J_\varepsilon u \in C_0^\infty(\Omega; \mathbb{K})$, falls*

$$\varepsilon < \operatorname{dist}(\operatorname{supp} u, \partial\Omega)$$

ist.

(3) Sei $u \in L^p(\Omega; \mathbb{K})$ für ein $p \in [1, \infty[$, dann ist $J_\varepsilon u \in L^p(\Omega; \mathbb{K})$ und es gelten

$$\|J_\varepsilon u\|_{p,\Omega} \le \|u\|_{p,\Omega},$$

$$\lim_{\varepsilon \to +0} \|J_\varepsilon u - u\|_{p,\Omega} = 0,$$

und

$$|J_\varepsilon u(x)| \le \|J\|_{\frac{p}{p-1}, \mathbb{R}^N} \, \|u\|_{p,\Omega}$$

für alle $x \in \Omega$. Ist außerdem $\partial^\alpha u \in L^p(\Omega; \mathbb{K})$ für ein $\alpha \in \mathbb{N}_0^N$, so gilt

$$J_\varepsilon(\partial^\alpha u) = \partial^\alpha(J_\varepsilon u) \quad \to \quad \partial^\alpha u$$

in $L^p(\Omega; \mathbb{K})$.

(4) Seien Ω beschränkt und $u \in L^\infty(\overline{\Omega}; \mathbb{K})$, dann ist

$$\|\mathsf{J}_\varepsilon u\|_{\infty,\overline{\Omega}} \leq \|u\|_{\infty,\overline{\Omega}},$$

und speziell für $u \in C^0(\overline{\Omega}; \mathbb{K})$ gilt sogar

$$\lim_{\varepsilon \to +0} \|\mathsf{J}_\varepsilon u - u\|_{\infty,\overline{\Omega}} = 0.$$

Beweis: Siehe Adams [1, Lemma 2.18], Lang [74, Abschnitt XIV.4], Triebel [122, Lemma I.3.4]. $\qquad\square$

Mit Hilfe von Satz B.12 zeigt man z.B.

Lemma B.13: *Es sei $p \in [1,\infty[$, dann liegt der Unterraum $C_0^\infty(\Omega; \mathbb{K})$ dicht in $(L^p(\Omega; \mathbb{K}), \|\cdot\|_p)$. Für $p = \infty$ gilt dieses nicht.*

Beweis: Siehe Adams [1] oder Triebel [122]. Im Fall $p = \infty$ liegt der Abschluß von $C_0^\infty(\Omega; \mathbb{K})$ wegen der gleichmäßigen Konvergenz in $C^{0,0}(\overline{\Omega}; \mathbb{K})$. $\qquad\square$

Lemma B.14 (Uryson): *Es sei $\Omega \subseteq \mathbb{R}^N$ ein Gebiet und $K \subset \Omega$ eine kompakte Teilmenge, dann existieren **Uryson-Funktionen** $\psi_K \in C_0^\infty(\Omega)$, d.h., es gelten $\psi_K(x) = 1$ für $x \in K$ und $0 \leq \psi_K(x) \leq 1$ für alle $x \in \Omega$.*

Beweis: Wegen $\operatorname{dist}(\partial\Omega, K) > 0$ finden wir eine Zahl $\delta > 0$ mit $\operatorname{dist}(\partial\Omega, K) > \delta > 0$. Wir setzen

$$K_\delta := \left\{ x \in \mathbb{R}^N \ \Big| \ \operatorname{dist}(\{x\}, K) \leq \frac{\delta}{2} \right\}.$$

Dann ist $K_\delta \subset \Omega$ kompakt. Wir nehmen die charakteristische Funktion χ_{K_δ} und setzen $\psi_K = \mathsf{J}_\varepsilon \chi_{K_\delta}$ mit $\varepsilon < \frac{\delta}{4}$, dann hat die Funktion ψ_K die gewünschten Eigenschaften. $\qquad\square$

Wir wenden dieses Lemma an und zeigen:

Lemma B.15: *Die beiden Definitionen (B.13) von $L_{loc}^p(\Omega; \mathbb{K})$ sind äquivalent.*

Beweis:

„$\Rightarrow$" Es sei $K \subset \Omega$ eine beliebige kompakte Menge gegeben und ψ_K eine Uryson-Funktion, dann gilt für $u \in L_{loc}^p(\Omega)$, erste Definition,

$$\int_K |u|^p \, dx = \int_K |u \cdot \psi_K|^p \, dx \leq \int_\Omega |u \cdot \psi_K|^p \, dx < \infty$$

„$\Leftarrow$" Nun sei $\varphi \in C_0^\infty(\Omega)$ beliebig gegeben und $K = \operatorname{supp} \varphi$. Dann gilt

$$\int_\Omega |u \cdot \varphi|^p \, dx = \int_K |u \cdot \varphi|^p \, dx \leq \max_{x \in K} |\varphi(x)|^p \int_K |u|^p \, dx < \infty.$$

$\square$

Lemma B.16: *Es seien $\Omega \subseteq \mathbb{R}^N$ ein Gebiet und $u \in L^p(\Omega; \mathbb{K})$ für $p \in [1, \infty]$. Im Fall $p = \infty$ sei das Gebiet Ω beschränkt. Dann existiert eine Folge von* **Treppenfunktionen** *(Elementarfunktionen) $(t_m)_{m \in \mathbb{N}}$ auf endlich vielen achsenparallelen offenen oder abgeschlossenen Quadern $Q_{km} \subseteq \Omega$, siehe Anhang A, d.h., es gibt ein $N(m) \in \mathbb{N}$ und Konstanten $\alpha_{km} \in \mathbb{K}$ für $k = 1, \ldots, N(m)$ derart, daß*

$$t_m = \sum_{k=1}^{N(m)} \alpha_{km} \chi_{Q_{km}},$$

und $t_m \to u$ in $L^p(\Omega; \mathbb{K})$. Insbesondere gilt $\lambda^N(\operatorname{supp} t_m) < \infty$ für alle $m \in \mathbb{N}$, da die Quader beschränkt sind. Ist $p = \infty$ und Ω unbeschränkt, dann gilt die Aussage, wenn man statt der Quader endlich viele offene oder abgeschlossene, gegebenenfalls unbeschränkte, Teilmengen von Ω nimmt.

Beweis: Man vergleiche zum Beispiel Alt [5, Anhang 1], bzw. Triebel [122], deren Beweise geeignet ergänzt werden müssen. $\square$

Lemma B.17: *Es sei $\Omega \subseteq \mathbb{R}^N$ ein Gebiet und $u \in L^1_{loc}(\Omega; \mathbb{K})$. Es gelte*

$$\int_{\Omega'} u \, dx = 0 \ (\text{bzw.} \ \geq 0)$$

für alle offenen Teilmengen $\Omega' \subseteq \Omega$. Dann gilt $u(x) = 0$ (bzw. ≥ 0) fast überall auf Ω.

Beweis: Es sei $B \subseteq \Omega$ eine beschränkte Borel-Menge mit $u(x) < 0$ für alle $x \in B$, und $\lambda^N(B) > 0$. Dann gibt es nach Satz 3.5 eine Folge $(O_n)_{n \in \mathbb{N}}$ beschränkter offener Mengen mit $B \subset O_n$ für alle $n \in \mathbb{N}$ mit $\lambda^N(O_n) \to \lambda^N(B)$. Weiter gilt mit dem Satz von Lebesgue A.5

$$\int_\Omega \chi_{O_n} \cdot u \, dx \to \int_\Omega \chi_B \cdot u \, dx < 0.$$

Somit gibt es ein n_0, daß $\displaystyle\int_{O_n} u \, dx < 0$ für alle $n \geq n_0$. Dies ist ein Widerspruch zu $\displaystyle\int_{O_n} u \, dx = 0$ bzw. ≥ 0. $\square$

Lemma B.18: *Es sei $\Omega \subseteq \mathbb{R}^N$ ein Gebiet und $u \in L^1_{loc}(\Omega; \mathbb{K})$. Es gelte*

$$\int_\Omega u\,\varphi\,dx = 0$$

für alle $\varphi \in C_0^\infty(\Omega)$. Dann gilt $u(x) = 0$ fast überall auf Ω.
    Es gelte

$$\int_\Omega u\,\varphi\,dx \geq 0$$

für alle $\varphi \in C_0^\infty(\Omega)$ mit $\varphi(x) \geq 0$. Dann gilt $u(x) \geq 0$ fast überall auf Ω.
    Es gelte

$$\left| \int_\Omega u\,\varphi\,dx \right| \leq \delta\,\lambda^N(\operatorname{supp}\varphi)$$

für alle $\varphi \in C_0^\infty(\Omega)$ mit $\|\varphi\|_\infty \leq 1$ und ein $\delta \geq 0$. Dann gilt $|u(x)| \leq \delta$ fast überall auf Ω.

Beweis: Die erste Aussage folgt sowohl aus der zweiten, als auch aus der dritten. Nehmen wir an die zweite Aussage gelte nicht. Es sei $B \subseteq \Omega$ eine beschränkte Borel-Menge mit $u(x) < 0$ für alle $x \in B$ und $\lambda^N(B) > 0$. Wir können nach Satz 3.5 B als kompakt annehmen, d.h. $\operatorname{dist}(B, \partial\Omega) > 0$. Weiter betrachten wir für $\varepsilon > 0$ die Friedrichs-Glättungen $\mathsf{J}_\varepsilon \chi_B$, die für ε genügend klein in $C_0^\infty(\Omega)$ liegen und nicht-negativ sind. Nach Satz B.12, Satz 5.30 und dem Satz von Lebesgue A.5 folgt

$$\int_\Omega (\mathsf{J}_{\varepsilon_n} \chi_B) \cdot u\,dx \quad \rightarrow \quad \int_B u\,dx < 0$$

für eine Teilfolge $\varepsilon_n \to 0$. Dies ist ein Widerspruch zu der Annahme

$$\int_\Omega (\mathsf{J}_{\varepsilon_n} \chi_B) \cdot u\,dx \geq 0$$

für genügend kleines $\varepsilon_n > 0$.
    Für die dritte Aussage sei wieder $B \subseteq \Omega$ eine beschränkte Borel-Menge mit $u(x) > \delta$ für alle $x \in B$, $\lambda^N(B) > 0$ und $\operatorname{dist}(B, \partial\Omega) > 0$. Wie oben folgt

$$\int_\Omega (\mathsf{J}_{\varepsilon_n} \chi_B) \cdot u\,dx \quad \rightarrow \quad \int_B u\,dx > \delta\lambda^N(B)$$

für $\varepsilon_n \to 0$. Dies ist aber ein Widerspruch, da wir angenommen hatten, daß

$$\left| \int_\Omega (\mathsf{J}_{\varepsilon_n} \chi_B) \cdot u\,dx \right| \leq \delta\,\lambda^N\!\left(\operatorname{supp}(\mathsf{J}_{\varepsilon_n} \chi_B) \right) \quad \rightarrow \quad \delta\,\lambda^N(B)$$

für $\varepsilon_n \to 0$ gilt. $\qquad\square$

B.3   Sobolev-Räume

Die Sobolev-Räume entstehen auf sehr natürliche Weise bei der Betrachtung von Variationsproblemen, siehe Abschnitt 6.3. Wir wollen hier nur die Räume definieren und einige wichtige Eigenschaften zitieren. Eine umfassende Darstellung dieser Räume findet man in dem Buch von Adams [1], siehe auch Fučik, John und Kufner [46]. Für einführende Darstellungen siehe z.B. Alt [5], Voigt/Wloka [125] oder Triebel [122]. In Abschnitt 8.1 finden sich Aussagen zu kompakten Einbettungen dieser Räume.

Es sei $\Omega \subseteq \mathbb{R}^N$ eine offene Menge. Wir definieren für $m \in \mathbb{N}_0$ und $p \in [1, \infty[$ die Normen

$$\|u\|_{m,p,\Omega} := \left(\sum_{|\alpha| \leq m} \|\partial^\alpha u\|_{p,\Omega}^p \right)^{\frac{1}{p}}$$

und für $p = \infty$ die Normen

$$\|u\|_{m,\infty,\Omega} := \max_{|\alpha| \leq m} \|\partial^\alpha u\|_{\infty,\Omega},$$

für geeignete Funktionen. Ist der explizite Verweis auf Ω nicht notwendig, so schreiben wir $\| \cdot \|_{m,p}$ bzw. $\| \cdot \|_{m,\infty}$. Mit diesen Normen definieren wir für $p \in [1, \infty]$ die **Sobolev-Räume**

$$W^{m,p}(\Omega; \mathbb{K}) := \{\, u \in L^p(\Omega; \mathbb{K}) \mid \partial^\alpha u \in L^p(\Omega; \mathbb{K}) \text{ für } |\alpha| \leq m, \text{ wobei die}$$
$$\text{Ableitungen im Distributionensinn zu verstehen sind } \,\}.$$

Offensichtlich ist

$$W^{0,p}(\Omega; \mathbb{K}) = L^p(\Omega; \mathbb{K}).$$

Wir setzen weiter

$$(B.15) \qquad C_*^{m,p}(\Omega; \mathbb{K}) := \{\, u \in C^m(\Omega; \mathbb{K}) \mid \|u\|_{m,p,\Omega} < \infty \,\}.$$

Damit definieren wir durch Vervollständigung die weiteren **Sobolev-Räume**

$$H^{m,p}(\Omega; \mathbb{K}) := \overline{C_*^{m,p}(\Omega; \mathbb{K})}^{\| \cdot \|_{m,p}}.$$

Für reellwertige Funktionen verwenden wir die Bezeichnungsweisen $W^{m,p}(\Omega)$ bzw. $H^{m,p}(\Omega)$.

Die Räume $W^{m,p}(\Omega; \mathbb{K})$ und $H^{m,p}(\Omega; \mathbb{K})$ wurden bis ca. 1964 als unterschiedlich angesehen. Es gilt der

Satz B.19 (Meyers/Serrin): *Es sei $p \in [1, \infty[$, dann gilt*

$$W^{m,p}(\Omega; \mathbb{K}) = H^{m,p}(\Omega; \mathbb{K}).$$

Beweis: Siehe Adams [1, Theorem 3.16]. $\qquad\qquad\qquad\qquad\qquad$ $\square$

Weiter führen wir noch durch Vervollständigung die Sobolev-Räume

$$W_0^{m,p}(\Omega;\mathbb{K}) := \overline{C_0^\infty(\Omega;\mathbb{K})}^{\|\cdot\|_{m,p}}$$

ein, die auch mit $H_0^{m,p}(\Omega;\mathbb{K})$ bezeichnet werden können. Offensichtlich ist

$$W_0^{m,p}(\Omega;\mathbb{K}) \subseteq W^{m,p}(\Omega;\mathbb{K})$$

für alle $p \in [1,\infty]$, d.h. die Räume $W_0^{m,p}(\Omega;\mathbb{K})$ sind abgeschlossene Unterräume der Räume $W^{m,p}(\Omega;\mathbb{K})$. Sogenannte Spursätze, engl. „trace theorems", siehe Adams [1], Nečas [93], Showalter [113] und Abschnitt 6.3, machen Aussagen über das Verhalten der Funktionen(-klassen) in $W^{m,p}(\Omega;\mathbb{K})$ auf dem Rand $\partial\Omega$ unter gewissen Voraussetzungen an die Glattheit von $\partial\Omega$. Die Räume $W_0^{m,p}(\Omega;\mathbb{K})$ haben die Eigenschaft, daß für $m \geq 1$ die Funktionen auf dem Rand fast überall, im Sinne des $(\mathsf{N}-1)$-dimensionalen Hausdorff-Maßes[5], verschwinden. Für $m > 1$ verschwinden auch Ableitungen.

Für $p \in [1,\infty[$ ist

$$W_0^{0,p}(\Omega;\mathbb{K}) = L^p(\Omega),$$

siehe Lemma B.13, und es gilt im Fall $\Omega = \mathbb{R}^\mathsf{N}$

$$W_0^{m,p}(\mathbb{R}^\mathsf{N};\mathbb{K}) = W^{m,p}(\mathbb{R}^\mathsf{N};\mathbb{K}).$$

Weiter gilt der

Satz B.20: *Die Räume $W^{m,p}(\Omega;\mathbb{K})$ und $W_0^{m,p}(\Omega;\mathbb{K})$ für $m \in \mathbb{N}_0$ und $p \in [1,\infty]$ sind Banach-Räume. Es gilt für $m \geq k \geq 0$, $p \in [1,\infty]$ und $u \in W^{m,p}(\Omega;\mathbb{K})$*

$$\|u\|_p \leq \|u\|_{k,p} \leq \|u\|_{m,p},$$

d.h., es gelten die stetigen Einbettungen

$$W^{m,p}(\Omega;\mathbb{K}) \subseteq W^{k,p}(\Omega;\mathbb{K}) \subseteq L^p(\Omega;\mathbb{K}).$$

Im Fall $p = 2$ sind sie Hilbert-Räume mit dem Skalarprodukt

$$(\text{B.16}) \qquad\qquad \langle\, u\,,\, v\,\rangle_m := \sum_{|\alpha|\leq m} \langle\, \partial^\alpha u\,,\, \partial^\alpha v\,\rangle_0$$

für $u, v \in W^{m,2}(\Omega;\mathbb{K}) = H^{m,2}(\Omega;\mathbb{K})$.

---

[5]Siehe Alt [5], Dunford/Schwartz [35] oder Hewitt/Stromberg [55].

Beweis: Siehe Adams [1, Theorem 3.2] für die Vollständigkeit der Räume $W^{m,p}(\Omega; \mathbb{K})$. Die Räume $W_0^{m,p}(\Omega; \mathbb{K})$ sind per Definition vollständig. $\qquad\square$

Wir setzen

$$M = M(m, N) = \sum_{|\alpha| \le m} 1,$$

d.h., M ist in diesem Fall die Anzahl der Multiindizes in den Normen $\|\cdot\|_{m,p}$. Weiter sei $\alpha_1, \ldots, \alpha_M$ eine Abzählung dieser Multiindizes, die außerdem $|\alpha_j| \le |\alpha_k|$ für $j < k$ erfüllt. Dann ist für $p \in [1, \infty]$ der Operator

$$\mathcal{E} : W^{m,p}(\Omega; \mathbb{K}) \to [L^p(\Omega; \mathbb{K})]^M$$

(B.17)   definiert durch

$$u \to \underline{w} = \left(\partial^{\alpha_1} u, \ldots, \partial^{\alpha_M} u \right)$$

eine stetige Einbettung. Es gilt

$$(\text{B.18}) \qquad \|u\|_{m,p} = \left(\sum_{|\alpha| \le m} \|\partial^\alpha u\|_p^p \right)^{\frac{1}{p}} = \|\underline{w}\|_p,$$

d.h., die Einbettung $\mathcal{E}$ ist eine Isometrie. Somit können die Räume $W^{m,p}(\Omega; \mathbb{K})$ und $W_0^{m,p}(\Omega; \mathbb{K})$ als abgeschlossene Unterräume von $[L^p(\Omega; \mathbb{K})]^M$ aufgefaßt werden. Daraus folgen eine Reihe wichtiger Eigenschaften der Sobolevräume.

Es gilt für $p \in [1, \infty[$ die Separabilität der Banach-Räume $W^{m,p}(\Omega; \mathbb{K})$ und $W_0^{m,p}(\Omega; \mathbb{K})$, d.h., es gibt eine abzählbare dichte Teilmenge. Weiter folgt für $1 < p < \infty$ die Reflexivität, siehe Kapitel 5, und die gleichmäßige Konvexität dieser Räume.

Satz B.21: *Für $1 \le p < \infty$ sind die Räume $W^{m,p}(\Omega; \mathbb{K})$ separabel, für $1 < p < \infty$ reflexiv und gleichmäßig konvex.*

Beweis: Siehe die obigen Bemerkungen oder Adams [1, Theorem 3.2 und 3.5]. $\qquad\square$

Für $\Omega = \mathbb{R}^N$ und $p = 2$ können wir für $m \in \mathbb{R}$ mit Hilfe der Fourier-Transformation, siehe Anhang C, die Hilbert-Räume

$$(\text{B.19}) \qquad H^m := \{ \, u \in S' \mid (1 + |\xi|^2)^{\frac{m}{2}} \hat{u}(\xi) \in L^2(\mathbb{R}^N, \mathbb{C}) \, \}$$

mit dem Skalarprodukt

$$\langle u, v \rangle_m := \int_{\mathbb{R}^N} (1 + |\xi|^2)^m \hat{u}(\xi) \overline{\hat{v}(\xi)} \, d\xi$$

für $u, v \in H^m$ definieren. Für $m \in \mathbb{N}_0$ gilt $H^m = H^{m,2}(\mathbb{R}^N) = W^{m,2}(\mathbb{R}^N)$, was man über den Satz von Plancherel und die weiteren Eigenschaften der Fourier-Transformation zeigen kann, siehe Satz C.1.

Einbettungssätze

Es sei $x \in \mathbb{R}^N$ ein Punkt und für $R > 0$

$$B(x, R) := \{\, y \in \mathbb{R}^N \mid |x - y| < R \,\}$$

eine offene Kugel mit Radius R um x, sowie $\widetilde{B}$ eine offene Kugel in $\mathbb{R}^N$ mit $x \notin \widetilde{B}$, dann definieren wir zu R und $\widetilde{B}$ den **endlichen Kegel**

$$C_x := B(x, R) \cap \{\, z \in \mathbb{R}^N \mid z = x + \lambda(y - x) \text{ mit } y \in \widetilde{B} \text{ und } \lambda > 0 \,\}$$

mit der **Spitze** x. Wir sagen, ein Gebiet $\Omega \subseteq \mathbb{R}^N$ genügt einer **Kegelbedingung**, wenn zu jedem Punkt $x \in \partial\Omega$ ein Kegel C_x mit Spitze x existiert, der $C_x \subset \Omega$ erfüllt und aus einem für alle $x \in \partial\Omega$ vorgegebenen Kegel C_0 durch starre Bewegungen (Drehung, Verschiebung) hervorgeht. Ist zum Beispiel $\partial\Omega$ stetig differenzierbar, so genügt Ω einer Kegelbedingung, siehe Adams [1].

Es sei $\Omega \subset \mathbb{R}^N$ ein Gebiet. Wir sagen, daß Ω ein **Lipschitz-Gebiet** ist, wenn zu jedem $R > 0$ endlich viele abgeschlossene Kugeln $K_1, \ldots, K_n$ mit Mittelpunkt $y_j \in \mathbb{R}^N$ und Radius $R_j > 0$ für $j = 1, \ldots, n$ existieren, d. h.

$$K_j := K(y_j, R_j) = \{x \in \mathbb{R}^N \mid |x - y_j| \leq R_j\},$$

die folgende weitere Eigenschaften haben:

(i) Die Kugeln $K_1, \ldots, K_n$ überdecken $\partial\Omega \cap K(0, R)$, d. h.

$$\partial\Omega \cap K(0, R) \subset \bigcup_{j=1}^{n} K_j,$$

wobei $K(0, R) = \{x \in \mathbb{R}^N \mid |x| \leq R\}$ und $K_j \cap \partial\Omega \neq \emptyset$ für $j = 1, \ldots, n$ gelten soll.

(ii) Zu jeder Kugel K_j für $j = 1, \ldots, n$ gibt es eine Lipschitz-stetige injektive Funktion $\phi_j : K_j \to \mathbb{R}^N$, d. h.

$$|\phi_j(x) - \phi_j(y)| \leq L_j |x - y|$$

für eine Konstante $L_j > 0$ und alle $x, y \in K_j$. Diese bildet $K_j \cap \partial\Omega$ in die Ebene $\{x \in \mathbb{R}^N \mid x_N = 0\}$ und $K_j \cap \Omega$ in den Halbraum $\{x \in \mathbb{R}^N \mid x_N > 0\}$ ab.

$$\diamond$$

Ein Lipschitz-Gebiet erfüllt die Kegelbedingung, da alle Differenzenquotienten gleichmäßig beschränkt sind.

Es seien $(X, \| \cdot \|_X)$ und $(Y, \| \cdot \|_Y)$ Banach-Räume, wobei X entweder ein linearer Unterraum von Y oder isometrisch isomorph zu einem linearen Unterraum von Y sei. Weiter sei $\mathsf{E} : X \to Y$, $\mathsf{E}x = x$ die kanonische lineare Injektion von X in Y. Ist der Operator E beschränkt (stetig), d.h. es gibt eine Konstante $C > 0$ mit

$$\|x\|_Y = \|\mathsf{E}x\|_Y \leq C\|x\|_X,$$

dann sagen wir, X ist **stetig in Y eingebettet**, schreiben $\mathbf{X \subset Y}$ und nennen den Operator E eine **stetige Einbettung** von X in Y. Ist E ein kompakter (vollstetiger) Operator, werden somit beschränkte Teilmengen von X in relativ-kompakte Teilmengen von Y abgebildet, siehe Lemma 5.8, so nennt man den Operator E eine **kompakte Einbettung**.

Es gilt der

Satz B.22 (Sobolevscher Einbettungssatz): *Es seien* $\Omega \subseteq \mathbb{R}^{\mathsf{N}}$ *ein Gebiet, das einer Kegelbedingung genügt,* $m, j \in \mathbb{N}_0$, $p \in [1, \infty[$ *sowie* $j \cdot p < \mathsf{N}$. *Dann gilt*

$$W^{m+j,p}(\Omega; \mathbb{K}) \subset W^{m,q}(\Omega; \mathbb{K})$$

für alle q mit

$$p \leq q \leq \frac{\mathsf{N}p}{\mathsf{N} - jp}.$$

Ist $j \cdot p = \mathsf{N}$, so gilt

$$W^{m+j,p}(\Omega; \mathbb{K}) \subset W^{m,q}(\Omega; \mathbb{K})$$

für alle $q \in [p, \infty[$. Werden die Unterräume $W_0^{m,p}(\Omega; \mathbb{K})$ verwendet, so gelten obige Einbettungen auch ohne die Kegelbedingung.

Beweis: Siehe Adams [1, Theorem 5.4]. $\qquad\qquad\qquad\qquad\qquad\qquad\qquad$ $\square$

In Satz 8.3 werden Fälle angegeben, in denen obige Einbettungen kompakt sind. Dazu siehe auch Adams [1, Theorem 6.2]. Weiter gilt

Satz B.23 (Sobolev-Lemma): *Es sei* $\Omega \subseteq \mathbb{R}^{\mathsf{N}}$ *ein Lipschitz-Gebiet. Weiter seien* $m, j \in \mathbb{N}_0$, $p \in [1, \infty[$, *sowie* $j \cdot p > \mathsf{N}$, *dann gelten die stetigen Einbettungen*

$$(B.20) \qquad\qquad W^{m+j,p}(\Omega; \mathbb{K}) \subset C^m(\overline{\Omega}; \mathbb{K}),$$

wobei die Aussage so zu interpretieren ist, daß jede Äquivalenzklasse in dem Sobolev-Raum $W^{m+j,p}(\Omega; \mathbb{K})$ eine Funktion aus dem Raum $C^m(\overline{\Omega}; \mathbb{K})$ enthält.

Ist das Gebiet Ω beschränkt, dann sind die Einbettungen kompakt. Außerdem gelten dann die kompakten Einbettungen

$$W^{m+j,p}(\Omega; \mathbb{K}) \subset W^{m,q}(\Omega; \mathbb{K})$$

für alle $q \in [1, \infty]$.
Für die Unterräume $W_0^{m+j,p}(\Omega; \mathbb{K})$ gelten die kompakten Einbettungen

$$(\text{B.21}) \qquad W_0^{m+j,p}(\Omega; \mathbb{K}) \subset C_0^m(\overline{\Omega}; \mathbb{K})$$

für beliebige beschränkte Gebiete.

Beweis: Siehe Adams [1, Theorem 5.4 und Theorem 6.2] oder Nečas [93, Théorème 2.3.8 und Conséquence 2.63]. Dabei folgt (B.21) über Lemma B.5. Die Bezeichnung „Sobolev-Lemma" bezieht sich üblicherweise auf die stetigen Einbettungen (B.20). $\qquad \square$

Dualräume

Es seien $p \in]1, \infty[$, $q = \frac{p}{p-1}$, $m \in \mathbb{N}_0$ und $\Omega \subseteq \mathbb{R}^N$ ein Gebiet. Wir wollen zu den Räumen $W_0^{m,p}(\Omega; \mathbb{K})$ die Dualräume betrachten. Wir setzen

$$W^{-m,q}(\Omega; \mathbb{K}) := \left(W_0^{m,p}(\Omega; \mathbb{K}) \right)'$$

mit der dualen Norm

$$\|v\|_{-m,q,\Omega} = \sup_{\substack{u \in W_0^{m,p}(\Omega;\mathbb{K}) \\ \|u\|_{m,p} \leq 1}} |\langle v , u \rangle_{W_0^{m,p}(\Omega;\mathbb{K})}|$$

für $v \in W^{-m,q}(\Omega; \mathbb{K})$. Für $p = 1$ setzen wir

$$W^{-m,\infty}(\Omega; \mathbb{K}) := \left(W_0^{m,1}(\Omega; \mathbb{K}) \right)'$$

mit analog definierter Norm $\| \cdot \|_{-m,\infty}$. Insbesondere gilt für $q \in]1, \infty]$

$$W^{-0,q}(\Omega; \mathbb{K}) \cong L^q(\Omega; \mathbb{K}).$$

Wegen

$$W_0^{m,2}(\mathbb{R}^N; \mathbb{K}) = W^{m,2}(\mathbb{R}^N; \mathbb{K}) = H^2$$

für $m \in \mathbb{N}_0$ folgt auch
$$(\text{B.22}) \qquad H^{-m} = W^{-m,2}(\mathbb{R}^N; \mathbb{K}),$$

für die durch (B.19) definierten Räume. Ist das Gebiet $\Omega \subset \mathbb{R}^N$ beschränkt, dann gelten für $1 < p \leq q \leq \infty$ die stetigen Einbettungen

$$W^{-m,\infty}(\Omega; \mathbb{K}) \subset W^{-m,q}(\Omega; \mathbb{K}) \subset W^{-m,p}(\Omega; \mathbb{K}).$$

Satz B.24 (Darstellungssatz für $(W^{m,p}(\Omega;\mathbb{K}))'$ **und** $W^{-m,q}(\Omega;\mathbb{K})$ **):** *Es sei* $\Omega \subseteq \mathbb{R}^N$ *ein Gebiet und* $F \in (W^{m,p}(\Omega;\mathbb{K}))'$ *für* $m \in \mathbb{N}_0$, $p \in [1,\infty[$ *und* $q = \frac{p}{p-1}$ *bzw.* $q = \infty$. *Dann gibt es zu dem Funktional* F *einen Vektor*

$$\underline{v} = (v_\alpha)_{0 \le \alpha \le m} \in [L^q(\Omega;\mathbb{K})]^M$$

derart, daß für alle $u \in W^{m,p}(\Omega;\mathbb{K})$ *gilt*

$$(\text{B.23}) \qquad\qquad F(u) = \sum_{|\alpha| \le m} \int_\Omega v_\alpha(x)\partial^\alpha u(x)\ dx.$$

Weiter gilt
$$(\text{B.24}) \qquad\qquad \|F\|_{(W^{m,p}(\Omega;\mathbb{K}))'} = \||\underline{v}\||_q.$$

Der Operator

$$\mathcal{J} : (W^{m,p}(\Omega;\mathbb{K}))' \to [L^q(\Omega;\mathbb{K})]^M,$$

definiert für $p \in]1,\infty[$ *durch* $\mathcal{J}(F) := \underline{v}$, *ist somit eine isometrische Einbettung, bzw. ein isometrischer Isomorphismus mit dem abgeschlossenen Unterraum*

$$\mathcal{J}\left[(W^{m,p}(\Omega;\mathbb{K}))'\right].$$

Ersetzen wir oben überall $W^{m,p}(\Omega;\mathbb{K})$ *durch* $W_0^{m,p}(\Omega;\mathbb{K})$, *dann gelten alle Aussagen entsprechend für* $W^{-m,q}(\Omega;\mathbb{K})$ *mit* $q \in]1,\infty]$.

Beweis: Es sei $\mathcal{E} : W^{m,p}(\Omega;\mathbb{K}) \to [L^p(\Omega;\mathbb{K})]^M$ die durch (B.17) definierte isometrische Einbettung. Auf dem Bild $W := \mathcal{E}[W^{m,p}(\Omega;\mathbb{K})]$ wird durch

$$(\text{B.25}) \qquad\qquad F(\underline{w}) = F(\mathcal{E}(u)) := F(u)$$

mit $\underline{w} = \mathcal{E}(u)$ ein stetiges lineares Funktional definiert, das mit dem Satz von Hahn-Banach[6] auf ganz $[L^p(\Omega;\mathbb{K})]^M$ mit gleicher Norm fortgesetzt werden kann und nach Lemma B.10 dort eine Darstellung

$$F(\underline{w}) = \sum_{|\alpha| \le m} \int_\Omega v_\alpha(x)w_\alpha(x)\ dx$$

besitzt mit $\underline{w} \in [L^p(\Omega;\mathbb{K})]^M$ und $\underline{v} \in [L^q(\Omega;\mathbb{K})]^M$. Für $\underline{w} = \mathcal{E}(u)$ folgt durch Einsetzen

$$F(u) = F(\underline{w}) = \sum_{|\alpha| \le m} \int_\Omega v_\alpha(x)\ \partial^\alpha u(x)\ dx,$$

---

[6]Siehe Alt [5, Satz 4.2], Dunford/Schwartz [35, Theorem II.3.11], Hirzebruch/Scharlau [57, Korollar 6.7] oder Yosida [133, V.5, Theorem 1].

d.h. (B.23).

Wegen der Isometrie (B.17) und aus den Isometrien in Lemma B.10 folgt

$$\|F\|_{(W^{m,p}(\Omega;\mathbb{K}))'} = \sup_{\substack{u \in W^{m,p}(\Omega;\mathbb{K}) \\ \|u\|_{m,p} \le 1}} |F(u)| = \sup_{\substack{\underline{w} \in W \\ \||\underline{w}\||_p \le 1}} |F(\underline{w})| = \||\underline{v}\||_q.$$

Um einen Operator

$$\mathcal{J} : (W^{m,p}(\Omega;\mathbb{K}))' \to [L^q(\Omega;\mathbb{K})]^M \quad \text{mit} \quad \mathcal{J}F = \underline{v}$$

zu erhalten, müssen wir zeigen, daß $\underline{v}$ durch $F \in (W^{m,p}(\Omega;\mathbb{K}))'$ eindeutig bestimmt ist. Dazu nehmen wir an, es gebe $\underline{v}_1, \underline{v}_2 \in [L^q(\Omega;\mathbb{K})]^M$ mit $\underline{v}_1 \ne \underline{v}_2$, die beide (B.23) und (B.24) erfüllen. Es muß $F \ne 0$ gelten, da das Nullfunktional nur eine einzige Fortsetzung mit gleicher Norm besitzt. Daher können wir $1 = \|F\|_{(W^{m,p}(\Omega;\mathbb{K}))'} = \||\underline{v}_1\||_q = \||\underline{v}_2\||_q$ annehmen. Weiter erfüllt $\frac{1}{2}(\underline{v}_1 + \underline{v}_2)$ auch die Darstellungsformel (B.23) für alle $u \in W^{m,p}(\Omega;\mathbb{K})$ und führt somit zu einer weiteren Fortsetzung des Funktionals (B.25). Daher muß

$$\|F\|_{(W^{m,p}(\Omega;\mathbb{K}))'} \le \||\tfrac{1}{2}(\underline{v}_1 + \underline{v}_2)\||_q$$

gelten. Außerdem gibt es ein $\varepsilon > 0$ mit $\||\underline{v}_1 - \underline{v}_2\||_q \ge \varepsilon$. Dann folgt aus der gleichmäßigen Konvexität von $[L^q(\Omega;\mathbb{K})]^M$ für $q \in]1,\infty[$, daß ein $\delta > 0$ existiert mit

$$\|F\|_{(W^{m,p}(\Omega;\mathbb{K}))'} \le \||\tfrac{1}{2}(\underline{v}_1 + \underline{v}_2)\||_q \le 1 - \delta.$$

Dieses ist ein Widerspruch zu $\|F\|_{(W^{m,p}(\Omega;\mathbb{K}))'} = 1$. Somit muß $\underline{v}_1 = \underline{v}_2$ gelten. Daher ist der Operator $\mathcal{J}$ wohldefiniert. Die Einbettung ist eine lineare Isometrie und somit injektiv.

Der Beweis im Fall $W_0^{m,p}(\Omega;\mathbb{K})$ geht analog. $\qquad\square$

Konvergenz in Sobolev-Räumen

Lemma B.25 (Interpolationslemma): *Es sei $\Omega \subseteq \mathbb{R}^N$ ein Gebiet. Weiter seien $p,q,r \in [1,\infty[$ und $\theta \in]0,1[$ mit*

$$\frac{1}{r} = \frac{\theta}{p} + \frac{1-\theta}{q}.$$

(a) Es seien $m \in \mathbb{N}_0$ und

$$u \in W^{m,p}(\Omega;\mathbb{K}) \bigcap W^{m,q}(\Omega;\mathbb{K}) \quad \textit{bzw.} \quad u \in W_0^{m,p}(\Omega;\mathbb{K}) \bigcap W_0^{m,q}(\Omega;\mathbb{K})$$

gegeben. Dann gilt

$$u \in W^{m,r}(\Omega; \mathbb{K}) \quad bzw. \quad u \in W_0^{m,r}(\Omega; \mathbb{K})$$

und

$$\|u\|_{m,r} \le \|u\|_{m,p}^{\theta} \; \|u\|_{m,q}^{1-\theta}.$$

(b) Es seien $m \in \mathbb{N}_0$, $p, q \in]1, \infty[$ und ein Funktional

$$F \in \left(W^{m,p}(\Omega; \mathbb{K}) \right)' \cap \left(W^{m,q}(\Omega; \mathbb{K}) \right)'$$

bzw.

$$F \in \left(W^{-m, \frac{p}{p-1}}(\Omega; \mathbb{K}) \right) \cap \left(W^{-m, \frac{q}{q-1}}(\Omega; \mathbb{K}) \right)$$

gegeben. Dann gelten

$$F \in \left(W^{m,r}(\Omega; \mathbb{K}) \right)' \quad bzw. \quad F \in W^{-m, \frac{r}{r-1}}(\Omega; \mathbb{K})$$

und

$$\|F\|_{(W^{m,r}(\Omega;\mathbb{K}))'} \le \|F\|_{(W^{m,p}(\Omega;\mathbb{K}))'}^{\theta} \; \|F\|_{(W^{m,q}(\Omega;\mathbb{K}))'}^{1-\theta}$$

bzw.

$$\|F\|_{-m, \frac{r}{r-1}} \le \|F\|_{-m, \frac{p}{p-1}}^{\theta} \; \|F\|_{-m, \frac{q}{q-1}}^{1-\theta}.$$

Beweis: Aus der Hölderschen Ungleichung (B.2) folgt für $x \in \mathbb{R}^M$ die Ungleichung

$$|x|_r \le |x|_p^{\theta} \, |x|_q^{1-\theta}.$$

Die Ungleichung für die Sobolev-Räume folgt dann aus Lemma 5.27, und die Ungleichung für die Dualräume folgt unmittelbar aus dem Lemma 5.27 und dem Darstellungssatz B.24. $\qquad\qquad\square$

Lemma B.26: *Es sei $\Omega \subset \mathbb{R}^N$ ein beschränktes Gebiet.*

(a) Weiter sei $(u_n)_{n \in \mathbb{N}} \subset W^{m,p}(\Omega; \mathbb{K})$ für $m \in \mathbb{N}_0$ und $p \in]1, \infty]$ eine beschränkte Folge, d.h. $\|u_n\|_{m,p} < C$ für eine Konstante $C > 0$ und alle $n \in \mathbb{N}$. Weiter sei $u \in W^{m,p}(\Omega; \mathbb{K})$. Dann gilt

$$u_n \to u$$

in $W^{m,r}(\Omega; \mathbb{K})$ für alle $r \in [1, p[$ genau dann, wenn $u_n \to u$ in $W^{m,r}(\Omega; \mathbb{K})$ für ein $r \in [1, p[$ gilt. Die gleiche Aussage gilt auch für die Unterräume $W_0^{m,p}(\Omega; \mathbb{K})$, $W_0^{m,r}(\Omega; \mathbb{K})$.

(b) *Es sei* $(F_n)_{n\in\mathbb{N}} \subset W^{-m,q}(\Omega;\mathbb{K})$ *für* $m \in \mathbb{N}_0$ *und* $q \in]1,\infty]$ *eine beschränkte Folge, d.h.* $\|F_n\|_{-m,q} < C$ *für eine Konstante* $C > 0$ *und alle* $n \in \mathbb{N}$. *Weiter sei* $F \in W^{-m,q}(\Omega;\mathbb{K})$. *Dann gilt die starke Konvergenz*

$$F_n \to F$$

in $W^{-m,r}(\Omega;\mathbb{K})$ *für alle* $r \in]1,q[$ *genau dann, wenn die starke Konvergenz* $F_n \to F$ *in* $W^{-m,r}(\Omega;\mathbb{K})$ *für ein* $r \in]1,q[$ *gilt.*

(c) *Es sei die Folge* $(F_n)_{n\in\mathbb{N}} \subset (W^{m,p}(\Omega;\mathbb{K}))'$ *für* $m \in \mathbb{N}_0$ *und* $p \in [1,\infty[$ *sei beschränkt, d.h., es sei* $\|F_n\|_{(W^{m,p}(\Omega;\mathbb{K}))'} < C$ *für eine Konstante* $C > 0$ *und alle* $n \in \mathbb{N}$. *Weiter sei* $F \in (W^{m,p}(\Omega;\mathbb{K}))'$. *Dann gilt die starke Konvergenz*

$$F_n \to F$$

in $(W^{m,r}(\Omega;\mathbb{K}))'$ *für alle* $r \in]p,\infty[$ *genau dann, wenn die starke Konvergenz* $F_n \to F$ *in* $(W^{m,r}(\Omega;\mathbb{K}))'$ *für ein* $r \in]p,\infty[$ *gilt.*

Beweis: (a): Die Aussage für die Sobolev-Räume folgt wie im Beweis von Lemma 5.28 aus Lemma B.25.

(b): Wir betrachten die Dualräume $W^{-m,q}(\Omega;\mathbb{K})$. Es ist nur eine Richtung zu zeigen. Es sei $q \in]1,\infty[$ und es gelte $F_n \to F$ in $W^{-m,q}(\Omega;\mathbb{K})$ für ein $r \in]1,q[$. Da Ω beschränkt ist, gilt $W^{-m,r}(\Omega;\mathbb{K}) \subset W^{-m,s}(\Omega;\mathbb{K})$ für alle $s \in]1,r]$. Somit folgt die Konvergenz für diese s.

Es sei $s \in]r,q[$. Nach Satz B.24 finden wir für $r \in]1,q]$ zu der Folge $(F_n)_{n\in\mathbb{N}}$ und dem Grenzelement F die Bilder $\mathcal{J}(F_n) = \underline{v}_n$ und $\mathcal{J}(F) = \underline{v}$ in $[L^r(\Omega;\mathbb{K})]^M$. Da $C_0^\infty(\Omega;\mathbb{K})$ in $W_0^{m,p}(\Omega;\mathbb{K})$ für alle $p \in]1,\infty[$ dicht liegt, müssen diese Bilder für alle r übereinstimmen. Nach Voraussetzung gilt, da der Operator $\mathcal{J}$ für alle $r \in]1,\infty[$ eine isometrische Einbettung ist, $\underline{v}_n \to \underline{v}$ in $[L^r(\Omega;\mathbb{K})]^M$. Somit folgt wie im Beweis von Lemma 5.28 aus Lemma B.25 $\underline{v}_n \to \underline{v}$ in $[L^s(\Omega;\mathbb{K})]^M$ für alle $s \in]r,q[$.

Nun sei $q = \infty$. Da $W^{-m,\infty}(\Omega;\mathbb{K}) \subset W^{-m,q}(\Omega;\mathbb{K})$ für alle $q \in]1,\infty[$ gilt, folgt die Aussage auch für $q = \infty$, denn zu jedem $r \in]1,\infty[$ finden wir ein q mit $q \in]r,\infty[$.

(c): Der Beweis geht analog zu (b). Mit Hilfe der Friedrichs-Glättung und Satz B.12 zeigt man, daß der Raum

$$C_B^\infty(\Omega;\mathbb{K}) := \{\, u \in C^\infty(\Omega;\mathbb{K}) \mid \|\partial^\alpha u\|_\infty < \infty \text{ für alle } \alpha \in \mathbb{N}_0^N \,\}$$

dicht in $W^{m,p}(\Omega;\mathbb{K})$ für alle $p \in [1,\infty[$ liegt, da Ω beschränkt ist. $\qquad\square$

Lokale Sobolev-Räume

Für $m \in \mathbb{N}_0$, $p \in [1, \infty]$ bestehen die Sobolev-Räume $W^{m,p}(\Omega; \mathbb{K})$ aus Äquivalenzklassen meßbarer Funktionen. Somit können wir wie in Abschnitt B.2 die **lokalen Sobolev-Räume**

$$W^{m,p}_{loc}(\Omega; \mathbb{K})$$

einführen. Es seien $(\Omega_j)_{j \in \mathbb{N}}$ eine monotone Ausschöpfung des Gebietes Ω und für $j \in \mathbb{N}$ die Uryson-Funktionen $\varphi_j \in C_0^\infty(\Omega_{j+1}; \mathbb{K})$ wie in Abschnitt B.2 bei der Einführung der lokalen Räume gegeben. Weiter sei $u \in W^{m,p}(\Omega; \mathbb{K})$, dann gilt für jedes $j \in \mathbb{N}$ mit einer geeigneten Konstanten $C > 0$

$$\|\varphi_j u\|^p_{m,p,\Omega} = \sum_{|\alpha| \leq m} \int_\Omega |\partial^\alpha(\varphi_j u)|^p \, dx \; \leq \; \sum_{|\alpha| \leq m} \sum_{\beta \leq \alpha} \binom{\alpha}{\beta} \int_{\Omega_{j+1}} |\partial^{\alpha-\beta}\varphi_j \, \partial^\beta u)|^p \, dx$$

(B.26)

$$\leq \; C \|\varphi_j\|^p_{m,\infty} \|u\|^p_{m,p,\Omega_{j+1}}.$$

Wegen $\varphi_{j+1}(x) = 1$ für $x \in \Omega_{j+1}$ gilt auch

$$\|u\|_{m,p,\Omega_{j+1}} = \|\varphi_{j+1} u\|_{m,p,\Omega_{j+1}} \leq \|\varphi_{j+1} u\|_{m,p,\Omega}.$$

Somit erfüllen die lokalen Sobolev-Räume mit $C_{j\,1} = C^{-\frac{1}{p}} \|\varphi_j\|^{-1}_{m,\infty}$ und $C_{j\,2} = 1$ die Ungleichungen (B.12).

Nun wollen wir die Dualräume betrachten. Es sei $p \in [1, \infty[$, $q = \frac{p}{p-1}$ bzw. $q = \infty$ und $F \in W^{-m,q}(\Omega; \mathbb{K})$. Aus Lemma C.5 folgt $F \in \mathcal{D}'(\Omega; \mathbb{K})$. Weiter sei $\varphi \in C_0^\infty(\Omega; \mathbb{K})$. Es ist über

$$\langle \varphi F , \psi \rangle_\mathcal{D} := \langle F , \varphi\psi \rangle_\mathcal{D}$$

für alle $\psi \in C_0^\infty(\Omega; \mathbb{K})$ die Distribution $\varphi F \in \mathcal{D}'(\Omega; \mathbb{K})$ definiert. Nun definieren wir für $q \in]1, \infty]$ die Räume

$$W^{-m,q}_{loc}(\Omega; \mathbb{K}) := \{ F \in \mathcal{D}'(\Omega; \mathbb{K}) \mid \varphi F \in W^{-m,q}(\Omega; \mathbb{K}) \text{ für alle } \varphi \in C_0^\infty(\Omega; \mathbb{K}) \},$$

wobei $\varphi F \in W^{-m,q}(\Omega; \mathbb{K})$ in dem Sinne zu verstehen ist, daß das lineare Funktional, das auf dem dichten Unterraum $C_0^\infty(\Omega; \mathbb{K})$ definiert ist, sich stetig auf den Sobolev-Raum $W_0^{m,p}(\Omega; \mathbb{K})$ fortsetzen läßt, d.h., es gebe eine Konstante $C > 0$ derart, daß

$$|\langle \varphi F , \psi \rangle_\mathcal{D}| \leq C \|\psi\|_{m,p}$$

für alle $\psi \in C_0^\infty(\Omega; \mathbb{K})$ ist.

Für jedes $j \in \mathbb{N}$ und $F \in W_{loc}^{-m,q}(\Omega; \mathbb{K})$ gilt mit p wie oben und (B.26)

$$\|\varphi_j F\|_{-m,q,\Omega} = \sup_{\substack{u \in W_0^{m,p}(\Omega;\mathbb{K}) \\ \|u\|_{m,p} \leq 1}} |F(\varphi_j u)|$$

$$\leq \sup_{\substack{u \in W_0^{m,p}(\Omega;\mathbb{K}) \\ \|u\|_{m,p} \leq 1}} \left(\|F\|_{-m,q,\Omega_{j+1}} \|\varphi_j u\|_{m,p,\Omega_{j+1}} \right)$$

$$\leq C^{\frac{1}{q}} \|\varphi_j\|_{\infty} \|F\|_{-m,q,\Omega_{j+1}}.$$

Wegen $\varphi_{j+1}(x) = 1$ für $x \in \Omega_{j+1}$ gilt auch

$$\|F\|_{-m,q,\Omega_{j+1}} = \sup_{\substack{u \in W_0^{m,p}(\Omega_{j+1};\mathbb{K}) \\ \|u\|_{m,p} \leq 1}} |F(\varphi_{j+1} u)| = \sup_{\substack{u \in W_0^{m,p}(\Omega_{j+1};\mathbb{K}) \\ \|u\|_{m,p} \leq 1}} |\varphi_{j+1} F(u)|$$

$$\leq \sup_{\substack{u \in W_0^{m,p}(\Omega;\mathbb{K}) \\ \|u\|_{m,p} \leq 1}} |\varphi_{j+1} F(u)| = \|\varphi_{j+1} F\|_{-m,q,\Omega}.$$

Somit erfüllen auch die lokalen Dualräume die Ungleichungen (B.12) und Lemma B.11 ist anwendbar.

Lemma B.27: *Es seien $\Omega \subset \mathbb{R}^N$ ein Gebiet, $m \in \mathbb{N}_0$ und $p \in]1, \infty]$. Außerdem sei $(\Omega_j)_{j \in \mathbb{N}}$ eine monotone Ausschöpfung des Gebietes Ω, siehe Abschnitt B.2.*

(a) *Weiter sei $(u_n)_{n \in \mathbb{N}} \subset W_{loc}^{m,p}(\Omega; \mathbb{K})$ eine beschränkte Folge, d.h., für jedes $j \in \mathbb{N}$ und alle $n \in \mathbb{N}$ gilt $\|u_n\|_{m,p,\Omega_j} < C_j$ für eine Konstante $C_j > 0$. Weiter sei $u \in W^{m,p}(\Omega; \mathbb{K})$. Dann gilt die starke Konvergenz*

$$u_n \to u$$

in $W_{loc}^{m,r}(\Omega; \mathbb{K})$ für alle $r \in [1, p[$ genau dann, wenn die starke Konvergenz $u_n \to u$ in $W_{loc}^{m,r}(\Omega; \mathbb{K})$ für ein $r \in [1, p[$ gilt.

(b) *Es sei $(F_n)_{n \in \mathbb{N}} \subset W_{loc}^{-m,q}(\Omega; \mathbb{K})$ mit $q \in]1, \infty]$ eine beschränkte Folge, d.h., für jedes $j \in \mathbb{N}$ und alle $n \in \mathbb{N}$ gilt $\|u_n\|_{-m,q,\Omega_j} < C_j$ für eine Konstante $C_j > 0$. Weiter sei $F \in W^{-m,q}(\Omega; \mathbb{K})$. Dann gilt die starke Konvergenz*

$$F_n \to F$$

in $W_{loc}^{-m,r}(\Omega; \mathbb{K})$ für alle $r \in]1, q[$ genau dann, wenn die starke Konvergenz $F_n \to F$ in $W_{loc}^{-m,r}(\Omega; \mathbb{K})$ für ein $r \in]1, q[$ gilt.

Beweis: Die Aussage (a) folgt über Lemma B.11, indem man Lemma B.26 sukzessive auf die beschränkten Gebiete Ω_j der monotonen Ausschöpfung anwendet. Die Aussage (b) folgt analog. $\qquad \square$

Anhang C

Fourier-Transformation und Distributionen

In diesem Anhang werden Eigenschaften der Fourier-Transformation und Begriffe sowie Aussagen der Distributionentheorie zusammengestellt. Eine ausführliche Darstellung der Eigenschaften der Fourier-Transformation findet man in den Büchern von Lang [74] oder Triebel [122]. Einführungen in die Theorie der Distributionen findet man bei Hörmander [58], Reed/Simon [104], Triebel [122] und Walter [127]. Mehr Aussagen über die topologischen Zusammenhänge und die Theorie der topologischen Vektorräume findet man bei Heuser [54] und Treves [121].

C.1 Fourier-Transformation

Für $u \in L^1(\mathbb{R}^N; \mathbb{C})$ ist durch

$$\widehat{u}(\xi) := (2\pi)^{-\frac{N}{2}} \int_{\mathbb{R}^N} e^{-ix\xi} u(x)\, dx$$

die **Fourier-Transformierte** von u definiert. Es gibt verschiedene Varianten der Definition, die sich nur bezüglich konstanter Faktoren, die mit 2π zusammenhängen, unterscheiden, einige der unten angegebenen Formeln wären bei Verwendung dieser anderen Definitionen zu modifizieren.

Die wichtigsten Eigenschaften der Fourier-Transformation sind in dem folgenden Satz zusammengefaßt.

Satz C.1: *Die Fourier-Transformation* $\mathcal{F} : \mathsf{S} \to \mathsf{S}$ *mit* $\widehat{u} = \mathcal{F}(u)$ *ist eine lineare Bijektion, zur Definition des Raumes* S *siehe (B.7). Sie bildet den Raum* $L^1(\mathbb{R}^N; \mathbb{C})$ *in den Raum* $C^{0,0}(\mathbb{R}^N; \mathbb{C})$ *ab. Es gelten für* $u \in \mathsf{S}$:

(a) *Ableitungen und Monome werden im folgenden Sinn ineinander transformiert:*

$$(i\xi)^{\alpha}\partial^{\beta}\mathcal{F}(u)(\xi) = \mathcal{F}\left(\partial^{\alpha}(-i\xi)^{\beta}u\right)(\xi) \quad \text{für } \alpha, \beta \in \mathbb{N}_0^N.$$

(b) *Durch*

$$\check{u}(\xi) := (2\pi)^{-\frac{N}{2}} \int_{\mathbb{R}^N} e^{ix\xi} u(x)\, dx$$

ist die Umkehrabbildung $\mathcal{F}^{-1}$ auf S mit $\check{u} = \mathcal{F}^{-1}(u)$ definiert. Der lineare Operator $\mathcal{F}^{-1}$ bildet den Raum $L^1(\mathbb{R}^N;\mathbb{C})$ in den Raum $C^{0,0}(\mathbb{R}^N;\mathbb{C})$ ab.

(c) *Für $v, w \in \mathsf{S}$ gilt der **Satz von Plancherel**, nämlich*

$$(C.1) \qquad \int_{\mathbb{R}^N} v(x)\overline{w(x)}\, dx = \int_{\mathbb{R}^N} \hat{v}(\xi)\overline{\hat{w}(\xi)}\, d\xi.$$

Damit gilt $\|w\|_{L^2(\mathbb{R}^N;\mathbb{C})} = \|\hat{w}\|_{L^2(\mathbb{R}^N;\mathbb{C})}$, d.h. die Fourier-Transformation ist eine Isometrie bezüglich der Norm $\|\cdot\|_{L^2(\mathbb{R}^N;\mathbb{C})}$ auf S.

(d) *Da $C_0^{\infty}(\Omega;\mathbb{C}) \subset \mathsf{S} \subset L^2(\mathbb{R}^N;\mathbb{C})$ ist, liegt nach Lemma B.13 der Raum S dicht in $L^2(\mathbb{R}^N;\mathbb{C})$ und wegen (c) besitzt $\mathcal{F}$ eine eindeutige isometrische Fortsetzung auf $L^2(\mathbb{R}^N;\mathbb{C})$, für die (C.1) gilt. Es gilt für $u \in L^2(\mathbb{R}^N;\mathbb{C})$*

$$\hat{u}(\xi) := \operatorname*{l.i.m.}_{R\to\infty} (2\pi)^{-\frac{N}{2}} \int_{\{|x|<R\}} e^{-ix\xi} u(x)\, dx,$$

wobei l.i.m., Limes im Mittel, die starke Konvergenz in der $L^2(\mathbb{R}^N;\mathbb{C})$-Norm bezeichnet.

(e) *Seien $u, v \in \mathsf{S}$, dann bezeichnet*

$$u * v\,(x) := \int_{\mathbb{R}^N} u(y)v(x-y)\, dy$$

*die **Faltung** der Funktionen u und v. Es gilt*

$$\hat{u} \cdot \hat{v} = \widehat{(u * v)}.$$

Beweis: Siehe Hörmander [58], Lang [74] oder Triebel [122]. $\square$

C.2 Distributionen

Distributionen sind stetige lineare Funktionale auf $C_0^\infty(\Omega; \mathbb{K})$, $\Omega \subset \mathbb{R}^N$ offen. Um sie zu definieren, muß $C_0^\infty(\Omega; \mathbb{K})$ zu einem topologischen Vektorraum gemacht werden. Ein genaues Studium der entsprechenden Topologie kann man vermeiden, indem man nur die Stetigkeitsbedingung für die linearen Funktionale auf $C_0^\infty(\Omega; \mathbb{K})$ angibt. Letztere reicht völlig, um nachzuweisen, daß ein gegebenes lineares Funktional stetig ist, d.h. daß eine Distribution vorliegt.

Für ein lineares Funktional $T : C_0^\infty(\Omega; \mathbb{K}) \to \mathbb{K}$, für $\mathbb{K} = \mathbb{R}$ oder $\mathbb{C}$, schreiben wir

$$\langle T , \varphi \rangle_{\mathcal{D}} := T\varphi$$

für $\varphi \in C_0^\infty(\Omega; \mathbb{K})$. Das Funktional T ist genau dann eine **Distribution** auf Ω, wenn eine der folgenden äquivalenten Bedingungen gilt:

(i) Zu jeder kompakten Teilmenge $K \subset \Omega$ gebe es ein $m \in \mathbb{N}_0$ und eine Konstante $C > 0$ derart, daß für alle $\varphi \in C_0^\infty(\Omega; \mathbb{K})$ mit $\operatorname{supp}\varphi \subseteq K$ gilt

$$(C.2) \qquad |\langle T , \varphi \rangle_{\mathcal{D}}| \leq C \max_{|\alpha| \leq m} \|\partial^\alpha \varphi\|_{\infty, \Omega} = C\|\varphi\|_{m, \infty, \Omega}.$$

(ii) Es sei $(\varphi_n)_{n \in \mathbb{N}} \subset C_0^\infty(\Omega; \mathbb{K})$ eine beliebige Folge mit $\|\partial^\alpha \varphi_n\|_{\infty, \Omega} \to 0$ für $n \to \infty$ und alle Multiindizes $\alpha \in \mathbb{N}_0^N$. Es sei $\operatorname{supp}\varphi_n \subset K \subset \Omega$ für eine feste kompakte Menge K und alle $n \in \mathbb{N}$, dann gilt

$$\langle T , \varphi_n \rangle_{\mathcal{D}} \to 0.$$

$\diamond$

Daß (ii) aus (i) folgt, ist unmittelbar einsichtig, die Umkehrung kann man mit einem Widerspruchsbeweis zeigen.

Üblicherweise wird der Raum $C_0^\infty(\Omega; \mathbb{K})$ nach Einführung einer entsprechenden Topologie mit $\mathcal{D}(\Omega; \mathbb{K})$ bezeichnet. Den Dualraum, nämlich die Distributionen, bezeichnet man dann mit $\mathcal{D}'(\Omega; \mathbb{K})$. Im Fall $\mathbb{K} = \mathbb{R}$ schreiben wir $\mathcal{D}'(\Omega)$.

Beispiel C.2:

(1) Es sei $u \in L^1_{loc}(\Omega; \mathbb{K})$, dann ist durch

$$(C.3) \qquad \langle T_u , \varphi \rangle_{\mathcal{D}} := \int_\Omega u(x)\varphi(x)\, dx,$$

für alle $C_0^\infty(\Omega; \mathbb{K})$ eine Distribution T_u definiert. Distributionen, die mittels (C.3) von Funktionen in $L^1_{loc}(\Omega; \mathbb{K})$ erzeugt werden, nennt man **reguläre** Distributionen. Wir schreiben auch $\langle u , \varphi \rangle_{\mathcal{D}} := \langle T_u , \varphi \rangle_{\mathcal{D}}.$

(2) Es sei μ ein signiertes Borel-Maß, dann ist durch

$$\langle T_\mu , \varphi \rangle_\mathcal{D} := \langle \mu , \varphi \rangle_\mathcal{D} := \int_\Omega \varphi(x)\, d\mu,$$

für alle $C_0^\infty(\Omega; \mathbb{K})$, eine Distribution definiert. Insbesondere ist durch das Dirac-Maß δ_x für $x \in \Omega$ über $\langle T_{\delta_x} , \varphi \rangle_\mathcal{D} = \langle \delta_x , \varphi \rangle_\mathcal{D} = \varphi(x)$, für alle $C_0^\infty(\Omega; \mathbb{K})$, eine Distribution gegeben.

◇

Lemma C.3: *Eine Distribution $T \in \mathcal{D}'(\Omega; \mathbb{K})$ entspricht genau dann einem Borel-Maß auf Ω, wenn*

$$\langle T , \varphi \rangle_\mathcal{D} \geq 0$$

ist für alle $\varphi \in C_0^\infty(\Omega)$ mit $\varphi \geq 0$. Dann gibt es zu jeder kompakten Teilmenge $K \subset \Omega$ eine Konstante $C > 0$ derart, daß

$$(\text{C.4}) \qquad\qquad |\langle T , \varphi \rangle_\mathcal{D}| \leq C \|\varphi\|_{\infty, \Omega}$$

für alle $C_0^\infty(\Omega; \mathbb{K})$ mit $\operatorname{supp} \varphi \subset K$ gilt.

Beweis: Ist $T = T_\mu$ mit

$$\langle T , \varphi \rangle_\mathcal{D} = \int_\Omega \varphi(x)\, d\mu$$

für ein Borel-Maß μ, so gilt offensichtlich $\langle T , \varphi \rangle_\mathcal{D} \geq 0$ für alle $\varphi \in C_0^\infty(\Omega)$ mit $\varphi \geq 0$.

Für den Beweis der Umkehrung zeigen wir zuerst (C.4). Seien $\varphi \in C_0^\infty(\Omega)$ und $\operatorname{supp} \varphi = K \subset \Omega$ kompakt. Weiter sei $\psi_K \in C_0^\infty(\Omega)$ eine Uryson-Funktion, d.h. $\psi_K(x) = 1$ für $x \in K$ und $0 \leq \psi_K(x) \leq 1$, siehe Lemma B.14. Dann gilt für $x \in \Omega$

$$\psi_K(x) \cdot \|\varphi\|_\infty \pm \varphi(x) \geq 0$$

woraus nach Voraussetzung

$$\langle T , \psi_K \cdot \|\varphi\|_\infty \pm \varphi \rangle_\mathcal{D} \geq 0$$

folgt. Dieses ergibt

$$|\langle T , \varphi \rangle_\mathcal{D}| \leq \langle T , \psi_K \rangle_\mathcal{D} \|\varphi\|_\infty,$$

bzw. (C.4).

Nun sei $\phi \in C_0^\infty(\Omega; \mathbb{C})$. Dann gilt (C.4) für $\operatorname{Re}\phi$, $\operatorname{Im}\phi$ und somit für ϕ selbst.

Daß $C_0^\infty(\Omega; \mathbb{C})$ bezüglich $\| \cdot \|_\infty$ in $C_0^0(\Omega; \mathbb{C})$ dicht liegt, sieht man wie bei Lemma B.5 mit Hilfe der Friedrichs-Glättung, Satz B.12, ein. Daher kann wegen (C.4) die Distribution eindeutig zu einem stetigen Funktional auf $C_0^0(\Omega; \mathbb{C})$ fortgesetzt werden. Aus Satz 3.12 erhalten wir, daß T im Sinne von Beispiel C.2 (2) durch ein Borel-Maß dargestellt werden kann. $\qquad\square$

Es sei $T \in \mathcal{D}'(\Omega; \mathbb{K})$ und $\alpha \in \mathbb{N}_0^N$ ein Multiindex. Dann ist durch

$$(\mathrm{C.5}) \qquad \langle \partial^\alpha T \,,\, \varphi \rangle_{\mathcal{D}} := (-1)^{|\alpha|} \langle T \,,\, \partial^\alpha \varphi \rangle_{\mathcal{D}}$$

für alle $C_0^\infty(\Omega; \mathbb{K})$ offensichtlich eine Distribution $\partial^\alpha T \in \mathcal{D}'(\Omega; \mathbb{K})$ definiert. Man bezeichnet die durch (C.5) definierten Distributionen $\partial^\alpha T$ mit $\alpha \in \mathbb{N}_0^N$ als **distributionelle Ableitungen** von T. Ist T eine reguläre Distribution, d.h. $T = T_u$ für ein $u \in L^1_{loc}(\mathbb{R}^N; \mathbb{K})$, und ist für eine Ableitung ∂^α mit $\alpha \in \mathbb{N}_0^N$ die Distribution $\partial^\alpha T_u$ auch regulär, so wird die Funktion $\partial^\alpha u \in L^1_{loc}(\mathbb{R}^N; \mathbb{K})$ mit

$$\langle \partial^\alpha u \,,\, \varphi \rangle_{\mathcal{D}} := \int_\Omega \partial^\alpha u(x)\, \varphi(x)\, dx = (-1)^{|\alpha|} \int_\Omega u(x)\, \partial^\alpha \varphi(x)\, dx$$

als **schwache Ableitung** von u bezeichnet.

Beispiel C.4:

(1) Es sei $N = 1$ und

$$u(x) := \begin{cases} 0 & \text{für} \quad x < 0 \\ x & \text{für} \quad x \geq 0. \end{cases}$$

Wir definieren die **Heaviside-Funktion** $\theta : \mathbb{R} \to \mathbb{R}$ durch

$$\theta(x) := \begin{cases} 0 & \text{für} \quad x < 0 \\ 1 & \text{für} \quad x \geq 0. \end{cases}$$

Dann folgt für $\varphi \in C_0^\infty(\mathbb{R})$ mit partieller Integration

$$\begin{aligned} \langle u' \,,\, \varphi \rangle_{\mathcal{D}} &= -\langle u \,,\, \varphi' \rangle_{\mathcal{D}} = -\int_{\mathbb{R}} u(x)\, \varphi'(x)\, dx = -\int_0^\infty x\, \varphi'(x)\, dx \\ &= \int_0^\infty \varphi(x)\, dx = \int_{\mathbb{R}} \theta(x)\, \varphi(x)\, dx = \langle \theta \,,\, \varphi \rangle_{\mathcal{D}}, \end{aligned}$$

d.h., $\theta = u'$ ist die schwache Ableitung von u.

(2) Wir wollen nun die Ableitung von θ betrachten, es gilt für $\varphi \in C_0^\infty(\mathbb{R})$

$$\langle \theta' , \varphi \rangle_\mathcal{D} = -\langle \theta , \varphi' \rangle_\mathcal{D} = -\int_0^\infty \varphi'(x)\, dx$$

$$= -[\varphi]_0^\infty = \varphi(0) = \langle \delta_0 , \varphi \rangle_\mathcal{D},$$

d.h., es gilt $\theta' = \delta_0$.

(3) Wir leiten das Maß δ_0 weiter ab und erhalten

$$\langle \delta_0' , \varphi \rangle_\mathcal{D} = -\langle \delta_0 , \varphi' \rangle_\mathcal{D} = -\varphi'(0).$$

Per Induktion folgt $\langle \delta_0^{(n)} , \varphi \rangle_\mathcal{D} = (-1)^n \varphi^{(n)}(0)$ für $n \in \mathbb{N}$.

$$\diamond$$

Lemma C.5: *Es seien $\Omega \subseteq \mathbb{R}^N$ ein Gebiet (offen, zusammenhängend), $m \in \mathbb{N}_0$ und $p \in [1, \infty[$. Dann gilt für*

$$F \in (W^{m,p}(\Omega; \mathbb{K}))' , \quad \text{daß} \quad F \in \mathcal{D}'(\Omega; \mathbb{K})$$

ist. Für $q \in]1, \infty]$ gilt für

$$F \in W^{-m,q}(\Omega; \mathbb{K}), \quad \text{daß} \quad F \in \mathcal{D}'(\Omega; \mathbb{K})$$

ist.

Beweis: Wir beschränken uns auf den Fall $p \in]1, \infty[$. Wegen

$$(W^{m,p}(\Omega; \mathbb{K}))' \subset W^{-m,q}(\Omega; \mathbb{K})$$

für $q = \frac{p}{p-1}$ zeigen wir nur die zweite Aussage. Es sei $F \in W^{-m,p}(\Omega; \mathbb{K})$. Da in dem Sobolev-Raum $W_0^{m,p}(\Omega; \mathbb{K})$ der Raum $C_0^\infty(\Omega; \mathbb{K})$ liegt, ist F ein lineares Funktional auf $\mathcal{D}(\Omega; \mathbb{K})$. Es sei $K \subset \Omega$ eine beliebige, aber feste kompakte Teilmenge. Dann gilt für alle $\varphi \in C_0^\infty(\Omega)$ mit $\operatorname{supp} \varphi \subseteq K$

$$\|\varphi\|_{m,p}^p = \sum_{|\alpha| \leq m} \|\partial^\alpha \varphi\|_p^p \leq \sum_{|\alpha| \leq m} \lambda^N(K)\, \|\partial^\alpha \varphi\|_\infty^p$$

$$\leq \left(\sum_{|\alpha| \leq m} \lambda^N(K) \right) \left(\sup_{|\alpha| \leq m} \|\partial^\alpha \varphi\|_\infty^p \right).$$

Für alle $\varphi \in C_0^\infty(\Omega)$ mit $\operatorname{supp} \varphi \subseteq K$ gibt es daher eine Konstante $C > 0$ derart, daß

$$|\langle F , \varphi \rangle_{W_0^{m,p}(\Omega; \mathbb{K})}| \leq \|F\|_{-m,q}\, \|\varphi\|_{m,p} \leq C\, \|F\|_{-m,q}\, \|\varphi\|_{m,\infty}$$

gilt. Somit ist $F \in \mathcal{D}'(\Omega; \mathbb{K})$ eine Distribution. $\qquad\square$

Lemma C.6: *Es seien $\Omega \subseteq \mathbb{R}^N$ ein Gebiet, $\alpha \in \mathbb{N}_0^N$, $|\alpha| = m$ und $u \in L^p(\Omega; \mathbb{K})$ für $p \in]1, \infty]$. Dann gilt $\partial^\alpha u \in W^{-m,p}(\Omega; \mathbb{K})$, und es ist*

$$(\text{C.6}) \qquad \|\partial^\alpha u\|_{-m,p} \leq \|u\|_p,$$

d.h., der Operator $\partial^\alpha : L^p(\Omega; \mathbb{K}) \to W^{-m,p}(\Omega; \mathbb{K})$ ist linear und stetig.

Beweis: Da u eine reguläre Distribution ist, folgt mit der Hölderschen Ungleichung (B.8) für $p \in]1, \infty[$, $q = \frac{p}{p-1}$ und $\varphi \in C_0^\infty(\Omega; \mathbb{K})$

$$
\begin{aligned}
|\langle \partial^\alpha u , \varphi \rangle_\mathcal{D}| &= |\langle u , \partial^\alpha \varphi \rangle_\mathcal{D}| = \left| \int_\Omega u(x)\, \partial^\alpha \varphi(x)\, dx \right| \\
(\text{C.7}) \qquad &\leq \|u\|_p \|\partial^\alpha \varphi\|_q \leq \|u\|_p \|\varphi\|_{m,q}.
\end{aligned}
$$

Da $C_0^\infty(\Omega; \mathbb{K})$ in $W_0^{m,q}(\Omega; \mathbb{K})$ dicht liegt, läßt sich das Funktional $\langle \partial^\alpha u , \cdot \rangle_\mathcal{D}$ eindeutig zu einem stetigen Funktional auf dem ganzen Raum $W_0^{m,q}(\Omega; \mathbb{K})$ fortsetzen, d.h., es ist

$$\partial^\alpha u \in [W_0^{m,q}(\Omega; \mathbb{K})]' = W^{-m,p}(\Omega; \mathbb{K})$$

und (C.6) folgt unmittelbar aus (C.7).

Für $p = \infty$ folgt

$$|\langle \partial^\alpha u , \varphi \rangle_\mathcal{D}| \leq \|u\|_\infty \|\varphi\|_{m,1}$$

und somit wie oben

$$\partial^\alpha u \in [W_0^{m,1}(\Omega; \mathbb{K})]' = W^{-m,\infty}(\Omega; \mathbb{K}).$$

$\square$

Es sei $T \in \mathcal{D}'(\Omega; \mathbb{K})$ und $\varphi \in C_0^\infty(\Omega; \mathbb{K})$, dann ist durch

$$(\text{C.8}) \qquad (T * \varphi)(x) := \langle T , \varphi(x - \cdot) \rangle_\mathcal{D}$$

die **Faltung** der Distribution T mit φ definiert. Es sei $J_\varepsilon \in C_0^\infty(\mathbb{R}^N)$, wie in Anhang B.2 definiert. Wir definieren

$$\mathsf{J}_\varepsilon T := T * J_\varepsilon,$$

die **Friedrichs-Glättung** von Distributionen. Für reguläre Distributionen stimmt die Definition (C.8) mit der in Anhang B.2 überein. Es gilt

Lemma C.7: *Es ist $T * \varphi \in C^\infty(\mathbb{R}^N)$. Weiter sei $\alpha \in \mathbb{N}_0^N$ ein Multiindex, dann gilt*

$$\partial^\alpha(T * \varphi) = (\partial^\alpha T) * \varphi = T * (\partial^\alpha \varphi).$$

Beweis: Siehe Hörmander [58, Theorem 4.1.1]. $\qquad\qquad\qquad\qquad\qquad\square$

Als Konvergenzbegriff auf $\mathcal{D}'(\Omega; \mathbb{K})$ wird die Schwach-$*$-Konvergenz betrachtet, d.h.

$$\langle T_n \,,\, \varphi \rangle_\mathcal{D} \to \langle T \,,\, \varphi \rangle_\mathcal{D}$$

für alle $\varphi \in C_0^\infty(\Omega; \mathbb{K})$. Diese Konvergenz wird als **Konvergenz im Distributionensinn** bezeichnet, und man verwendet abweichend von der Schreibweise bei Banach-Räumen dafür die Schreibweise $T_n \to T$. Der Raum $\mathcal{D}'(\Omega; \mathbb{K})$ ist bezüglich dieser Konvergenz vollständig, siehe Hörmander [58, Theorem 2.1.8].

Lemma C.8: *Es sei $T \in \mathcal{D}'(\mathbb{R}^N; \mathbb{K})$, dann gilt $J_\varepsilon T \to T$.*

Beweis: Siehe Hörmander [58, Theorem 4.1.4]. $\qquad\qquad\qquad\qquad\qquad\square$

C.3   Fourier-Transformation von Distributionen

Ein lineares Funktional $T : \mathsf{S} \to \mathbb{C}$ ist genau dann eine **temperierte Distribution**, wenn gilt:

Es gibt Zahlen $k, m \in \mathbb{N}_0$ und eine Konstante $C > 0$ derart, daß für alle $\varphi \in \mathsf{S}$ folgt

$$|\langle T \,,\, \varphi \rangle_\mathsf{S}| \leq C \max_{|\alpha| \leq m} \sup_{x \in \mathbb{R}^N} |(1 + |x|)^k \, \partial^\alpha \varphi(x)|.$$

$$\diamond$$

Wir bezeichnen die temperierten Distributionen mit S'. Ein Vergleich mit (C.2) zeigt $\mathsf{S}' \subset \mathcal{D}'(\Omega; \mathbb{C})$, d.h., temperierte Distributionen sind spezielle Distributionen. Der Name rührt daher, daß Funktionen mit polynomialem Wachstum, **temperierte Funktionen**, d.h. Funktionen $u \in L^1_{loc}(\mathbb{R}^N; \mathbb{C})$, die

$$|u(x)| \leq C(1 + |x|)^m$$

für fast alle $x \in \mathbb{R}^N$, ein $m \in \mathbb{N}$ und eine Konstante $C > 0$ erfüllen, temperierte Distributionen definieren. Es ist wieder durch

$$\langle T_u \,,\, \varphi \rangle_\mathsf{S} = \int_{\mathbb{R}^N} u(x)\, \varphi(x)\, dx$$

für $\varphi \in S$, bzw. $\varphi \in C_0^\infty(\Omega; \mathbb{C})$ die zu der Funktion u zugehörige reguläre, temperierte Distribution definiert.

Die Bedeutung der temperierten Distributionen liegt darin, daß sich durch

$$(C.9) \qquad \langle \widehat{T} , \varphi \rangle_S := \langle T , \widehat{\varphi} \rangle_S$$

für $T \in S'$, $\varphi \in S$ die Fourier-Transformation auf S' fortsetzen läßt. Es gilt

Satz C.9: *Die Fourier-Transformation $\mathcal{F} : S' \to S'$ mit $\mathcal{F}(T) = \widehat{T}$ ist eine linearé Bijektion, die bezüglich der Konvergenz im Distributionensinn stetig ist. Es gelten für $T \in S'$ und $\varphi \in S$:*

$$\langle (i\xi)^\alpha \partial^\beta \mathcal{F}(T) , \varphi \rangle_S = \langle \mathcal{F}\left(\partial^\alpha (-i\xi)^\beta T \right) , \varphi \rangle_S$$

für alle Multiindizes $\alpha, \beta \in \mathbb{N}_0^N$ und

$$\langle \mathcal{F}^{-1}(T) , \varphi \rangle_S = \langle T , \mathcal{F}^{-1}(\varphi) \rangle_S.$$

Beweis: Die Aussagen erhält man aus Satz C.1 und der Formel (C.9). $\qquad \square$

Beispiel C.10:

(1) Es sei $\varphi \in S$, dann gilt offensichtlich $\delta_0 \in S'$ mit $\langle \delta_0 , \varphi \rangle_S = \varphi(0)$. Weiterhin ist $1 \in S'$ mit $\langle 1 , \varphi \rangle_S := \int_{\mathbb{R}^N} \varphi(x)\, dx$, da $(1 + |x|)^{-k}$ für genügend großes $k \in \mathbb{N}$ integrierbar und $(1 + |x|)^k |\varphi|$ beschränkt ist. Weiter folgt

$$
\begin{aligned}
\langle \widehat{\delta_0} , \varphi \rangle_S &= \langle \delta_0 , \widehat{\varphi} \rangle_S = \widehat{\varphi}(0) = (2\pi)^{-\frac{N}{2}} \int_{\mathbb{R}^N} e^{-ix\xi} \varphi(x)\, dx \,\big|_{\xi=0} \\
&= (2\pi)^{-\frac{N}{2}} \int_{\mathbb{R}^N} \varphi(x)\, dx = (2\pi)^{-\frac{N}{2}} \langle 1 , \varphi \rangle_S,
\end{aligned}
$$

d.h., es gilt $\widehat{\delta_0} = (2\pi)^{-\frac{N}{2}} 1$. Weiterhin gilt $\widehat{1} = (2\pi)^{-\frac{N}{2}} \delta_0$.

(2) Es ist mit (1) und Satz C.9 für $n \in \mathbb{N}$

$$\langle \widehat{\xi^n} , \varphi \rangle_S = i^n \langle \mathcal{F}((-i\xi)^n 1) , \varphi \rangle_S = i^n (2\pi)^{-\frac{N}{2}} \langle \partial^n \delta_0 , \varphi \rangle_S$$

d. h. $\widehat{\xi^n} = i^n \partial^n \delta_0$.

(3) Es sei $\mathsf{N} = 1$ und θ die in Beispiel C.4 eingeführte Heaviside-Funktion. Weiter sei $\varphi \in \mathsf{S}$ und $\varepsilon > 0$, dann folgt mit dem Satz von Lebesgue A.5

$$\int_{\mathbb{R}} e^{-\varepsilon x} \theta(x)\varphi(x)\, dx \to \int_{\mathbb{R}} \theta(x)\varphi(x)\, dx$$

für $\varepsilon \to 0$. Weiter gilt wegen $e^{-\varepsilon x}\theta \in L^1(\mathbb{R})$

$$\widehat{(e^{-\varepsilon x}\theta)}(\xi) \;=\; (\sqrt{2\pi})^{-1} \int_0^\infty e^{-ix\xi} e^{-\varepsilon x}\, dx = (\sqrt{2\pi})^{-1}\int_0^\infty e^{-(i\xi+\varepsilon)x}\, dx$$

$$=\; (\sqrt{2\pi})^{-1}\frac{1}{\varepsilon + i\xi} = (\sqrt{2\pi})^{-1}\frac{-i}{\xi - i\varepsilon}.$$

Wir können die Stetigkeit der Fourier-Transformation ausnutzen und erhalten für $\varphi \in \mathsf{S}$

$$\langle \hat{\theta}, \varphi \rangle_{\mathsf{S}} = \lim_{\varepsilon \to 0} \int_{\mathbb{R}} \widehat{(e^{-\varepsilon x}\theta)}(\xi)\, \varphi(\xi)\, d\xi = -i(\sqrt{2\pi})^{-1}\lim_{\varepsilon \to 0}\int_{\mathbb{R}}\frac{\varphi(\xi)}{\xi - i\varepsilon}\, d\xi.$$

Wir wollen den schwachen Grenzwert der Distributionen $\dfrac{1}{\xi - i\varepsilon}$ für $\varepsilon \to 0$ bestimmen. Dazu benötigen wir einige zusätzliche Betrachtungen. Wir bezeichnen mit $[\frac{1}{\xi}]$ den **Cauchyschen Hauptwert** der Integration von $\frac{1}{\xi}$, definiert durch

$$\left\langle \left[\frac{1}{\xi}\right], \varphi \right\rangle_{\mathsf{S}} = \lim_{\substack{\varepsilon \to 0 \\ \varepsilon > 0}} \left(\int_{-\infty}^{-\varepsilon}\frac{\varphi(\xi)}{\xi}\, d\xi + \int_\varepsilon^\infty \frac{\varphi(\xi)}{\xi}\, d\xi \right).$$

Es ist für $z \in \mathbb{C}$ mit $z = \xi + i\varepsilon$ und $\xi, \varepsilon > 0$

$$\ln \bar{z} = \ln|z| + i\arg(\xi - i\varepsilon)$$

Es gilt $\frac{d}{d\xi}(\ln|z|) = \frac{\xi}{|z|^2}$ und $\frac{d}{d\xi}[\arg(\xi - i\varepsilon)] = \frac{\varepsilon}{|z|^2}$, womit $\frac{d}{d\xi}(\ln \bar{z}) = \frac{\xi + i\varepsilon}{|z|^2} = \frac{1}{\xi - i\varepsilon}$ folgt. Wir erhalten für $\varphi \in \mathsf{S}$

$$\left\langle \frac{1}{\xi - i\varepsilon}, \varphi \right\rangle_{\mathsf{S}} \;=\; \left\langle \frac{d}{d\xi}\ln(\xi - i\varepsilon), \varphi \right\rangle_{\mathsf{S}}$$

$$=\; \left\langle \left(\frac{d}{d\xi}[\ln(|z|)] + i\frac{d}{d\xi}\arg(\xi - i\varepsilon)\right), \varphi \right\rangle_{\mathsf{S}}$$

$$=\; \left\langle \frac{\xi}{|z|^2}, \varphi \right\rangle_{\mathsf{S}} - i\left\langle \arg(\xi - i\varepsilon), \varphi' \right\rangle_{\mathsf{S}}.$$

Für $\xi > 0$ gilt $\lim\limits_{\varepsilon \to 0} \arg(\xi - i\varepsilon) = 0$, für $\xi < 0$ gilt $\lim\limits_{\varepsilon \to 0} \arg(\xi - i\varepsilon) = -\pi$. Damit folgt

$$
\begin{aligned}
\left\langle \hat{\theta} , \varphi \right\rangle_S &= -i(\sqrt{2\pi})^{-1} \lim_{\varepsilon \to 0} \left\langle \frac{1}{\xi - i\varepsilon} , \varphi \right\rangle_S \\
&= (\sqrt{2\pi})^{-1} \left(-i \left\langle \left[\frac{1}{\xi}\right] , \varphi \right\rangle_S + \pi \left\langle \theta(-\xi) , \varphi' \right\rangle_S \right) \\
&= (\sqrt{2\pi})^{-1} \left(-i \left\langle \left[\frac{1}{\xi}\right] , \varphi \right\rangle_S + \pi \left\langle \delta_0 , \varphi \right\rangle_S \right).
\end{aligned}
$$

(4) Es seien $N = 1$, $a, b \in \mathbb{R}$ und

$$
u(x) = \begin{cases} a & \text{für} \quad x > 0 \\ b & \text{für} \quad x < 0, \end{cases}
$$

dann ist $u(x) = b\mathbf{1} + (a - b)\theta(x)$. Aus (1) und (3) folgt

$$
\widehat{u}(\xi) = b \cdot \widehat{\mathbf{1}}(\xi) + (a - b)\hat{\theta}(\xi) = (\sqrt{2\pi})^{-1} \left(b \cdot \delta_0 + (a - b) \left(\pi\delta_0 - i \left[\frac{1}{\xi}\right] \right) \right).
$$

$\diamond$

Literaturverzeichnis

[1] R. A. Adams. *Sobolev Spaces*. Academic Press, New York – San Francisco – London, 1975.

[2] S. Agmon. *Lectures on Elliptic Boundary Value Problems*. Van Nostrand Mathematical Studies 2. Van Nostrand, New York, 1965.

[3] S. Agmon, A. Douglis und L. Nirenberg. Estimates near the boundary for solutions of elliptic partial differential equations satisfying general boundary conditions I. *Commun. Pure Appl. Math.*, 12, 623–727, 1959.

[4] S. Agmon, A. Douglis und L. Nirenberg. Estimates near the boundary for solutions of elliptic partial differential equations satisfying general boundary conditions II. *Commun. Pure Appl. Math.*, 17, 35–92, 1964.

[5] H. W. Alt. *Lineare Funktionalanalysis*. Springer-Verlag, Berlin – Heidelberg – New York, 1985.

[6] J. D. Anderson. *Fundamentals of Aerodynamics*. McGraw Hill, New York, 1984.

[7] J. Appell und P. P. Zabrejko. *Nonlinear Superposition Operators*. Cambridge Univ. Press, Cambridge – New York, 1990.

[8] J. M. Ball. A version of the fundamental theorem for Young measures. In: M. Rascle, D. Serre und M. Slemrod, Hrsg., *PDE's and Continuum Models of Phase Transitions*, Band 344 von *Lecture Notes in Physics*, Seiten 207–215. Springer-Verlag, Berlin – Heidelberg – New York, 1989.

[9] J. M. Ball und R. D. James. Fine phase mixtures as minimizers of energy. *Arch. Rat. Mech. Anal.*, 100, 13–52, 1987.

[10] H. Bauer. *Wahrscheinlichkeitstheorie und Grundzüge der Maßtheorie*. Walter de Gruyter, Berlin – New York, 1974.

[11] E. Becker. *Gasdynamik*. B. G. Teubner, Stuttgart, 1965.

[12] R. Becker. *Stoßwelle und Detonation*. *Zeitschr. f. Phys.*, 8, 321–362, 1922.

[13] E. Behrends. *Maß- und Integrationstheorie*. Springer Verlag, Berlin – Heidelberg – New York, 1987.

[14] J. Bergh und J. Löfström. *Interpolation Spaces – An Introduction*, Band 223 von *Grundlehren der mathematischen Wissenschaften*. Springer-Verlag, Berlin – Heidelberg – New York, 1976.

[15] B. Brosowski und R. Kreß. *Einführung in die Numerische Mathematik I und II*. B. I.-Wissenschaftsverlag, Mannheim – Wien – Zürich, 1975/76.

[16] G. Bruhn. Erhaltungssätze und schwache Lösungen in der Gasdynamik. *Math. Meth. Appl. Sci.*, 7, 470–479, 1985.

[17] S.-N. Chow und J. K. Hale. *Methods of Bifurcation Theory*, Band 251 von *Grundlehren der mathematischen Wissenschaften*. Springer-Verlag, New York – Heidelberg – Berlin, 1982.

[18] F. Coquel und P. LeFloch. Convergence of finite difference schemes for conservation laws in several space dimensions: The corrected antidiffusive flux approach. *Math. Comp.*, 57, 169–210, 1991.

[19] F. Coquel und P. LeFloch. Convergence of finite difference schemes for conservation laws in several space dimensions: A general theory. *SIAM J. Numer. Anal.*, 30, 675–700, 1993.

[20] R. Courant. *Dirichlet's Principle, Conformal Mapping, and Minimal Surfaces*. Interscience Publ., New York, 1950. [Reprinted by Springer-Verlag, New York (1977)].

[21] R. Courant. *Vorlesungen über Differential- und Integralrechnung 2*. Springer-Verlag, Berlin – Heidelberg – New York, 4. Auflage, 1972.

[22] R. Courant und K. O. Friedrichs. *Supersonic Flow and Shock Waves*. Interscience Publ., Wiley, New York, 1948. [Reprinted by Springer-Verlag, New York (1985)].

[23] R. Courant und D. Hilbert. *Methods of Mathematical Physics II*. Interscience Publ., New York, 1962.

[24] L. Crocco. Eine neue Stromfunktion für die Erforschung der Bewegung der Gase mit Rotation. *ZAMM*, 17, 1–7, 1937.

[25] B. Dacorogna. *Weak Continuity and Weak Lower Semicontinuity of Nonlinear Functionals*, Band 922 von *Lecture Notes in Mathematics*. Springer-Verlag, Berlin – Heidelberg – New York, 1982.

[26] B. Dacorogna. *Direct Methods in the Calculus of Variations*. Springer-Verlag, Berlin – Heidelberg – New York, 1989.

[27] C. M. Dafermos. The entropy rate admissibility criterion for solutions of hyperbolic conservation laws. *J. Diff. Eqs.*, 14, 202–212, 1973.

[28]. C. M. Dafermos. Hyperbolic systems of conservation laws. In: J. M. Ball, Hrsg., *Systems of Nonlinear Partial Differential Equations*, Seiten 25–70. D. Reidel, Dordrecht, 1983.

[29] R. J. DiPerna. Convergence of approximate solutions to conservation laws. *Arch. Rat. Mech. Anal.*, 82, 27–70, 1983.

[30] R. J. DiPerna. Convergence of the viscosity method for isentropic gas dynamics. *Commun. Math. Phys.*, 91, 1–30, 1983.

[31] R. J. DiPerna. Buchbesprechung zu Smoller [115]. *Bull. Amer. Math. Soc.*, 11, 204–214, 1984.

[32] R. J. DiPerna. Compensated compactness and general systems of conservation laws. *Trans. Amer. Math. Soc.*, 292, 383–420, 1985.

[33] R. J. DiPerna. Measure-valued solutions to conservation laws. *Arch. Rat. Mech. Anal.*, 88, 223–270, 1985.

[34] K. Doppel und N. Jacob. A non-hypoelliptic Dirichlet problem from stochastics. *Ann. Acad. Sci. Fenn. Ser. A. I. Math.*, 8, 375–389, 1983.

[35] N. Dunford und J. T. Schwartz. *Linear Operators Part 1: General Theory*. Wiley, New York, 1988.

[36] I. Ekeland und R. Temam. *Convex Analysis and Variational Problems*. North-Holland, Amsterdam – Oxford, 1976.

[37] R. Eppler. *Strömungsmechanik*. Akademische Verlagsgesellschaft, Wiesbaden, 1975.

[38] F. Erwe und E. Peschl. *Partielle Differentialgleichungen erster Ordnung*. B. I.-Wissenschaftsverlag, Mannheim – Wien – Zürich, 1973.

[39] L. C. Evans. *Weak convergence methods for nonlinear partial differential equations*. Regional Conference Series in Mathematics 74. Amer. Math. Soc., Providence, R. I., 1990.

[40] M. Feistauer, J. Mandel und J. Nečas. Entropy regularization of the transonic potential flow problem. *Comment. Math. Univ. Carol.*, 25, 431–443, 1984.

[41] M. Feistauer und J. Nečas. On the solvability of transonic potential flow problems. *Z. Anal. Anw.*, 4, 305–329, 1985.

[42] O. Forster. *Analysis I*. Vieweg, Braunschweig, 1976.

[43] W. Franz. *Topologie I*. Walter de Gruyter, Berlin – New York, 1973.

[44] H. Freistühler und P. Szmolyan. Existence and bifurcation of viscous profiles for all intermediate magnetohydrodynamic shock waves. *SIAM J. Math. Anal.*, 26, 112–128, 1995.

[45] A. Friedman. *Partial Differential Equations*. Holt, Rinehart and Winston Inc., New York, 1969.

[46] S. Fučik, O. John und A. Kufner. *Function Spaces*. Noordhoff, Leyden und Academia, Prag, 1977.

[47] H. Gajewski, K. Gröger und K. Zacharias. *Nichtlineare Operatorgleichungen und Operatordifferentialgleichungen*. Akademie-Verlag, Berlin, 1974.

[48] I. M. Gel'fand. Some problems in the theory of quasilinear equations. *Amer. Math. Soc. Trans. Ser. 2*, 29, 295–381, 1963. Engl. Übersetzung von Usp. Math. Nauk., 14, 87-158, 1959.

[49] D. Gilbarg. The existence and limit behavior of the one-dimensional shock layer. *Amer. J. Math.*, 73, 256–274, 1951.

[50] E. Godlewski und P. A. Raviart. *Hyperbolic Systems of Conservation Laws*. Ellipses, Paris, 1991.

[51] E. Godlewski und P. A. Raviart. *Numerical Approximation of Hyperbolic Systems of Conservation Laws*, Band 118 von *Applied Mathematical Sciences*. Springer-Verlag, New York – Berlin – Heidelberg, 1996.

[52] H. Grauert und I. Lieb. *Differential- und Integralrechnung III*. Springer-Verlag, Berlin – Heidelberg – New York, 1977.

[53] J. Guckenheimer und P. Holmes. *Nonlinear Oscillations, Dynamical Systems and Bifurcations of Vector Fields*. Springer-Verlag, New York, 1983.

[54] H. Heuser. *Funktionalanalysis*. B. G. Teubner, Stuttgart, 1975.

[55] E. Hewitt und K. Stromberg. *Real and Abstract Analysis.* Springer-Verlag, Berlin – Heidelberg – New York, 1955.

[56] C. Hirsch. *Numerical Computation of Internal and External Flows. Volume 1: Fundamentals of Numerical Discretization.* Wiley, Chichester – New York, 1988.

[57] F. Hirzebruch und W. Scharlau. *Einführung in die Funktionalanalysis.* B. I.-Wissenschaftsverlag, Mannheim – Wien – Zürich, 1971.

[58] L. Hörmander. *The Analysis of Linear Partial Differential Operators I,* Band 256 von *Grundlehren der mathematischen Wissenschaften.* Springer-Verlag, Berlin – Heidelberg – New York, study edition, 2. Auflage, 1990.

[59] L. Hsiao. Admissible weak solution for nonlinear system of conservation laws in mixed type. *Part. Diff. Eqs.,* 2, 40–58, 1989.

[60] L. Hsiao und P. de Mottoni. Existence and uniqueness of the Riemann problem for a nonlinear system of conservation laws of mixed type. *Trans. Amer. Math. Soc.,* 322, 121–158, 1990.

[61] N. Hungerbühler. A refinement of Ball's theorem on Young measures. *New York J. Math.,* 3, 48–53, 1997.

[62] R. James und D. Kinderlehrer. Theory of diffusionless phase transitions. In: M. Rascle, D. Serre und M. Slemrod, Hrsg., *PDE's and Continuum Models of Phase Transitions,* Band 344 von *Lecture Notes in Physics,* Seiten 51–84. Springer-Verlag, Berlin – Heidelberg – New York, 1989.

[63] A. Jeffrey. *Quasilinear hyperbolic systems and waves.* Pitman, London – San Francisco – Melbourne, 1976.

[64] F. John. *Partial Differential Equations.* Springer-Verlag, New York – Heidelberg – Berlin, 1978.

[65] C. Johnson und A. Szepessy. On the convergence of a finite element method for a nonlinear hyperbolic conservation law. *Math. Comp.,* 49, 427–444, 1987.

[66] H. König. Ein einfacher Beweis des Integralsatzes von Gauß. *Jahresber. d. DMV,* 66, 119–138, 1964.

[67] D. Kotlow. Quasilinear parabolic equations and first order quasilinear conservation laws with bad Cauchy data. *J. Math. Anal. Appl.,* 35, 563–576, 1971.

[68] M. A. Krasnosel'skiĭ. *Topological Methods in the Theory of Nonlinear Integral Equations.* Pergamon Press, Oxford – London – New York, 1964.

[69] D. Kröner und M. Rokyta. Convergence of upwind finite volume schemes for scalar conservation laws in two dimensions. *SIAM J. Numer. Anal.*, 31, 324–343, 1994.

[70] S. N. Kružkov. First order quasilinear equations in several independent variables. *Math. USSR Sbornik*, 10, 217–243, 1970.

[71] L. D. Landau und E. M. Lifschitz. *Lehrbuch der theoretischen Physik V – Statistische Physik (Teil 1).* Akademie-Verlag, Berlin, 1984.

[72] L. D. Landau und E. M. Lifschitz. *Lehrbuch der theoretischen Physik VI – Hydrodynamik.* Akademie-Verlag, Berlin, 1981.

[73] L. D. Landau und E. M. Lifschitz. *Lehrbuch der theoretischen Physik X – Physikalische Kinetik.* Akademie-Verlag, Berlin, 1983.

[74] S. Lang. *Real Analysis.* Addison-Wesley, Reading, Mass. – Menlo Park, Cal. – London, 1969.

[75] P. D. Lax. Hyperbolic systems of conservation laws II. *Commun. Pure Appl. Math.*, 10, 537–566, 1957.

[76] P. D. Lax. Shock waves and entropy. In: E. Zarantonello, Hrsg., *Contributions to Nonlinear Analysis*, Seiten 603–634. Academic Press, New York – San Francisco – London, 1971.

[77] P. D. Lax. *Hyperbolic Systems of Conservation Laws and the Mathematical Theory of Shock Waves*, Band 11 von *Regional Conference Series in Applied Mathematics.* Soc. for Indust. and Appl. Math., Philadelphia, 1973.

[78] P. D. Lax. Shock waves, increase of entropy and loss of information. In: S. S. Chern, Hrsg., *Seminar on Nonlinear Partial Differential Equations.* Springer-Verlag, Berlin – Heidelberg – New York, 1984.

[79] R. LeVeque. *Numerical Methods for Conservation Laws.* Lectures in Mathematics ETH Zürich. Birkhäuser Verlag, Basel – Boston – Berlin, 1990.

[80] P. Lin. Young measures and an application of compensated compactness to one-dimensional nonlinear elastodynamics. *Trans. Amer. Math. Soc.*, 329, 377–413, 1992.

[81] T.-P. Liu. The Riemann problem for general 2×2 conservation laws. *Trans. Amer. Math. Soc.*, 199, 89–112, 1974.

[82] T.-P. Liu. The entropy condition and the admissibility of shocks. *J. Math. Anal. Appl.*, 53, 78–88, 1976.

[83] J. Mandel und J. Nečas. Convergence of finite elements for transonic potential flows. *SIAM J. Num. Anal.*, 24, 985–996, 1987.

[84] C. B. Morrey. Quasi-convexity and the lower semicontinuity of multiple integrals. *Pacific J. Math.*, 2, 25–53, 1952.

[85] C. B. Morrey. *Multiple Integrals in the Calculus of Variations*, Band 130 von *Grundlehren der mathematischen Wissenschaften*. Springer-Verlag, Berlin – Heidelberg – New York, 1966.

[86] I. Müller und T. Ruggeri. *Extended Thermodynamics*, Band 37 von *Springer Tracts in Natural Philosophy*. Springer-Verlag, New York, 1993.

[87] I. Müller und T. Ruggeri. *Rational Extended Thermodynamics*, Band 37 von *Springer Tracts in Natural Philosophy*. Springer-Verlag, New York, 2. Auflage, 1998.

[88] F. Murat. Compacité par compensation. *Ann. Scuola Norm. Sup. – Pisa*, 5, 489–507, 1978.

[89] F. Murat. Compacité par compensation: condition nécessaire et suffisante de continuité faible sous une hypothèse de rang constant. *Ann. Scuola Norm. Sup. – Pisa*, 8, 69–102, 1981.

[90] F. Murat. L'injection du cône positif de H^{-1} dans $W^{-1,q}$ est compacte pour tout $q < 2$. *J. Math. Pures Appl.*, 60, 309–322, 1981.

[91] F. Murat. A survey on compensated compactness. In: L. Cesari, Hrsg., *Contributions to Modern Calculus of Variations*, Pitman Research Notes in Mathematics 148, Seiten 145–183. Longman, Harlow, 1987.

[92] I. P. Natanson. *Theorie der Funktionen einer reellen Veränderlichen*. Akademie-Verlag, Berlin, 1975.

[93] J. Nečas. *Les Méthodes Directes en Théorie des Equations Elliptiques*. Masson, Paris, 1967.

[94] J. Nečas. *Compacité par Entropie d'Ecoulements des Fluides*. Masson, Paris, 1989.

[95] J. Nečas, J. Málek, M. Rokyta und M. Růžička. *Weak and measure-valued solutions to evolutionary PDEs*. Chapman & Hall, London, 1996.

[96] O. A. Oleĭnik. Construction of a generalized solution of the Cauchy problem for a quasi-linear equation of first order by the introduction of „vanishing viscosity“. *Amer. Math. Soc. Transl. Ser. 2*, 33, 277–283, 1963.

[97] O. A. Oleĭnik. Discontinuous solutions of non-linear differential equations. *Amer. Math. Soc. Transl. Ser. 2*, 26, 95–172, 1963.

[98] O. A. Oleĭnik. Uniqueness and stability of the generalized solution of the Cauchy problem for a quasi-linear equation. *Amer. Math. Soc. Transl. Ser. 2*, 33, 285–290, 1963.

[99] S. Ostkamp. Multidimensional characteristic Galerkin methods for hyperbolic systems. *Math. Meth. Appl. Sci.*, 20, 1111–1125, 1997.

[100] K. Oswatitsch. *Spezialgebiete der Gasdynamik*. Springer-Verlag, Wien – New York, 1977.

[101] L. Prandtl, K. Oswatitsch und K. Wieghardt. *Führer durch die Strömungslehre*. Vieweg, Braunschweig – Wiesbaden, 1984.

[102] B. von Querenburg. *Mengentheoretische Topologie*. Springer-Verlag, Berlin – Heidelberg – New York, 2. Auflage, 1979.

[103] J. Rauch. BV estimates fail for most quasilinear hyperbolic systems in dimensions greater than one. *Commun. Math. Phys.*, 106, 481–484, 1986.

[104] M. Reed und B. Simon. *Methods of Modern Mathematical Physics I: Functional Analysis*. Academic Press, New York – London, 1972.

[105] F. Riesz. Sur la convergence en moyenne. *Acta Sci. Math.*, 4, 58–64 und 182–185, 1928/1929.

[106] F. Riesz und B. Sz.-Nagy. *Vorlesungen über Funktionalanalysis*. Deutscher Verlag der Wissenschaften, Berlin, 1956.

[107] R. T. Rockafellar. *Convex Analysis*. Princeton University Press, Princeton N. J., 1970.

[108] M. E. Schonbek. Convergence of solutions to nonlinear dispersive equations. *Commun. Part. Diff. Eqs.*, 7, 959–1000, 1982.

[109] D. Serre. *Systèmes de Lois de Conservation I – Hyperbolicité, Entropies, Ondes de Choc*. Diderot Editeur, Paris – New York – Amsterdam, 1996.

[110] D. Serre. *Systèmes de Lois de Conservation II – Structures Géometriques, Oscillations et Problèmes Mixtes*. Diderot Editeur, Paris – New York – Amsterdam, 1996.

[111] J. Serrin. Mathematical principles of classical fluid mechanics. In: S. Flügge, Hrsg., *Handbuch der Physik VIII/1 – Strömungsmechanik 1*, Seiten 125–263. Springer-Verlag, Berlin – Göttingen – Heidelberg, 1959.

[112] M. Shearer. The Riemann problem for a class of conservation laws of mixed type. *J. Diff. Eqs.*, 46, 426–443, 1982.

[113] R. E. Showalter. *Hilbert Space Methods for Partial Differential Equations*. Pitman, London – San Francisco – Melbourne, 1977.

[114] M. Slemrod. Interrelationships among mechanics, numerical analysis, compensated compactness and oscillation theory. In: C. Dafermos, J. L. Ericksen, D. Kinderlehrer und M. Slemrod, Hrsg., *Oscillation Theory, Computation and Methods of Compensated Compactness*. Springer-Verlag, New York – Berlin – Heidelberg, 1986.

[115] J. A. Smoller. *Shock Waves and Reaction-Diffusion Equations*, Band 258 von *Grundlehren der mathematischen Wissenschaften*. Springer-Verlag, New York – Heidelberg – Berlin, 1983.

[116] J. Stoer. *Einführung in die Numerische Mathematik I*. Springer-Verlag, Berlin – Heidelberg – New York, 1972.

[117] A. Szepessy. An existence result for scalar conservation laws using measure valued solutions. *Commun. Part. Diff. Eqs.*, 14, 1329–1350, 1989.

[118] L. Tartar. Compensated compactness and applications to partial differential equations. In: R. Knops, Hrsg., *Nonlinear Analysis and Mechanics*, Seiten 136–212. Pitman, London – San Francisco – Melbourne, 1979.

[119] L. Tartar. The compensated compactness method applied to systems of conservation laws. In: J. M. Ball, Hrsg., *Systems of Nonlinear Partial Differential Equations*, Seiten 263–285. Reidel-Publ., Dordrecht, 1983.

[120] A. Taylor. *General Theory of Functions and Integration*. Blaisdell Publ. Co., Waltham, Mass. – Toronto – London, 1965.

[121] F. Treves. *Topological Vector Spaces, Distributions and Kernels*. Academic Press, New York – London, 1967.

[122] H. Triebel. *Höhere Analysis*. Deutscher Verlag der Wissenschaften, Berlin, 1972.

[123] M. M. Vainberg. *Variational methods for the study of nonlinear operators*. Holden-Day, San Francisco – London – Amsterdam, 1964.

[124] I. Vecchi. *Entropy Compactification for Nonlinear Hyperbolic Problems.* PhD thesis, Universität Heidelberg, 1989.

[125] A. Voigt und J. Wloka. *Hilberträume und elliptische Differentialoperatoren.* Bibliographisches Institut, Mannheim – Wien – Zürich, 1975.

[126] D. Wagner. Equivalence of the Euler and Lagrangian equations of gas dynamics for weak solutions. *J. Diff. Eqns.*, 68, 118–136, 1987.

[127] W. Walter. *Gewöhnliche Differentialgleichungen.* Springer-Verlag, Berlin – Heidelberg – New York, 1993. 5. Auflage.

[128] G. Warnecke. Über das homogene Dirichlet-Problem bei nichtlinearen partiellen Differentialgleichungen vom Typ der Boussinesq-Gleichung. *Math. Meth. Appl. Sci.*, 9, 493–519, 1987.

[129] G. Warnecke. The homogenous Dirichlet problem for non-elliptic partial differential equations with strong nonlinearities. *Comment. Math. Univ. Carol.*, 30, 327–346, 1989.

[130] G. Warnecke. Admissibility of solutions to the Riemann problem for systems of mixed type – transonic small disturbance theory –. In: B. L. Keyfitz und M. Shearer, Hrsg., *Nonlinear Evolution Equations that Change Type*, Seiten 258–284. Springer-Verlag, New York – Berlin – Heidelberg, 1990.

[131] H. Weyl. Shock waves in arbitrary fluids. *Commun. Pure Appl. Math.*, 2, 103–122, 1949.

[132] J. Wloka. *Partielle Differentialgleichungen.* B. G. Teubner, Stuttgart, 1982.

[133] K. Yosida. *Functional Analysis*, Band 123 von *Die Grundlehren der mathematischen Wissenschaften*. Springer-Verlag, Berlin – Heidelberg – New York, 1974.

[134] L. C. Young. *Lectures on the Calculus of Variations and Optimal Control Theory.* W. B. Saunders Co., Philadelphia – London – Toronto, 1969.

[135] E. Zeidler. *Vorlesungen über nichtlineare Funktionalanalysis II – Monotone Operatoren.* Teubner, Leipzig, 1977.

[136] E. Zeidler. *Nonlinear Functional Analysis and its Applications II/A und II/B.* Springer-Verlag, New York, 1990.

[137] J. Zierep. *Theoretische Gasdynamik.* Braun, Karlsruhe, 1976.

Index

$\mathcal{A}$-meßbar, 83, 94
abhängige Variable, 28, 43
Ableitung
    distributionelle, 319
    individuelle, 16
    innere, 35
    konvektive, 16
    lokale, 16
    Radon-Nikodym-, 99
    schwache, 319
    substantielle, 16
Abschluß, 279
absolut stetig, 98
    gleichgradig, 273
    Lebesgue-Integral, 272
Abstand von Mengen, 279
Adiabatenkoeffizient, 68
Äquivalenz von Normen, 281
affin lineares Funktional, 149
Anfangsbedingung, 33
anisotroper Sobolev-Raum, 176,
        185
antiton, 85
Ausschöpfung, monotone, 294
automatische Stetigkeit, 110

Bahnkurve, 15, 16
Bairesche Kategorie, zweite, 121
Banach-Raum
    reflexiver, 118
    separabler, 123
Beschleunigung
    konvektive, 24

    lokale, 24
beschränkt, lokal, 295
Bicharakteristik, 55
Bidualraum, 117
Bilanzgleichung, 241
    integrale, 20
Binomialkoeffizienten und
        Binomischer Lehrsatz für
        Multiindizes, 280
Borel
    -Maß, 89
        komplexwertiges, 100
        signiertes, 100
    -Mengen, 89
    -meßbar, 94
    -regulär, 89
    -sche σ-Algebra, 89
Burgers-Gleichung, 41

C^1-Gebiet, 276, 277
Carathéodory
    -Bedingung, 107
    -Funktion, 108
Cauchy-Folge
    schwach-∗-, 125
    schwache, 126
Cauchy-Problem, 31–34
    schwaches, 242
Cauchy-Schwarzsche Ungleichung,
        290
Cauchyscher Hauptwert, 324
Charakteristik, 30
Charakteristiken-Methode, 34

charakteristische
    Differentialgleichung, 30, 36
      -en, System i-ter, 55
    -s Feld, 62
    Fläche, 32, 46, 49
    Form, 46
    Geschwindigkeit, 59
    Grundfläche, 35
    Grundkurve, 31, 55
    -r Grundvektor, 30, 35
    -r Kegel, 55, 64
    Kurve, 28, 30, 36
    Matrix, 46
    Normalen, 178
    Normalkurve, 57
    -r Normalstrahlenvektor, 57
    -r Normalvektor, 47
    -s Polynom, 48
    Richtungen, 30
    -r Vektor, 29, 53
      zweiter Art, 57
    -s Vektorfeld, 30

Dichte, 15, 24, 67
    Radon-Nikodym-, 98
dichte Teilmenge, 121
    nirgends, 121
Dichtefunktion, 15, 20
Differentialgleichung
    charakteristische, 30, 36
    lineare, 28
    partielle 1. Ordnung, 28
    quasilineare, 28
Differentialoperator
    Hauptteil, 36
    Symbol, 177
differenzierbar
    Fréchet-, 114
    Gâteaux-, 115
direkte Methode der
      Variationsrechnung, 155

Dirichlet-Problem, 158
Dissipation, 249
Distribution, 317
    temperierte, 322
distributionelle Ableitung, 319
Distributionenlösung, 161
Divergenzform, 23
Druck, 67
dualer Operator, 123
Durchfluß, 24

Eigenvektor, 49
    rechter, 178
Eigenwert, 48
Einbettung
    kompakte, 306
    stetige, 306
einhüllende Fläche, 56
Einschränkung, 279
Einspritzkurve, 16, 17
Elementarwelle, 257
elliptisches System, 49, 178
endlicher Kegel, 305
Energie
    -erhaltung, 68
    Gesamt-, 69
    innere, 67
Enthalpie, Gesamt-, 69
Entropie, 75
    -bedingung, 261
    -fluß, 252
    -funktion, 252
    -ungleichung, 251, 252
Enveloppe, 56
Erhaltungsgleichung, 23, 241
    integrale, 19
    skalare, 242
Erhaltungsgröße, 242
Erhaltungssatz, integraler, 19
Euklidische Norm, 281
Euler-Gleichungen

in Erhaltungsform, 69

instationäre, 68

stationäre, 77

Euler-Lagrange-Gleichung, 157, 215

Eulersche Homogenitätsgleichung, 52

Fakultät, Multiindex, 280

Faltung, 316

Distributionen, 321

fast alle, 288

fast überall, 288

μ-, 83

Fixpunkt, 259

Fläche

charakteristische, 32, 46, 49

einhüllende, 56

nicht-charakteristische, 32

Flußfunktion, 242

Fluid, 12

Folgenstetigkeit, schwache, 171

Folgenunterhalbstetigkeit, schwache, 172

Form, charakteristische, 46

Fortsetzung

eines Maßes, 88

periodische, 140

Fréchet-Raum, 294

Fréchet-differenzierbar, 114

Friedrichs-Glättung, 297, 321

Funktion

Einschränkung, 279

Heaviside-, 319

schnell fallende, 288

Schwartzsche, 288

temperierte, 322

Träger, 279

Treppen-, 300

Uryson-, 299

Funktional

affin linear, 149

konvex, 149, 215

lokales Minimum, 156

schwach unterhalbstetig, 154

schwach-*-unterhalbstetig, 154

strikt konvex, 149

Gâteaux-differenzierbar, 115

Gebiet, 279

C^1-, 276, 277

Lipschitz-, 305

Normal-, 277

gemischtes System, 49

genuin nichtlinear, 62

Gesamtenergie, 69

Gesamtenthalpie, 69

Geschwindigkeit

charakteristische, 59

-sfeld, 16

-svektor, 67

Glättung, 297

Distributionen, 321

-skern, 201, 298

gleichgradig stetig, 196

absolut, 273

im p-ten Mittel, 198

gleichmäßig konvex, 289

Grundfläche

charakteristische, 35

nicht-charakteristische, 35

Grundkurve

charakteristische, 31, 55

Grundvektor

charakteristischer, 30, 35

Hahn-Zerlegung, 100

Hauptwert, Cauchyscher, 324

Heaviside-Funktion. 319

hemistetiger Operator, 150, 216

Hessesche Bilinearform, 153

Höldersche Ungleichung, 281, 290

Hugoniot-Kurve, 252
Hugoniot-Locus, 252
hyperbolisches System, 48, 178
    strikt, 49
    symmetrisch, 48
hyperbolisches Vektorfeld, 259

Impuls
    -dichte, 20
    -erhaltung, 24, 68
    -vektor, 69
inkompressibel, 20, 24
innere
    Ableitung, 35
    Energie, 67
    Richtungsableitung, 44
instationäre Euler-Gleichungen, 68
instationäre Strömung, 17
Integralfläche, 31, 32
Integration, partielle, 277
Isentropenkoeffizient, 68
isoton, 85

Kegel
    -bedingung, 305
    charakteristischer, 55, 64
    endlicher, 305
    Machscher, 64, 73
    Mongescher, 55, 64
    Normal-, 55
    Schall-, 73
Kern, Glättungs-, 201, 298
klassische Lösung, 160
Koeffizienten
    -funktion, 28
    -matrix, 43
    -vektor, 30, 35
koerzitiv, 154
kompakt
    -e Einbettung, 306
    -er Operator, 124

Kompatibilitätsgleichungen, 51
konische Menge, 178
konservative Größen, 69
Kontaktunstetigkeit, 257
Kontinuitätsgleichung, 24
Kontrollvolumen, 19, 25
Konvergenz
    im μ-Maß, 105
    im Distributionensinn, 322
    punktweise μ-fast überall, 105
    schwach-$*$-, 119
        signierter Radon-Maße, 221
    schwache, 118
    starke, 118, 295
konvex
    -es Funktional, 149, 215
    gleichmäßig, 289
    -e Hülle, 148
    -e Menge, 147
Konvexkombination, 148
Konzentration, 132
Koordinaten
    Eulersche, 15
    Lagrangesche, 15
kritischer Punkt, 157
Kronecker-Symbol, 22
Kurve
    charakteristische, 28, 30, 36
        Grund-, 31, 55
        Normal-, 57
    Hugoniot-, 252
    Machsche, 79
    Verdünnungswellen-, 256

Längenskalen, 12, 13
Laplace-Operator, 157
Lax-Kriterium, 248
Lebesgue
    -Punkt, 278
    -scher Zerlegungssatz, 99

Leibnizsche Produktregel,
    Multiindex, 280
linear degeneriert, 63
lineare Wellengleichung, 65
Lipschitz-Gebiet, 305
Lösung
    Distributionen-, 161
    -sfläche, 29
    globale, 33
    klassische, 160
    lokale, 33
    maßwertige, 246
    schwache, 161, 243
    starke, 161
    variationelle, 160
    zulässige, 248
lokal
    beschränkt, 295
    -es Minimum, Funktional, 156
    -er Sobolev-Raum, 312
    -er $X(\Omega;\mathbb{K})$-Raum, 294
L^p-Raum, 129

μ-Nullmenge, 83
μ-fast überall, 83
μ-meßbar, 82
μ-regulär, 99
μ-singulär, 99
Machsche Kurven, 79
Machscher Kegel, 64, 73
Maß, 83
    äußeres, 82
    antiton, 85
    Borel-, 89
      komplexwertiges, 100
      signiertes, 100
    endliches, 90
    Fortsetzung, 88
    Imaginärteil, 100
    isoton, 85
    μ-regulärer Teil, 99
    μ-singulärer Teil, 99
    Moment, 104
    monoton, 82
    negativer Teil, 101
    positiver Teil, 101
    Radon-, 89
    -raum, 83
    Realteil, 100
    reguläres, 90
    σ-endliches, 90
    singulär, 99
    stetig, 85
    Träger, 104
    Wahrscheinlichkeits-, 90
    Youngsches, 224, 240
Massen
    -dichte, 19
    -erhaltung, 24, 68
Matrix, charakteristische, 46
meßbar
    $\mathcal{A}$-, 83, 94
    Borel-, 94
    μ-, 82
    schwach-*-, 230
Menge
    Abstand, 279
    Borel-, 89
    der charakteristischen
      Normalen, 178
    der Wellenamplituden, 178, 185
    konische, 178
    konvex, 147
    nicht-negative, 100
    nicht-positive, 100
    relativ-kompakt, 196
Mengensystem, 82
Minimalfolge, 155
Minkowski-Ungleichung, 289
Mittelwert, 142
Moment, eines Maßes, 104

Mongescher Kegel, 55, 64
monoton
      -e Ausschöpfung, 294
      -er Operator, 151, 215, 216
Multiindex, 279, 280

ν-stetig, 98
Navier-Stokes-Gleichungen, 249
Nemytskiĭ-Operator, 107
nicht-charakteristische
      Fläche, 32
      Grundfläche, 35
nicht-negative Menge, 100
nicht-positive Menge, 100
nirgends dicht, 121
Norm
      Äquivalenz, 281
      Euklidische, 281
      Produkt-, 126
Normal
      -gebiet, 159, 277
      -geschwindigkeit, 59
      -kegel, 55
      -kurve, charakteristische, 57
      -strahlenvektor,
            charakteristischer, 57
      -vektor, charakteristischer, 47
Nullmenge, μ-, 83

Operator
      dualer, 123
      Glättungs-, 297
      hemistetig, 150, 216
      kompakt, 124
      monoton, 151, 215, 216
      strikt monoton, 151, 216
      vollstetig, 124
Ordnung eines Multiindex, 279
Ordnungsrelation, Multiindex, 280
oszillatorische Folge, 141
      der Kodimension 1, 191

oszillatorische Varietät, 178
oszillatorischer Kern, 192

partielle Integration, 277
periodische Fortsetzung, 140
Plancherel, Satz von, 316
Poincaré-Ungleichung, 160
Potenzen mit Multiindex, 280
Potenzmenge, 82
Produkt
      -σ-Algebra, 94
      -maß, 94
      -menge, 93
      -norm, 126
      -raum, 126

Quader, 133
quasi-diagonalisiertes System, 64
quasilineare Systeme, 43
Quell
      -term, 28
      -vektor, 43

Radon-Maß, 89
Radon-Nikodym
      -Ableitung, 99
      -Dichte, 98
      Satz von, 98
Rand, 279
Rankine-Hugoniot-Bedingung, 244
Raum
      Fréchet-, 294
      lokaler, 294
      L^p-, 129
      Produkt-, 126
      Sobolev-, 159, 302
            anisotroper, 176, 185
            lokaler, 312
Raumvariable, 28, 43
rechter Eigenvektor, 178
reflexiver Banach-Raum, 118

reguläre Transformation, 47
Regularität
    äußere, 90
    Borel-, 89
    innere, 90
    Maß, 90
    -stheorie, 162
relativ-kompakte Menge, 196
Reynoldsscher Transportsatz, 14,
    20
Richtungen, charakteristische, 30
Richtungsableitung, innere, 44
Riemann-Problem, 254
Rieszscher Darstellungssatz
    im L^p, 291

σ-additiv, 83
σ-Algebra, 83
    Borelsche, 89
    Produkt-, 94
S-Bedingung, 108
Schallgeschwindigkeit, lokale, 71
Schallkegel, 73
Schallströmung, 73
schnell fallende Funktionen, 288
schwach
    -e Ableitung, 319
    -e Cauchy-Folge, 126
    folgenstetig, 171
    folgenunterhalbstetig, 172
    konvergent, 118
    -e Lösung, 161
    -e Topologie, 118
    unterhalbstetig, 154
    vollständig, 126
schwach-∗-
    Cauchy-Folge, 125
    Konvergenz, 119
      signierter Radon-Maße, 221
    meßbar, 230
    Topologie, 119

unterhalbstetig, 154
    vollständig, 125
Schwartzsche Funktionen, 288
separabel, 123
Sobolev-Raum, 159, 302
    anisotroper, 176, 185
    lokaler, 312
spezifische
    Gesamtenergie, 69
    Gesamtenthalpie, 69
Spitze, Kegel, 305
Sprungbedingung, 244
Spuroperator, 162
stark
    konvergent, 118, 295
    -e Lösung, 161
stationäre Strömung, 17
stetig
    absolut, 98
      gleichgradig, 273
      Lebesgue-Integral, 272
    automatisch, 110
    -e Einbettung, 306
    Fréchet-differenzierbar, 114
    gleichgradig, 196
    Maß, 85
    ν-, 98
    schwach folgen-, 171
    schwach folgenunterhalb-, 172
Stoß, 248, 249
Strömung, 17, 73
strikt
    hyperbolisches System, 49
    konvexes Funktional, 149
    monotoner Operator, 151, 216
Stromlinie, 16, 17
subadditiv, 82
Superpositionsoperator, 107
Symbol eines Differentialoperators,
    177

System
  elliptisches, 49, 178
  gemischten Typs, 49
  hyperbolisches, 48, 178
  in charakteristischer Form, 51
  lineares, 43
  quasi-diagonalisiertes, 64
  strikt hyperbolisches, 49
  symmetrisch hyperbolisches, 48
  zusammengesetzten Typs, 49

Taylorsche Darstellung, mit
        Multiindex. 280
Teilchen, 12
temperierte Distribution, 322
temperierte Funktion, 322
Testfunktion, 283
Topologie
  Schwach-*-, 119
  schwache, 118
totale Variation, 101, 102
Träger
  einer Äquivalenzklasse, 298
  einer Funktion, 279
  eines Maßes, 104
Trajektorie, 15, 16
Treppenfunktion, 300

Überdeckung, 88
  Vitali-, 278
Überschallströmung, 73
unabhängige Variable, 28, 43
Ungleichung
  Cauchy-Schwarz, 290
  Hölder, 281, 290
  Minkowski, 289
  Young, 281
Unterschallströmung, 73
Uryson-Funktion, 299

Variable

abhängige, 28, 43
  Raum-, 28, 43
  unabhängige, 28, 43
  Zeit-, 28, 43
Variation, totale, 101, 102
variationelle Lösung, 160
Variationsrechnung, 157
  direkte Methode, 155
Vektor
  charakteristischer, 29, 53
      Normalstrahlen-, 57
      zweiter Art, 57
Vektorfeld
  charakteristisches, 30
  hyperbolisches, 259
Verdünnungs-
  fächer, 256
  welle, 256
viskoses Profil, 250, 259
Viskositätsmethode, 249
Vitali-Überdeckung, 278
vollständig
  schwach, 126
  schwach-*-, 125
vollstetig, 124
Volumendichte, 20

Wahrscheinlichkeitsmaß, 90
Wellenamplitude, 178, 185, 192
Wellengleichung, lineare, 65

Youngsche Ungleichung, 281
Youngsches Maß, 224
  $W^{m,p}$-, 240

Zeitvariable, 28, 43
Zerlegung des $\mathbb{R}^N$, 278
zusammengesetztes System, 49
Zustand, 15
  -sraum, 43
  -svektor, 43